개념을 다지고
실력을 키우는

왕수학

기본편

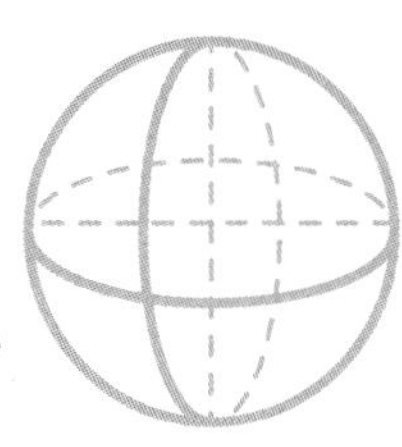

개념을 다지고
실력을 키우는

왕수학

기본편

1-1

구성과 특징

왕수학의 특징

1. 왕수학 개념+연산 → 왕수학 기본 → 왕수학 실력 → 점프 왕수학 최상위 순으로 단계별 · 난이도별 학습이 가능합니다.
2. 개정교육과정 100% 반영하였습니다.
3. 기본 개념 정리와 개념을 익히는 기본문제를 수록하였습니다.
4. 문제 해결력을 키우는 다양한 창의사고력 문제를 수록하였습니다.
5. 논리력 향상을 위한 서술형 문제를 강화하였습니다.

STEP 1

개념탄탄

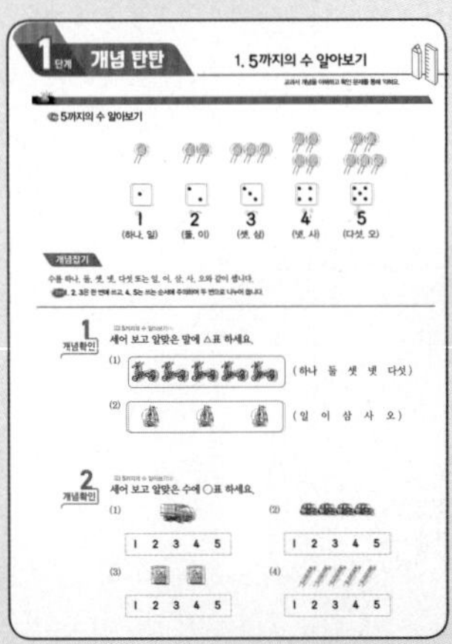

교과서 개념과 원리를 각각의 주제로 익히고 개념확인 문제를 풀어보면서 개념을 정확히 이해합니다.

STEP 2

핵심쏙쏙

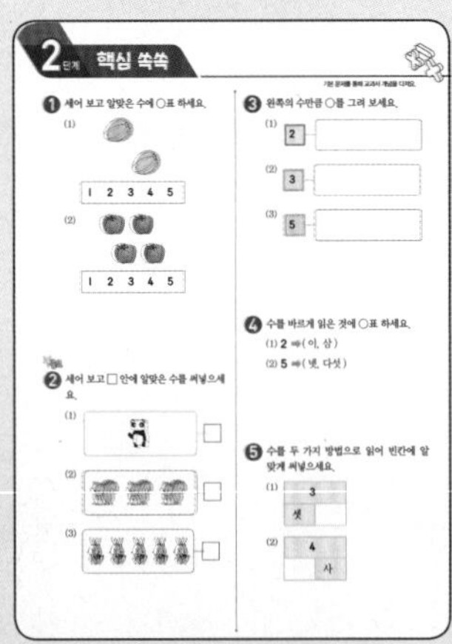

기본 개념을 익힌 후 교과서와 익힘책 수준의 문제를 풀어보면서 개념을 다집니다.

STEP 3

유형콕콕

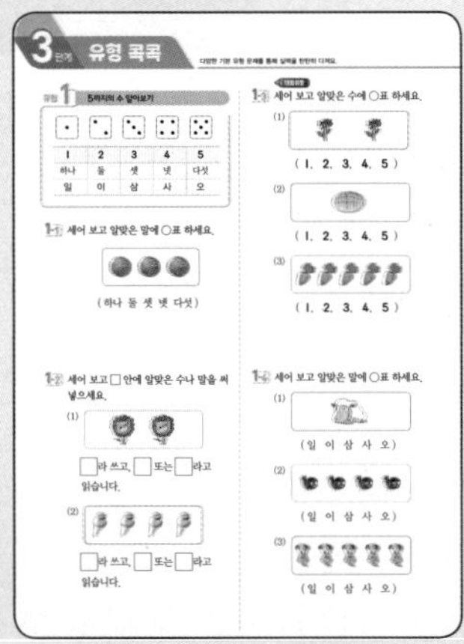

시험에 나올 수 있는 문제를 유형별로 풀어 보면서 문제해결력을 키웁니다.

STEP 4

실력팍팍

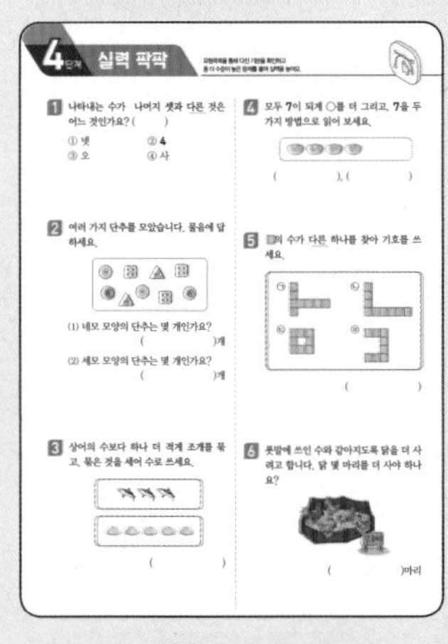

기본유형(유형콕콕)문제보다 좀 더 높은 수준의 문제를 풀며 실력을 키웁니다.

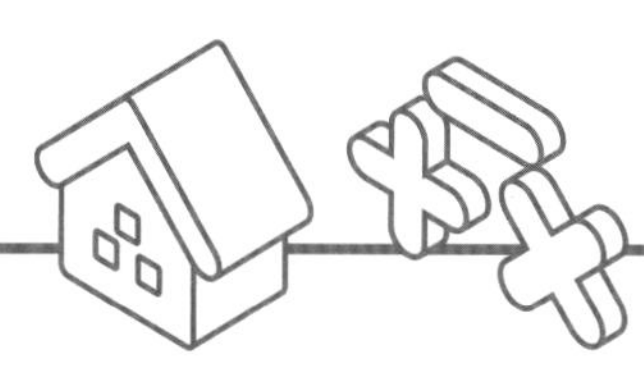

STEP 5

서술 유형익히기

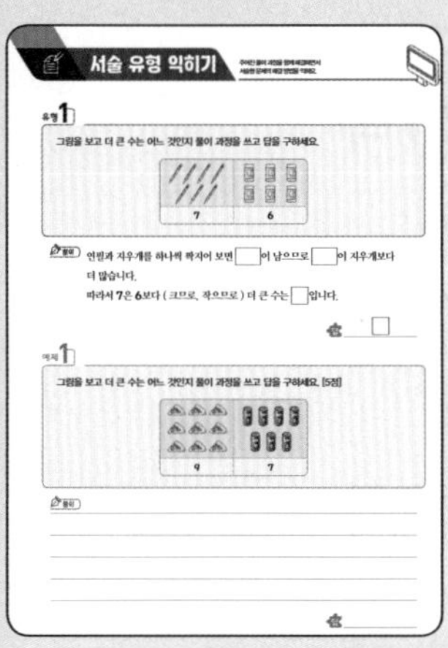

서술형 문제를 주어진 풀이 과정을 완성하여 해결하고 유사문제를 통해 스스로 연습합니다.

STEP 6

단원평가

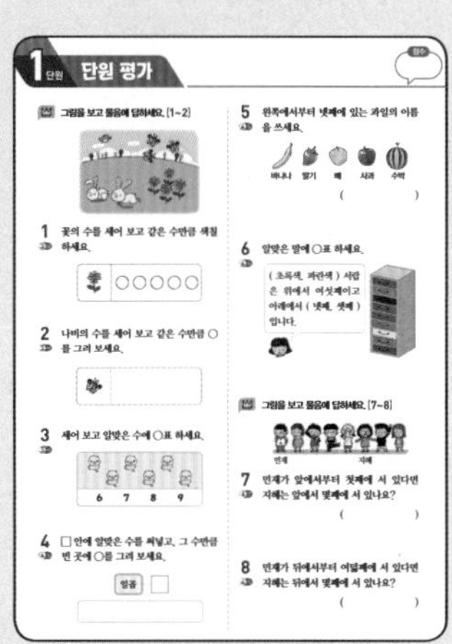

단원 평가를 통해 자신의 실력을 최종 점검합니다.

STEP 7

놀이수학

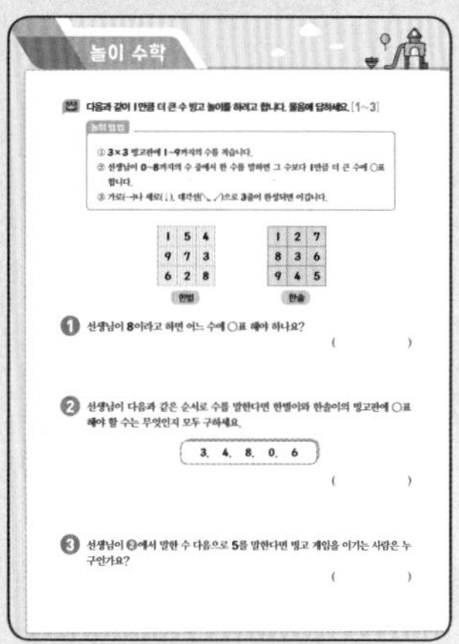

수학을 공부한다는 느낌이 아니라 놀이처럼 즐기는 가운데 자연스럽게 수학 학습이 이루어지도록 합니다.

STEP 8

왕수학 실력

탐구 수학

단원의 주제와 관련된 탐구 활동과 문제해결력을 기르는 문제를 제시하여 학습한 내용을 좀더 다양하고 깊게 생각해 볼 수 있게 합니다.

차례 | Contents

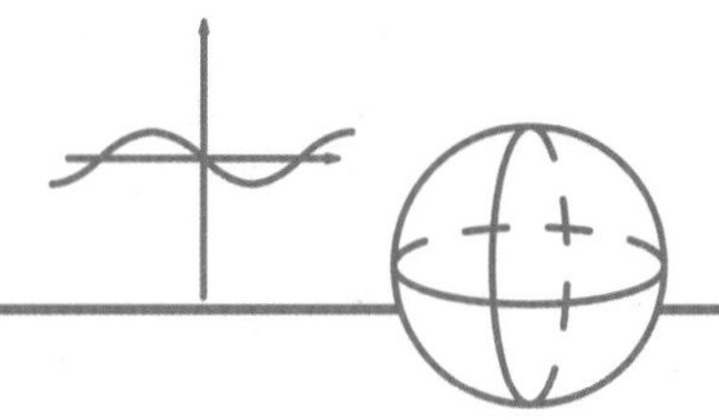

단원 1 9까지의 수

이번에 배울 내용

1 5까지의 수 알아보기

2 9까지의 수 알아보기

3 수로 순서를 나타내기

4 수의 순서 알아보기

5 1만큼 더 큰 수와 1만큼 더 작은 수 알아보기

6 수의 크기 비교하기

다음에 배울 내용

- 50까지의 수
- 세 자리 수
- 네 자리 수

1. 5까지의 수 알아보기

교과서 개념을 이해하고 확인 문제를 통해 익혀요.

5까지의 수 알아보기

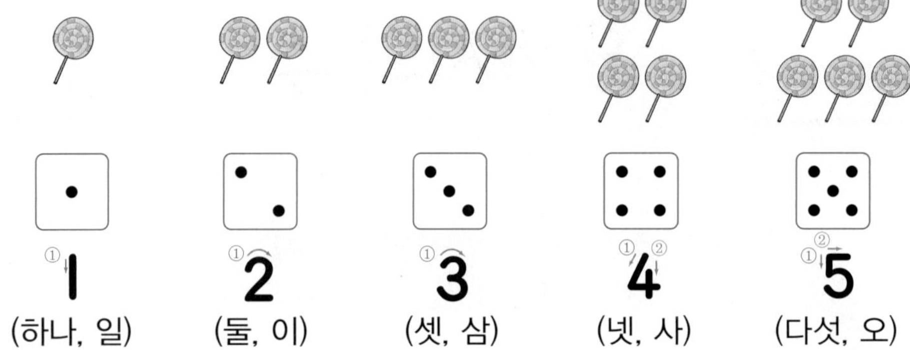

1	2	3	4	5
(하나, 일)	(둘, 이)	(셋, 삼)	(넷, 사)	(다섯, 오)

개념잡기

수를 하나, 둘, 셋, 넷, 다섯 또는 일, 이, 삼, 사, 오와 같이 셉니다.

주의 1, 2, 3은 한 번에 쓰고, 4, 5는 쓰는 순서에 주의하여 두 번으로 나누어 씁니다.

1 개념확인

5까지의 수 알아보기(1)

세어 보고 알맞은 말에 △표 하세요.

(1)  (하나 둘 셋 넷 다섯)

(2)    (일 이 삼 사 오)

2 개념확인

5까지의 수 알아보기(2)

세어 보고 알맞은 수에 ○표 하세요.

(1) 

1	2	3	4	5

(2) 

1	2	3	4	5

(3)  

1	2	3	4	5

(4)

1	2	3	4	5

2단계 핵심 쏙쏙

1 세어 보고 알맞은 수에 ○표 하세요.

(1)

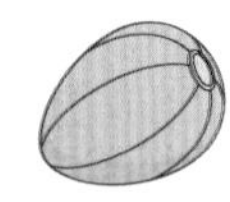

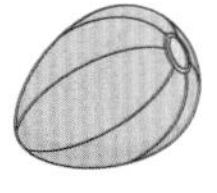

1	2	3	4	5

(2)

1	2	3	4	5

중요

2 세어 보고 □ 안에 알맞은 수를 써넣으세요.

(1)

(2)

(3)

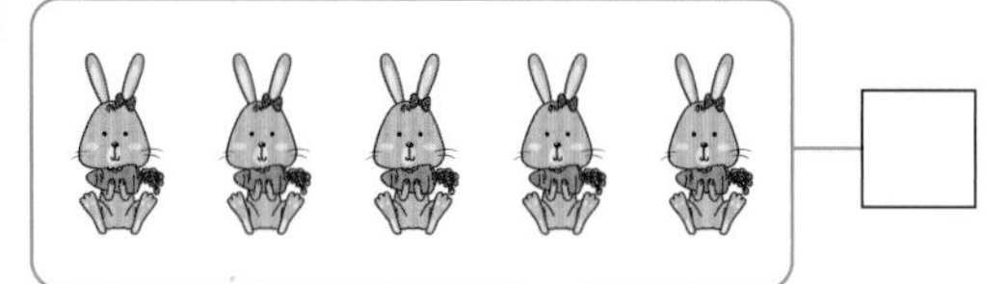

3 왼쪽의 수만큼 ○를 그려 보세요.

(1) 2

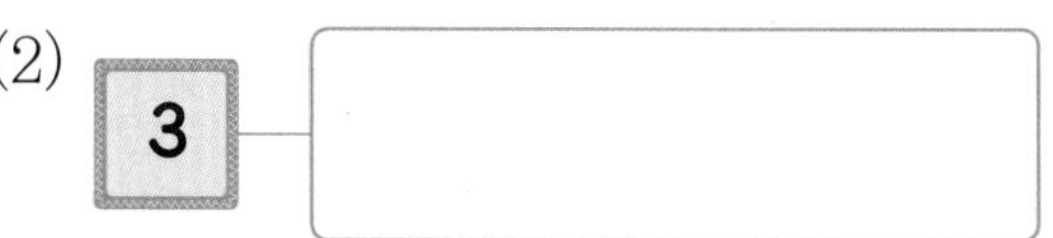

(2) 3

(3) 5

4 수를 바르게 읽은 것에 ○표 하세요.

(1) 2 ➡ (이, 삼)

(2) 5 ➡ (넷, 다섯)

5 수를 두 가지 방법으로 읽어 빈칸에 알맞게 써넣으세요.

(1)

3	
셋	

(2)

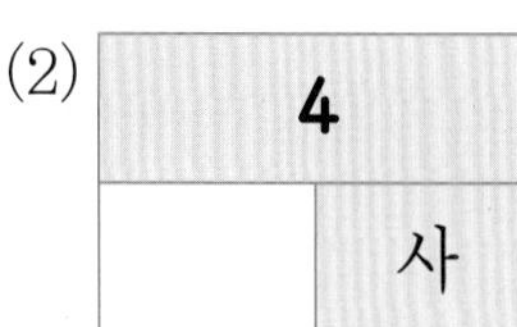

4	
	사

2. 9까지의 수 알아보기

교과서 개념을 이해하고 확인 문제를 통해 익혀요.

6, 7 알아보기

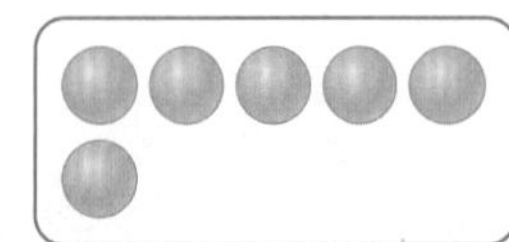

6 (여섯, 육)

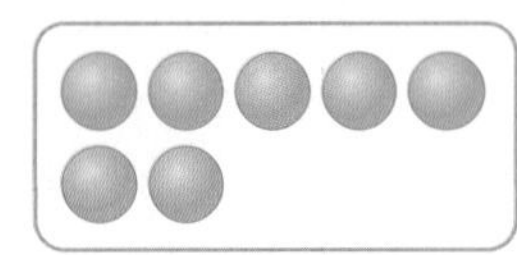

7 (일곱, 칠)

8, 9 알아보기

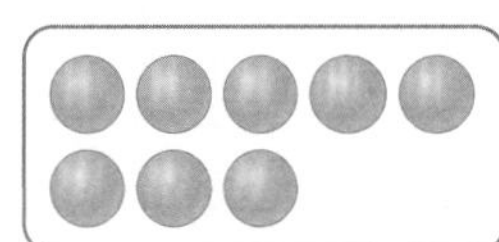

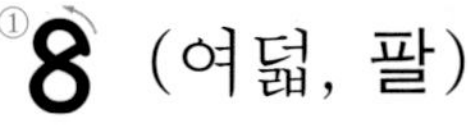

8 (여덟, 팔)

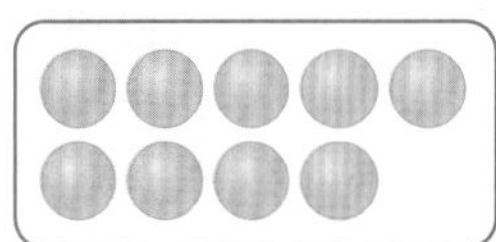

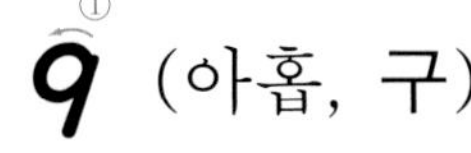

9 (아홉, 구)

1 개념확인

6, 7 알아보기

세어 보고 알맞은 수에 ○표 하세요.

(1)

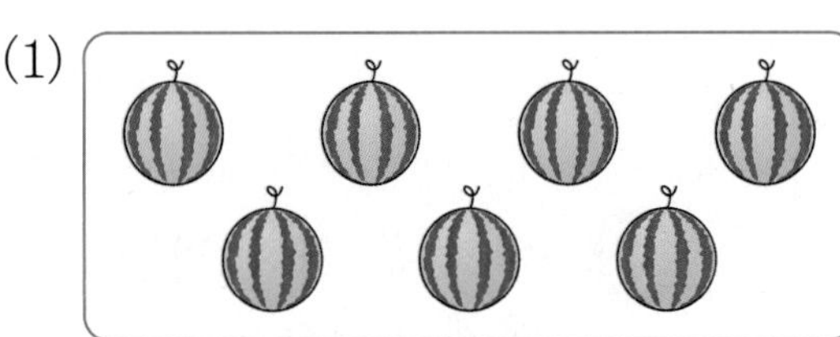

(4, 5, 6, 7)

(2)

(4, 5, 6, 7)

2 개념확인

8, 9 알아보기

세어 보고 알맞은 수에 ○표 하세요.

(1)

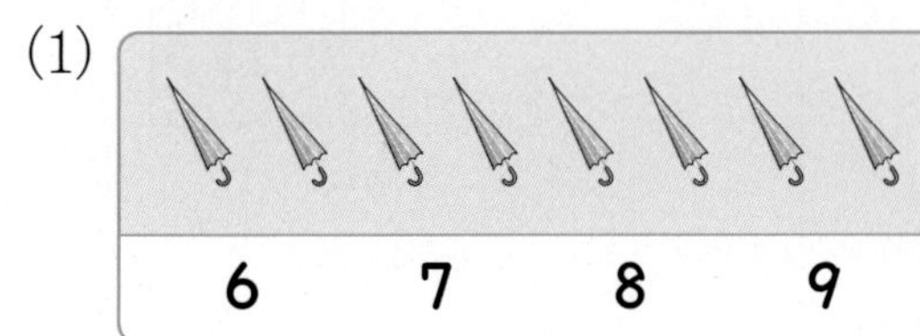

(2)

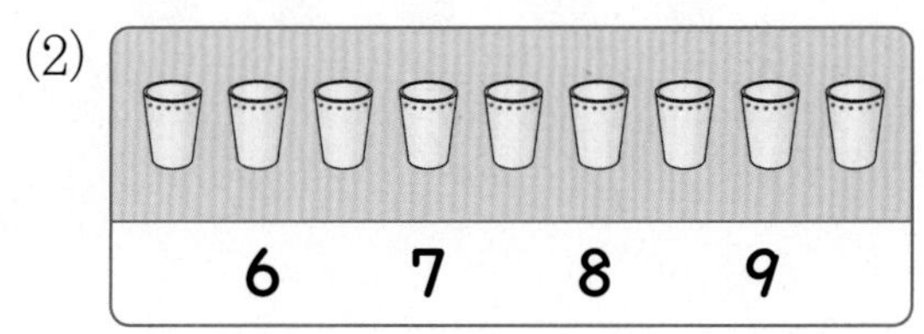

기본 문제를 통해 교과서 개념을 다져요.

1 세어서 수로 쓰고, 두 가지 방법으로 읽어 보세요.

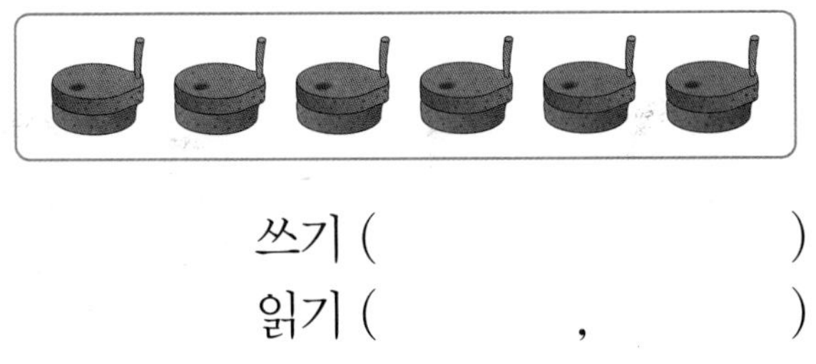

쓰기 (　　　　　　)

읽기 (　　　　,　　　　)

2 세어 보고 알맞은 수에 ○표 하세요.

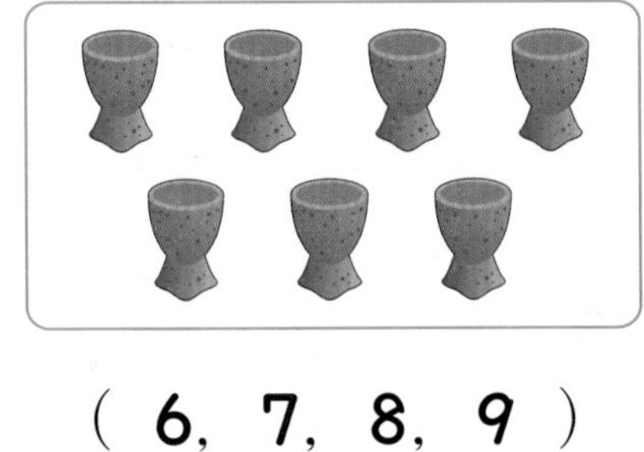

(6, 7, 8, 9)

3 왼쪽의 수만큼 색칠하세요.

(1)

(2)

중요

4 수를 두 가지 방법으로 읽어 보세요.

(1)

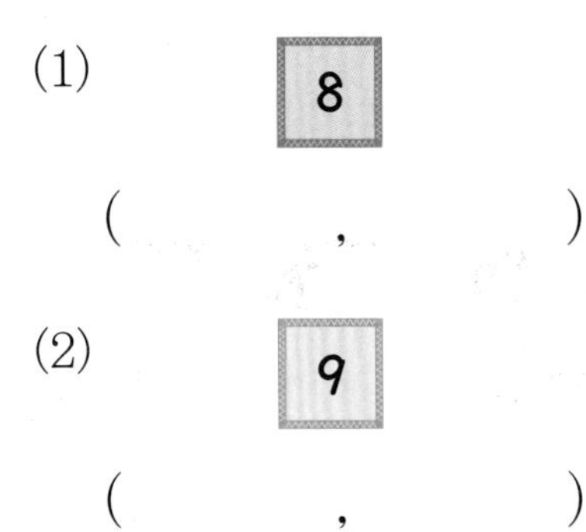

8

(　　　　,　　　　)

(2) 9

(　　　　,　　　　)

5 세어 보고 빈 곳에 알맞은 수를 써넣으세요.

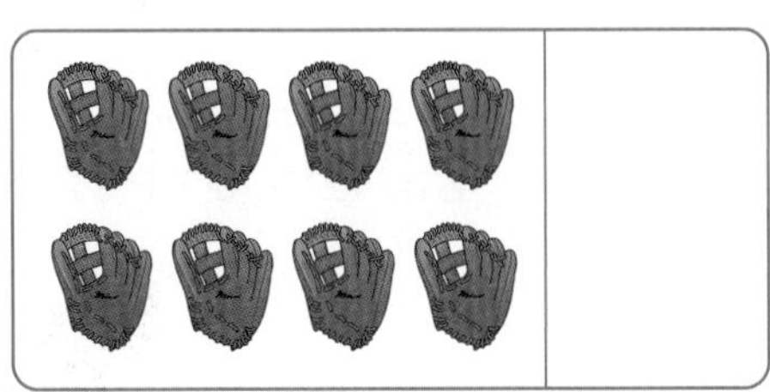

6 색종이가 몇 장인지 세어 보고 □ 안에 알맞은 수를 써넣으세요.

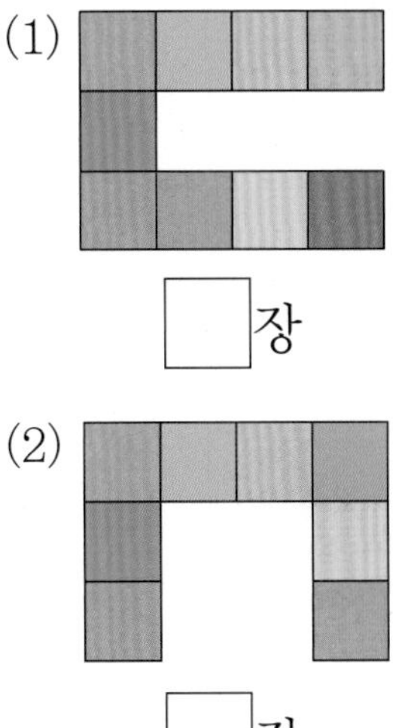

(1) □장

(2) □장

3. 수로 순서를 나타내기

교과서 개념을 이해하고 확인 문제를 통해 익혀요.

수로 순서를 나타내기

• 몇째는 차례 순서를 나타냅니다.

1	2	3	4	5	6	7	8	9
첫째	둘째	셋째	넷째	다섯째	여섯째	일곱째	여덟째	아홉째

개념잡기

순서를 말할 때에는 앞과 뒤, 위와 아래, 왼쪽과 오른쪽 등의 기준을 넣어 순서를 말할 수 있습니다.

---

1 개념확인

수로 순서를 나타내기

동물들이 달리기를 하고 있습니다. 달리는 순서에 맞게 선으로 이어 보세요.

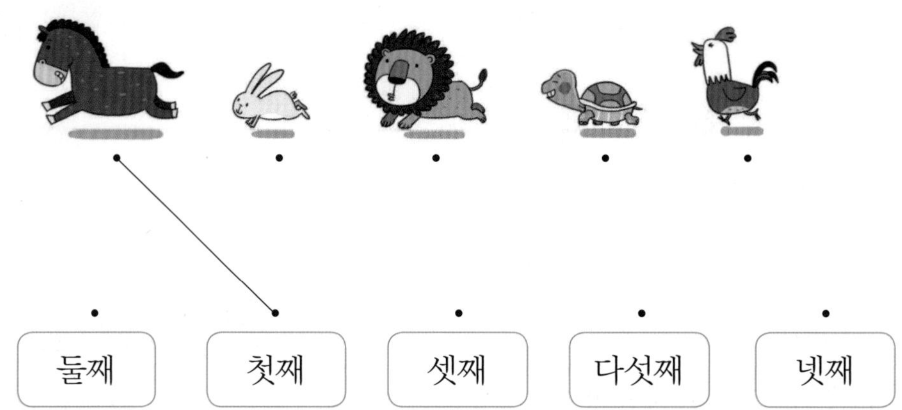

둘째   첫째   셋째   다섯째   넷째

2 개념확인

수로 순서를 나타내기

왼쪽에서부터 세어 알맞게 색칠하세요.

(1) 여섯째

(2) 여덟째

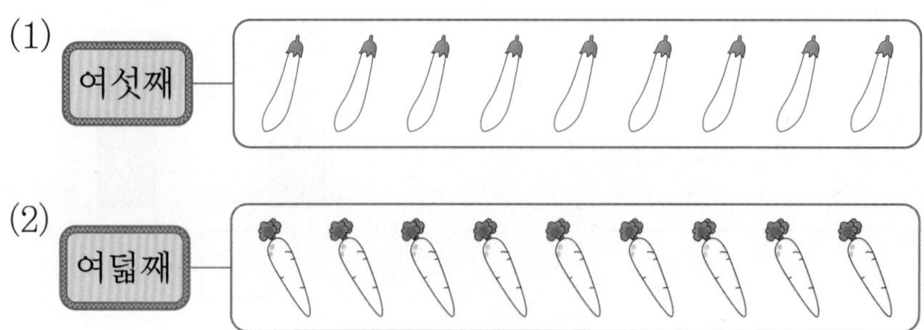

2단계 핵심 쏙쏙

기본 문제를 통해 교과서 개념을 다져요.

1 사진을 찍기 위해 줄을 서 있습니다. 알맞은 말에 ○표 하세요.

(1) 영수는 왼쪽에서
(첫째, 둘째, 셋째)에 서 있습니다.

(2) 동민이는 왼쪽에서
(넷째, 다섯째, 여섯째)에 서 있습니다.

(3) 오른쪽에서 셋째는
(한별, 석기, 영수)입니다.

(4) 오른쪽에서 여섯째는
(한별, 동민, 예슬)입니다.

중요

2 오른쪽에서 둘째에 있는 달팽이를 색칠하세요.

3 그림을 보고 알맞은 말에 ○표 하세요.

☆ ☆ ☆ ☆ ☆ ★ ☆ ☆ ☆

★은 왼쪽에서 (넷째, 다섯째, 여섯째)에 있고 오른쪽에서 (셋째, 넷째, 다섯째)에 있습니다.

4 왼쪽에서부터 세어 알맞게 색칠하세요.

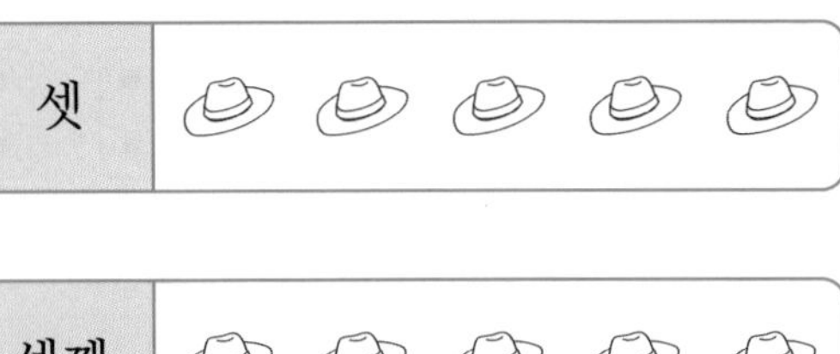

5 왼쪽에서 다섯째에 있는 수에 ○표 하세요.

3 0 2 5 7 9 6 1 4

6 순서에 맞는 모양에 ○표 하세요.

위에서 다섯째칸

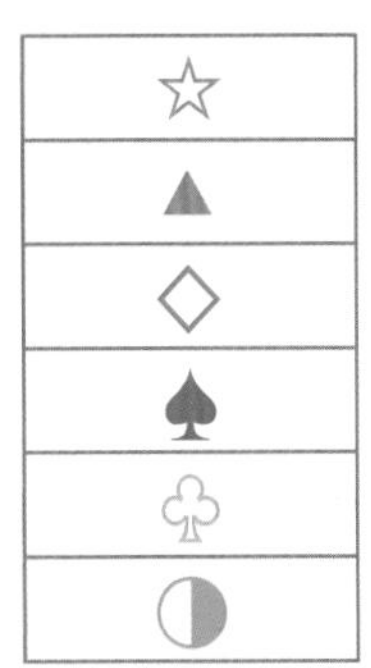

아래에서 넷째칸

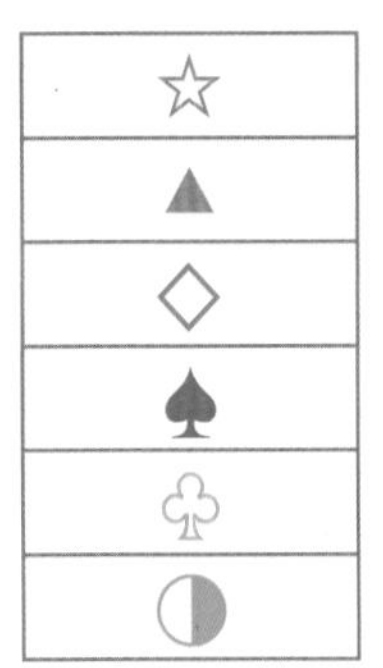

3단계 유형 콕콕

다양한 기본 유형 문제를 통해 실력을 탄탄히 다져요.

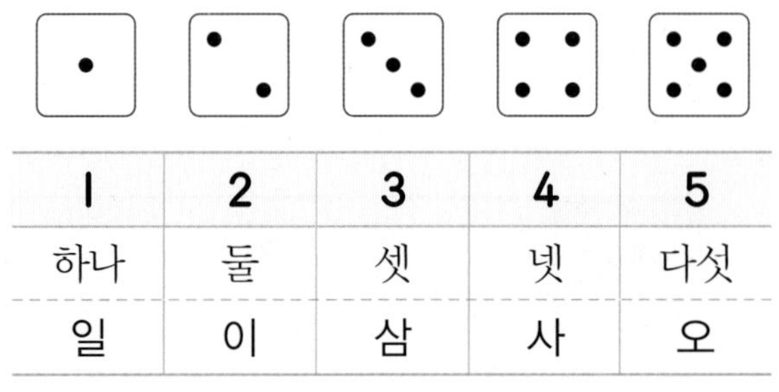

1	2	3	4	5
하나	둘	셋	넷	다섯
일	이	삼	사	오

1-1 세어 보고 알맞은 말에 ○표 하세요.

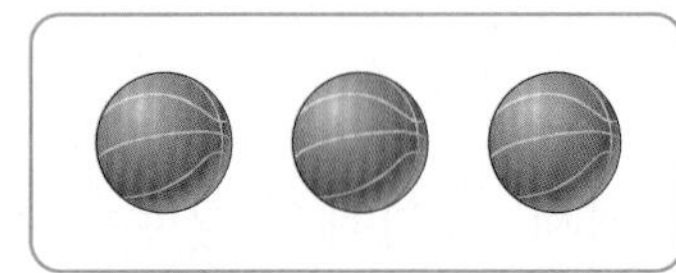

(하나 둘 셋 넷 다섯)

1-2 세어 보고 □ 안에 알맞은 수나 말을 써넣으세요.

(1)

□라 쓰고, □ 또는 □라고 읽습니다.

(2)

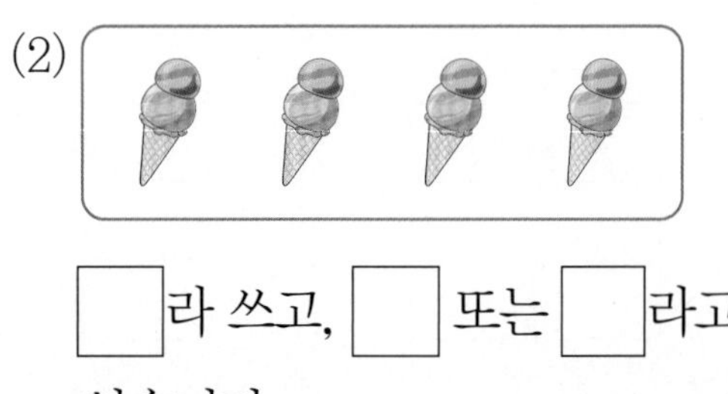

□라 쓰고, □ 또는 □라고 읽습니다.

대표유형

1-3 세어 보고 알맞은 수에 ○표 하세요.

(1)

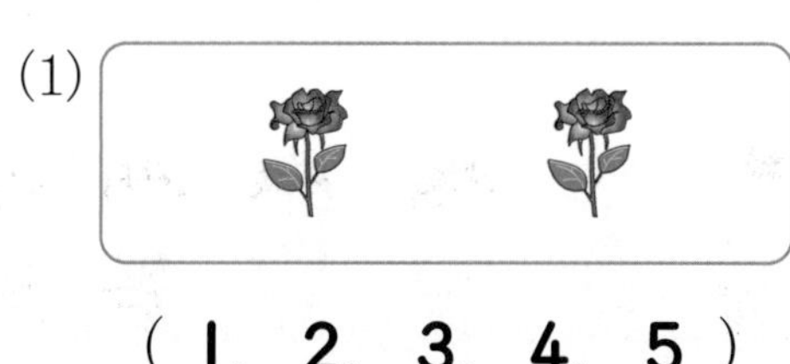

(1, 2, 3, 4, 5)

(2)

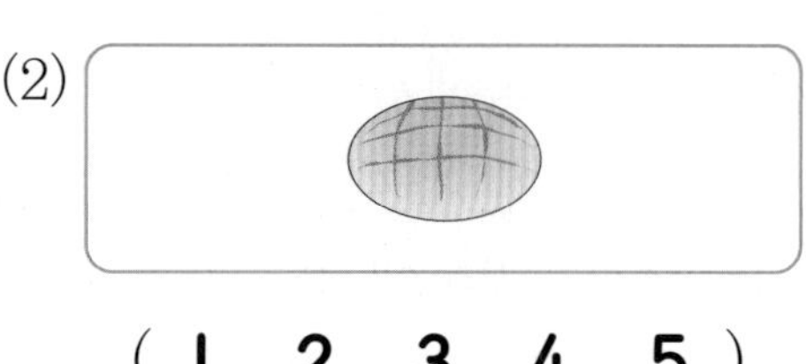

(1, 2, 3, 4, 5)

(3)

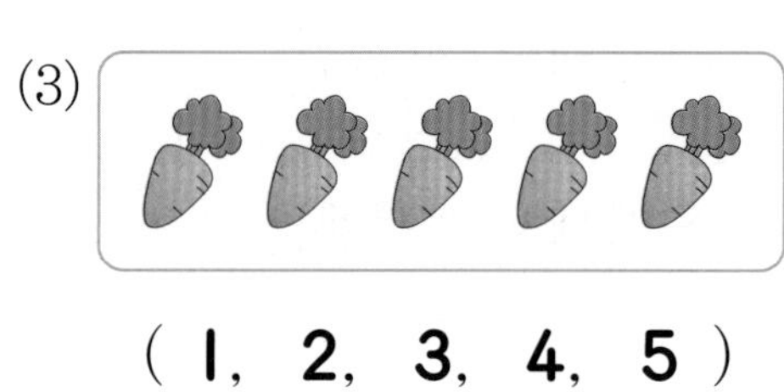

(1, 2, 3, 4, 5)

1-4 세어 보고 알맞은 말에 ○표 하세요.

(1)

(일 이 삼 사 오)

(2)

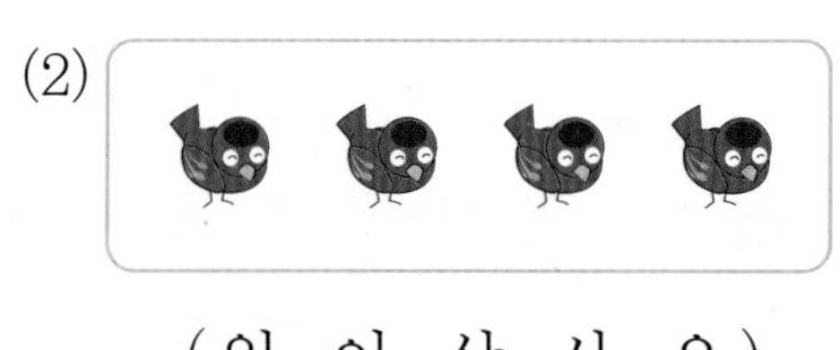

(일 이 삼 사 오)

(3)

(일 이 삼 사 오)

단원 1

1-5 보기와 같이 알맞은 수를 □ 안에 써 넣으세요.

(1) 셋, 삼 ➡ □

(2) 다섯, 오 ➡ □

1-6 관계있는 것끼리 선으로 이어 보세요.

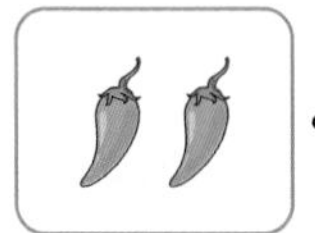 • • 3

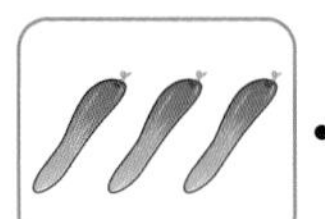 • • 4

 • • 2

시험에 잘 나와요

1-7 관계있는 것끼리 선으로 이어 보세요.

 • • 이 • • 5

 • • 오 • • 2

1-8 왼쪽의 수만큼 색칠하세요.

(1) 4

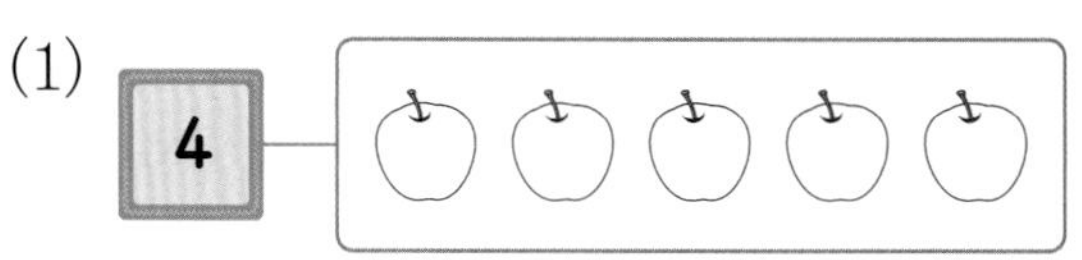

(2) 1

1-9 왼쪽의 수만큼 ○를 그려 보세요.

(1) 2

(2) 4

(3) 5

1-10 왼쪽의 수만큼 물건을 묶어 보세요.

(1) 3

(2) 1

(3) 4

유형 2 9까지의 수 알아보기

	6	여섯, 육
	7	일곱, 칠
	8	여덟, 팔
	9	아홉, 구

2-1 세어 보고 달걀 수만큼 ○를 그려 보세요.

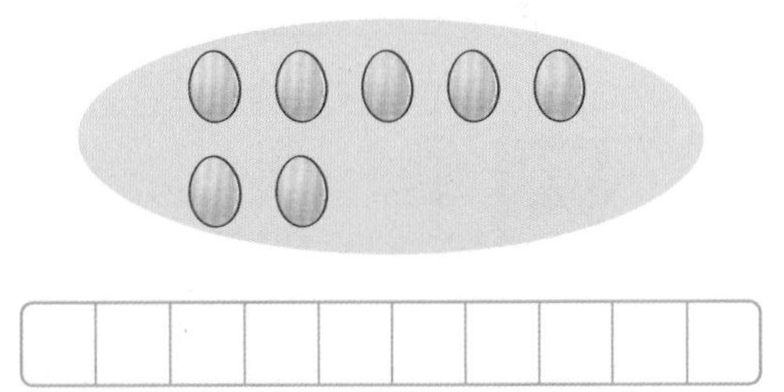

시험에 잘 나와요

2-2 그림을 보고 □ 안에 알맞은 수나 말을 써넣으세요.

(1)

□이라 쓰고, □ 또는 □이라고 읽습니다.

(2)

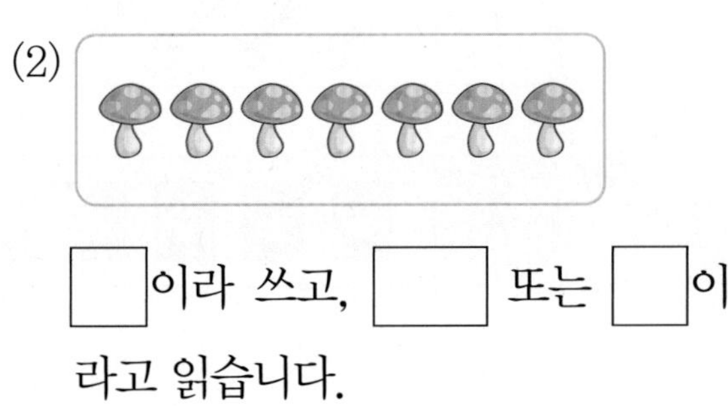

□이라 쓰고, □ 또는 □이라고 읽습니다.

2-3 세어 보고 알맞은 수에 ○표 하세요.

(1)

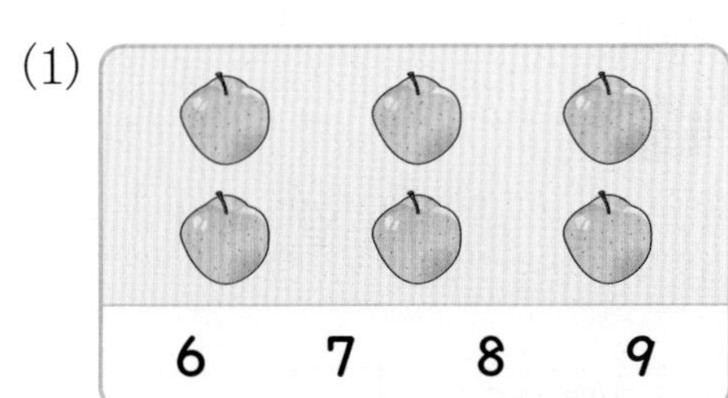

6 7 8 9

(2)

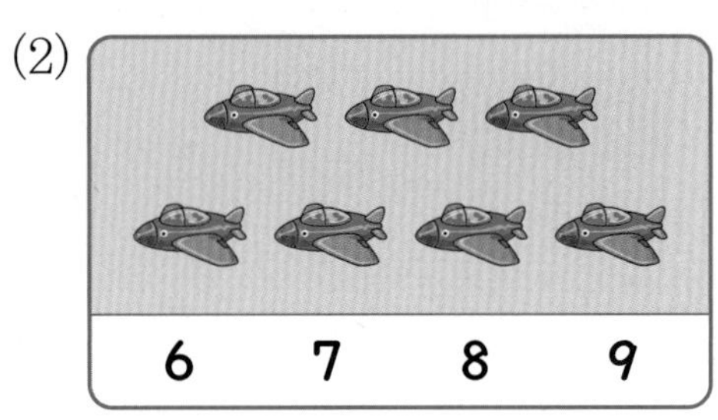

6 7 8 9

2-4 관계있는 것끼리 선으로 이어 보세요.

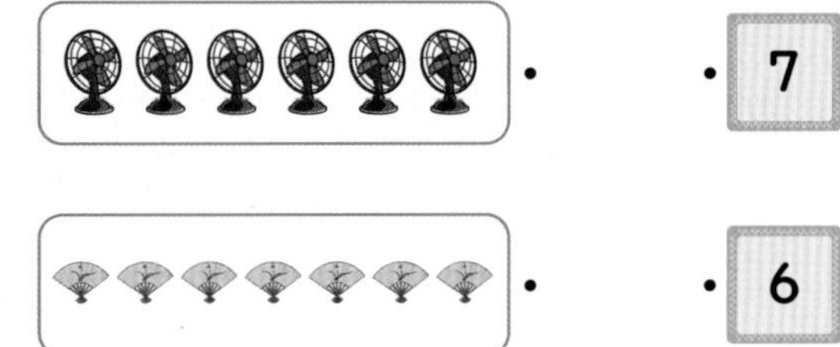

7

6

2-5 세어 보고 □ 안에 알맞은 수를 써넣으세요.

(1)

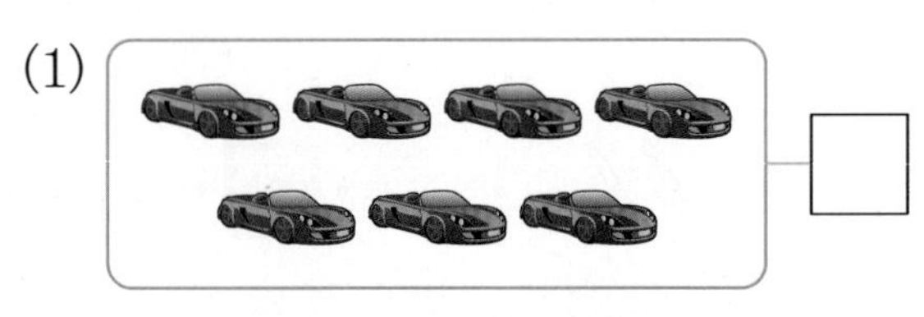

□

(2)

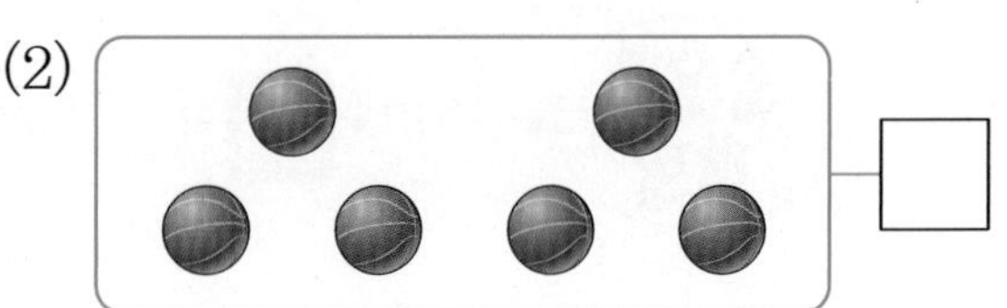

□

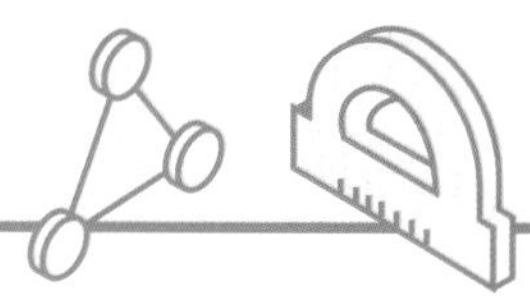

시험에 잘 나와요

2-6 왼쪽의 수만큼 색칠해 보세요.

(1) 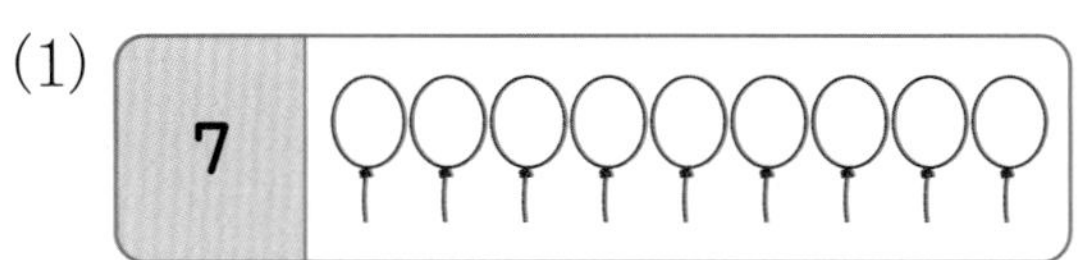

(2) 

2-7 왼쪽의 수만큼 묶어 보세요.

(1) 

(2) 

2-8 왼쪽의 수만큼 ○를 각각 그리고, 두 가지 방법으로 읽어 보세요.

	그리기	읽기	
6			
7			

2-9 놀이터에서 일곱 명의 어린이가 놀고 있습니다. 놀이터에서 놀고 있는 어린이의 수를 써 보세요.

(　　　　　　)명

2-10 그림을 보고 □ 안에 알맞은 수나 말을 써넣으세요.

(1) 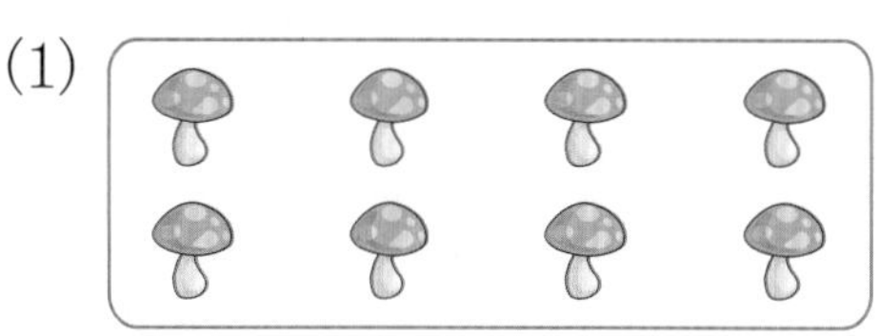

□이라 쓰고, □ 또는 □이라고 읽습니다.

(2) 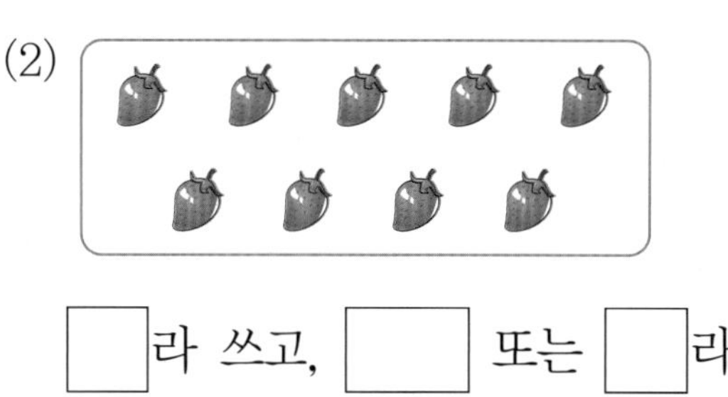

□라 쓰고, □ 또는 □라고 읽습니다.

2-11 그림에 맞게 수를 고쳐 쓰세요.

(1) 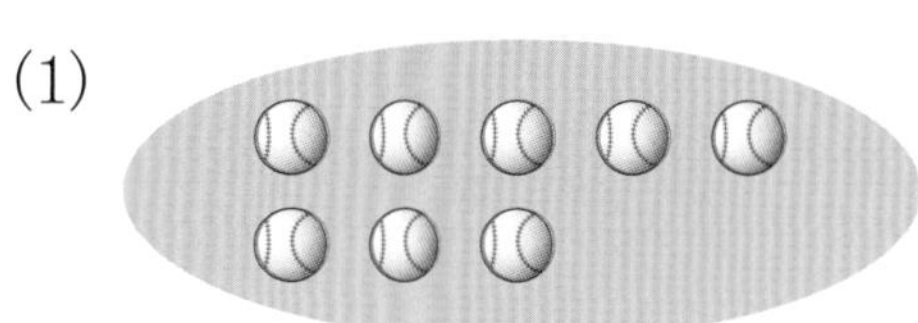

야구공이 7 개 있습니다.

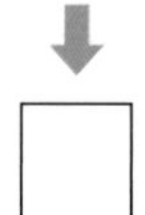

□

(2) 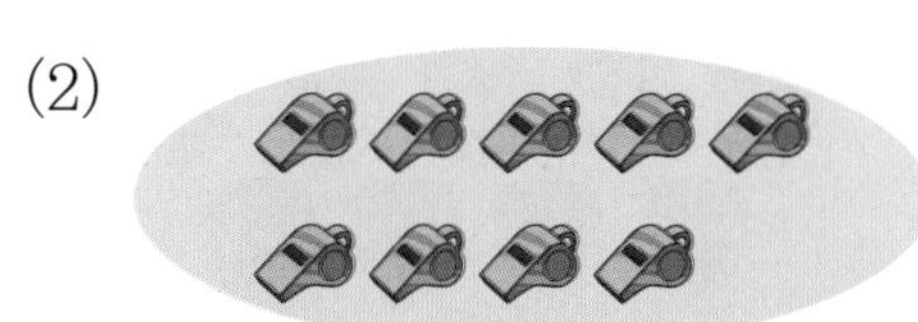

호루라기가 6 개 있습니다.

⬇

□

2-12 세어 보고 알맞은 수에 ○표 하세요.

(1)
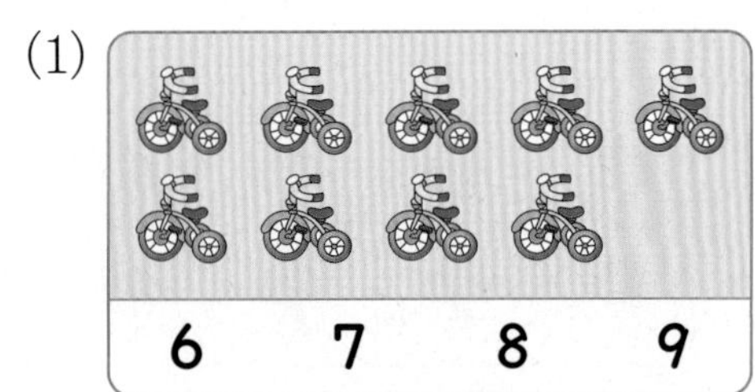

(2)
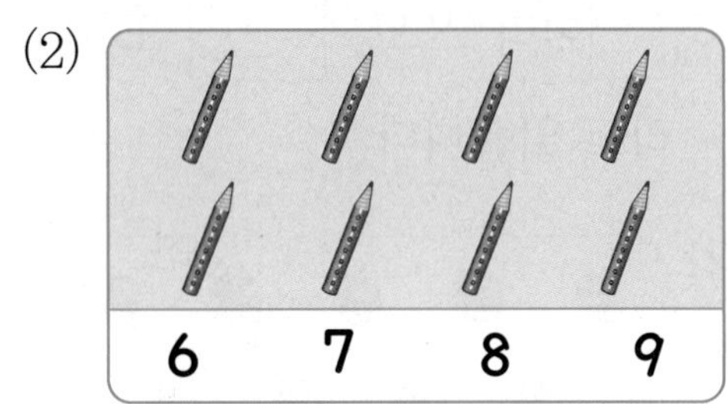

2-13 관계있는 것끼리 선으로 이어 보세요.

2-14 세어 보고 □ 안에 알맞은 수를 써넣으세요.

(1)

(2)

2-15 왼쪽의 수만큼 색칠하세요.

(1)

(2)
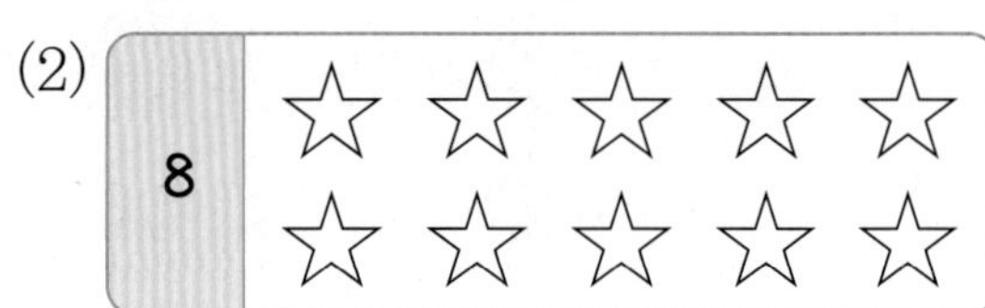

2-16 왼쪽의 수만큼 묶어 보세요.

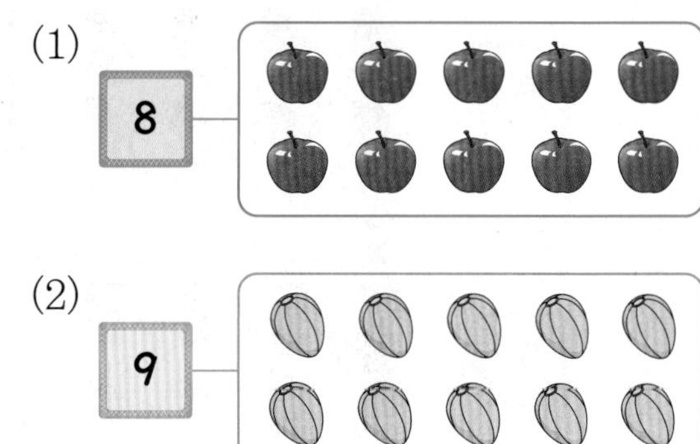

2-17 다음에서 나머지 셋과 다른 것을 찾아 △표 하세요.

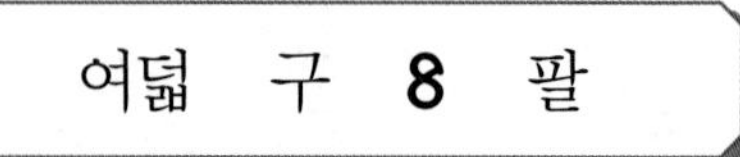

유형 3 수로 순서 나타내기

차례 순서는 첫째, 둘째, 셋째, 넷째, 다섯째, 여섯째, 일곱째, 여덟째, 아홉째입니다.

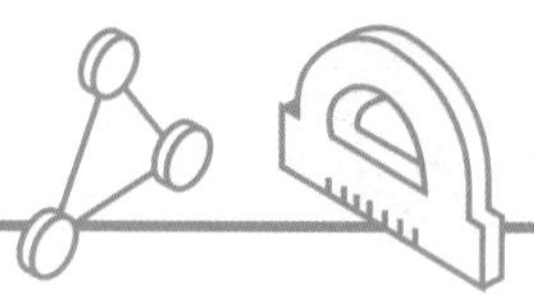

대표유형

3-1 순서에 맞는 그림에 ○표 하세요.

(1) 왼쪽에서 일곱째

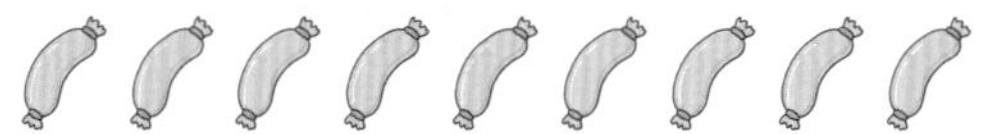

(2) 오른쪽에서 여섯째

3-2 학생들이 왼쪽에서부터 차례로 서 있습니다. 순서에 맞게 선으로 이어 보세요.

 • • 아홉째

 • • 여섯째

 • • 여덟째

 • • 일곱째

시험에 잘 나와요

3-3 왼쪽에서부터 알맞게 색칠하세요.

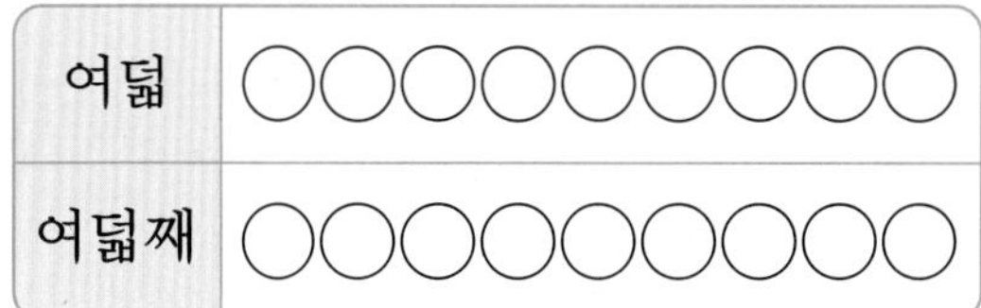

여덟	○○○○○○○○○
여덟째	○○○○○○○○○

3-4 노란색 인형은 오른쪽에서 몇째에 있나요?

( )

3-5 그림을 보고 □ 안에 알맞은 물건의 이름을 써넣으세요.

위에서 셋째칸에 있는 물건은 □입니다.

3-6 동민, 석기, 가영, 예슬, 한별, 지혜, 상연, 한솔, 웅이가 순서대로 달리고 있습니다. 동민이가 앞에서 첫째로 달리고 있을 때 앞에서 여섯째로 달리고 있는 사람은 누구인가요?

( )

4. 수의 순서 알아보기

교과서 개념을 이해하고 확인 문제를 통해 익혀요.

수의 순서 알아보기

차례 순서는 첫째, 둘째, 셋째, 넷째, 다섯째, 여섯째, 일곱째, 여덟째, 아홉째이고, 이를 수의 순서대로 나타내면 1, 2, 3, 4, 5, 6, 7, 8, 9입니다.

1	2	3	4	5	6	7	8	9
첫째	둘째	셋째	넷째	다섯째	여섯째	일곱째	여덟째	아홉째

개념잡기

9부터 수의 순서를 거꾸로 세면 9, 8, 7, 6, 5, 4, 3, 2, 1입니다.

---

1 개념확인

수의 순서 알아보기

숫자 카드를 수의 순서대로 놓아 보려고 합니다. 물음에 답하세요.

1 6 3 5 4 7 9 2 8

(1) 수를 순서대로 놓을 때 맨 처음에 오는 수는 얼마인가요?

( )

(2) 수를 순서대로 놓을 때 1 다음에는 어떤 수가 놓이나요?

( )

(3) 수를 순서대로 놓을 때 2 다음에는 어떤 수가 놓이나요?

( )

(4) 숫자 카드를 수의 순서대로 놓아 보세요.

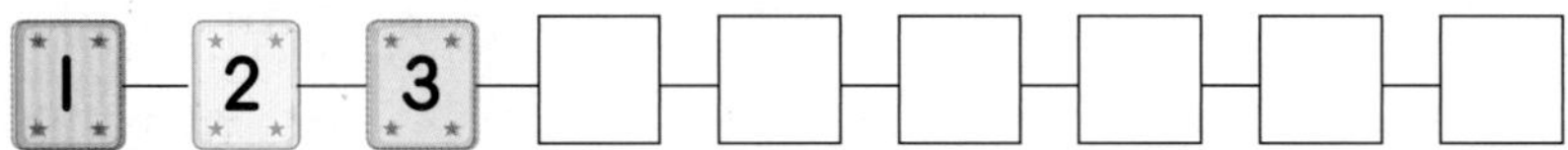

2 개념확인

수의 순서 알아보기

수의 순서에 맞게 빈 곳에 알맞은 수를 써넣으세요.

2단계 핵심 쏙쏙

기본 문제를 통해 교과서 개념을 다져요.

숫자 카드를 수의 순서대로 놓으려고 합니다. 빈 곳에 알맞은 수를 써넣으세요. [1~2]

1

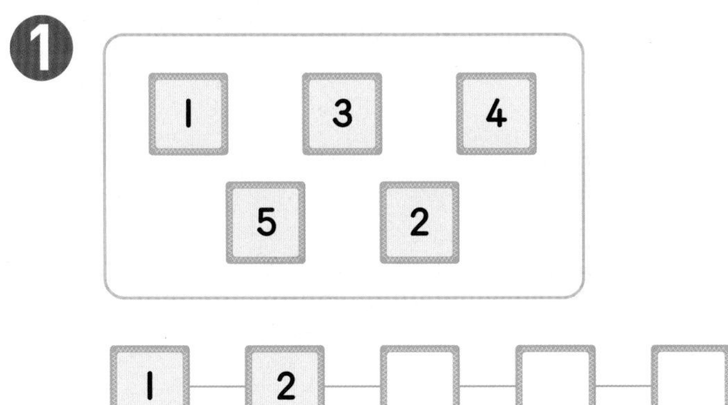

2

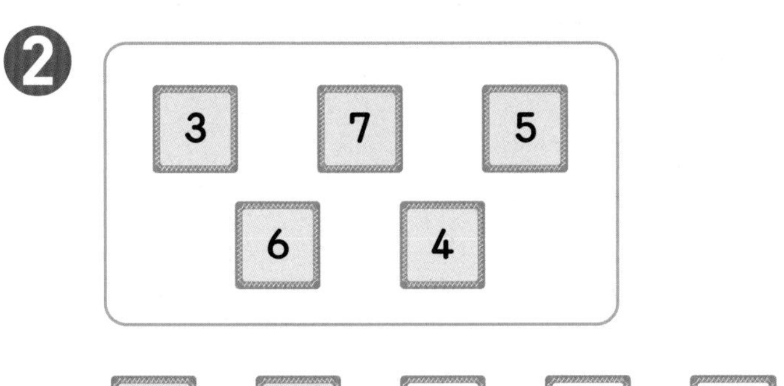

3 수의 순서에 맞게 빈 곳에 알맞은 수를 찾아 ○표 하세요.

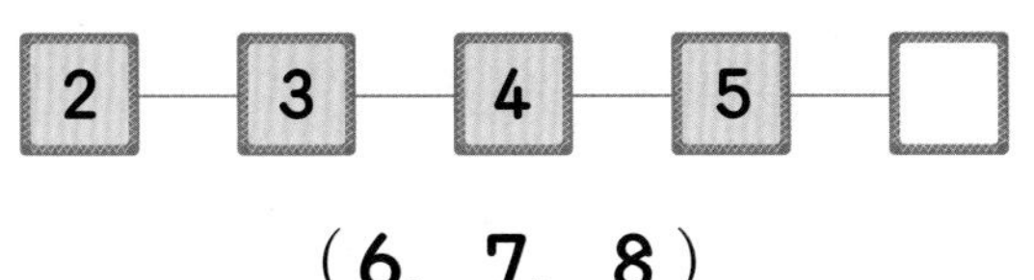

(6, 7, 8)

4 수를 순서대로 늘어놓았습니다. ㉠에 알맞은 수를 쓰세요.

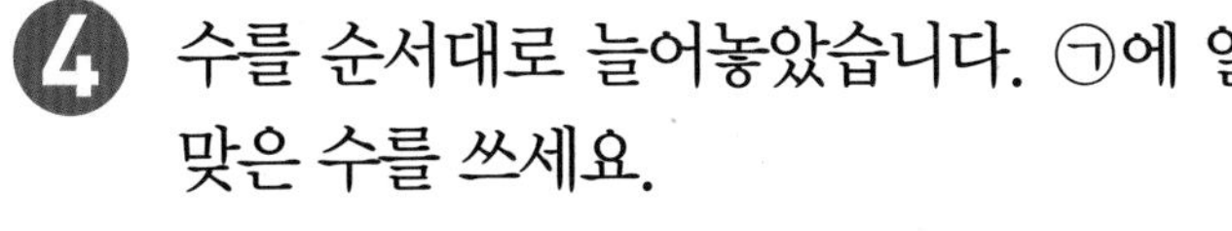

(　　　　　　)

5 수의 순서를 거꾸로 하여 수를 써 보세요.

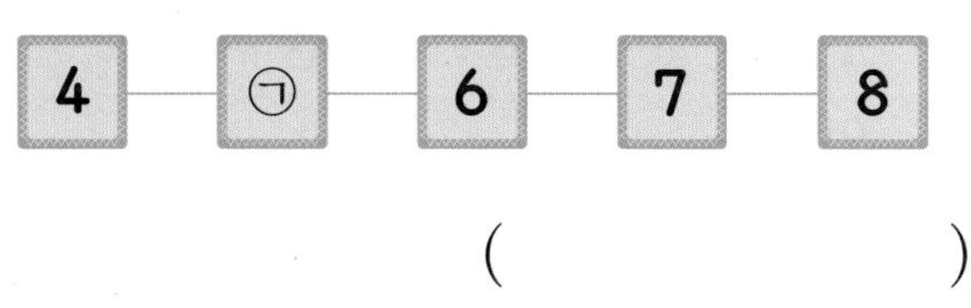

6 수의 순서에 맞게 선으로 연결해 보세요.

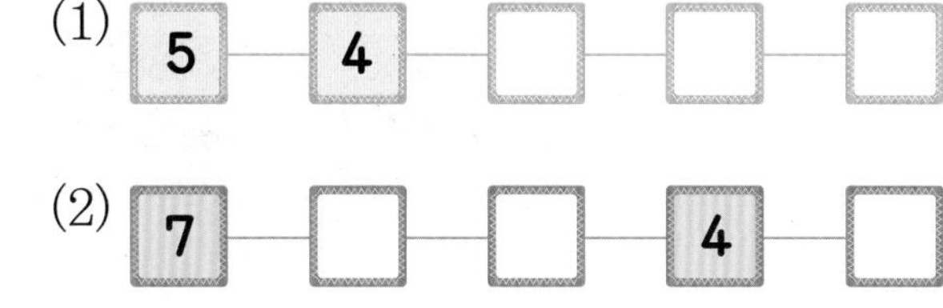

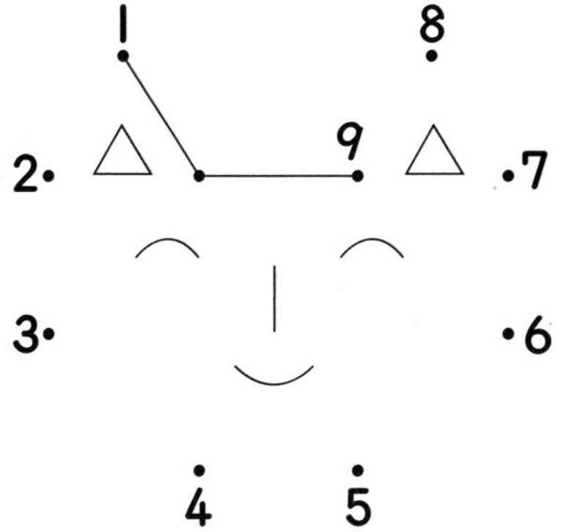

5. 1만큼 더 큰 수와 1만큼 더 작은 수 알아보기

교과서 개념을 이해하고 확인 문제를 통해 익혀요.

1만큼 더 큰 수와 1만큼 더 작은 수 알아보기

수를 순서대로 늘어놓았을 때 바로 다음 수가 1만큼 더 큰 수이고 바로 앞의 수가 1만큼 더 작은 수입니다.

5 6 7 8 9

- 6보다 1만큼 더 큰 수는 **7**입니다.
- 6보다 1만큼 더 작은 수는 **5**입니다.

- 8보다 1만큼 더 큰 수는 **9**입니다.
- 8보다 1만큼 더 작은 수는 **7**입니다.

0 알아보기

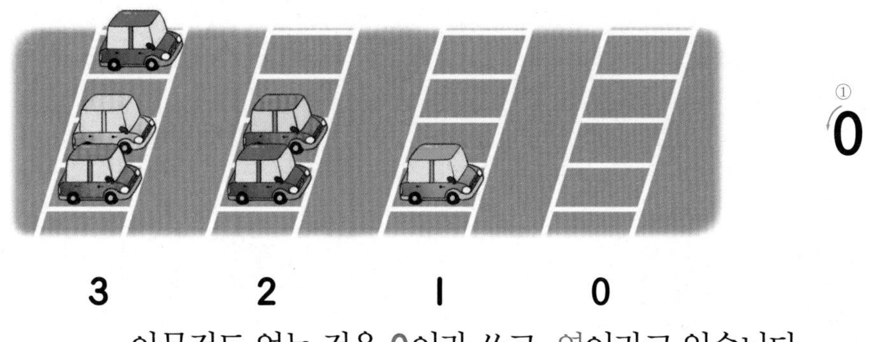

① 0

3 2 1 0

아무것도 없는 것을 0이라 쓰고, 영이라고 읽습니다.

개념잡기

0은 1보다 1만큼 더 작은 수입니다.

---

1 개념확인

1만큼 더 큰 수 알아보기

왼쪽 그림의 수보다 1만큼 더 큰 수를 나타내도록 ○를 그려 보세요.

2 개념확인

0 알아보기

잠자리의 수를 세어 보고 □ 안에 알맞은 수를 써넣으세요.

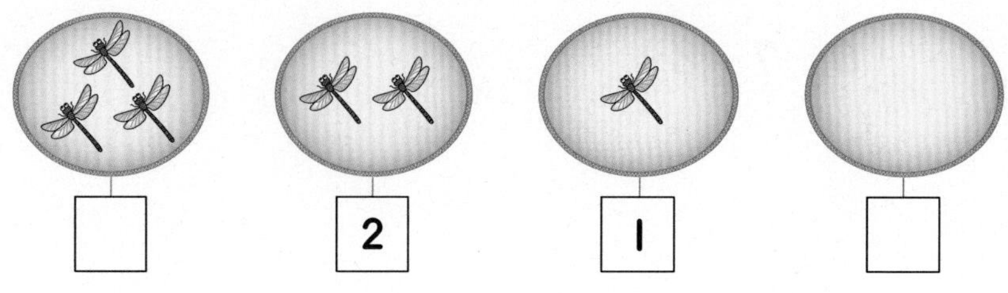

기본 문제를 통해 교과서 개념을 다져요.

1 새우의 수보다 1만큼 더 작은 수를 나타내도록 △를 그려 보세요.

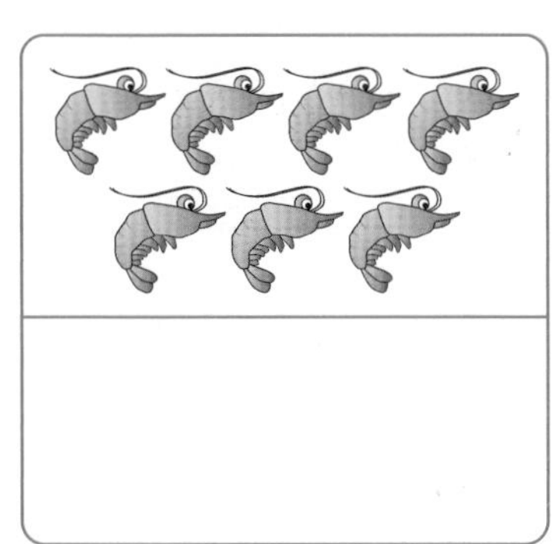

중요

2 도넛의 수보다 1만큼 더 큰 수에 ○표 하세요.

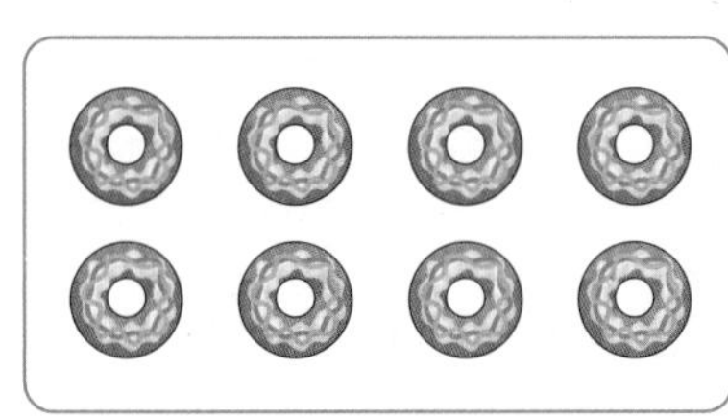

(6, 7, 8, 9)

3 토끼의 수보다 1만큼 더 작은 수를 쓰세요.

(   )

중요

4 빈 곳에 알맞은 수를 써넣으세요.

(1) 1만큼 더 작은 수　　1만큼 더 큰 수

(2) 1만큼 더 작은 수　　1만큼 더 큰 수

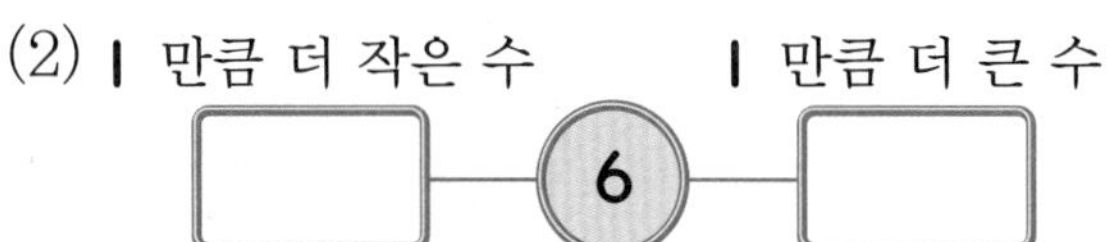

(3) 1만큼 더 작은 수　　1만큼 더 큰 수

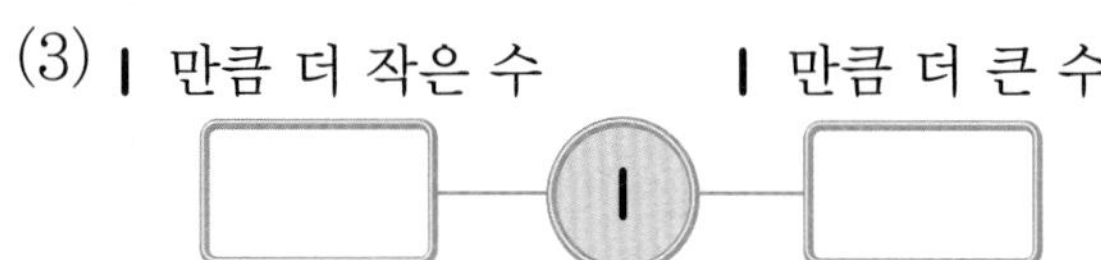

5 자동차에 타고 있는 사람의 수를 세어 보고 선으로 이어 보세요.

6 꽃병에 꽂혀 있는 장미의 수를 세어 보고 □ 안에 알맞은 수를 써넣으세요.

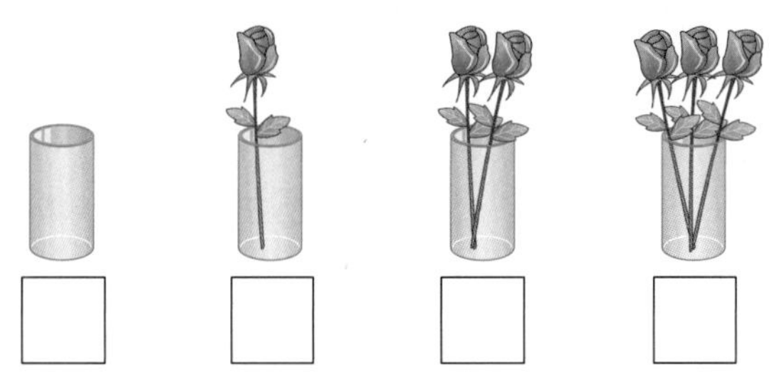

6. 수의 크기 비교하기

교과서 개념을 이해하고 확인 문제를 통해 익혀요.

두 수의 크기 비교하기

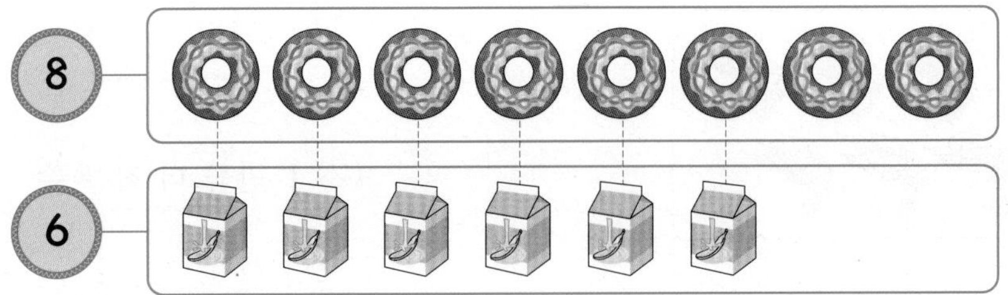

- 8은 6보다 큽니다. ➡ 도넛은 우유보다 많습니다.
- 6은 8보다 작습니다. ➡ 우유는 도넛보다 적습니다.

개념잡기

- 하나씩 짝지어 보았을 때, 남는 쪽의 수가 더 큰 수입니다.
- 수를 차례로 늘어놓았을 때, 뒤에 나오는 수가 더 큰 수입니다.
- 물건의 양을 비교하여 '많다', '적다'로 말하고 수의 크기를 비교하여 '크다', '작다'로 말합니다.

그림을 보고 물음에 답하세요. [1~2]

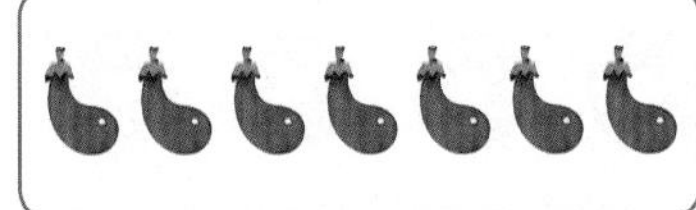

1 개념확인

두 수의 크기 비교하기

당근과 가지의 수만큼 각각 색칠하고, 빈 곳에 알맞은 수를 써넣으세요.

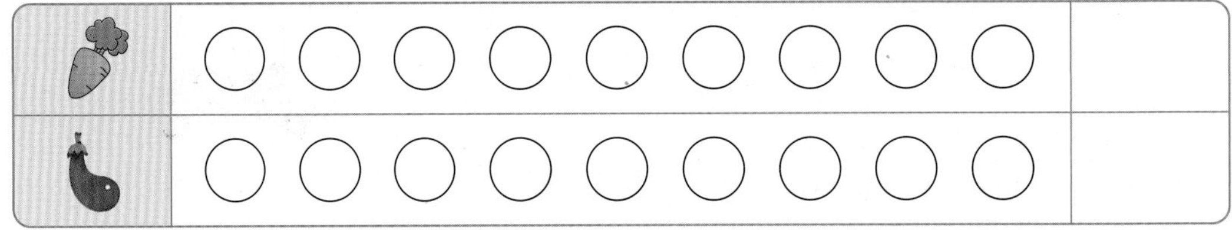

2 개념확인

두 수의 크기 비교하기

알맞은 말에 ○표 하세요.

(1) 5는 7보다 (큽니다, 작습니다).

(2) 7은 5보다 (큽니다, 작습니다).

(3) (당근)은 (가지)보다 (많습니다, 적습니다).

1 토끼와 사슴의 수만큼 △를 각각 그리고, 알맞은 말에 ○표 하세요.

(1) 사슴은 토끼보다 (많습니다, 적습니다).

(2) 8은 9보다 (큽니다, 작습니다).

2 왼쪽 수만큼 △를 그리고, 알맞은 말에 ○표 하세요.

5	
8	

5는 8보다 (큽니다, 작습니다).

8은 5보다 (큽니다, 작습니다).

3 가운데 딸기 수보다 작은 수에 색칠해 보세요.

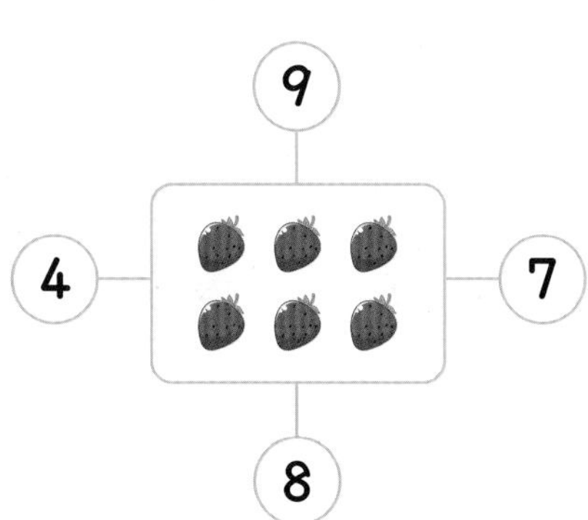

4 수를 세어 빈 곳에 써넣고 알맞은 말에 ○표 하세요.

5는 3보다 (큽니다, 작습니다).

중요

5 더 큰 수에 ○표 하세요.

(1) 4 7　　(2) 6 5

6 왼쪽 수만큼 ♡에 색칠하고 더 큰 수에 ○표 하세요.

8	♡♡♡♡♡♡♡♡♡♡
6	♡♡♡♡♡♡♡♡♡♡

중요

7 더 작은 수에 △표 하세요.

(1) 6 9　　(2) 7 8

유형 4 수의 순서 알아보기

수의 순서를 1부터 순서대로 나타내면 1, 2, 3, 4, 5, 6, 7, 8, 9입니다.

4-1 숫자 카드를 수의 순서대로 놓으려고 합니다. 빈 곳에 알맞은 수를 써넣으세요.

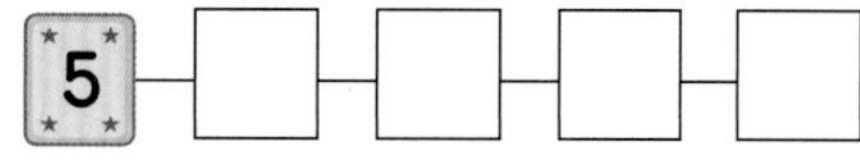

4-2 순서에 맞게 빈 곳에 알맞은 수를 써넣으세요.

(1)

(2)

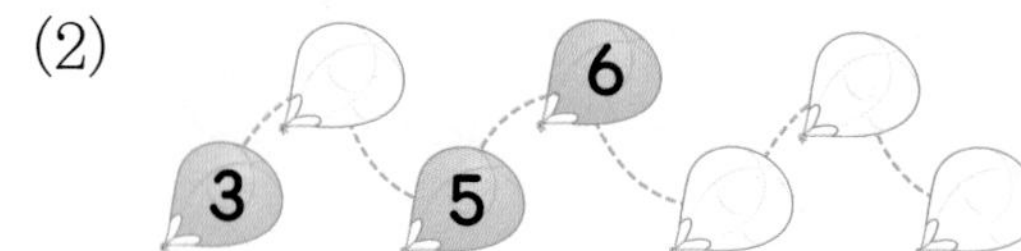

4-3 수의 순서를 거꾸로 하여 수를 써 보세요.

(1)

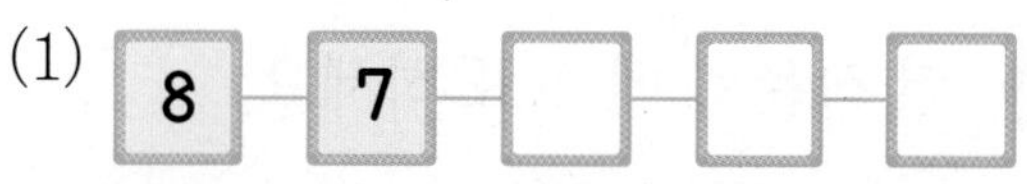

(2)

4-4 사물함의 번호를 수의 순서대로 써넣으세요.

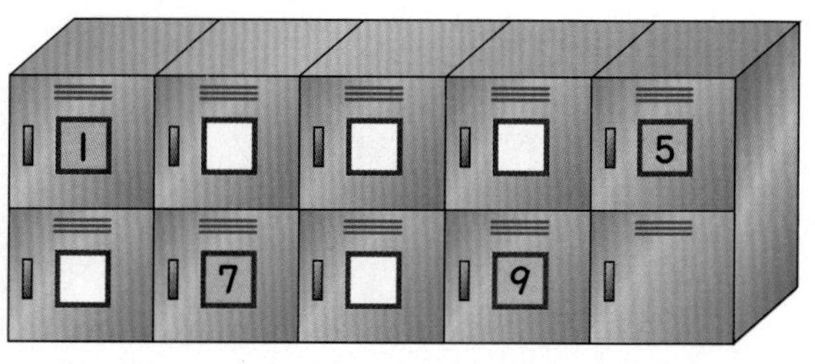

4-5 수의 순서에 맞게 선으로 이어 보세요.

2
1. •3
5. •4
•6
•7
9 8

유형 5 1만큼 더 큰 수와 1만큼 더 작은 수 알아보기

- 수를 순서대로 늘어놓았을 때, 바로 앞의 수는 1만큼 더 작은 수이고, 바로 뒤의 수는 1만큼 더 큰 수입니다.
- 아무것도 없는 것을 0이라 쓰고, 영이라고 읽습니다.

5-1 5보다 1만큼 더 큰 수를 나타내는 것에 ○표 하세요.

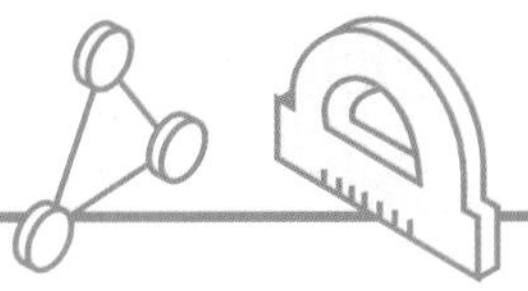

대표유형

5-2 왼쪽 그림보다 하나 더 많게 ○를 그려 보세요.

(1)

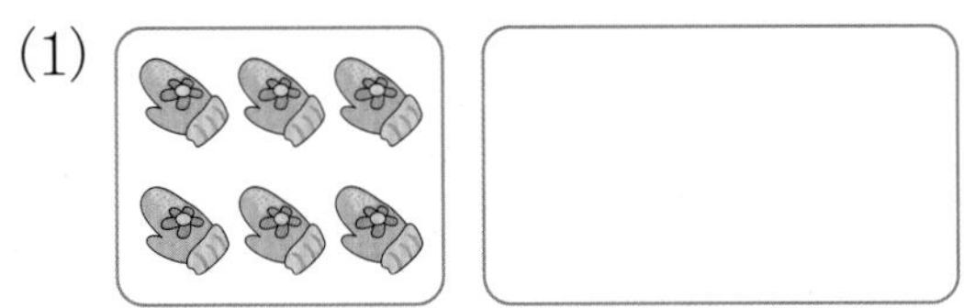

(2)

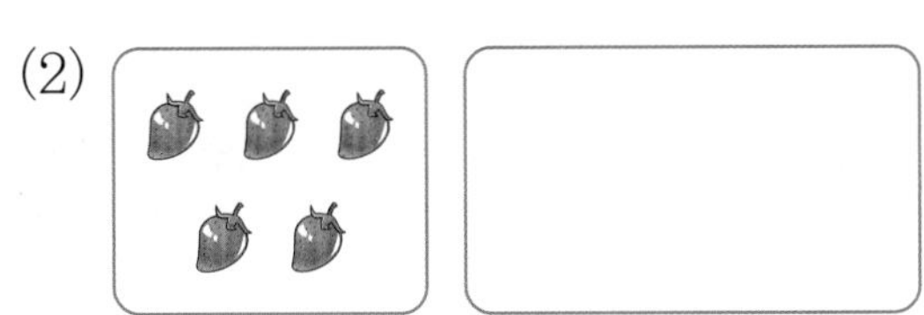

5-3 왼쪽 그림보다 하나 더 적게 색칠해 보세요.

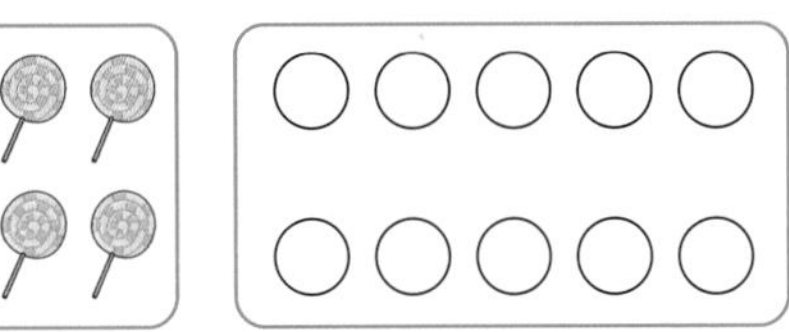

5-4 그림을 보고 □ 안에 알맞은 수를 써넣으세요.

(1) **8**은 **7**보다 □만큼 더 큰 수입니다.

(2) **7**은 **8**보다 □만큼 더 작은 수입니다.

5-5 머핀의 수보다 **1**만큼 더 작은 수에 △표 하세요.

(**5**, **6**, **7**, **8**, **9**)

5-6 주사기의 수보다 **1**만큼 더 큰 수를 쓰세요.

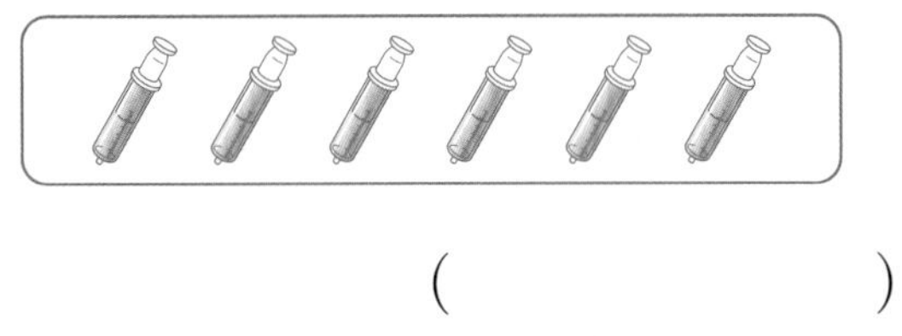

(   )

5-7 □ 안에 알맞은 수를 써넣으세요.

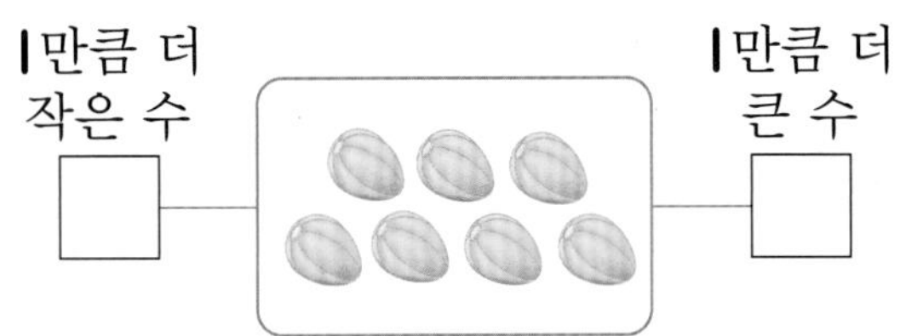

시험에 잘 나와요

5-8 빈 곳에 알맞은 수를 써넣으세요.

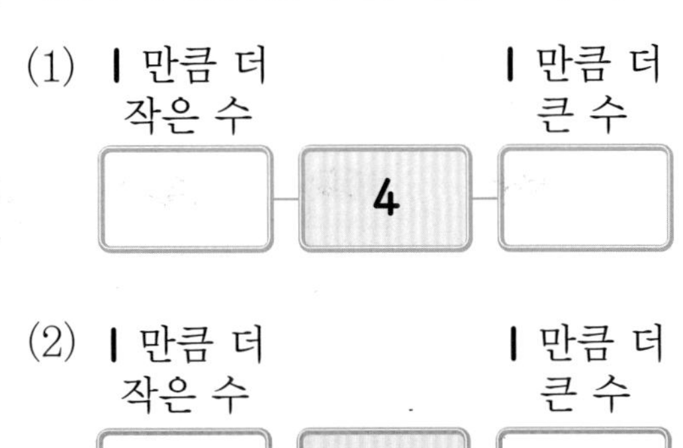

5-9 다음이 나타내는 수보다 1만큼 더 큰 수와 1만큼 더 작은 수를 각각 구하세요.

여섯

1만큼 더 큰 수 (　　　　　)
1만큼 더 작은 수 (　　　　　)

5-10 □ 안에 알맞은 수를 써넣으세요.

(1) 1보다 하나 더 적은 것을 수로 나타내면 □입니다.

(2) 0보다 하나 더 많은 것을 수로 나타내면 □입니다.

5-11 관계있는 것끼리 선으로 이어 보세요.

(1)

0　2　1

(2)

2　3　0　1

5-12 그림을 보고 □ 안에 알맞은 수를 써넣으세요.

(1)

□　□　□

(2)

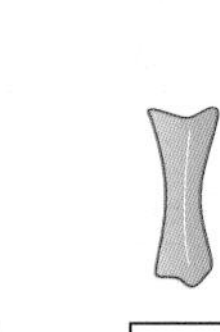  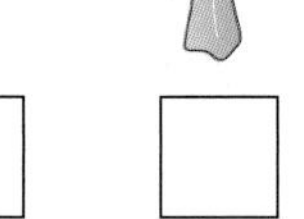

□　□　□　□

(3)

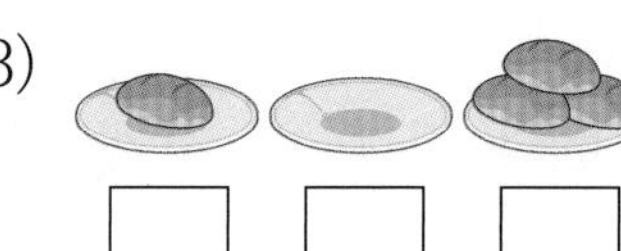 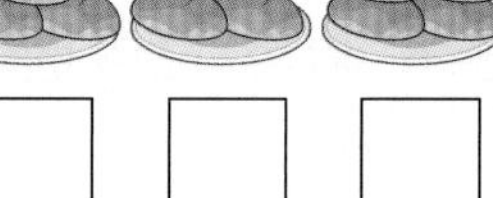

□　□　□　□　□

5-13 긴의자에 앉은 어린이 수보다 1만큼 더 작은 수와 1만큼 더 큰 수를 찾아 이어 보세요.

1만큼 더 작은 수		1만큼 더 큰 수
0	 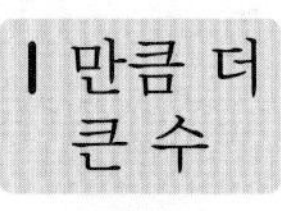	4
1	   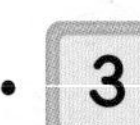	3
2		2

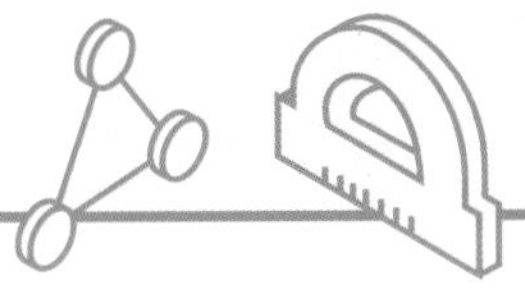

- 하나씩 짝지어 보았을 때, 남는 쪽의 수가 더 큰 수입니다.
- 수를 순서대로 늘어놓았을 때, 뒤에 나오는 수가 더 큰 수입니다.

6-1 그림을 보고 알맞은 말에 ○표 하세요.

(1) 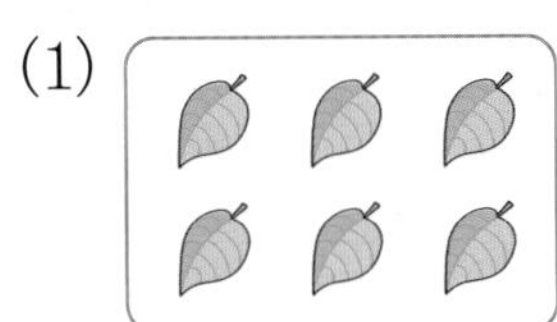 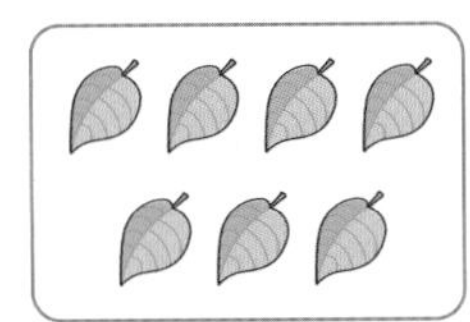

6은 **7**보다 (큽니다, 작습니다).

(2) 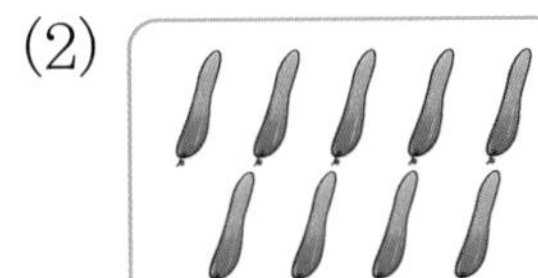 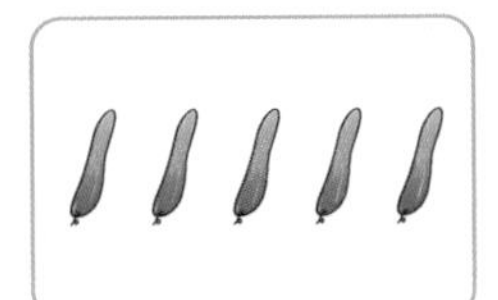

9는 **5**보다 (큽니다, 작습니다).

(3) 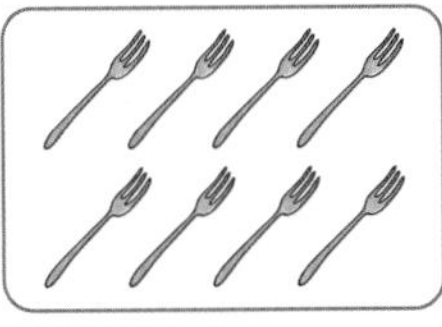 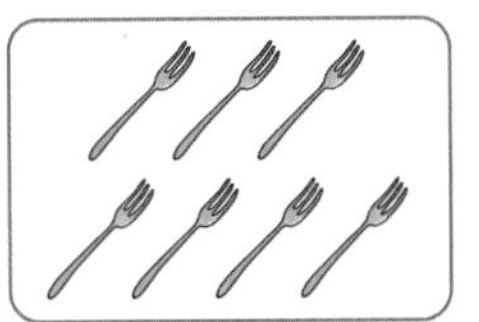

8은 **7**보다 (큽니다, 작습니다).

(4) 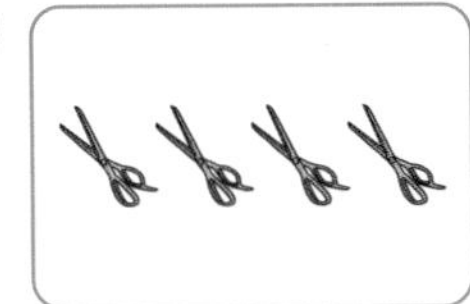 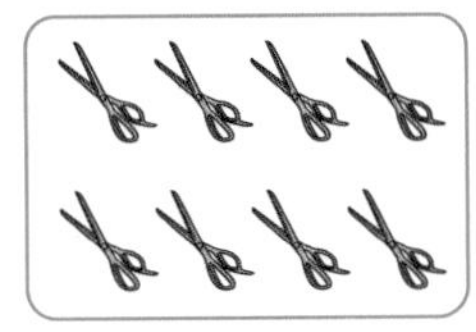

4는 **8**보다 (큽니다, 작습니다).

(5) 

6은 **8**보다 (큽니다, 작습니다).

시험에 잘 나와요

6-2 더 큰 수에 ○표 하세요.

(1) 

(2) 

6-3 더 작은 수에 △표 하세요.

(1)

4	7

(2) 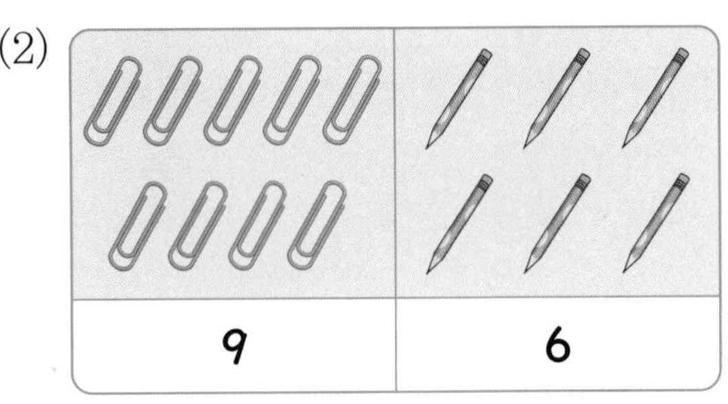

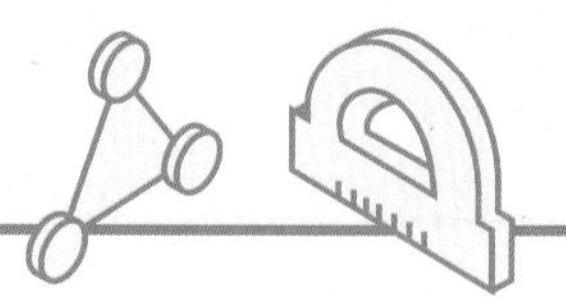

6-4 왼쪽의 수만큼 △를 각각 그리고, 알맞은 말에 ○표 하세요.

(1)

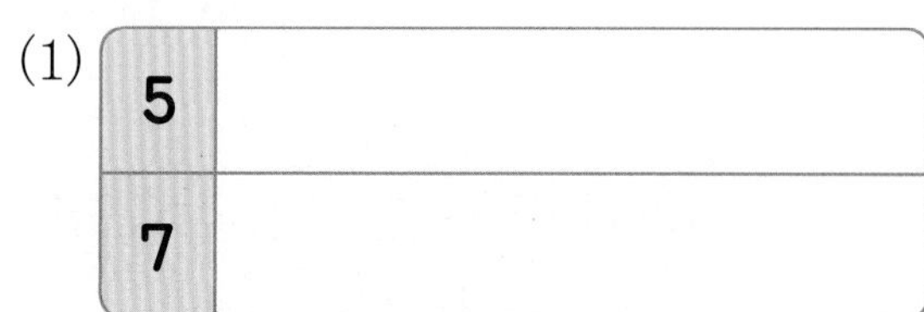

5는 7보다 (큽니다, 작습니다).

(2)

8은 6보다 (큽니다, 작습니다).

대표유형

6-5 더 큰 수에 ○표 하세요.

(1) 8 3 (2) 5 9

(3) 1 6 (4) 9 7

6-6 더 작은 수에 △표 하세요.

(1) 9 4 (2) 5 8

(3) 6 2 (4) 7 3

6-7 그림을 보고 □ 안에 알맞은 수를 써넣으세요.

(1)

7보다 큰 수는 □, □입니다.

(2) 3 4 5 6 7 8 9

5보다 작은 수는 □, □입니다.

6-8 6보다 큰 수에 모두 ○표 하세요.

5 7 4 9 8

6-9 가장 큰 수에 ○표 하세요.

3 5 9

6-10 가장 작은 수를 찾아 쓰세요.

2 4 8

( )

1 나타내는 수가 나머지 셋과 다른 것은 어느 것인가요? (　　　)

① 넷　　② 4
③ 오　　④ 사

2 여러 가지 단추를 모았습니다. 물음에 답하세요.

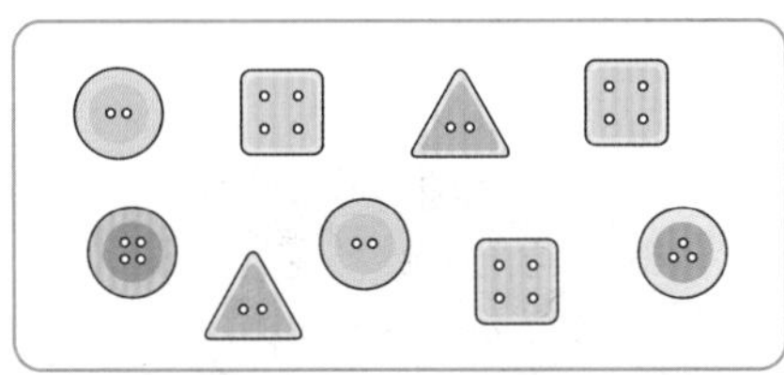

(1) 네모 모양의 단추는 몇 개인가요?
(　　　　　)개

(2) 세모 모양의 단추는 몇 개인가요?
(　　　　　)개

3 상어의 수보다 하나 더 적게 조개를 묶고, 묶은 것을 세어 수로 쓰세요.

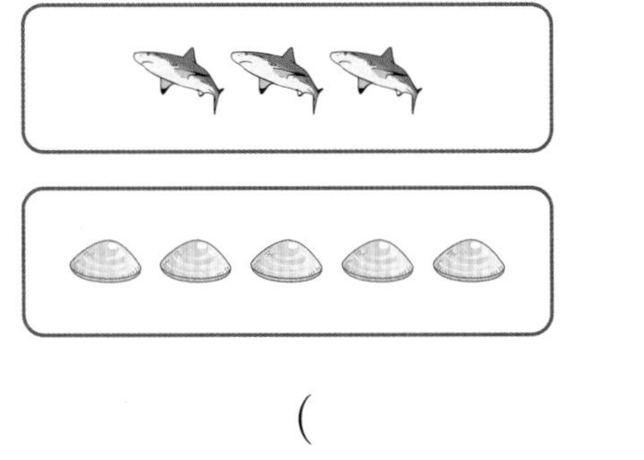

(　　　　　)

4 모두 7이 되게 ○를 더 그리고, 7을 두 가지 방법으로 읽어 보세요.

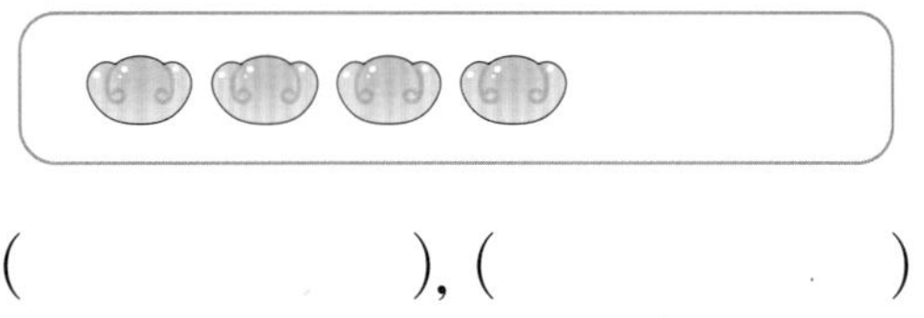

(　　　　　), (　　　　　)

5 ■의 수가 다른 하나를 찾아 기호를 쓰세요.

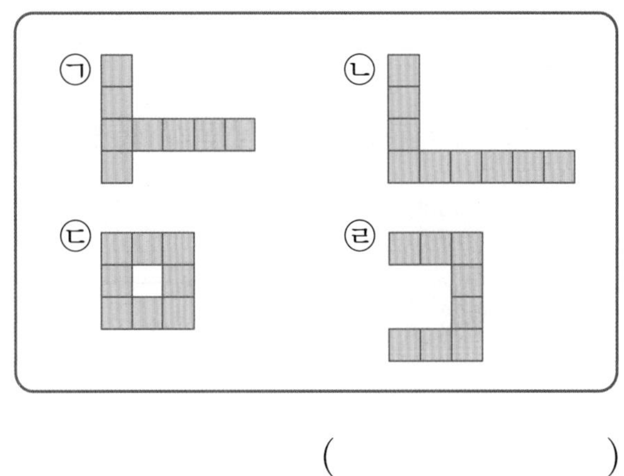

(　　　　　)

6 푯말에 쓰인 수와 같아지도록 닭을 더 사려고 합니다. 닭 몇 마리를 더 사야 하나요?

(　　　　　)마리

7 그림을 보고 알맞은 수를 사용하여 이야기를 만들어 보세요.

---

8 왼쪽에서부터 세어 알맞게 색칠하세요.

다섯	○○○○○○
다섯째	○○○○○○

9 아래에서 몇째인지 □ 안에 알맞은 말을 써넣으세요.

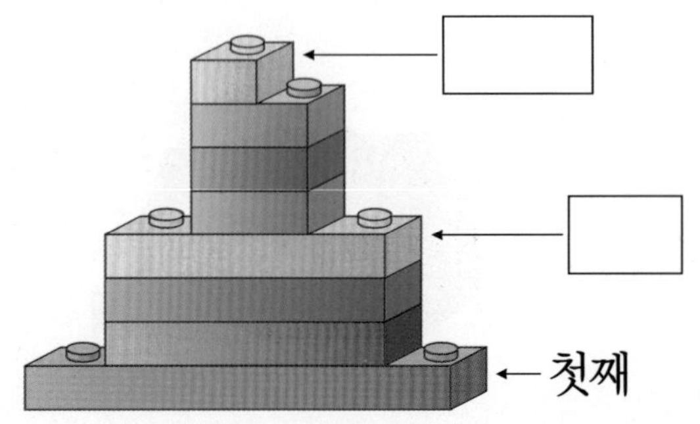

10 효근이는 1부터 9까지의 숫자 카드를 가장 큰 수부터 순서대로 놓았습니다. 일곱째에 놓은 카드에 적힌 수는 얼마인가요?

(　　　　　　)

11 가영이네 모둠 학생들이 달리기를 하고 있습니다. 물음에 답하세요.

(1) ●를 가영이라 생각하고 가영이보다 앞에 있는 학생의 수만큼 ○로 나타내세요.

앞  뒤

(2) ●를 가영이라 생각하고 가영이보다 뒤에 있는 학생의 수만큼 ○로 나타내세요.

앞  뒤

(3) 가영이네 모둠 학생들은 모두 몇 명인가요?

(　　　　　　)명

12 자전거의 수를 세어 ○ 안에 쓰고 왼쪽 빈칸에는 1만큼 더 작은 수를 쓰고, 오른쪽 빈칸에는 1만큼 더 큰 수를 쓰세요.

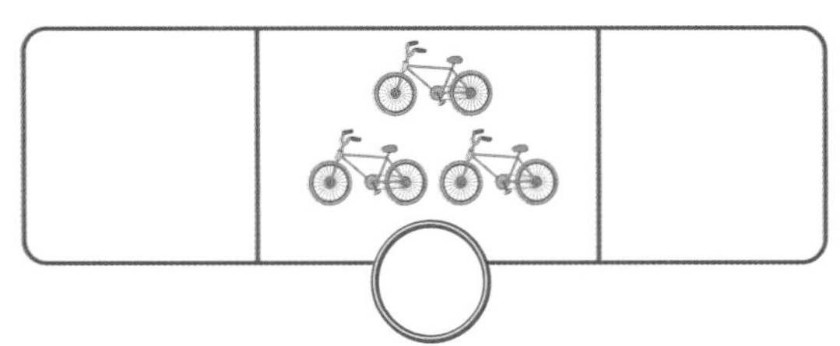

13 동민이가 주말에 다녀온 아쿠아리움 모습을 그린 것입니다. 두 그림을 보고 바뀐 부분을 찾고 □ 안에 알맞은 수를 써넣으세요.

(1) 물고기는 **4**마리에서 □마리가 되었고, 오징어는 1마리에서 □마리가 되었습니다.

(2) 불가사리는 **5**마리에서 □마리가 되었고, 게는 **2**마리에서 □마리가 되었습니다.

14 0에 대해 잘못 말한 어린이의 이름을 쓰세요.

한별: 0은 아무것도 없는 것을 나타내지.

예슬: 0은 1보다 하나 더 많은 수야!

지혜: 0은 1보다 하나 더 작은 수이기도 해!

(　　　　　　)

15 □ 안에 알맞은 수를 써넣으세요.

(1) □보다 1만큼 더 큰 수는 **6**입니다.

(2) □보다 1만큼 더 작은 수는 **8**입니다.

16 상연이는 가지고 있던 쿠키를 모두 먹었습니다. 그 다음 형이 상연이에게 쿠키를 하나 주었습니다. 상연이가 가지고 있는 쿠키는 몇 개인가요?

(　　　　　　)개

그림을 보고 물음에 답하세요. [17~18]

17 동물의 수를 세어 빈칸에 알맞은 수를 써넣으세요.

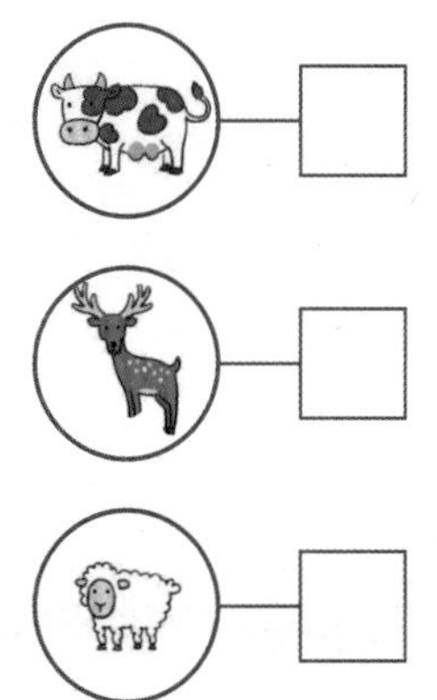

18 사람의 수보다 하나 더 많은 동물에 ○표, 하나 더 적은 동물에 △표 하세요.

19 두 수의 크기 비교를 바르게 말한 것은 어느 것인지 기호를 쓰세요.

㉠ **6**은 **5**보다 작습니다.
㉡ **7**은 **4**보다 큽니다.

(　　　　　)

20 **6**보다 작은 수를 모두 찾아 색칠하세요.

21 주어진 숫자 카드를 **5**명이 각각 한 장씩 뽑았습니다. 영수가 뽑은 숫자 카드의 수가 **8**일 때, 영수보다 작은 수가 적힌 숫자 카드를 뽑은 사람은 몇 명인가요?

7　9　5　8　6

(　　　　　)명

22 동민, 석기, 한별이는 제기차기를 하였습니다. 동민이는 **8**개, 석기는 **5**개, 한별이는 **9**개를 찼습니다. 제기를 가장 많이 찬 사람은 누구인가요?

(　　　　　)

서술 유형 익히기

주어진 풀이 과정을 함께 해결하면서
서술형 문제의 해결 방법을 익혀요.

단원 1

유형 1

그림을 보고 더 큰 수는 어느 것인지 풀이 과정을 쓰고 답을 구하세요.

7	6

풀이 연필과 지우개를 하나씩 짝지어 보면 ☐이 남으므로 ☐이 지우개보다 더 많습니다.

따라서 7은 6보다 (크므로, 작으므로) 더 큰 수는 ☐입니다.

답 ☐

예제 1

그림을 보고 더 큰 수는 어느 것인지 풀이 과정을 쓰고 답을 구하세요. [5점]

9	7

풀이

답

유형 2

가영이는 앞에서부터 몇째에 서 있는지 풀이 과정을 쓰고 답을 구하세요.

- 가영이네 모둠 학생 9명이 키가 가장 큰 어린이부터 순서대로 섰습니다.
- 가영이는 뒤에서부터 셋째에 서 있습니다.

풀이 앞 ○○○○○○●○○ 뒤

동그라미 [ ]개를 그려 보면 뒤에서부터 셋째는 앞에서부터 [ ]와 같습니다.

따라서 가영이는 앞에서부터 [ ]에 서 있습니다.

답 [ ]

예제 2

한솔이는 앞에서부터 몇째에 서 있는지 풀이 과정을 쓰고 답을 구하세요. [5점]

- 한솔이네 모둠 학생 9명이 키가 가장 큰 어린이부터 순서대로 섰습니다.
- 한솔이는 뒤에서부터 넷째에 서 있습니다.

풀이

답

다음과 같이 **1**만큼 더 큰 수 빙고 놀이를 하려고 합니다. 물음에 답하세요. [1~3]

놀이 방법

① **3**×**3** 빙고판에 **1**~**9**까지의 수를 적습니다.
② 선생님이 **0**~**8**까지의 수 중에서 한 수를 말하면 그 수보다 **1**만큼 더 큰 수에 ○표 합니다.
③ 가로(→)나 세로(↓), 대각선(↘, ↙)으로 **3**줄이 완성되면 이깁니다.

한별

1	5	4
9	7	3
6	2	8

한솔

1	2	7
8	3	6
9	4	5

1 선생님이 **8**이라고 하면 어느 수에 ○표 해야 하나요?

( )

2 선생님이 다음과 같은 순서로 수를 말한다면 한별이와 한솔이의 빙고판에 ○표 해야 할 수는 무엇인지 모두 구하세요.

3, 4, 8, 0, 6

( )

3 선생님이 **2**에서 말한 수 다음으로 **5**를 말한다면 빙고 게임을 이기는 사람은 누구인가요?

( )

1 단원 단원 평가

그림을 보고 물음에 답하세요. [1~2]

1 꽃의 수를 세어 보고 같은 수만큼 색칠 하세요.
③점

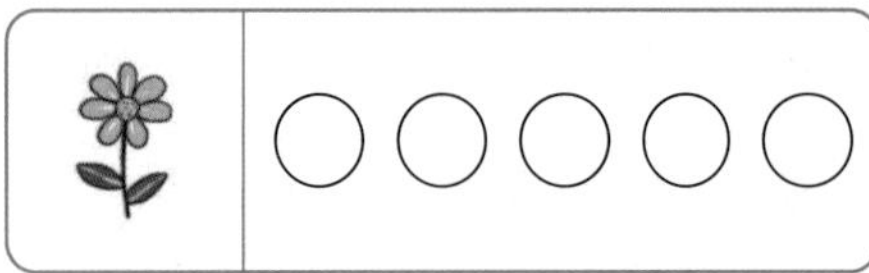

2 나비의 수를 세어 보고 같은 수만큼 ○를 그려 보세요.
③점

3 세어 보고 알맞은 수에 ○표 하세요.
③점

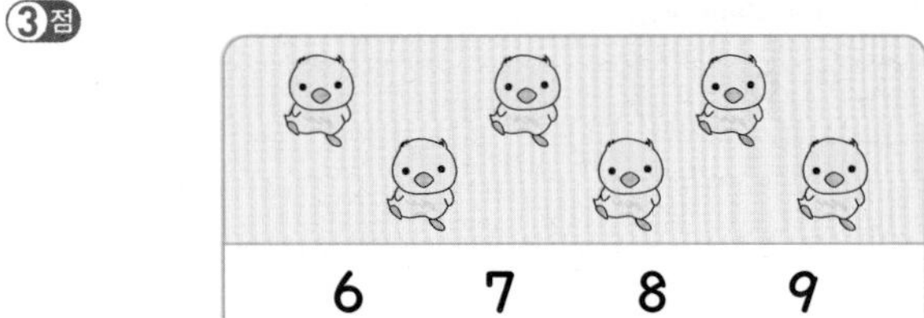

4 □ 안에 알맞은 수를 써넣고, 그 수만큼 빈 곳에 ○를 그려 보세요.
④점

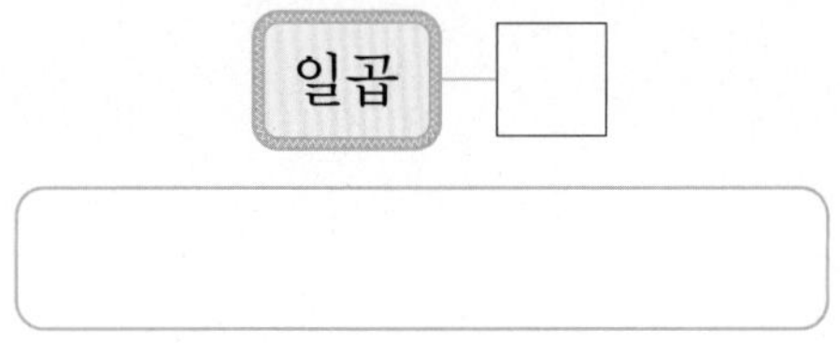

5 왼쪽에서부터 넷째에 있는 과일의 이름을 쓰세요.
④점

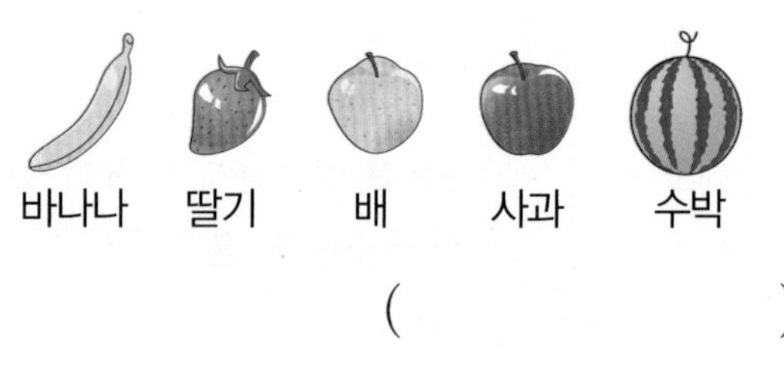

(   )

6 알맞은 말에 ○표 하세요.
④점

(초록색, 파란색) 서랍은 위에서 여섯째이고 아래에서 (넷째, 셋째) 입니다.

그림을 보고 물음에 답하세요. [7~8]

7 민재가 앞에서부터 첫째에 서 있다면 지혜는 앞에서 몇째에 서 있나요?
④점

(   )

8 민재가 뒤에서부터 여덟째에 서 있다면 지혜는 뒤에서 몇째에 서 있나요?
④점

(   )

9 예슬이는 뒤에서부터 몇째로 달리고 있나요? ④점

- 9명의 학생이 한 줄로 서서 차례로 달리고 있습니다.
- 예슬이는 앞에서부터 넷째로 달리고 있습니다.

( )

10 하나 더 많은 것에 ○표 하세요. ④점

11 왼쪽 그림보다 하나 더 적은 것에 △표 하세요. ④점

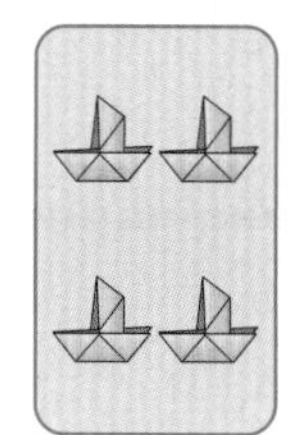

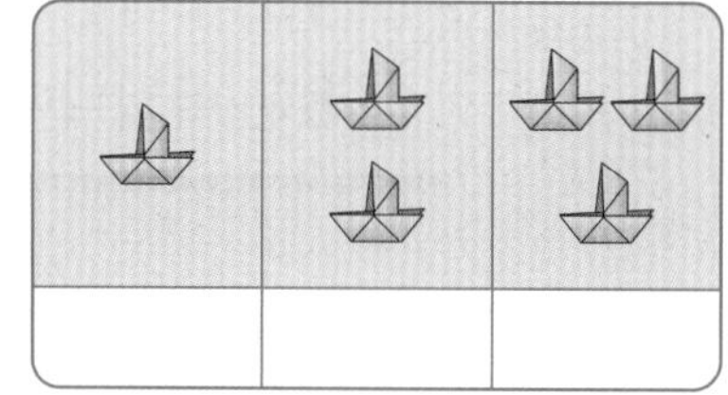

12 배의 수보다 1만큼 더 작은 수를 쓰세요. ④점

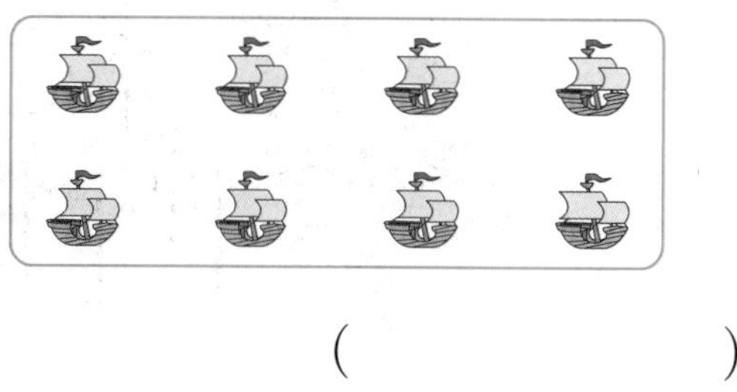

( )

13 □ 안에 알맞은 수를 써넣으세요. ④점

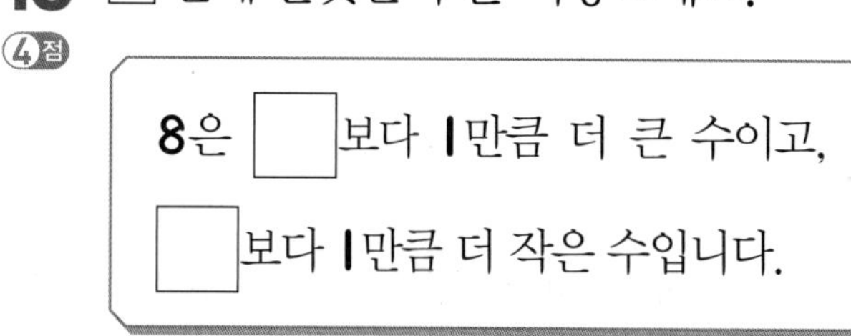

8은 □보다 1만큼 더 큰 수이고, □보다 1만큼 더 작은 수입니다.

14 비행기의 수를 세어 보고 □ 안에 알맞은 수를 써넣으세요. ④점

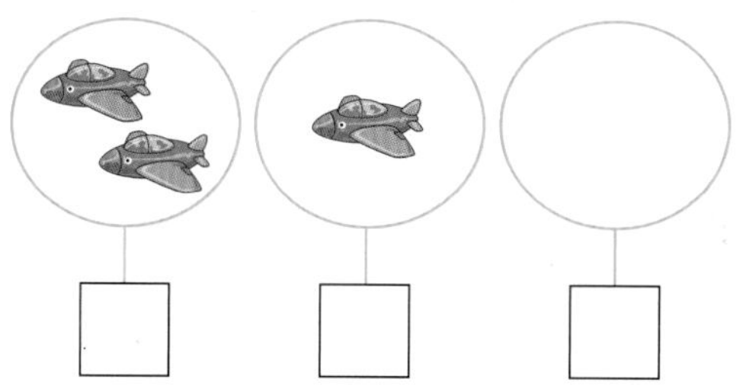

15 어머니께서 사과를 5개 사 오셨습니다. 이 사과를 모두 먹었다면, 남아 있는 사과는 몇 개인가요? ④점

( )개

16 그림을 보고 알맞은 말에 ○표 하세요.
④점

8은 9보다 (큽니다, 작습니다).

17 더 큰 수에 ○표 하세요.
④점

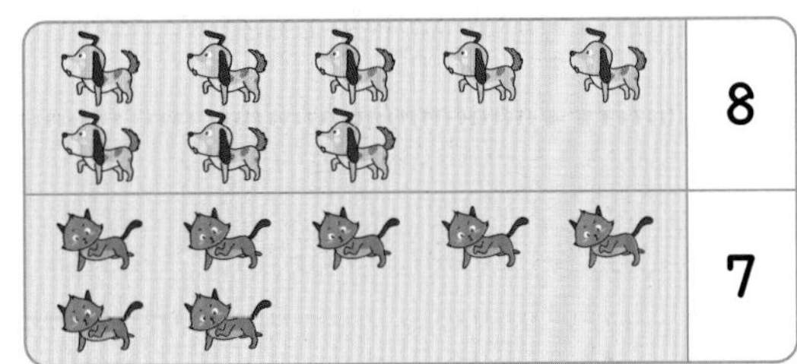

18 세어 보고 □ 안에 알맞은 수를 써넣으세요.
④점

□는 □보다 큽니다.

19 가운데 수보다 작은 수에 모두 ○표 하세요.
④점

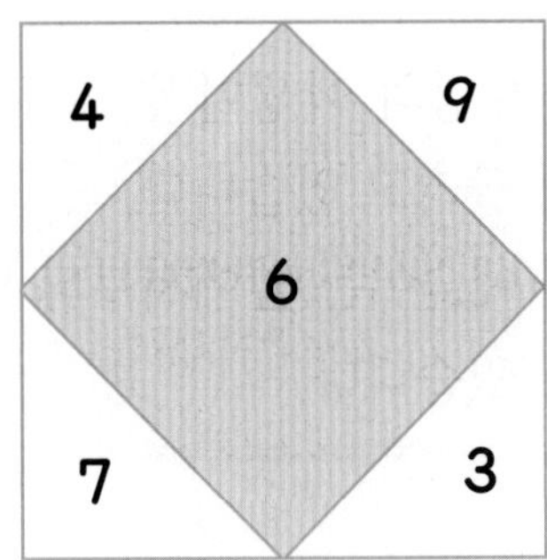

20 가장 큰 수부터 순서대로 쓰세요.
④점

7 9 5 8

(　　　　　　)

21 조건을 모두 만족하는 수를 구하세요.
⑤점

• 6보다 큰 수입니다.
• 9보다 작은 수입니다.
• 8은 아닙니다.

(　　　　　　)

단원 1

서술형

22 매표소 앞에 사람들이 표를 사기 위해 줄을 섰습니다. 영수 앞에 6명이 서 있습니다. 영수는 앞에서부터 몇째에 서 있는지 풀이 과정을 쓰고 답을 구하세요.
④점

풀이

답

23 왼쪽의 수만큼 ○를 각각 그리고, 더 작은 수는 어느 것인지 풀이 과정을 쓰고 답을 구하세요.
⑤점

5										
7										

풀이

답

24 기린의 수보다 1만큼 더 큰 수는 얼마인지 풀이 과정을 쓰고 답을 구하세요.
⑤점

풀이

답

25 구슬을 석기는 7개, 동민이는 8개 가지고 있습니다. 누가 구슬을 몇 개 더 많이 가지고 있는지 풀이 과정을 쓰고 답을 구하세요.
⑤점

풀이

답 , 개

탐구 수학

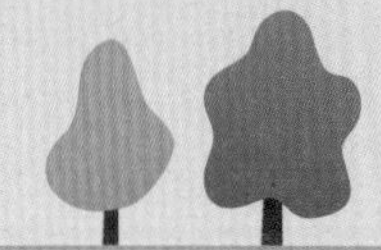

① 1, 2, 3, 4, 5, 6, 7, 8, 9 숫자들이 공원에서 숨바꼭질을 하고 있습니다. 숨은 숫자를 찾아보세요.

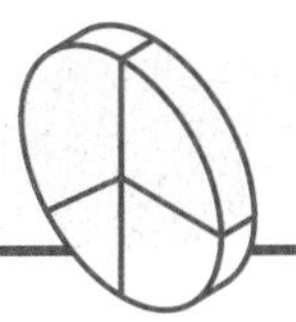

아무 것도 없어요.

지혜는 초콜릿을 좋아해요. 그중에서도 알파벳이 한 글자씩 적혀 있는 초콜릿을 좋아한답니다. 지혜가 영어를 배우기 시작하면서는 그 초콜릿을 먹는 것보다 늘어놓고 노는 것을 더 좋아했어요. 같은 글자끼리도 모아 보고, A, B, C, …… 순서대로도 늘어놓아 보고, 같은 색깔끼리도 모아 보면서요.

어떤 때는 손에 온통 초콜릿을 묻혀서는 얼굴에도, 옷에도 초콜릿 범벅을 해 놓아서 엄마한테 꾸지람도 들었답니다.

그런데 초콜릿이 묻은 옷은 아무리 빨아도 깨끗해지지 않았어요. 지혜가 좋아하는 하얀 치마엔 얼룩덜룩 초콜릿물이 들었는데도 지혜는 그 치마만 입겠다고 고집을 부려요. 어느 날부터는 지혜 동생 지수까지 덩달아 초콜릿 놀이를 해요.

지수 손에 묻은 초콜릿까지 언니 치마에 슥슥 닦으면서 초콜릿 놀이를 해요.

"언니, A가 세 개 있다."

"여기도 A가 세 개 있네. 그럼 모두 여섯 개다."

"그럼 내가 하나 먹어도 돼?"

"응, 먹어."

지혜가 B도 찾고, D도 찾고, 하나둘씩 모으는 동안 지수는 A 초콜릿을 한 개, 두 개, 세 개, ……. 입에 쏙쏙 넣고 있었어요.

"지수야. A 초콜릿 몇 개 남았어?"

언니가 이렇게 묻자 지수가 갑자기 으아앙! 하고 울었어요. 다 먹어서 하나도 안 남았다고 하면 언니가 혼을 낼 것 같아서 겁이 난 거죠. 하나씩 집어먹다 보니까 다 먹은 건데 언니가 몇 개 남았냐고 물으니까 할 말이 없잖아요.

지수는 얼른 엄마한테 달려가서 안겼어요. 으아앙!하고 울면서 말이에요. 아무것도 모르시는 엄마는 지혜에게

"넌 왜 동생을 울리고 그러니?"
하시면서 눈을 흘기셨어요.
여섯 개 있던 A 초콜릿이 다 없어진 걸 안 지혜는
"엄마, 지수가 0을 몰라서 우는 거에요."
라고 하면서 깔깔 웃었지요.
"다 먹어서 하나도 없으면 0이잖아요. 내가 몇 개 남았냐고 하면 0!이라고 말하면 되는 걸 그걸 몰라서 우는 거에요."
그제야 엄마도 싱긋 웃으시면서 지수에게 귓속말로 알려 주었어요.
"지수야. 하나도 없을 때는 영!이라고 하면 되는 거야."

그 말을 들은 지수가 쪼르르 냉장고 문을 열더니
"엄마, 언니가 우유를 다 마셔서 냉장고에 우유가 0이에요! 저도 우유 먹고 싶어요."
라고 소리쳤어요.
엄마는 지갑에 돈이 없어서 우유를 사 줄 수 없다고 했어요.
"그럼 엄마는 돈이 0이네요!"
지수는 0이라는 말이 참 재미있나 봐요. 냉장고를 다시 열더니
"엄마, 우리 냉장고에는 사과도 0, 바나나도 0, 딸기도 0이지만, 김치만 0이 아니에요."
하면서 웃어대요.

지혜네 냉장고 안에 있는 것은 무엇인가요? 찾아서 ○표 해 보세요.

우유, 사과, 바나나, 딸기, 김치

단원 2

여러 가지 모양

이번에 배울 내용

1 여러 가지 모양 찾아보기

2 여러 가지 모양 알아보기

3 여러 가지 모양으로 만들기

다음에 배울 내용

- ▲, ■, ●의 모양 이해하기
- 쌓기나무를 이용하여 여러 가지 입체도형의 모양 만들기
- 삼각형, 사각형, 원 이해하기

1. 여러 가지 모양 찾아보기

교과서 개념을 이해하고 확인 문제를 통해 익혀요.

여러 가지 모양 찾아보기

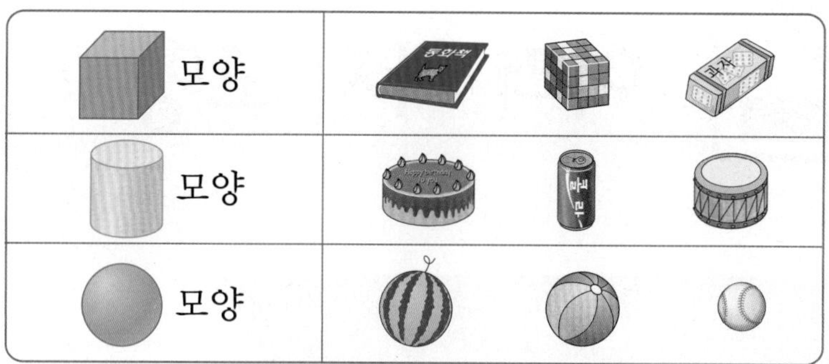

여러 가지 물건을 보고 물음에 답하세요. [1~3]

㉠ 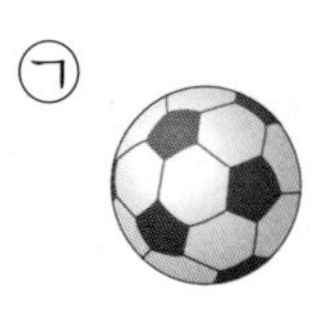
㉡ 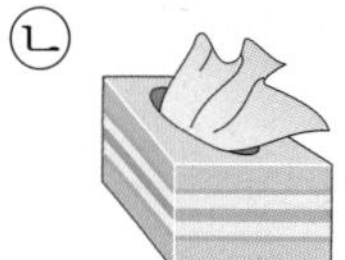
㉢ 

㉣ 
㉤ 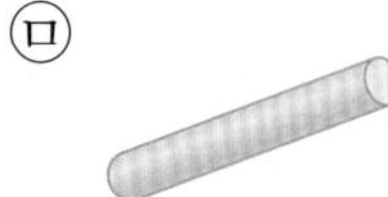
㉥ 

㉦ 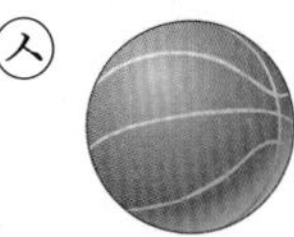
㉧ 

1 개념확인

모양 찾아보기

모양을 모두 찾아 기호를 쓰세요.

( )

2 개념확인

모양 찾아보기

모양을 모두 찾아 기호를 쓰세요.

( )

3 개념확인

모양 찾아보기

모양을 모두 찾아 기호를 쓰세요.

( )

2단계 핵심 쏙쏙

기본 문제를 통해 교과서 개념을 다져요.

1 ▣ 모양을 찾아 □표 하세요.

 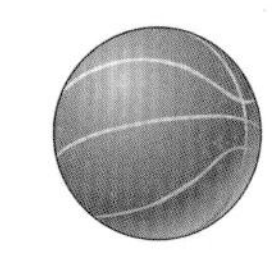 

(　　) (　　) (　　)

2 ▥ 모양을 찾아 △표 하세요.

 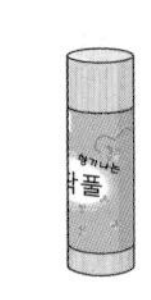 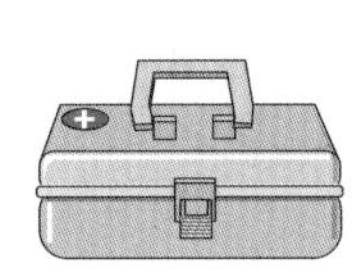

(　　) (　　) (　　)

3 ● 모양을 찾아 ○표 하세요.

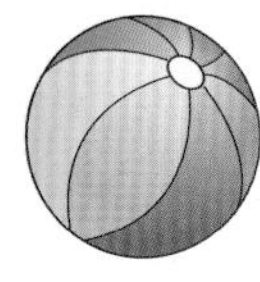  

(　　) (　　) (　　)

4 다음 물건은 어떤 모양인지 ○표 하세요.

5 다음 물건과 같은 모양을 찾아 ○표 하세요.

6 다음 물건과 같은 모양을 찾아 ○표 하세요.

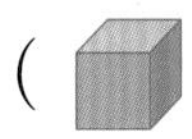  

중요

7 같은 모양끼리 선으로 이어 보세요.

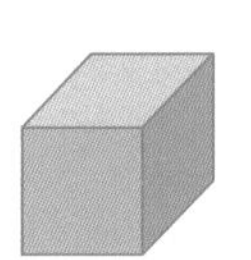 • • 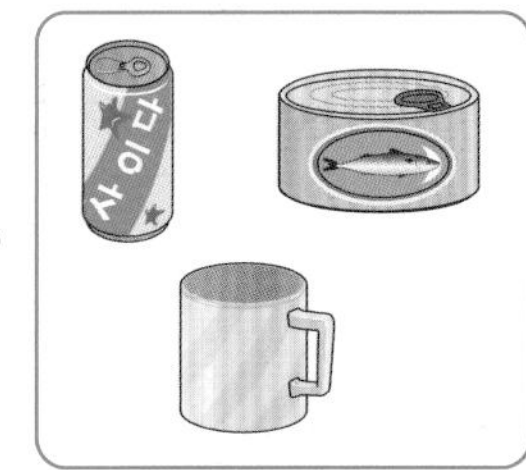

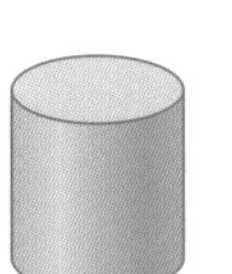 • • 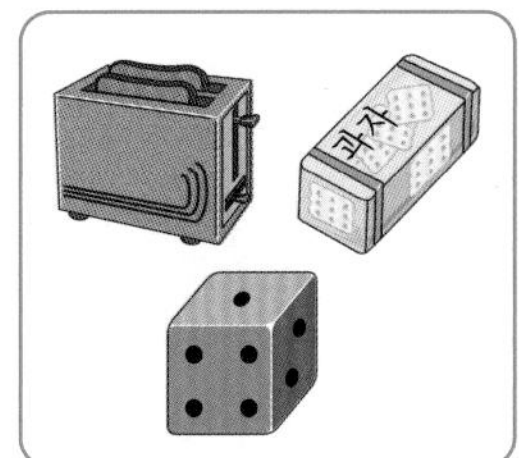

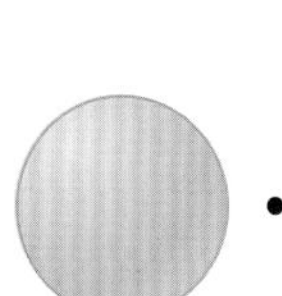 • • 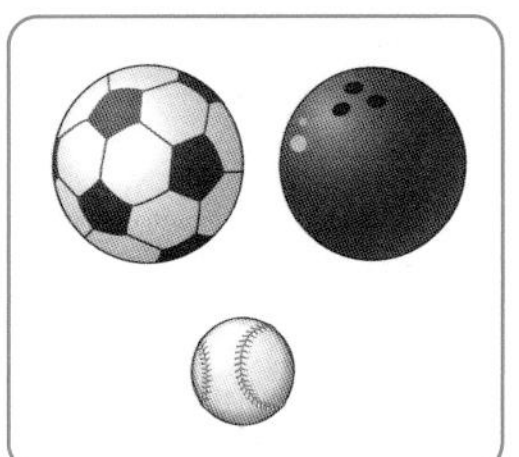

2. 여러 가지 모양 알아보기

교과서 개념을 이해하고 확인 문제를 통해 익혀요.

여러 가지 모양 알아보기

(상자) 모양	• 평평한 부분과 뾰족한 부분이 있습니다. • 둥근 부분이 없어서 잘 굴러가지 않습니다. • 평평한 부분만 있어서 잘 쌓을 수 있습니다.
(둥근 기둥) 모양	• 둥근 부분도 있고 평평한 부분도 있습니다. • 둥근 부분이 있어서 눕히면 잘 굴러갑니다. • 평평한 부분이 있어서 세우면 잘 쌓을 수 있습니다.
(공) 모양	• 전체가 둥글게 되어 있습니다. • 모든 부분이 둥글어서 어느 방향으로 굴려도 잘 굴러갑니다. • 둥글어서 잘 쌓을 수 없습니다.

개념잡기

모양은 네모난 상자처럼 생겨 상자 모양이라 하고, 모양은 둥근 기둥처럼 생겨 둥근 기둥 모양, 모양은 공처럼 생겨 공 모양이라고 합니다.

---

1 개념확인

여러 가지 모양 알아보기

상자 구멍에서 보이는 일부분을 보고 같은 모양을 찾아 선으로 이어 보세요.

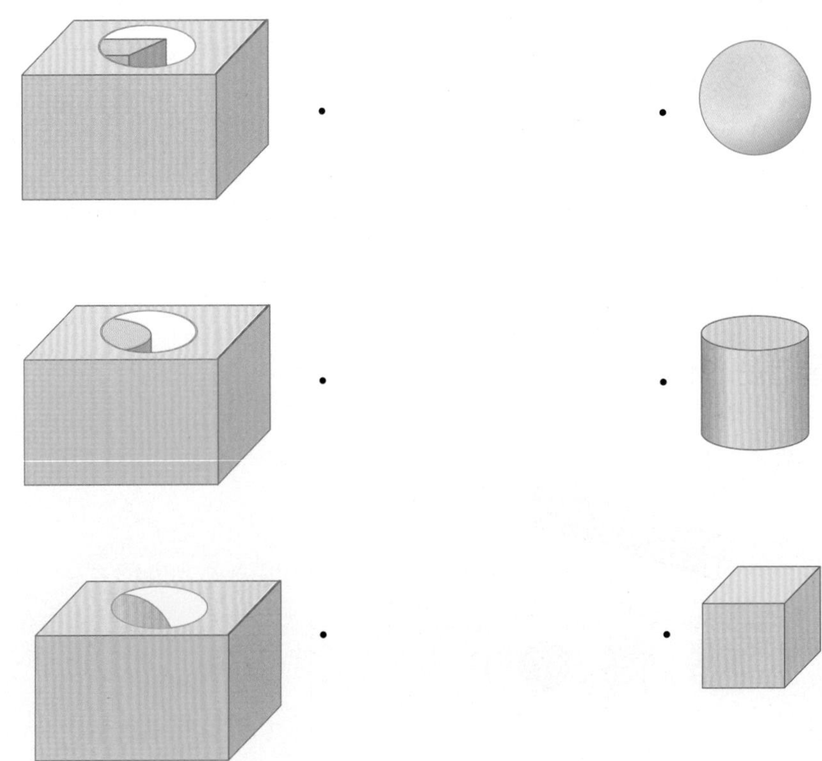

기본 문제를 통해 교과서 개념을 다져요.

1 물건이 가려져서 일부분만 보입니다. 어떤 모양인지 찾아 ○표 하세요.

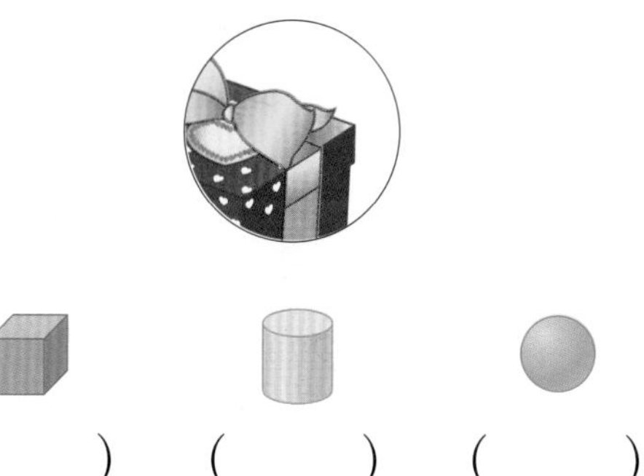

( ) ( ) ( )

2 물건이 가려져서 일부분만 보입니다. 어떤 모양인지 찾아 ○표 하세요.

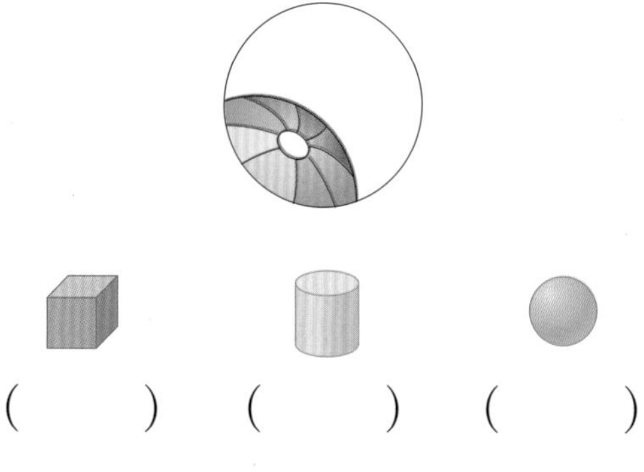

( ) ( ) ( )

3 물건이 가려져서 일부분만 보입니다. 어떤 모양인지 찾아 ○표 하세요.

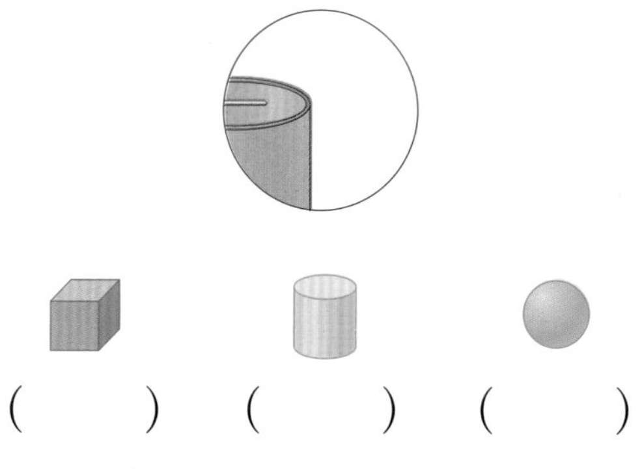

( ) ( ) ( )

4 다음 설명에 알맞은 모양을 찾아 ○표 하세요.

- 전체가 둥글게 되어 있습니다.
- 어느 방향으로 굴려도 잘 굴러갑니다.

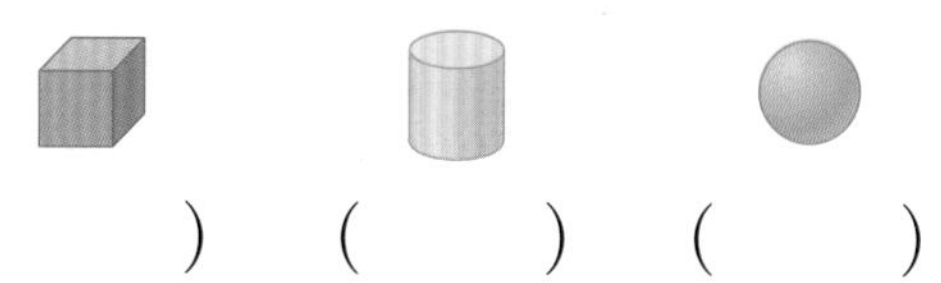

( ) ( ) ( )

5 다음 설명에 알맞은 모양을 찾아 ○표 하세요.

- 평평한 부분이 있습니다.
- 둥근 부분이 없어서 잘 굴러가지 않습니다.

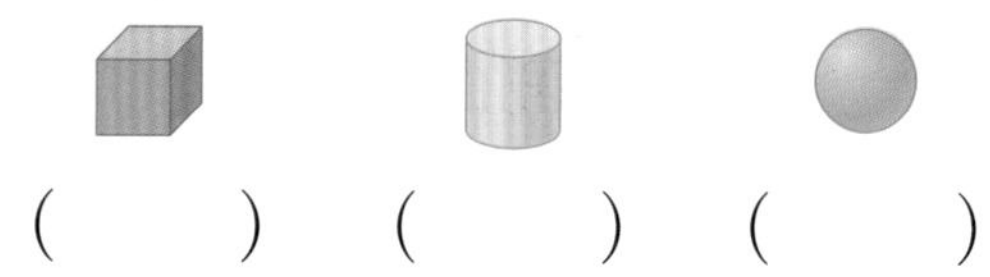

( ) ( ) ( )

6 에 대한 설명으로 옳은 것을 찾아 기호를 쓰세요.

㉠ 둥근 부분도 있고 평평한 부분도 있습니다.
㉡ 뾰족한 부분이 있습니다.

( )

3. 여러 가지 모양으로 만들기

교과서 개념을 이해하고 확인 문제를 통해 익혀요.

여러 가지 모양으로 만들기

모양, 모양, 모양을 사용하여 다음과 같은 모양을 만들 수 있습니다.

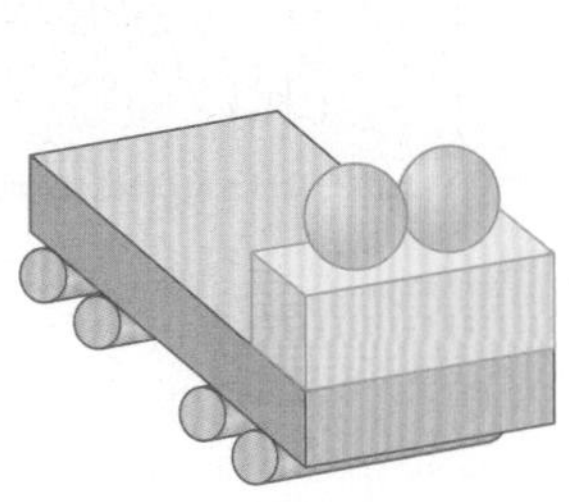

모양 : 2개
모양 : 4개
모양 : 2개

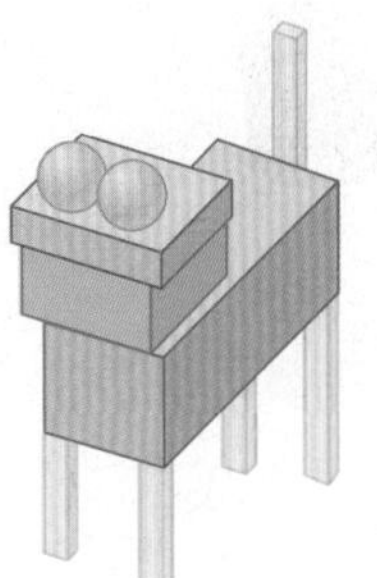

모양 : 8개
모양 : 0개
모양 : 2개

개념잡기

여러 가지 모양을 만드는 데 사용한 모양, 모양, 모양의 개수를 셀 수 있습니다.

주의 각각의 모양들을 빠짐없이 세기 위해서 하나씩 표시하며 세어 봅니다.

1 개념확인

여러 가지 모양으로 만들기

여러 가지 모양을 사용하여 다음 그림과 같은 모양을 만들었습니다. 물음에 답하세요.

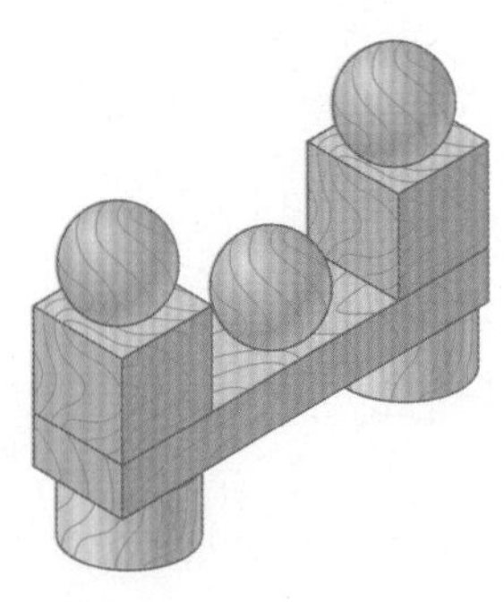

(1) 모양은 모두 몇 개인가요?

( )개

(2) 모양은 모두 몇 개인가요?

( )개

(3) 모양은 모두 몇 개인가요?

( )개

2단계 핵심 쏙쏙

기본 문제를 통해 교과서 개념을 다져요.

다음과 같은 모양을 만드는 데 사용한 모양을 찾아 기호를 쓰세요. [1~3]

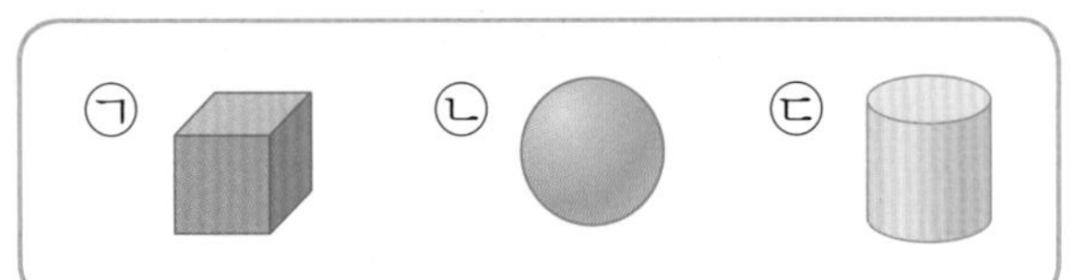

1

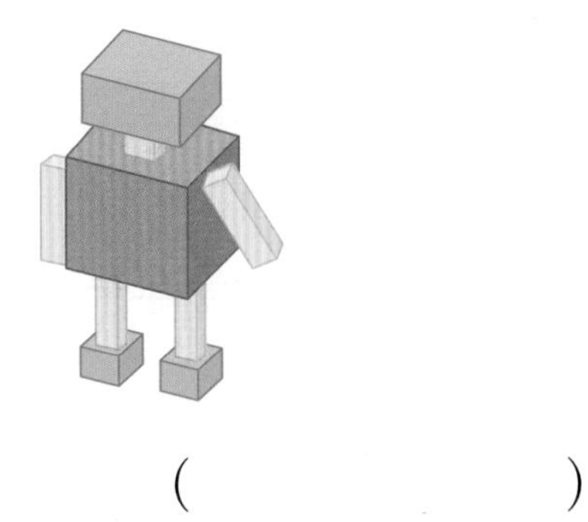

(　　　　　　　)

2

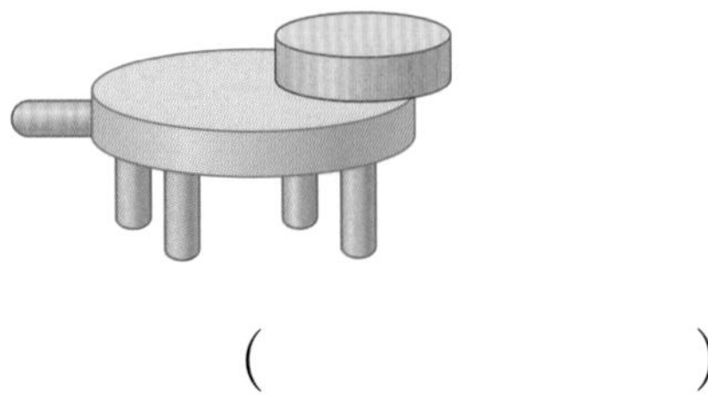

(　　　　　　　)

3

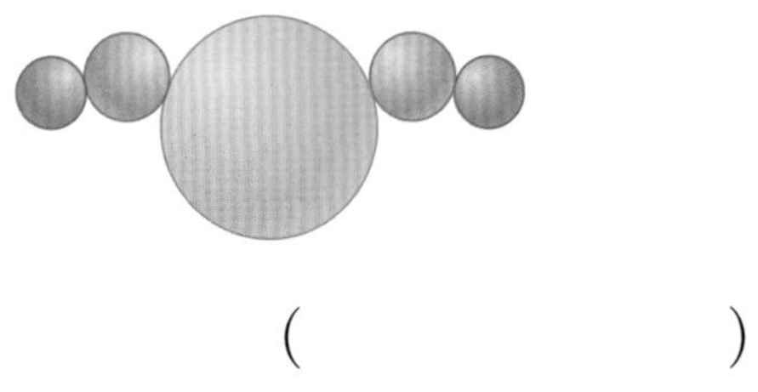

(　　　　　　　)

4 다음과 같은 모양을 만드는 데 사용한 모양의 개수를 □ 안에 써넣으세요.

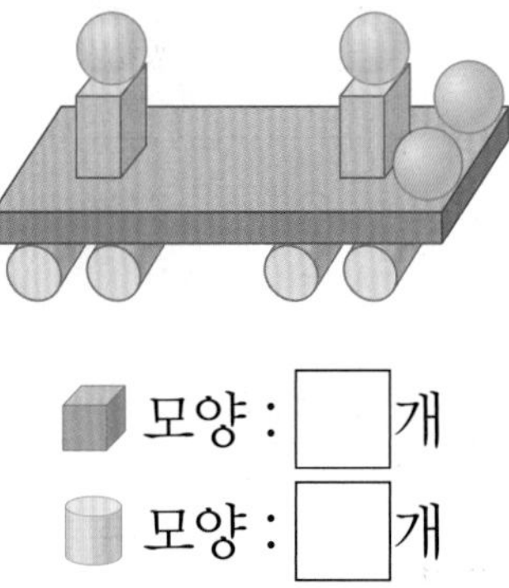

모양 : □개

모양 : □개

모양 : □개

그림을 보고 물음에 답하세요. [5~6]

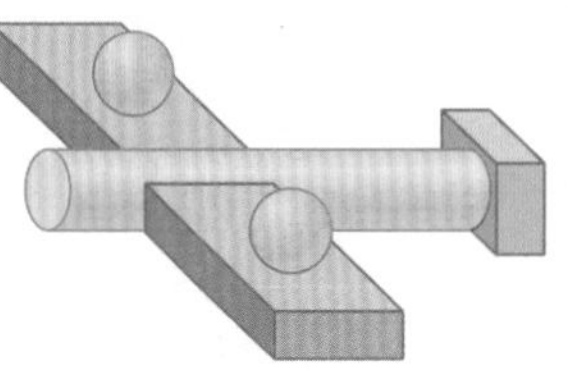

5 모양을 만드는 데 가장 많이 사용된 모양을 찾아 ○표 하세요.

(　　) (　　) (　　)

6 모양을 만드는 데 가장 적게 사용된 모양을 찾아 ○표 하세요.

(　　) (　　) (　　)

3단계 유형 콕콕

다양한 기본 유형 문제를 통해 실력을 탄탄히 다져요.

유형 1 여러 가지 모양 찾아보기

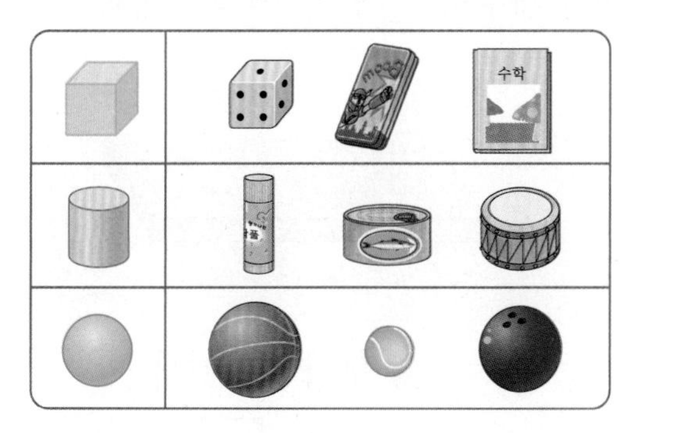

대표유형

1-1 왼쪽과 같은 모양을 찾아 ○표 하세요.

(1)

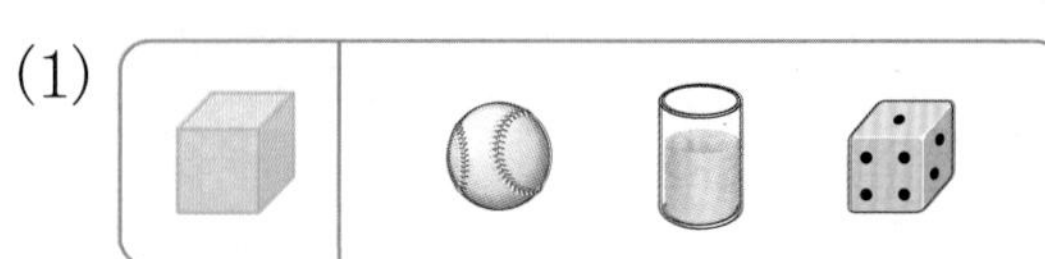

(2)

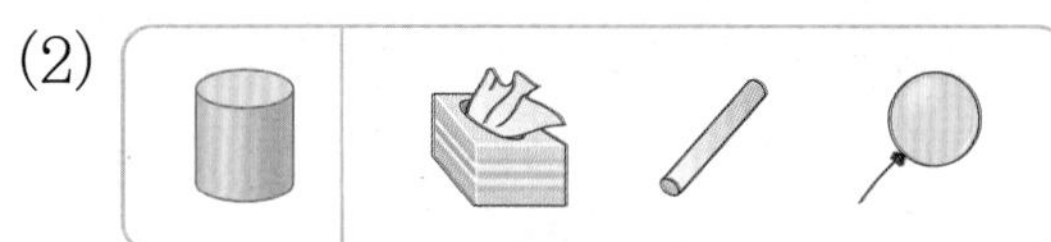

(3)

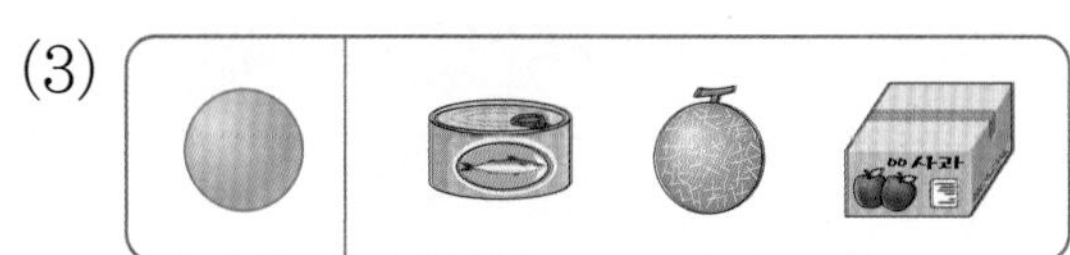

1-2 ▯ 모양에 ○표 하세요.

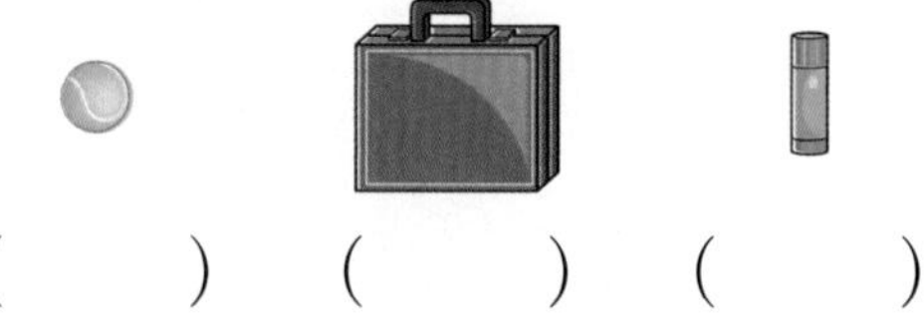

( ) ( ) ( )

1-3 ● 모양에 ○표 하세요.

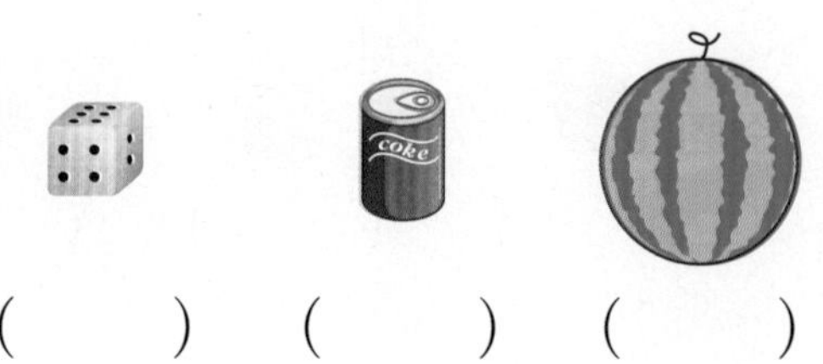

( ) ( ) ( )

1-4 그림을 보고 물음에 답하세요.

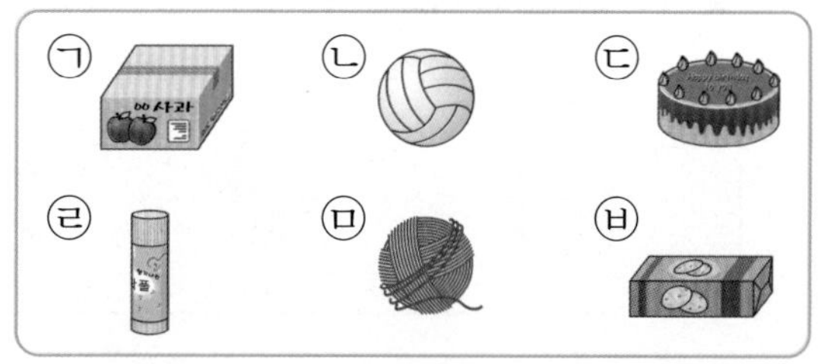

(1) ■ 모양을 모두 찾아 기호를 쓰세요.

( )

(2) ▯ 모양을 모두 찾아 기호를 쓰세요.

( )

(3) ● 모양을 모두 찾아 기호를 쓰세요.

( )

1-5 나머지 셋과 모양이 다른 것에 ×표 하세요.

(1)

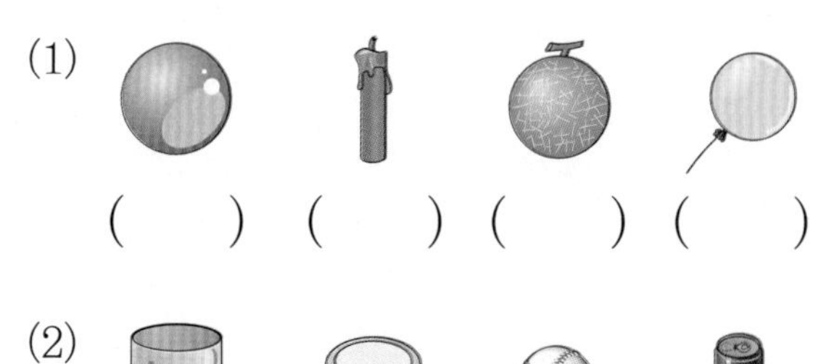

( ) ( ) ( ) ( )

(2)

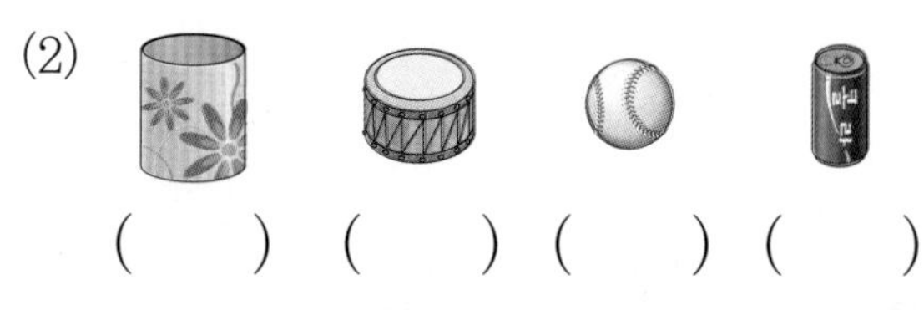

( ) ( ) ( ) ( )

(3)

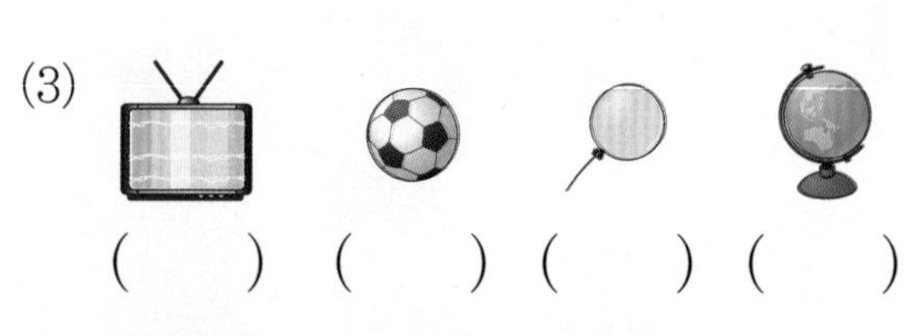

( ) ( ) ( ) ( )

(4)

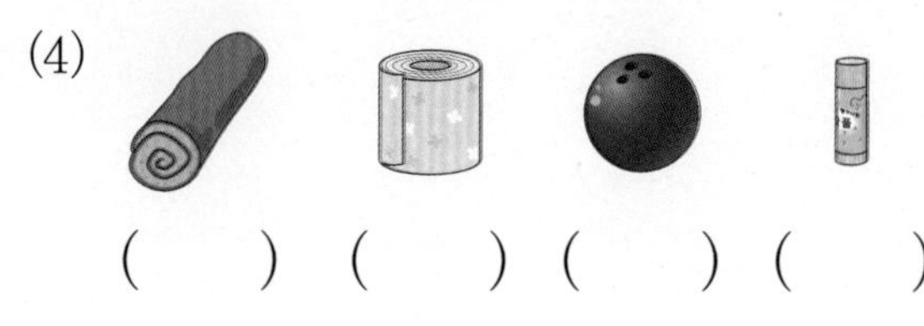

( ) ( ) ( ) ( )

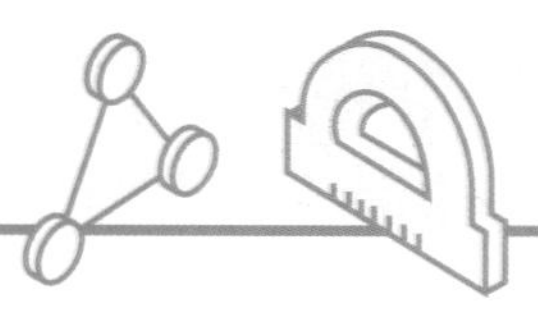

1-6 모양은 어느 것인가요? (　　　　)

① 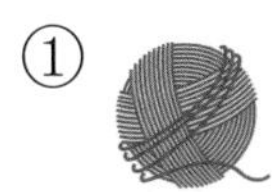  ② 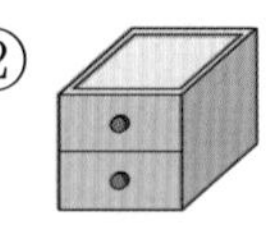  ③ 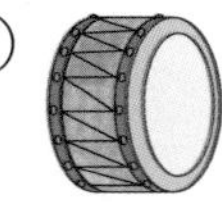

④  ⑤ 

1-7 모양은 어느 것인가요? (　　　　)

①   ② 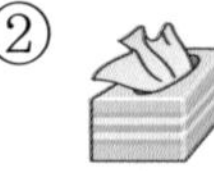  ③ 

④   ⑤ 

1-8 모양을 모두 고르세요. (　　　　)

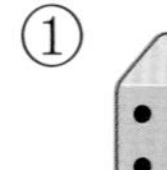 ①   ②  ③ 

④  ⑤ 

1-9 모양을 모두 찾아 기호를 쓰세요.

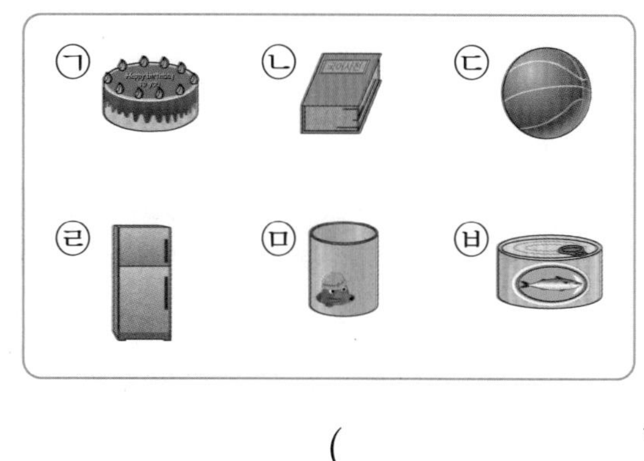

(　　　　　　　　)

1-10 모양이 아닌 것은 어느 것인가요?

(　　　　)

①   ②   ③ 

④   ⑤

1-11 같은 모양끼리 선으로 이어 보세요.

 • 　　　　 • 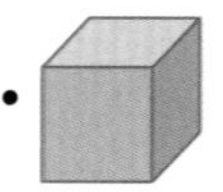

 • 　　　　 • 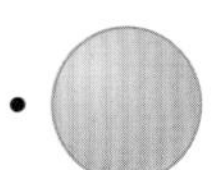

 • 　　　　 • 

시험에 잘 나와요

1-12 그림을 보고 물음에 답하세요.

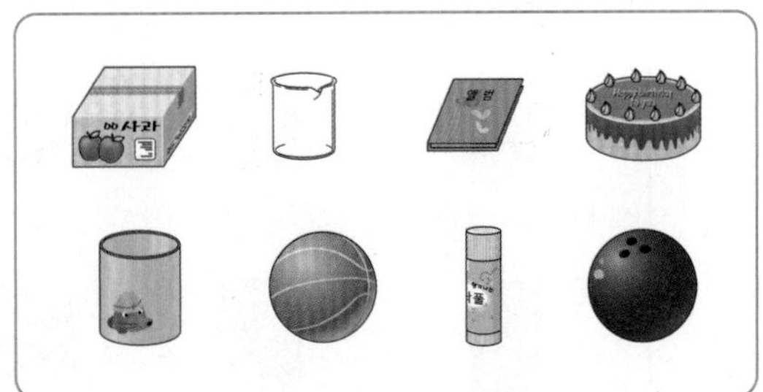

(1) 모양은 모두 몇 개인가요?

( )개

(2) 모양은 모두 몇 개인가요?

( )개

(3) 모양은 모두 몇 개인가요?

( )개

1-13 모양에 □표, 모양에 △표, 모양에 ○표 하세요.

(1)

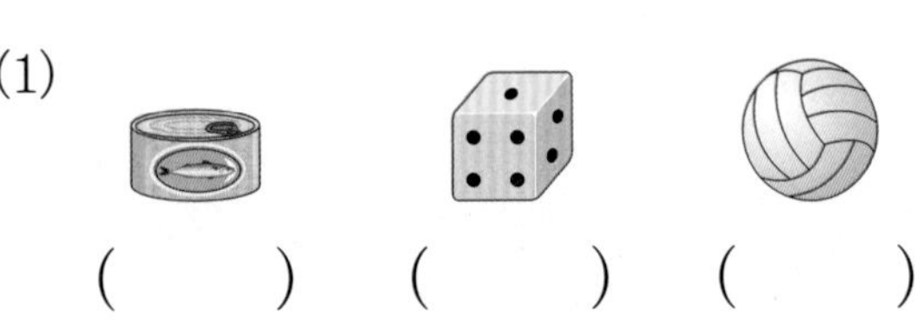

( ) ( ) ( )

(2)

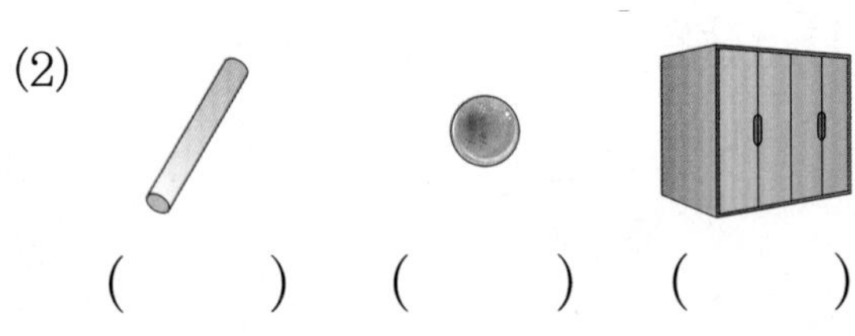

( ) ( ) ( )

(3)

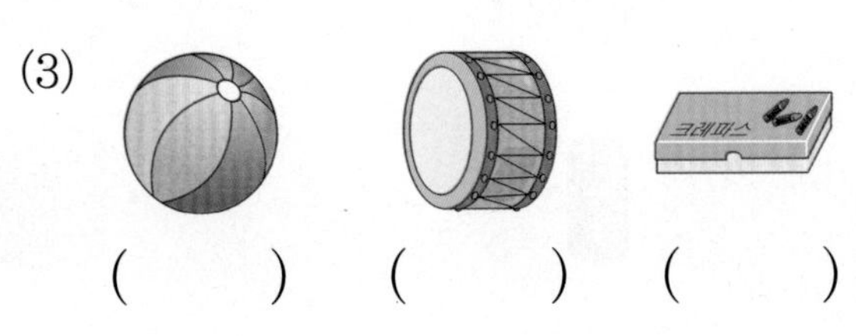

( ) ( ) ( )

유형 2 여러 가지 모양 알아보기

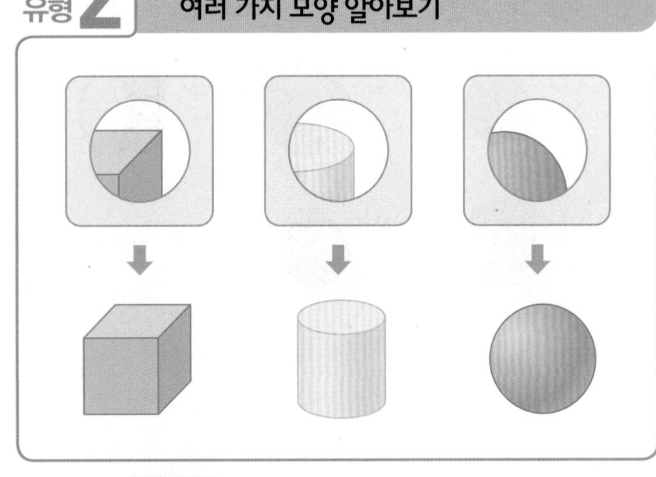

대표유형

2-1 어떤 모양의 일부분을 나타낸 것입니다. 어떤 모양인지 보기에서 같은 모양을 찾아 기호를 쓰세요.

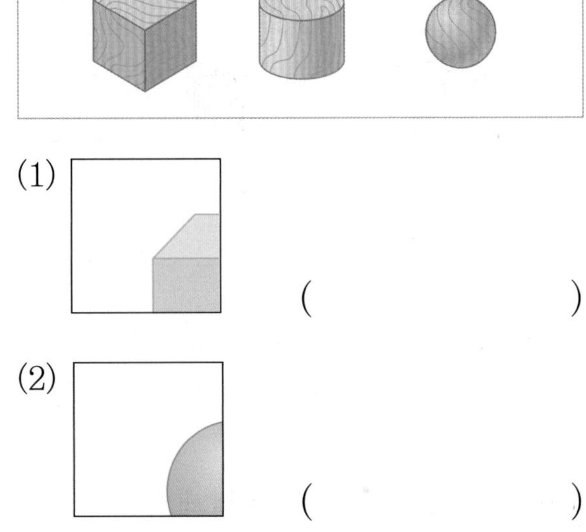

(1) ( )

(2) ( )

2-2 다음 설명하는 내용에 알맞은 모양을 찾아 ○표 하세요.

위에서 보면 동그랗고 옆에서 보면 네모난 모양입니다.

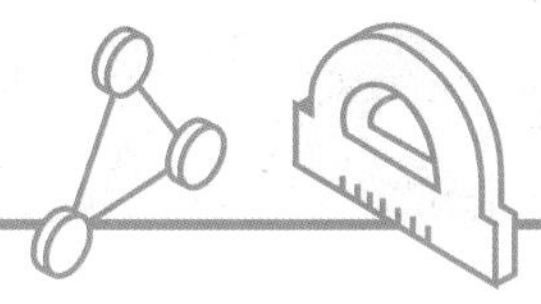

2-3 설명을 읽고 알맞은 모양을 찾아 선으로 이어 보세요.

모든 부분이 둥급니다. •　　　• 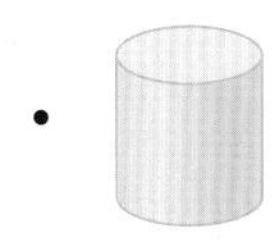

옆은 둥글고 위와 아래는 평평합니다. •　　　• 

유형 3 여러 가지 모양으로 만들기

▢ 모양, ▢ 모양, ○ 모양을 사용하여 다양한 모양을 만들 수 있습니다.

3-1 다음과 같은 모양을 만드는 데 사용한 모양을 보기 에서 찾아 기호를 쓰세요.

보기

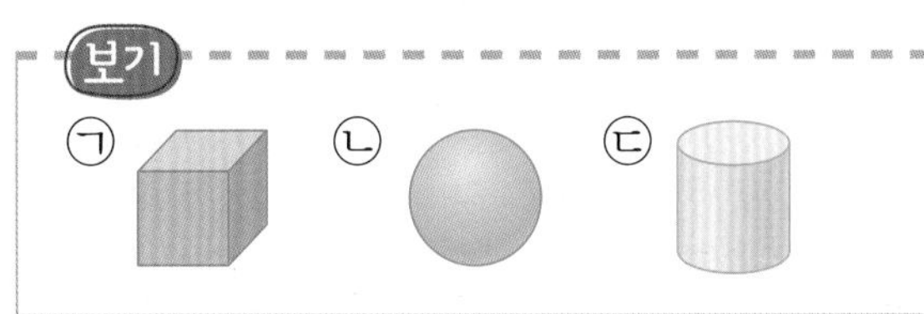

(1)

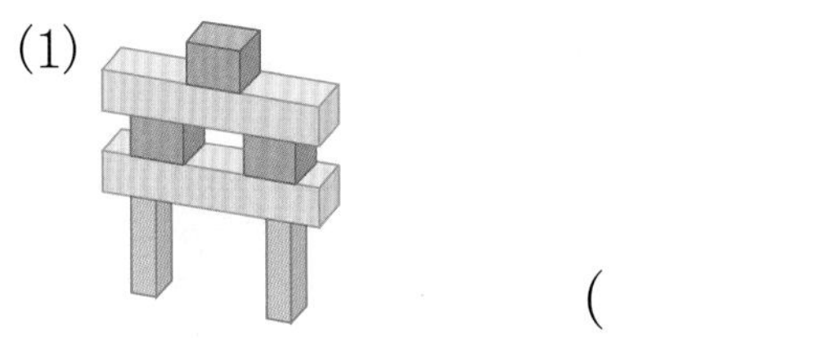

(　　　　　)

(2)

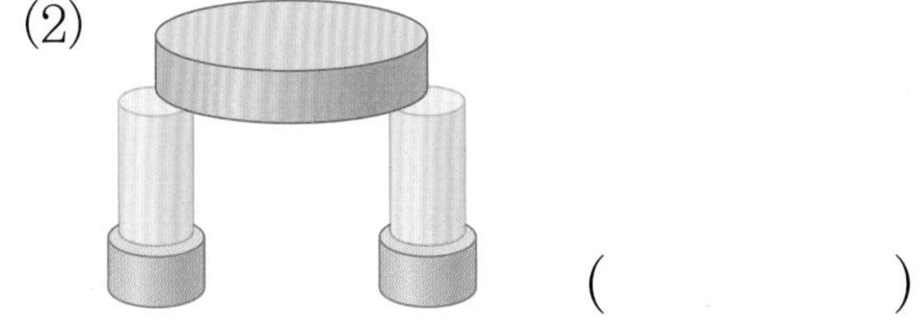

(　　　　　)

3-2 다음과 같은 모양을 만드는 데 사용한 모양을 모두 찾아 ○표 하세요.

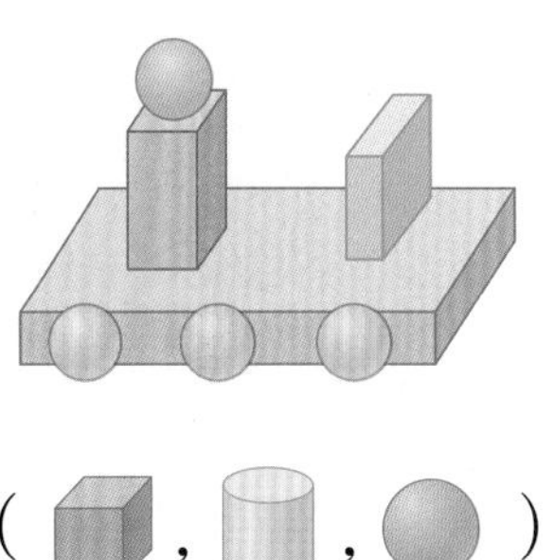

(▢ , ▢ , ○)

3-3 주어진 모양을 만드는 데 사용하지 않은 모양을 찾아 기호를 쓰세요.

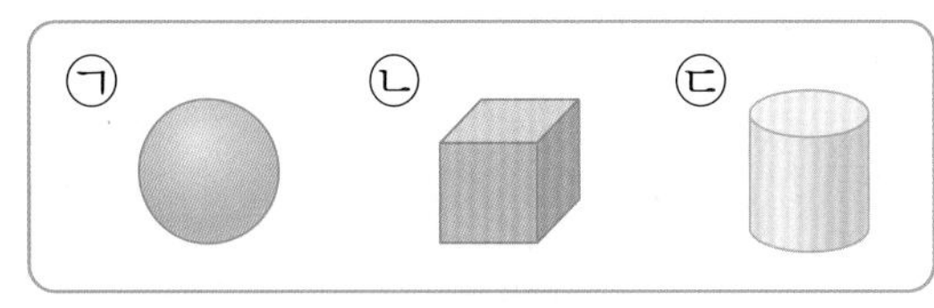

(1)

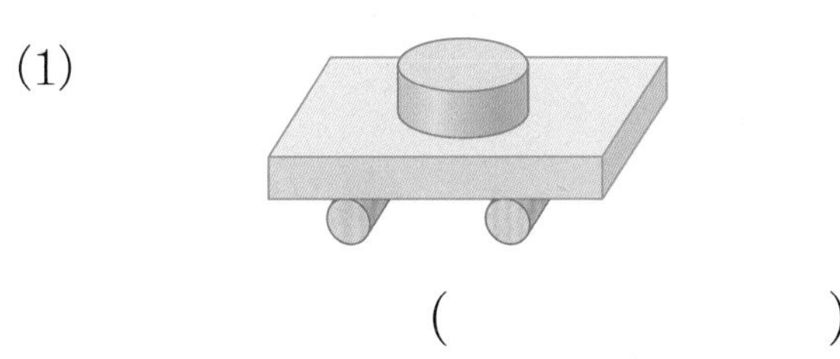

(　　　　　)

(2)

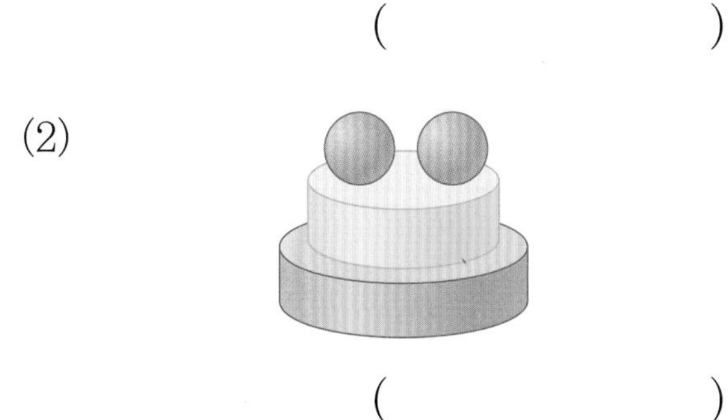

(　　　　　)

(3)

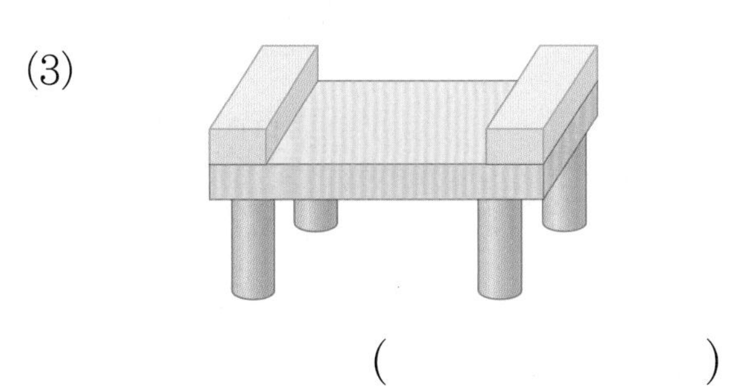

(　　　　　)

단원 2

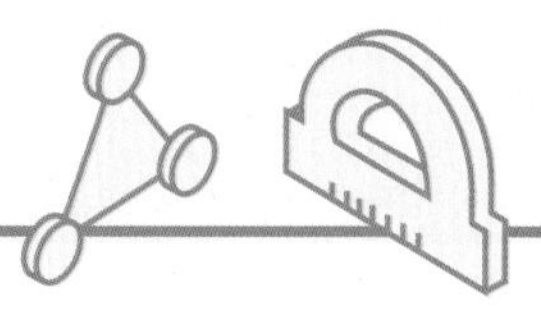

3-4 다음과 같은 모양을 만드는 데 ● 모양은 몇 개 사용했나요?

(　　　　　　)개

대표유형

3-5 다음과 같은 모양을 만드는 데 사용한 각 모양의 개수를 쓰세요.

(1)

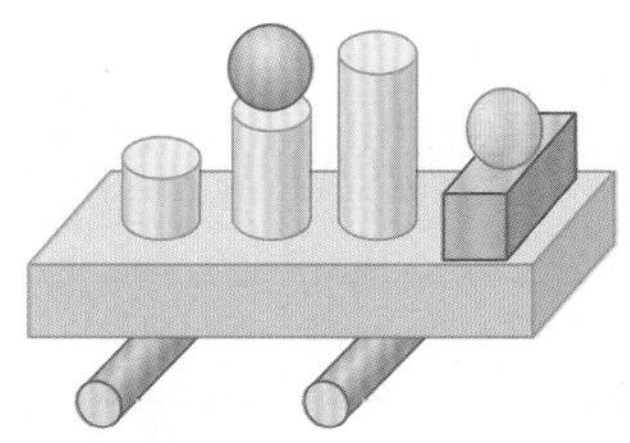

■ 모양 : (　　　　)개

▯ 모양 : (　　　　)개

● 모양 : (　　　　)개

(2)

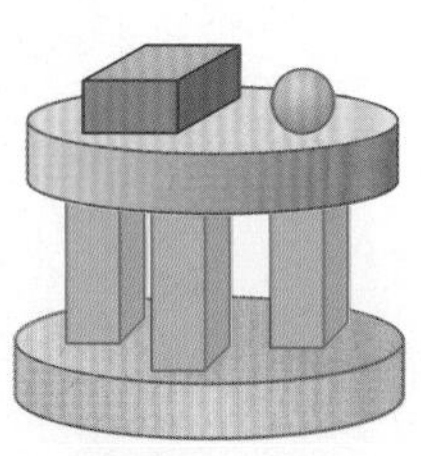

■ 모양 : (　　　　)개

▯ 모양 : (　　　　)개

● 모양 : (　　　　)개

시험에 잘 나와요

3-6 그림을 보고 물음에 답하세요.

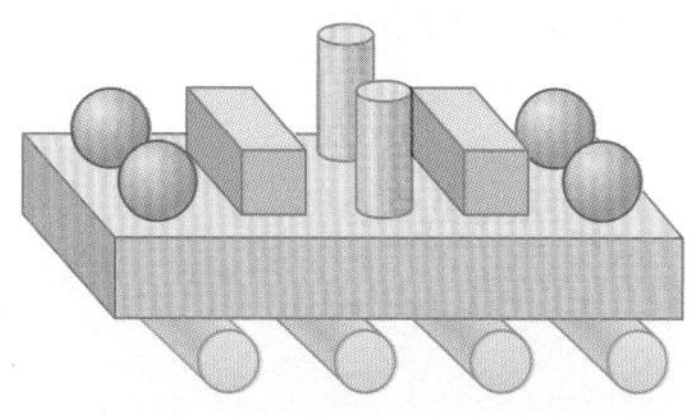

(1) 사용한 각 모양의 개수를 빈칸에 써넣으세요.

■ 모양	▯ 모양	● 모양
개	개	개

(2) 가장 많이 사용한 모양에 ○표, 가장 적게 사용한 모양에 △표 하세요.

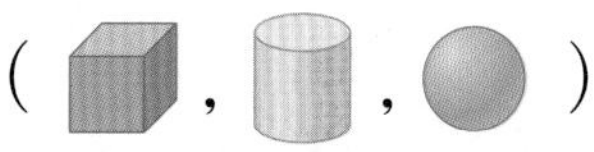

(■ , ▯ , ●)

3-7 가와 나 모양 중 ▯ 모양을 더 많이 사용한 것의 기호를 쓰세요.

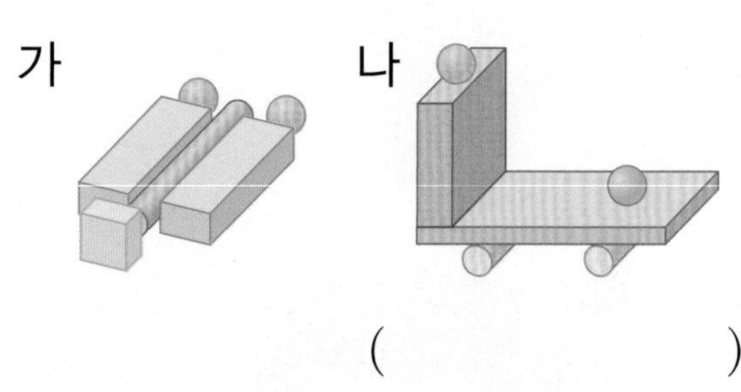

(　　　　　　)

유형콕콕을 통해 다진 기본을 확인하고
좀 더 수준이 높은 문제를 풀며 실력을 높여요.

1 같은 모양끼리 선으로 이어 보세요.

 •   • 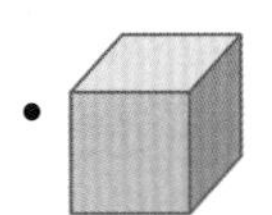

 •   • 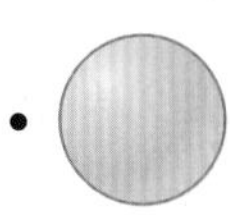

 •   • 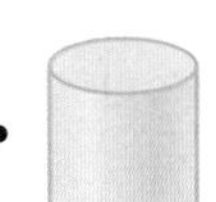

2 그림을 보고 ▢ 모양, ▯ 모양, ○ 모양을 각각 찾아 기호를 쓰세요.

▢ 모양 : (   )

▯ 모양 : (   )

○ 모양 : (   )

3 집에 있는 물건 중 ▢ 모양의 물건을 찾아 **3**개만 써 보세요.

(   )

4 다음 그림에서 사용된 모양을 모두 찾아 ○표 하세요.

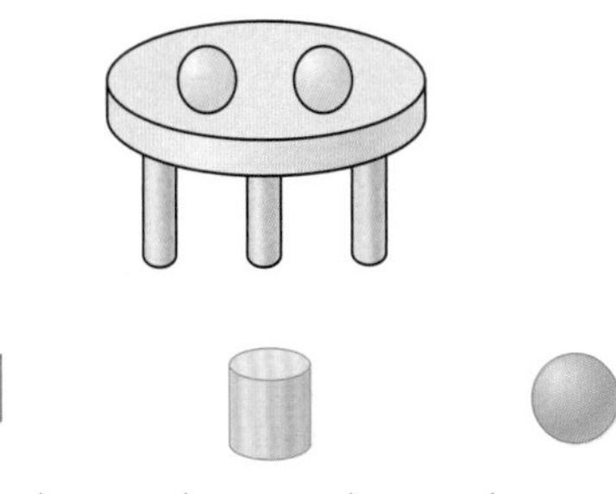

(   ) (   ) (   )

5 ▢ 모양에 □표, ▯ 모양에 △표, ○ 모양에 ○표 하세요.

(   ) (   ) (   ) (   )

6 같은 모양끼리 모아놓은 것을 찾아 기호를 쓰세요.

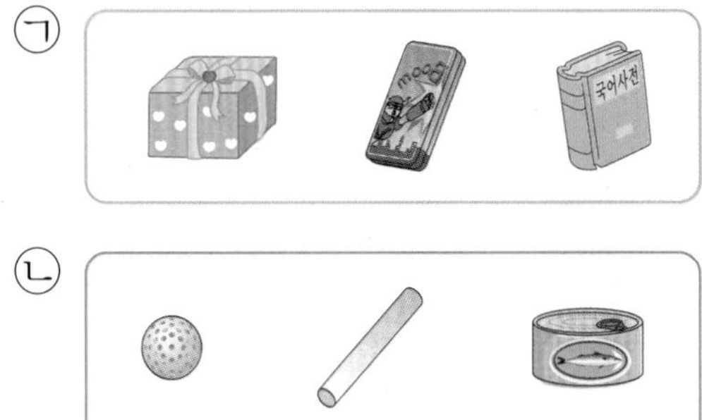

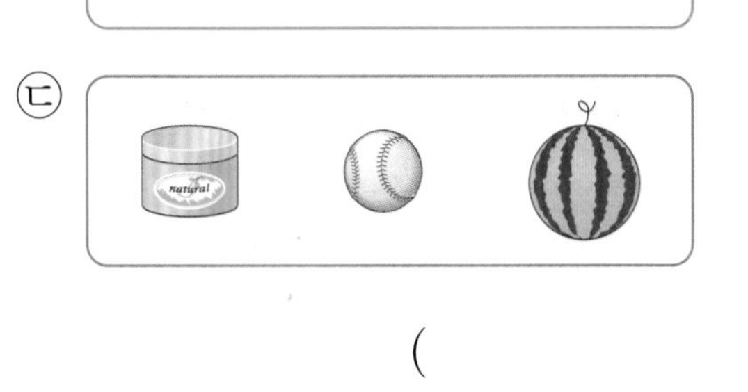

(   )

4단계 실력 팍팍

그림을 보고 물음에 답하세요. [7~8]

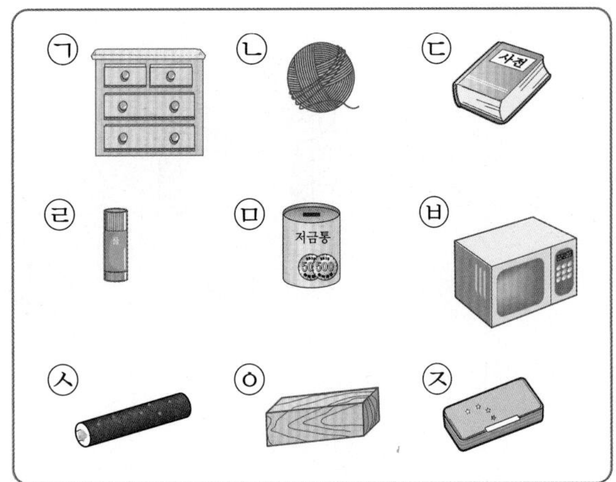

7 모양인 물건은 모두 몇 개인가요?

( )개

8 모양인 물건을 모두 찾아 기호를 쓰세요.

( )

9 모양이 더 많은 쪽에 ○표 하세요.

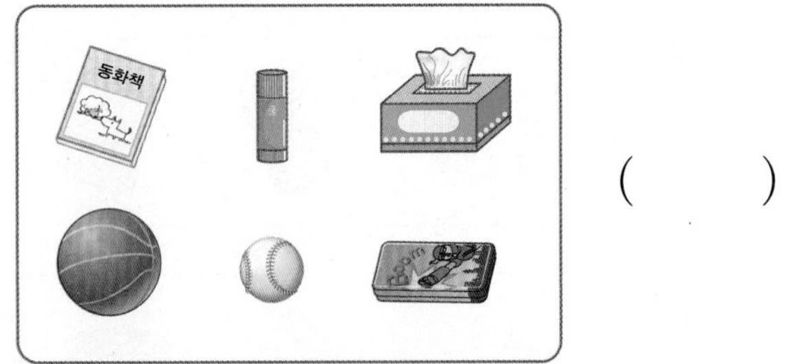

( )

( )

10 다음은 가영이와 지혜가 가지고 있는 물건입니다. 두 사람이 모두 가지고 있는 모양에 ○표 하세요.

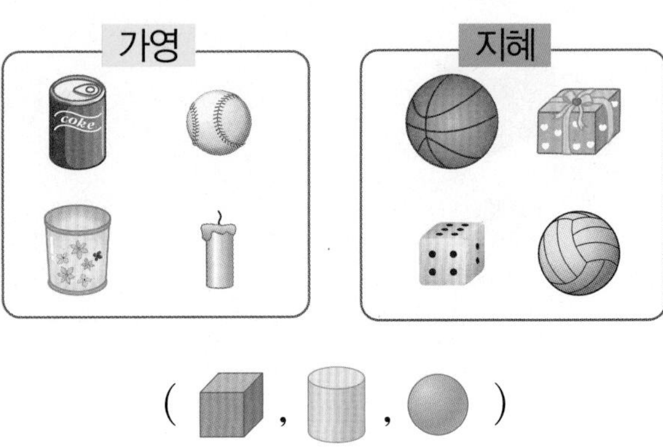

(, ,)

11 평평한 부분과 둥근 부분이 모두 있고 눕히면 한 방향으로만 잘 굴러가는 물건을 모두 찾아 기호를 쓰세요.

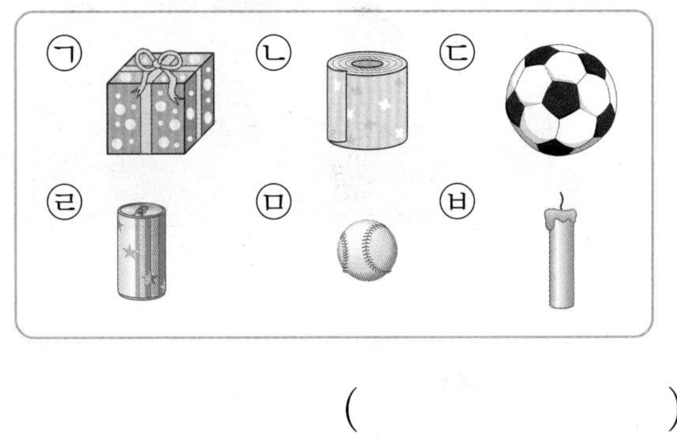

( )

12 , , 모양 중 다음 설명에 알맞은 모양의 물건을 우리 주변에서 **3**개 찾아 쓰세요.

> 평평하고 뾰족한 부분이 있지만 둥근 부분은 없습니다.

( )

13 다음은 석기가 검은 상자 속에 손을 넣어 만진 물건에 대하여 말한 것입니다. 이 물건은 어떤 모양인지 찾아 ○표 하세요.

• 어느 부분을 만져도 둥글어.
• 평평한 부분이 없어.

()

14 위에서 보았을 때 ● 모양인 물건은 모두 몇 개인가요?

(　　　　　)개

15 나무판을 기울여 놓고, 지혜는 ■ 모양, 동민이는 ▮ 모양, 영수는 ● 모양을 굴리려고 합니다. 굴리기 어려운 모양을 가지고 있는 사람은 누구인가요?

(　　　　　)

16 보기 의 모양을 모두 사용하여 만들 수 있는 모양에 ○표 하세요.

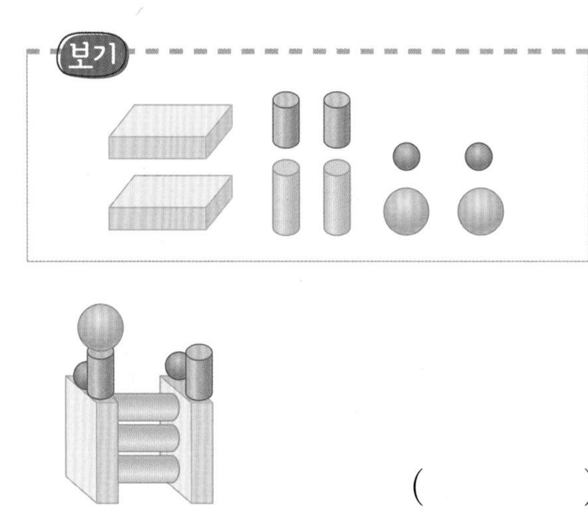

(　　　)

(　　　)

17 가에는 없고 나에만 있는 모양에 ○표 하세요.

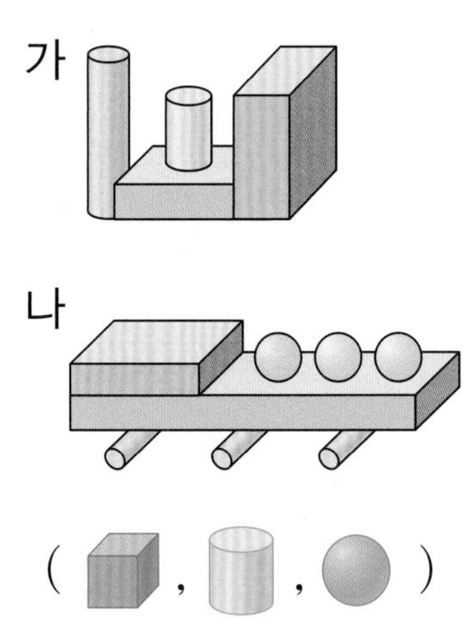

(■ , ▮ , ●)

18 한별이는 가지고 있는 모양을 모두 사용하여 다음과 같은 기차 모양을 만들었습니다. 한별이가 가장 많이 가지고 있는 모양에 ○표 하세요.

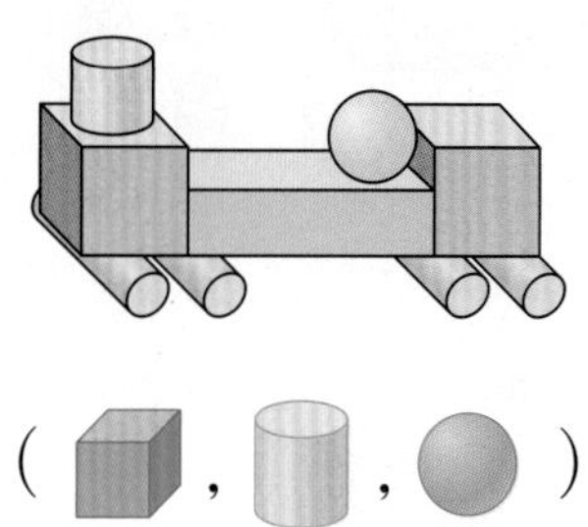

(, ,)

19 가영이와 예슬이가 각각 만든 모양입니다. 모양은 누가 더 많이 사용하였나요?

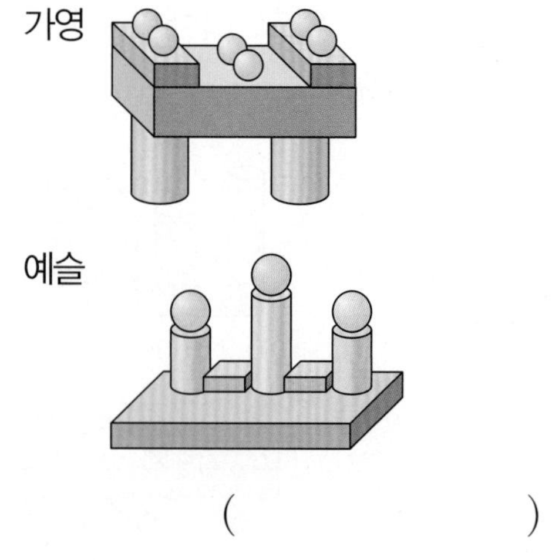

( )

20 모양 **2**개, 모양 **6**개, 모양 **4**개로 만들지 않은 것을 찾아 기호를 쓰세요.

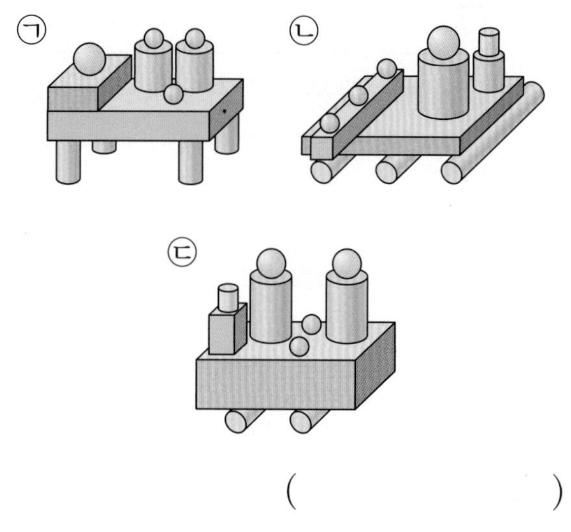

( )

21 빈 곳에 들어갈 물건과 같은 모양을 찾아 ○표 하세요.

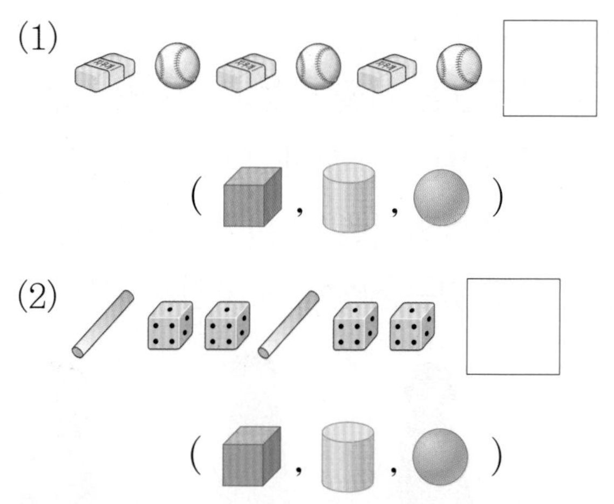

(1)

(, ,)

(2)

(, ,)

서술 유형 익히기

주어진 풀이 과정을 함께 해결하면서
서술형 문제의 해결 방법을 익혀요.

유형 1

다음 모양을 모두 사용하여 만든 것을 찾아 기호를 쓰려고 합니다. 풀이 과정을 쓰고 답을 구하세요.

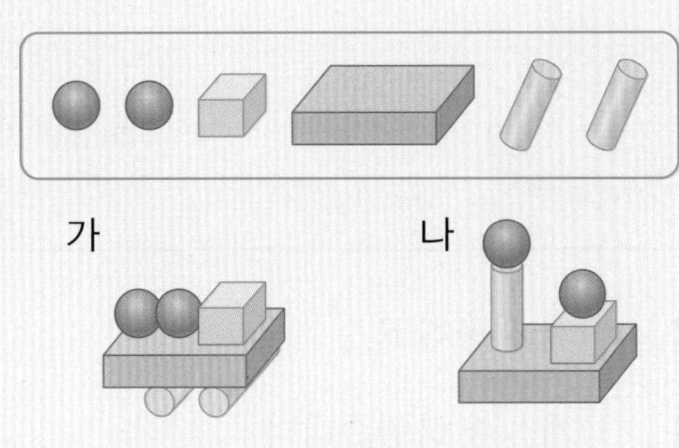

풀이 주어진 모양을 모두 사용하여 만든 것은 ☐입니다.

나는 (공) 모양 ☐개, (상자) 모양 ☐개, (원기둥) 모양 ☐개를 사용하여 (원기둥) 모양이 ☐개 남습니다.

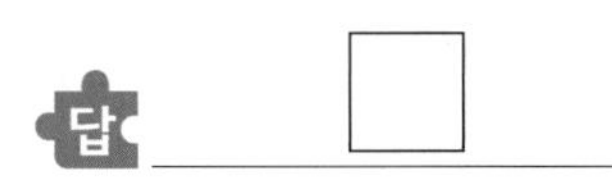

답 ☐

예제 1

다음 모양을 모두 사용하여 만든 것을 찾아 기호를 쓰려고 합니다. 풀이 과정을 쓰고 답을 구하세요. [5점]

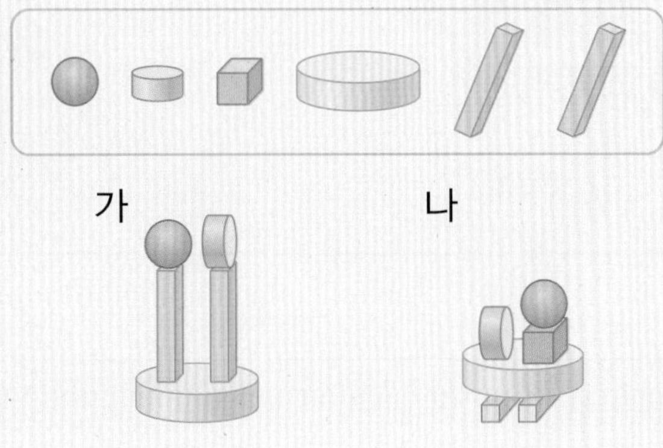

풀이

답

서술 유형 익히기

유형 2

모양을 더 많이 사용한 어린이는 누구인지 풀이 과정을 쓰고 답을 구하세요.

한초

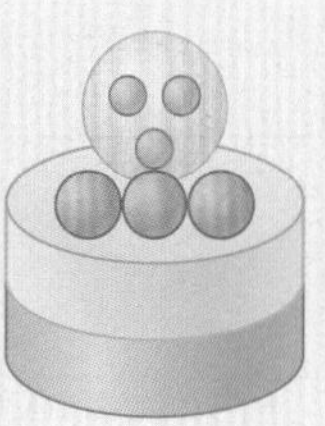

영수

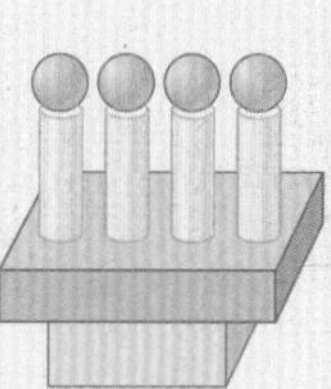

풀이 한초는 모양을 □개 사용하고,

영수는 모양을 □개 사용하였습니다.

따라서 모양을 더 많이 사용한 어린이는 □입니다.

답 □

예제 2

모양을 더 적게 사용한 어린이는 누구인지 풀이 과정을 쓰고 답을 구하세요. [5점]

동민

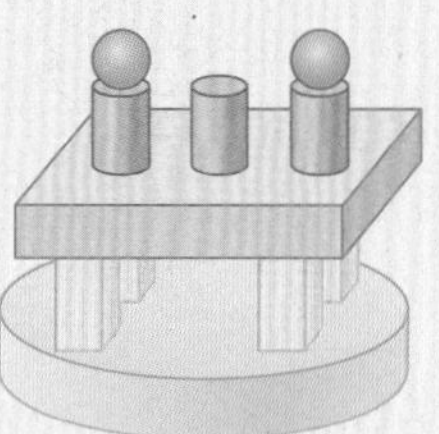

석기

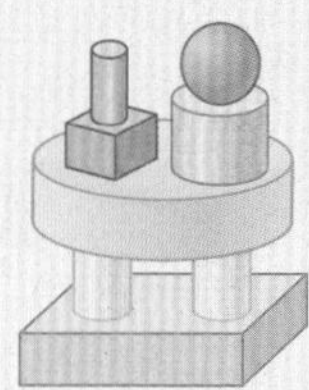

풀이

답

1 고양이가 생선을 먹으러 가기 위해서는 다음과 같은 순서대로 길을 따라 가야 합니다. 고양이가 생선을 먹으러 가는 길을 찾아 선으로 이어 보세요.

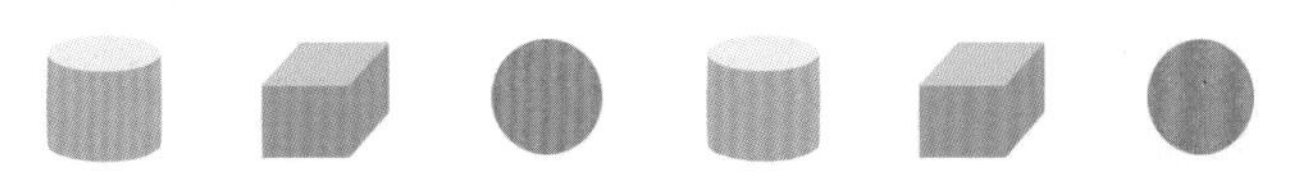

2 단원 단원 평가

1 보기와 같은 모양의 물건을 찾아 ○표 하세요.
③점

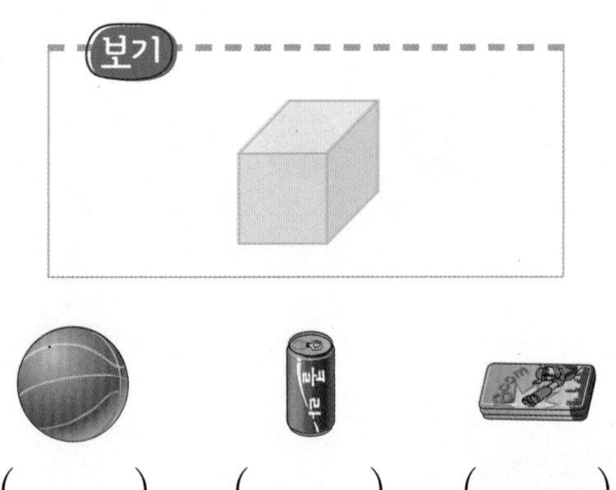

( ) ( ) ( )

2 같은 모양끼리 선으로 이어 보세요.
③점

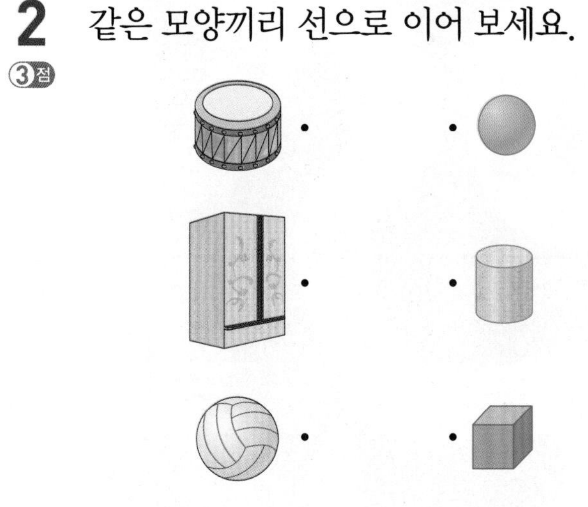

3 다음 물건들과 같은 모양에 ○표 하세요.
③점

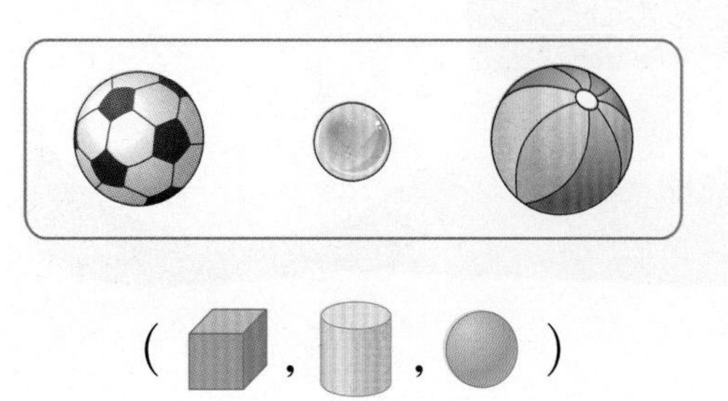

(, ,)

4 모양을 모두 찾아 △표 하세요.
④점

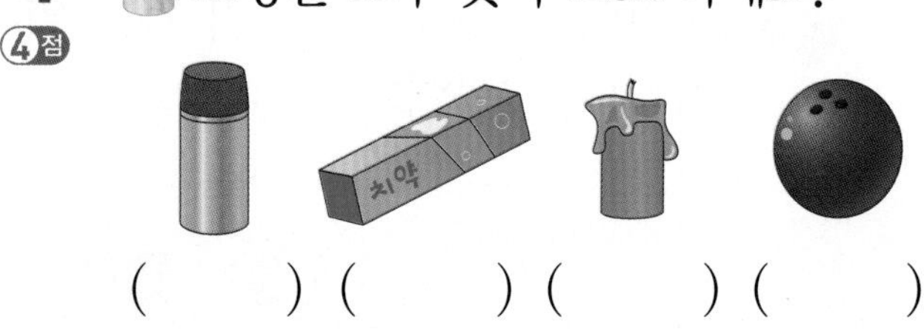

( ) ( ) ( ) ( )

그림을 보고 물음에 답하세요. [5~7]

5 모양을 모두 찾아 기호를 쓰세요.
④점

( )

6 모양을 모두 찾아 기호를 쓰세요.
④점

( )

7 모양을 찾아 기호를 쓰세요.
④점

( )

8 다음 그림에서 개수가 가장 적은 모양을 찾아 ○표 하세요.
④점

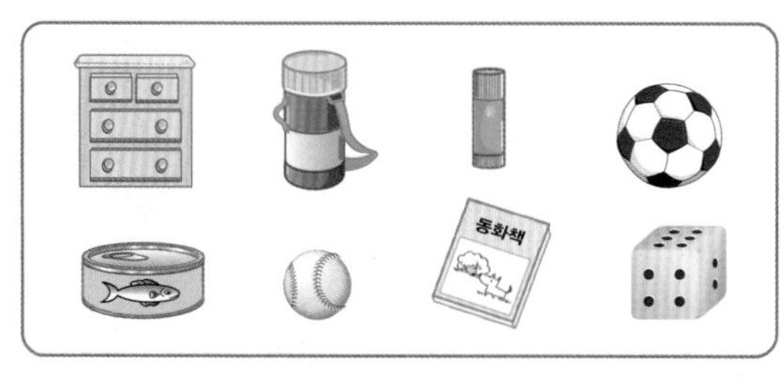

(, ,)

9 평평한 부분과 뾰족한 부분이 모두 있는 물건은 몇 개인가요?
④점

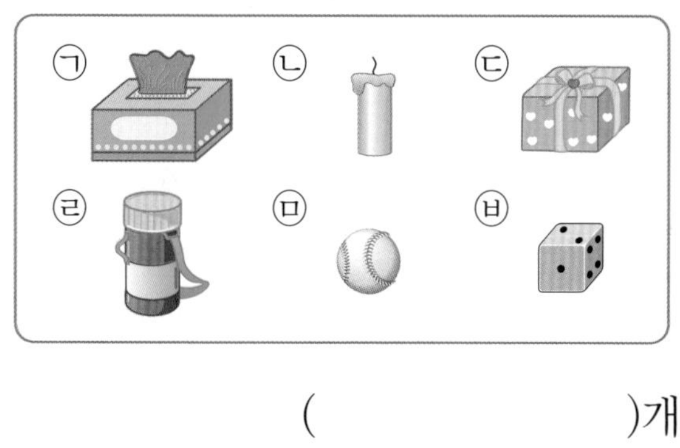

( )개

10 어느 방향으로도 잘 굴러가는 물건은 어느 것인가요? ( )
④점

① 
② 
③ 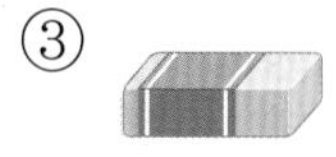
④ 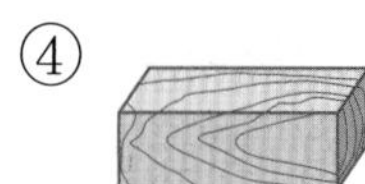
⑤ 

11 오른쪽 그림과 같은 모양을 만들 때, 모양은 모두 몇 개 필요한가요?
④점

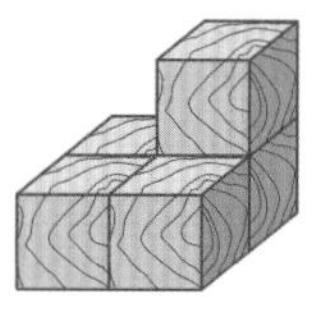

( )개

12 다음과 같은 모양을 만드는 데 사용한 모양의 개수를 쓰세요.
④점

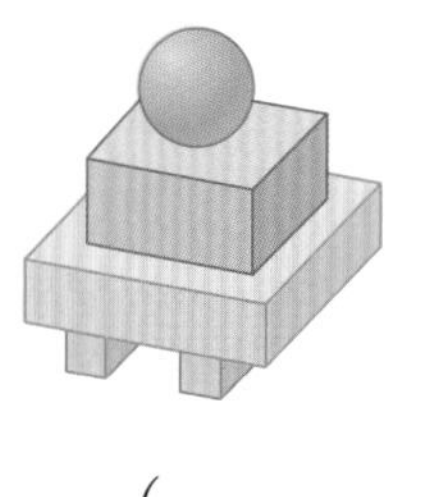

( )개

13 오른쪽 모양을 만드는 데 사용한 모양을 찾아 ○표 하세요.
④점

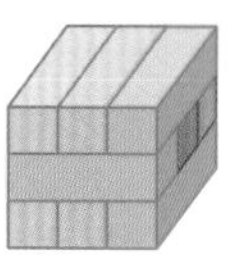

(, ,)

14 주어진 모양을 만드는 데 사용하지 않은 모양을 찾아 ×표 하세요.
④점

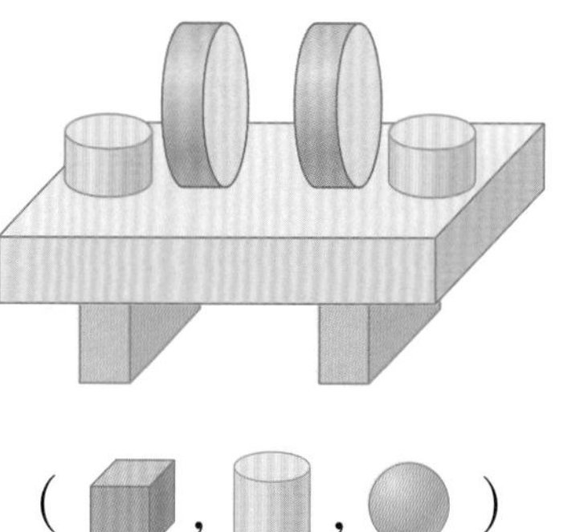

(, ,)

15 다음과 같은 모양을 만드는 데 사용한 각 모양의 개수를 쓰세요.
④점

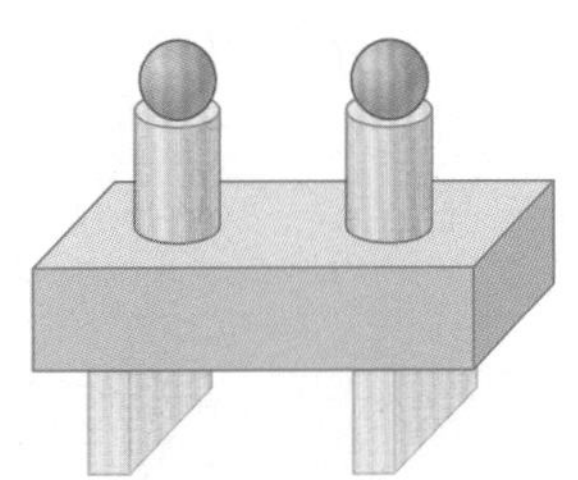

모양 : (　　　　)개
모양 : (　　　　)개
모양 : (　　　　)개

그림을 보고 물음에 답하세요. [16~17]

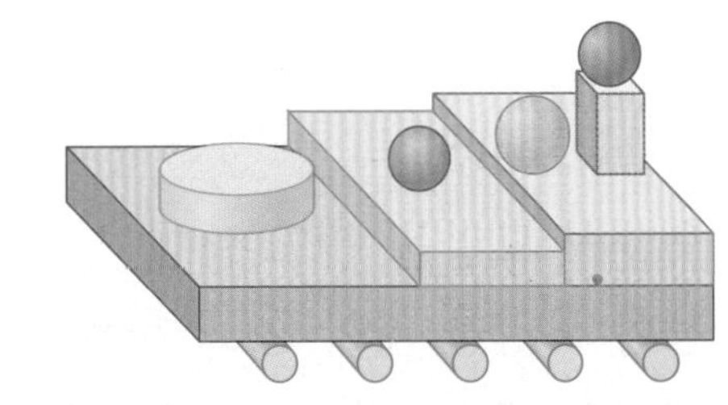

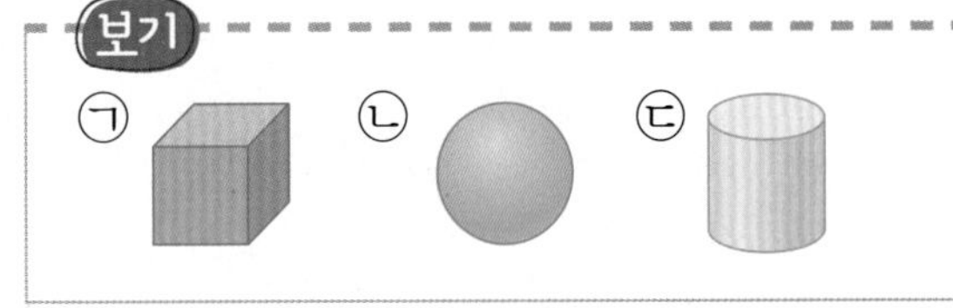

16 가장 많이 사용한 모양을 보기에서 찾아 기호를 쓰세요.
④점

(　　　　)

17 가장 적게 사용한 모양을 보기에서 찾아 기호를 쓰세요.
④점

(　　　　)

그림을 보고 물음에 답하세요. [18~19]

가
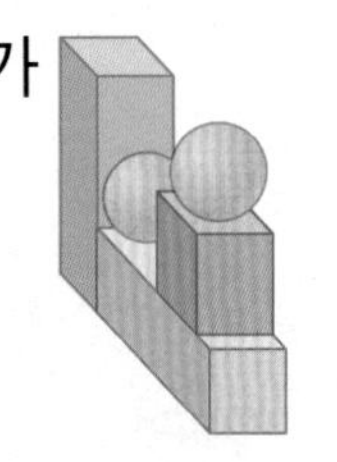
나
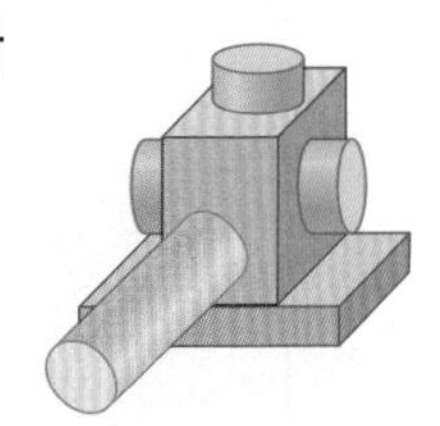

18 나에는 모양이 모두 몇 개있나요?
④점

(　　　　)개

19 가와 나 중 모양을 더 많이 사용한 것을 찾아 기호를 쓰세요.
④점

(　　　　)

20 가와 나 중 모양을 더 많이 사용하여 만든 것은 어느 것인가요?
④점

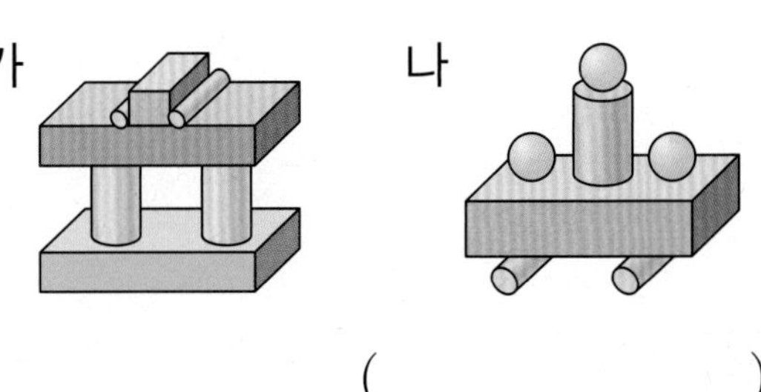

(　　　　)

21 오른쪽 그림은 어떤 모양의 일부분입니다. 이 모양에서 평평한 부분이 모두 몇 개인가요?
⑤점

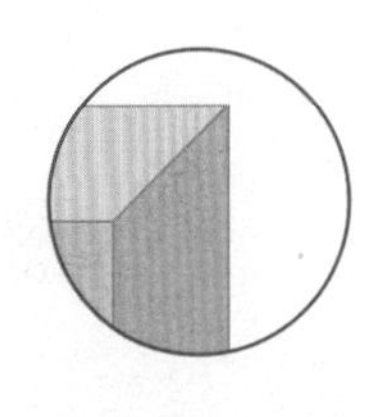

(　　　　)개

서술형

22 ④점 나머지 셋과 모양이 <u>다른</u> 것의 이름을 쓰고, 그 이유를 설명하세요.

풀이

답

23 ⑤점 평평한 부분도 있고 한 방향으로만 잘 구르는 물건은 잘 구르지 않는 물건보다 몇 개 더 많은지 풀이 과정을 쓰고 답을 구하세요.

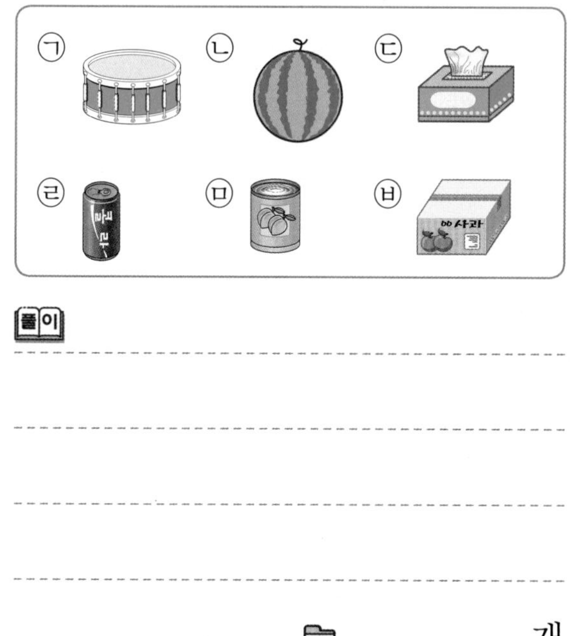

풀이

답 개

24 ⑤점 다음 모양을 만드는 데 가장 많이 사용한 모양은 어떤 모양인지 풀이 과정을 쓰고 답을 구하세요.

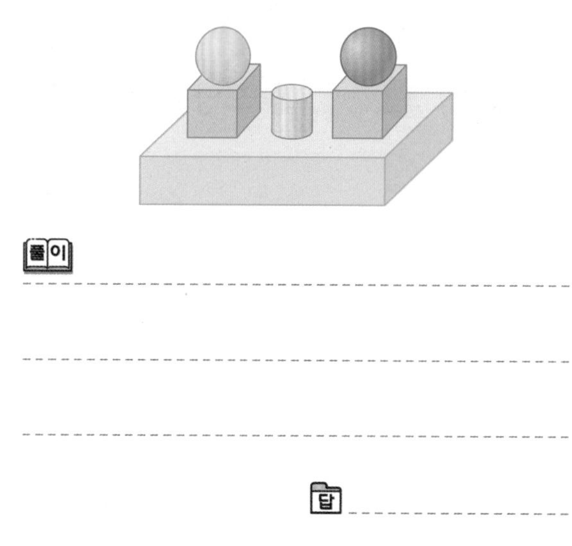

풀이

답

25 ⑤점 가와 나 중 ▯ 모양을 더 많이 사용한 것은 어느 것이고, 몇 개 더 많이 사용했는지 풀이 과정을 쓰고 답을 구하세요.

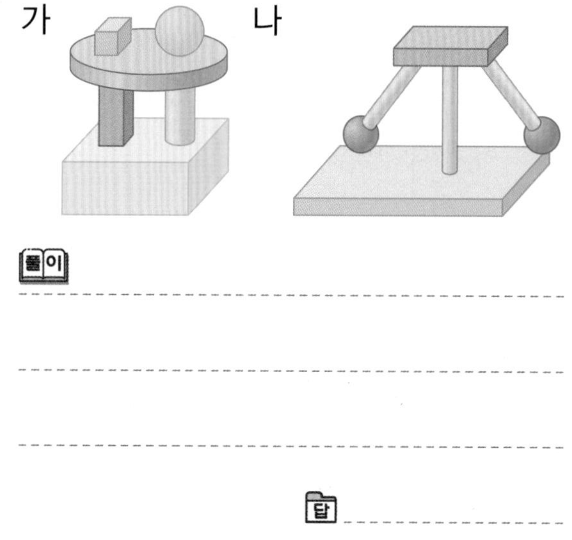

풀이

답

단원 2

탐구 수학

■, ■, ● 모양을 이용하여 작품을 만들고, 만든 작품을 친구들에게 보여주고 설명하려고 합니다. 물음에 답하세요. [1~2]

1 ■, ■, ● 모양을 이용하여 기차를 만들어 보세요.

2 위 1에서 만든 기차를 어떻게 만들었는지 설명해 보세요.

생활 속의 수학

알아맞혀 봐!

장난꾸러기 하얀 탁구공이 또르르르 굴러서 책장 아래로 들어갔어요. 탁구공은 컴컴한 책장 아래서 쿨룩쿨룩 기침까지 해댔어요. 먼지가 정말 많았거든요.

"어휴, 답답해. 누가 나 좀 꺼내 줘!"

이렇게 큰 소리를 질러대니까 누군가가 옆구리를 쿡 찔렀어요.

"조용히 좀 할래? 소리를 지른다고 꺼내 줄 사람은 아무도 없어. 여긴 사람이 들어오지 않아."

"넌 누구니?"

"나? 탱탱볼이야. 나도 너처럼 장난으로 여기저기 굴러다니다가 그만 이 곳에 갇혔어."

탱탱볼은 여기서 산지 한 달도 넘었다고 해요. 탁구공과 탱탱볼은 서로 얼싸안고 울었답니다.

여기를 만져봐도 둥글, 저기를 만져봐도 둥글, 탁구공과 탱탱볼은 정말 많이 닮았어요. 옆에서 조금만 건드려도 또르르르 구르는데 책장 밖으로 나가는 길을 모르나봐요.

탱탱볼과 탁구공은 심심하면 서로를 툭툭 건드리며 놀았어요.

그런데 어느 날 누군가가 소리를 버럭 지르는 거에요.

"누가 날 이렇게 건드리는 거야?"

깜짝 놀란 탁구공이 소리나는 곳으로 가까이 갔더니 여기도 쿡, 저기도 쿡 자꾸만 찌르는 거에요.

"누구세요? 그만 좀 찔러요. 아프다니까요."

"난 쌓기나무야. 너처럼 굴러다닐 수가 없어서 여기 가만히 있는 거야. 그러니까 네가 가까이 안 오면 되는 거야."

탁구공과 탱탱볼은 쌓기나무의 모습이 정말 궁금했어요. 그래서 가만히 손을 내밀어 만져보았지요. 뾰족뾰족한 곳도 있었지만 평평한 곳도 있었어요. 그리고 날카로운 느낌도 있었구요. 탱탱볼과 얼굴을 비비며 놀 때는 아프지 않았는데, 쌓기나무는 찔리기도 하고 미끄러지기도 하고……. 같이 놀기가 힘들 것 같았어요.

"너희들이 놀다가 다리가 아프면 내 위에 올라 앉아 봐. 그럼 아주 편히 쉴 수 있을 거야."

쌓기나무는 탁구공과 탱탱볼이 굴러갈까 봐 그렇게 일러주었어요.

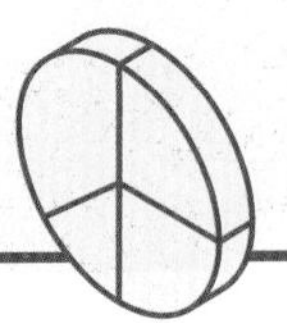

"야, 정말 편한 걸!"

그런데 탱탱볼은 쌓기나무 위에 앉으려다 그만 굴러떨어지고 말았어요.
그때 어디선가 작은 소리가 들렸어요.
"넌 내 머리 위에 앉아!"
"난 풀통이야."
탱탱볼은 소리나는 쪽으로 가서 풀통을 만져 보았어요.
"너도 우리처럼 둥글둥글한데 어디 앉으라는 거야?"
"응, 내 허리는 둥글둥글하지만 내 머리는 납작하거든."
볼은 손을 뻗어 풀통의 머리를 만져 보았더니 정말 납작했어요.
"야, 그럼 내가 앉을 수 있겠는 걸!"
하지만 풀통의 키가 너무 컸나봐요. 탱탱볼은 풀통 위로 펄쩍 뛰어오르다가 넘어지고, 뛰어오르다가 넘어지고, 그렇게 또르르르 또르르르 몇 번이나 구르다가
……어머나! 책장 밖으로 굴러나왔지 뭐에요.
"와, 내 탱탱볼이다!"
석기가 소리를 지르며 탱탱볼을 냉큼 집었어요.
"어디갔나 했더니 책장 아래 있었구나!"
석기는 납작 엎드려서 캄캄한 책장 속으로 손을 밀어 넣었지요.
동글동글한 것이 잡혔어요. 뭘까요?
뾰족뾰족 미끈미끈한 것과 둥그런 막대 같은 것도 하나 잡혔어요. 그건 또 뭘까요?

석기 손에 잡힌 동글동글한 것, 뾰족뾰족 미끈미끈한 것, 둥그런 막대 같은 것은 각각 무엇일까요?

단원 3 덧셈과 뺄셈

이번에 배울 내용

1 수 2, 3을 모으고 가르기
2 수 4, 5를 모으고 가르기
3 수 6, 7을 모으고 가르기
4 수 8, 9를 모으고 가르기
5 덧셈 알아보기
6 덧셈하기
7 뺄셈 알아보기
8 뺄셈하기
9 0이 있는 덧셈과 뺄셈
10 덧셈과 뺄셈하기

이전에 배운 내용

- 9까지의 수

다음에 배울 내용

- 50까지의 수
- 한 자리 수인 세 수의 덧셈
- 10이 되는 더하기, 10에서 빼기

1. 수 2, 3을 모으기와 가르기

교과서 개념을 이해하고 확인 문제를 통해 익혀요.

수 2를 모으기와 가르기

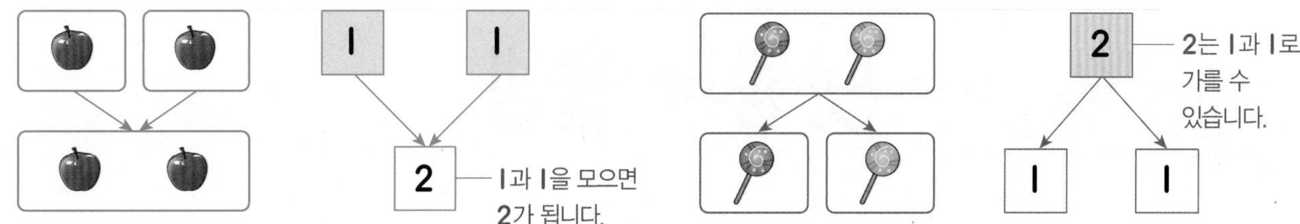

수 3을 모으기와 가르기

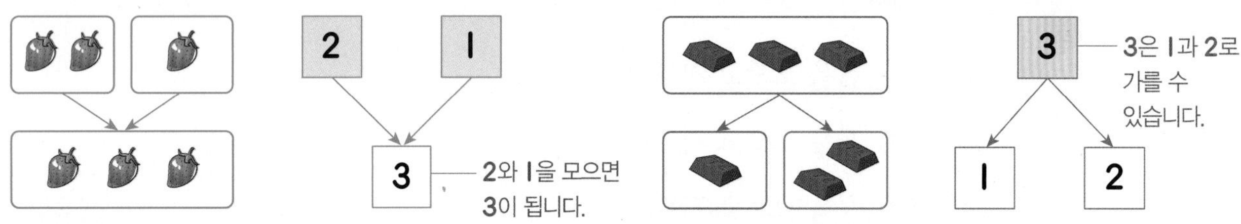

개념잡기

- (1과 1)을 모으면 2가 되고 2는 (1과 1)로 가를 수 있습니다.
- (1과 2), (2와 1)을 모으면 3이 되고 3은 (1과 2), (2와 1)로 가를 수 있습니다.

1 개념확인

3으로 모으기

그림을 보고 □ 안에 알맞은 수를 써넣으세요.

2 개념확인

2, 3을 가르기

그림을 보고 □ 안에 알맞은 수를 써넣으세요.

(1) (2)

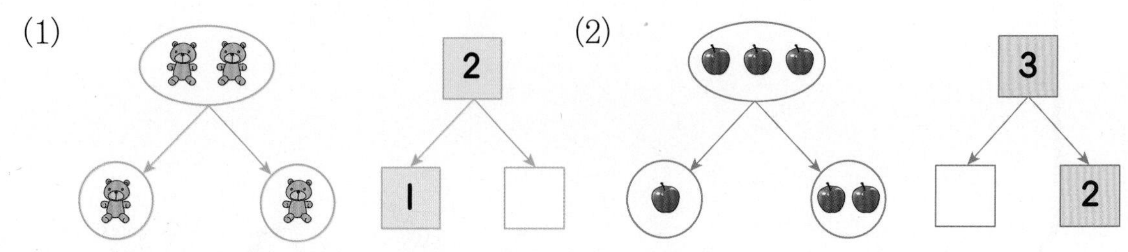

2단계 핵심 쏙쏙

기본 문제를 통해 교과서 개념을 다져요.

빈 곳에 알맞은 수만큼 ○를 그려 보세요. [1~2]

1

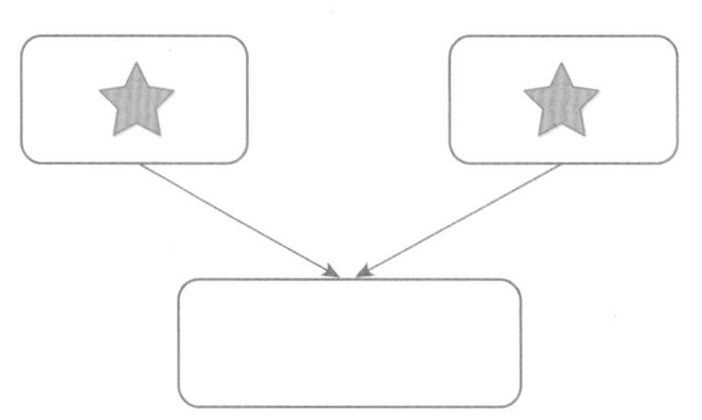

2

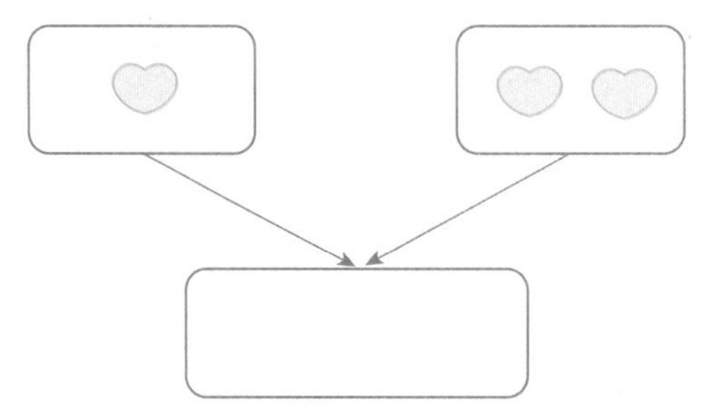

빈 곳에 알맞은 수만큼 △를 그려 보세요. [3~4]

3

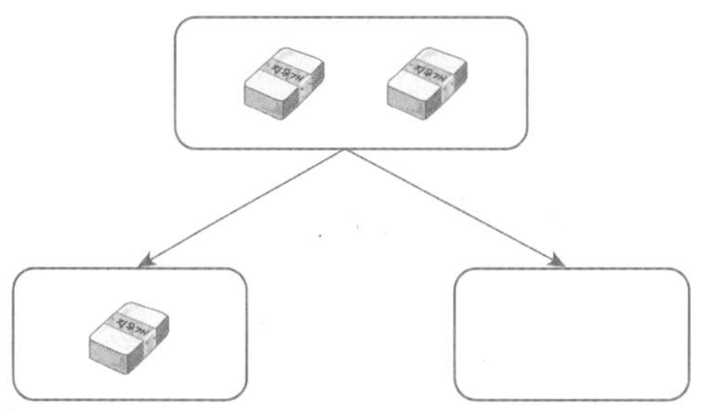

4

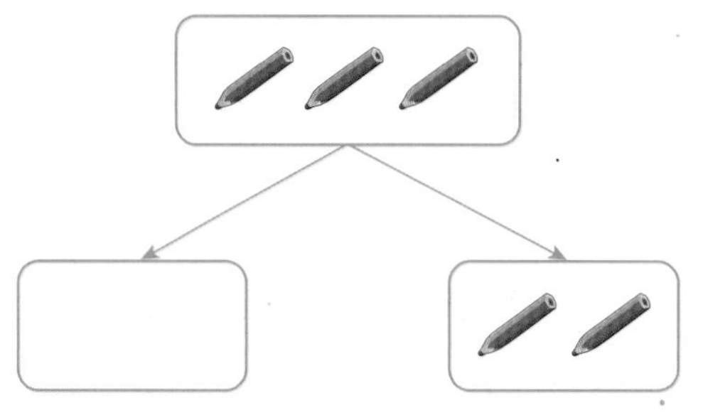

그림을 보고 □ 안에 알맞은 수를 써넣으세요. [5~6]

5

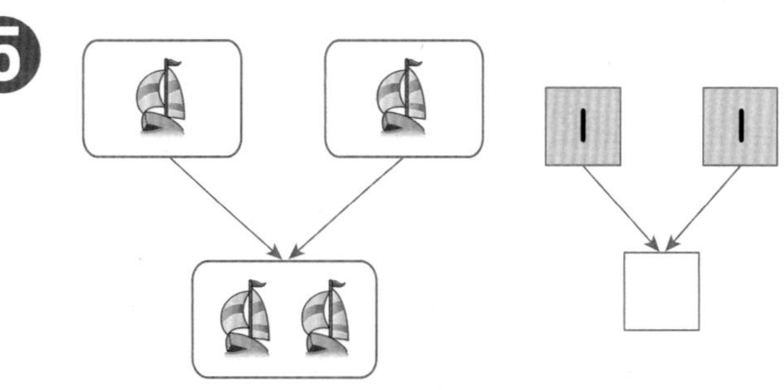

6

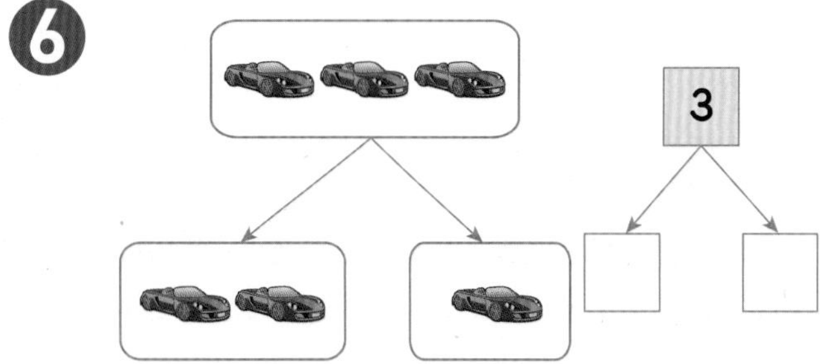

□ 안에 알맞은 수를 써넣으세요. [7~8]

7

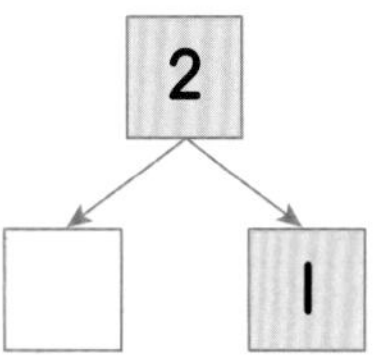

8

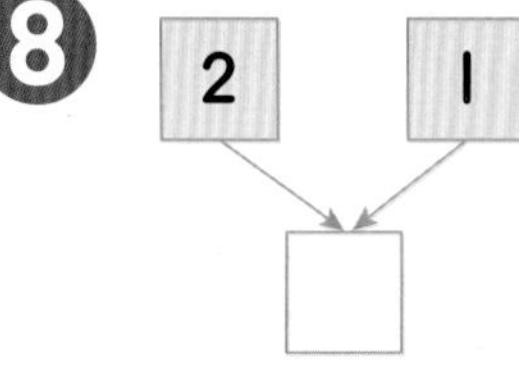

단원 3

2. 수 4, 5를 모으기와 가르기

교과서 개념을 이해하고 확인 문제를 통해 익혀요.

수 4를 모으기와 가르기

수 5를 모으기와 가르기

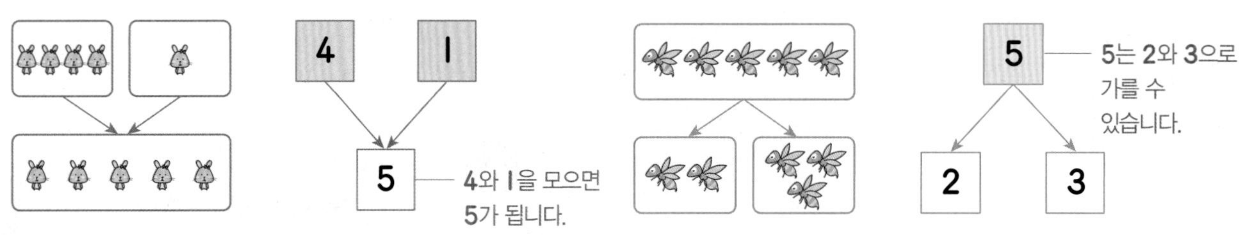

개념잡기

- (1과 3), (2와 2), (3과 1)을 모으면 4가 되고 4는 (1과 3), (2와 2), (3과 1)로 가를 수 있습니다.
- (1과 4), (2와 3), (3과 2), (4와 1)을 모으면 5가 되고 5는 (1과 4), (2와 3), (3과 2), (4와 1)로 가를 수 있습니다.

---

1 개념확인

5로 모으기

그림을 보고 □ 안에 알맞은 수를 써넣으세요.

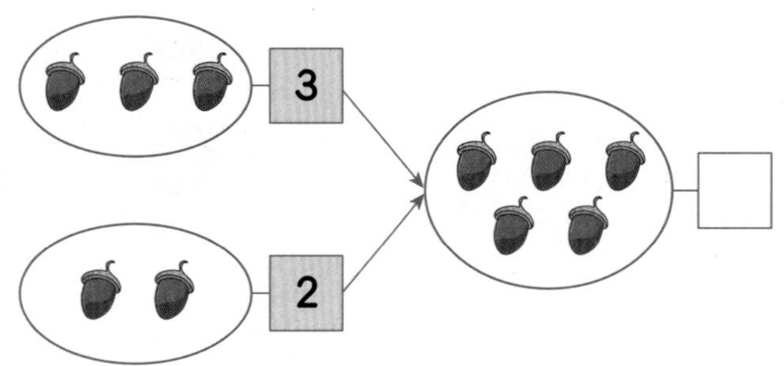

2 개념확인

4, 5를 가르기

그림을 보고 □ 안에 알맞은 수를 써넣으세요.

(1) (2)

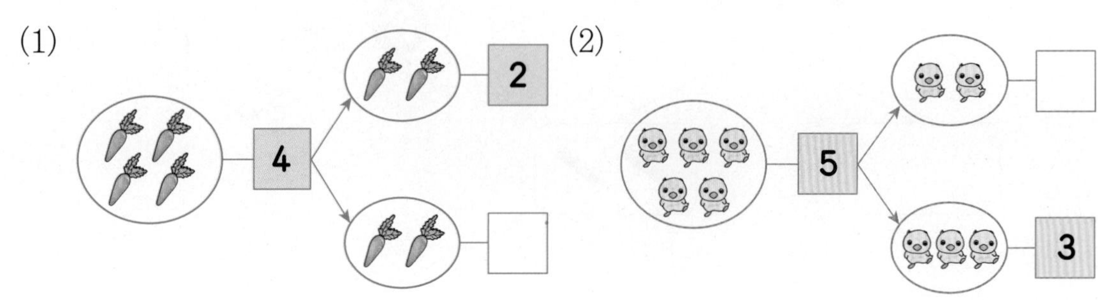

2단계 핵심 쏙쏙

기본 문제를 통해 교과서 개념을 다져요.

빈 곳에 알맞은 수만큼 ○를 그려 보세요. [1~2]

1

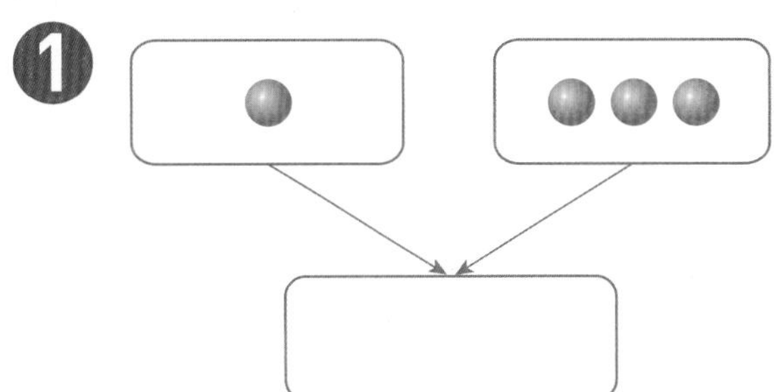

2

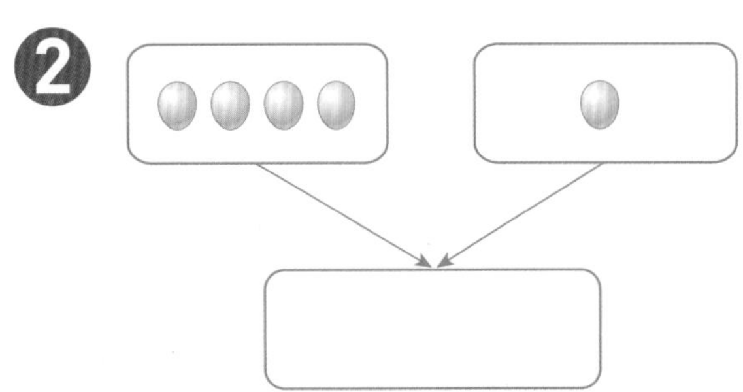

빈 곳에 알맞은 수만큼 ○를 그려 보세요. [3~4]

3

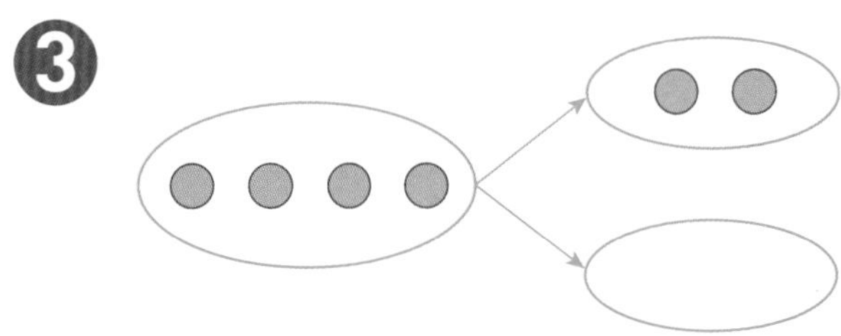

4

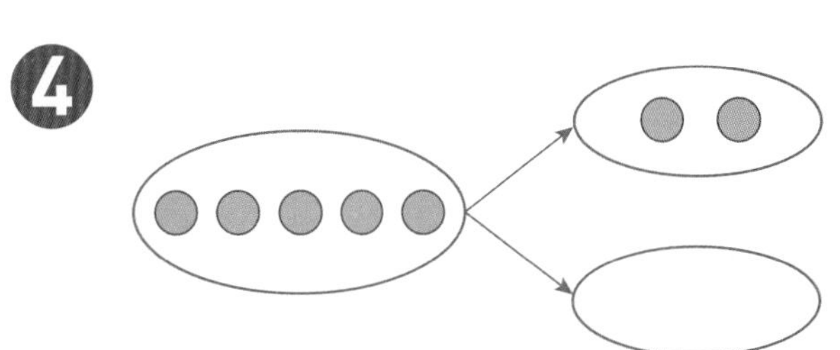

그림을 보고 □ 안에 알맞은 수를 써넣으세요. [5~6]

5

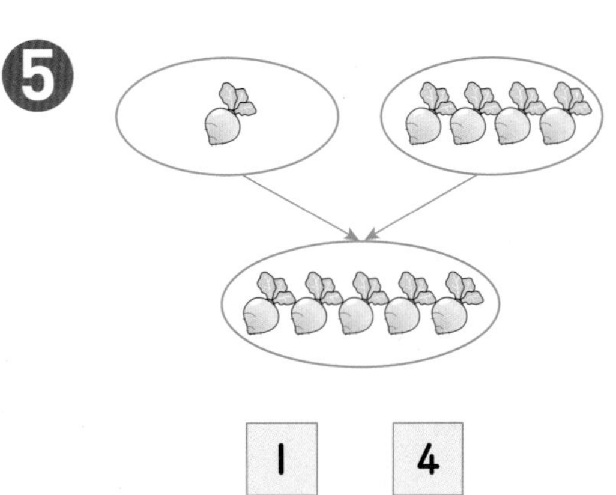

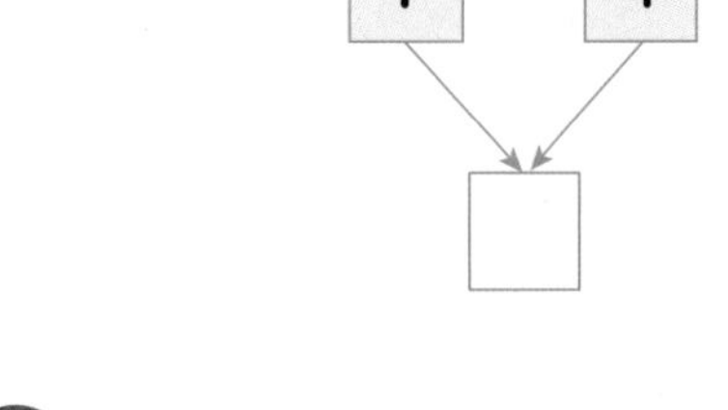

6

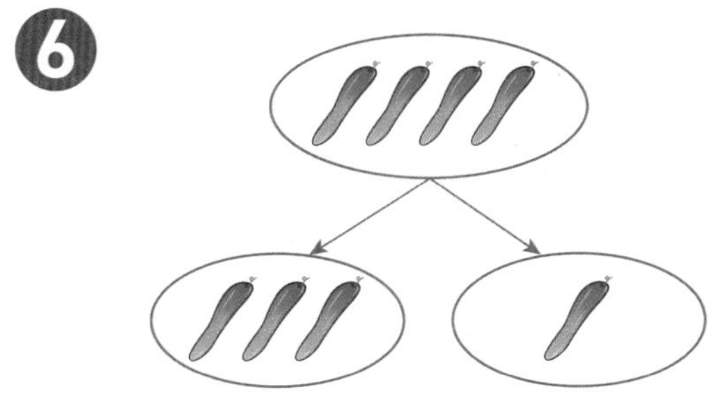

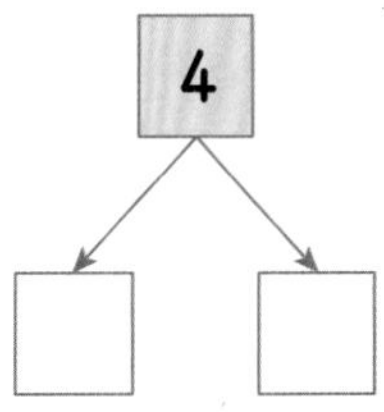

7 □ 안에 알맞은 수를 써넣으세요.

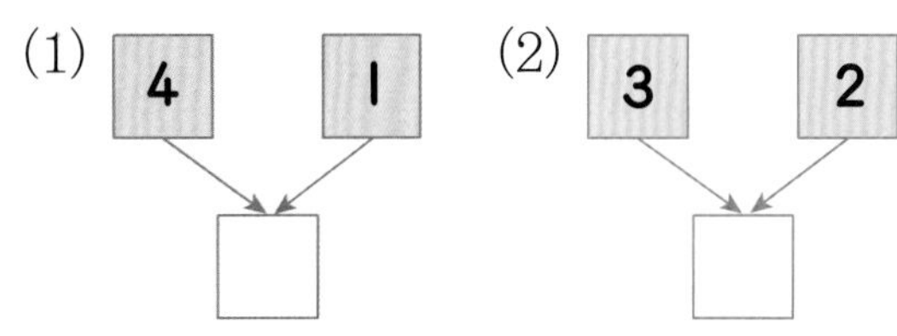

중요

8 □ 안에 알맞은 수를 써넣으세요.

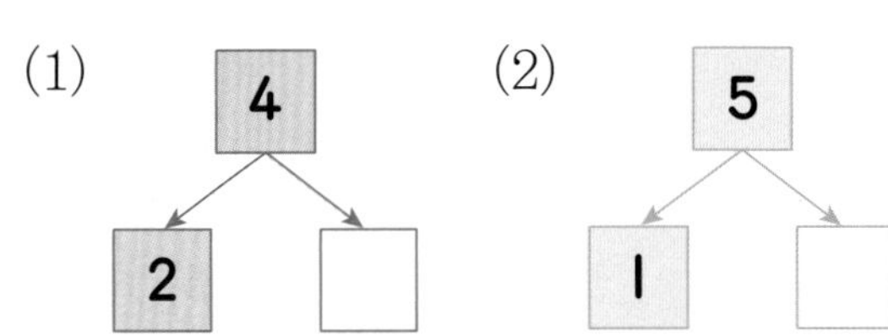

단원 3

3. 수 6, 7을 모으기와 가르기

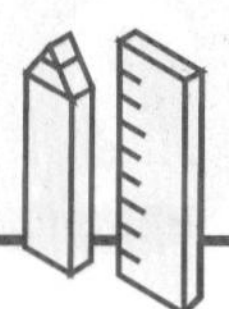

교과서 개념을 이해하고 확인 문제를 통해 익혀요.

수 6을 모으기와 가르기

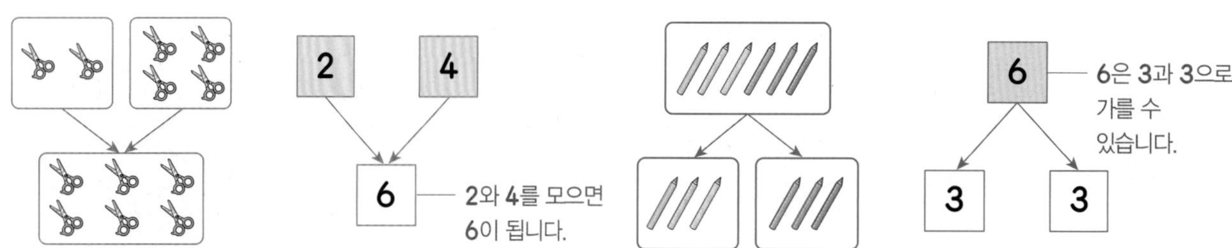

수 7을 모으기와 가르기

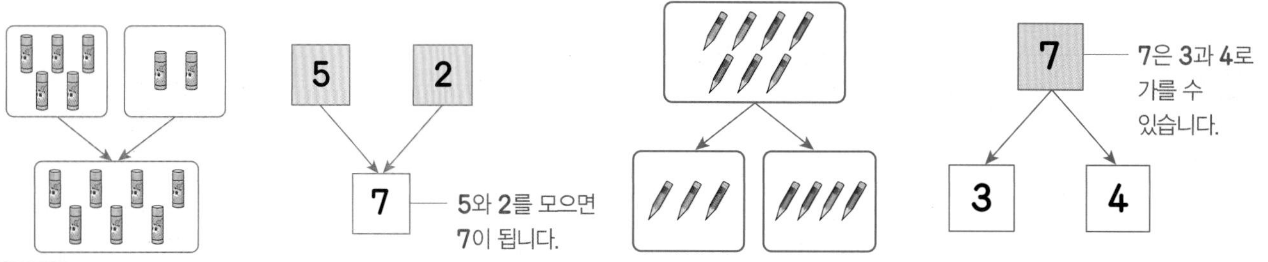

개념잡기

- (1과 5), (2와 4), (3과 3), (4와 2), (5와 1)을 모으면 6이 되고 6은 (1과 5), (2와 4), (3과 3), (4와 2), (5와 1)로 가를 수 있습니다.
- (1과 6), (2와 5), (3과 4), (4와 3), (5와 2), (6과 1)을 모으면 7이 되고 7은 (1과 6), (2와 5), (3과 4), (4와 3), (5와 2), (6과 1)로 가를 수 있습니다.

---

1 개념확인

6을 가르기

그림을 보고 □ 안에 알맞은 수를 써넣으세요.

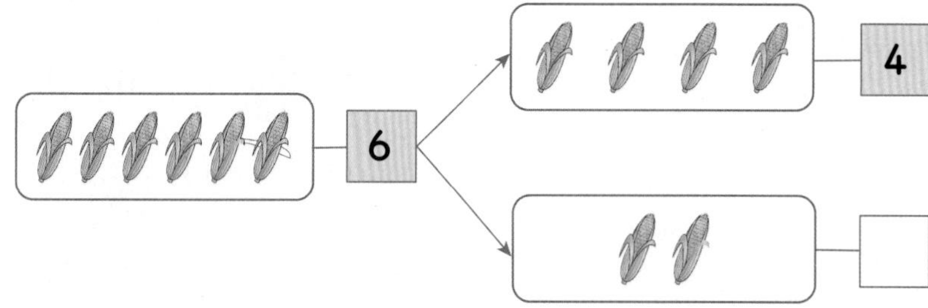

2 개념확인

7로 모으기

그림을 보고 □ 안에 알맞은 수를 써넣으세요.

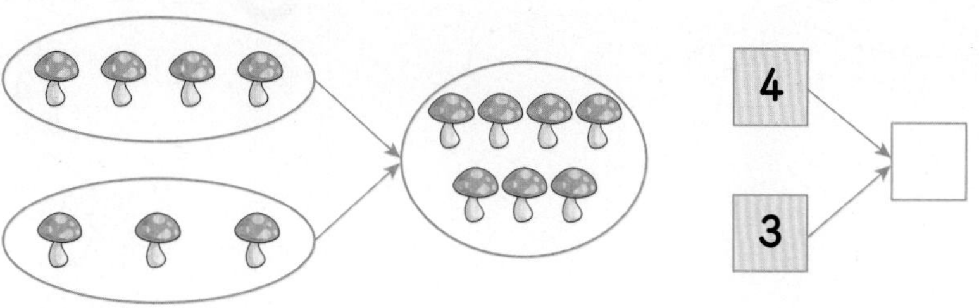

기본 문제를 통해 교과서 개념을 다져요.

빈 곳에 알맞은 수만큼 ○를 그려 보세요. [1~2]

1

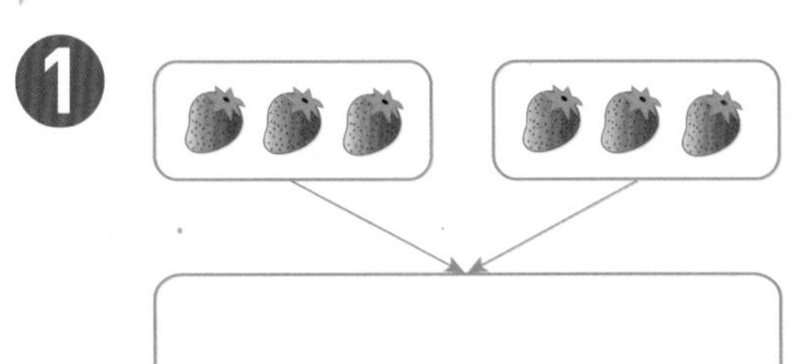

2

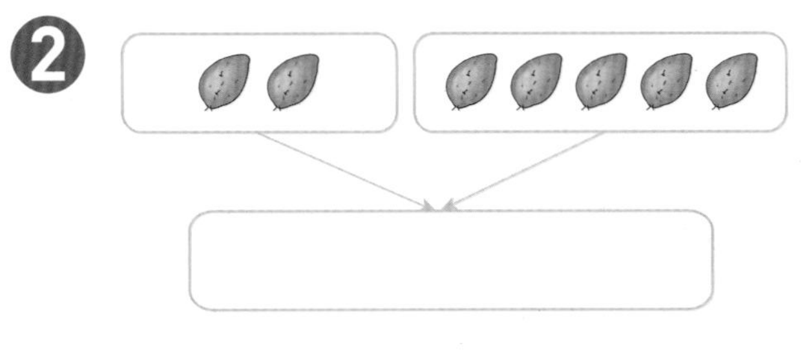

빈 곳에 알맞은 수만큼 △를 그려 보세요. [3~4]

3

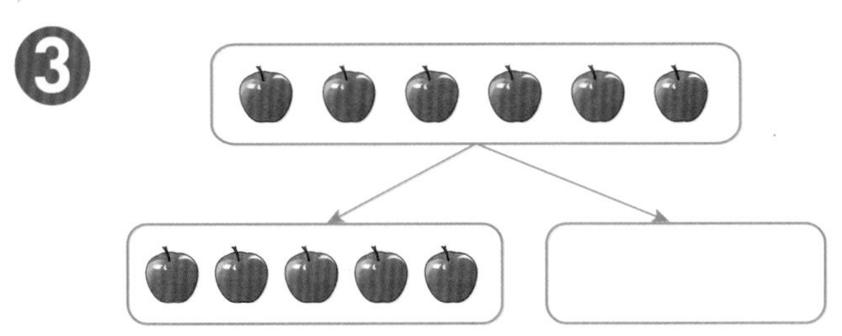

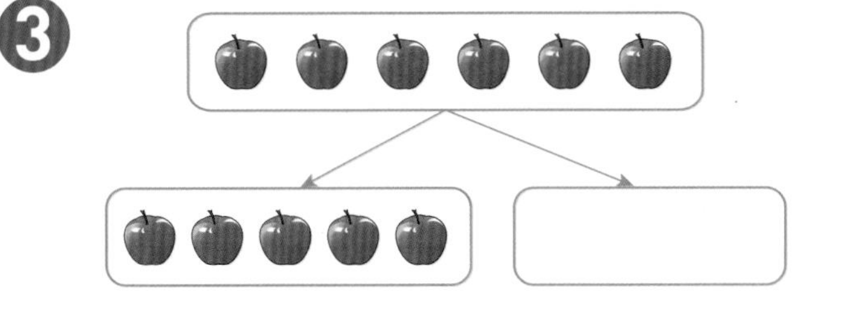

4

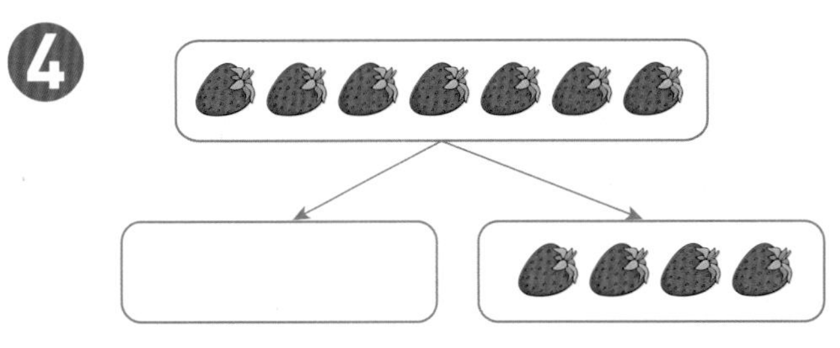

그림을 보고 빈 곳에 알맞은 수만큼 △를 그리고, ○ 안에 알맞은 수를 써넣으세요. [5~6]

5

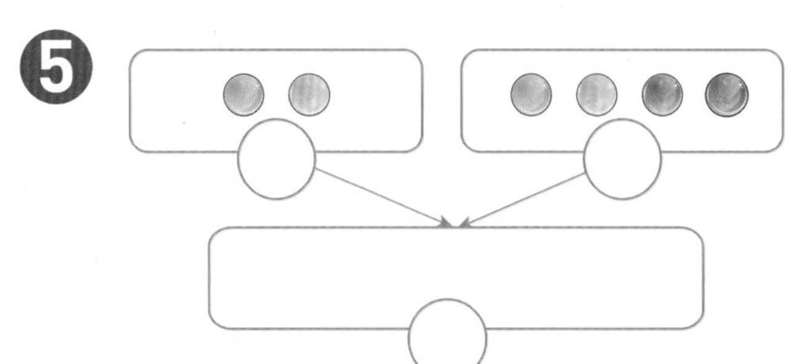

6

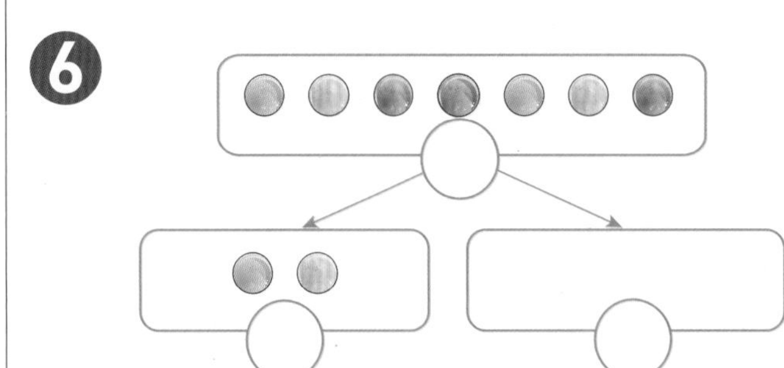

7 □ 안에 알맞은 수를 써넣으세요.

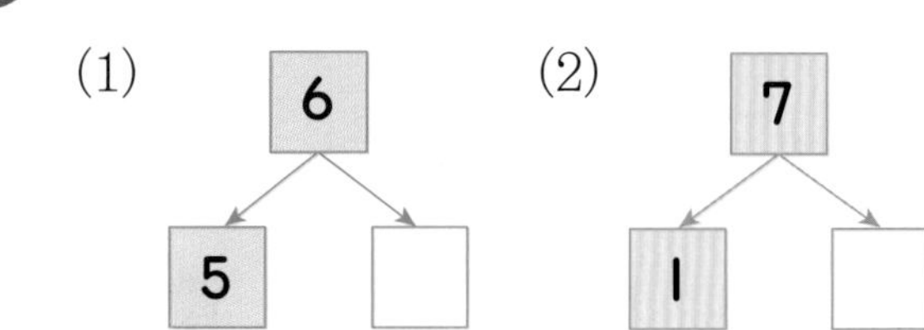

중요

8 두 수를 모아 빈 곳에 알맞은 수를 써넣으세요.

(1)

2	
4	

(2)

5	
2	

4. 수 8, 9를 모으기와 가르기

교과서 개념을 이해하고 확인 문제를 통해 익혀요.

수 8을 모으기와 가르기

수 9를 모으기와 가르기

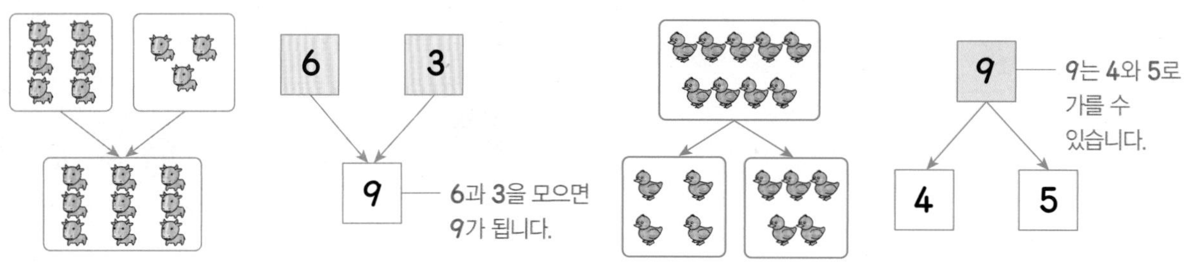

개념잡기

- (1과 7), (2와 6), (3과 5), (4와 4), (5와 3), (6과 2), (7과 1)을 모으면 8이 되고 8은 (1과 7), (2와 6), (3과 5), (4와 4), (5와 3), (6과 2), (7과 1)로 가를 수 있습니다.
- (1과 8), (2와 7), (3과 6), (4와 5), (5와 4), (6과 3), (7과 2), (8과 1)을 모으면 9가 되고 9는 (1과 8), (2와 7), (3과 6), (4와 5), (5와 4), (6과 3), (7과 2), (8과 1)로 가를 수 있습니다.

1 개념확인

8로 모으기

그림을 보고 □ 안에 알맞은 수를 써넣으세요.

2 개념확인

9를 가르기

그림을 보고 □ 안에 알맞은 수를 써넣으세요.

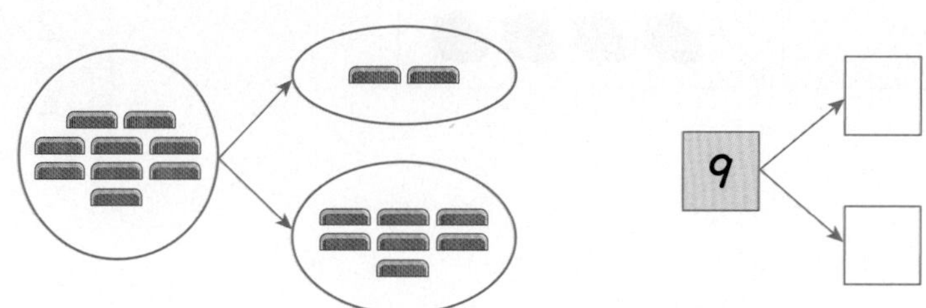

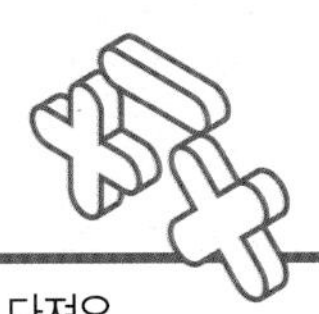

기본 문제를 통해 교과서 개념을 다져요.

빈 곳에 알맞은 수만큼 ○를 그려 보세요. [1~2]

1

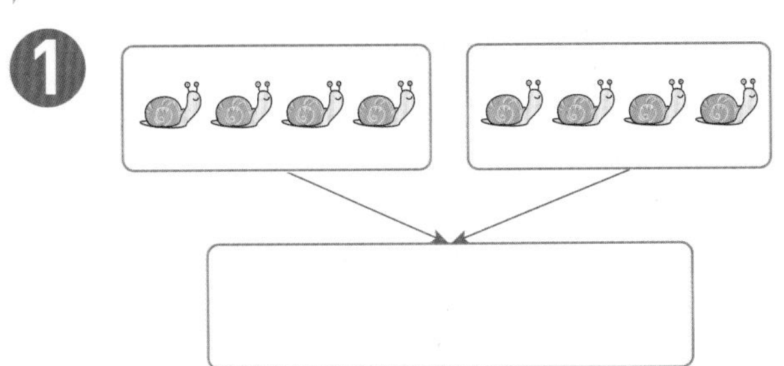

2

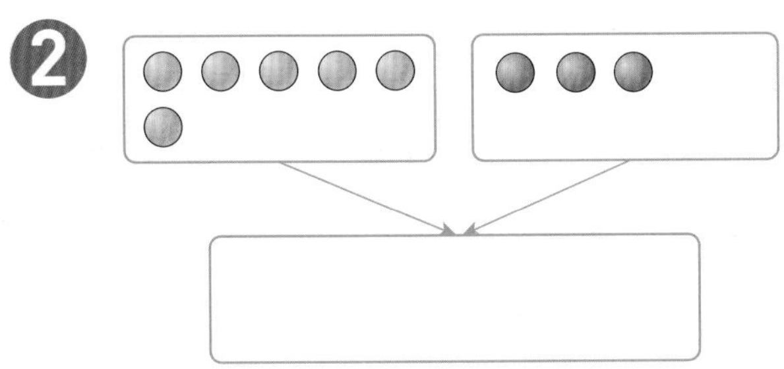

빈 곳에 알맞은 수만큼 △를 그려 보세요. [3~4]

3

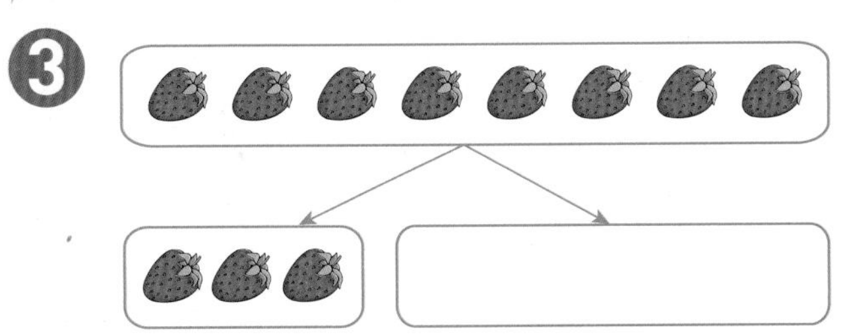

4

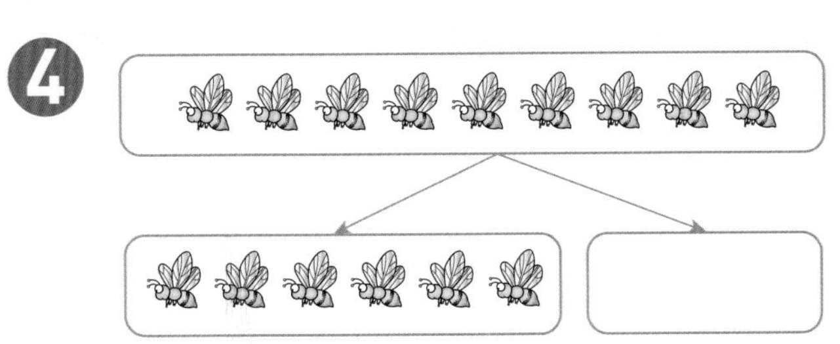

그림을 보고 빈 곳에 알맞은 수만큼 △를 그리고, ○ 안에 알맞은 수를 써넣으세요. [5~6]

5

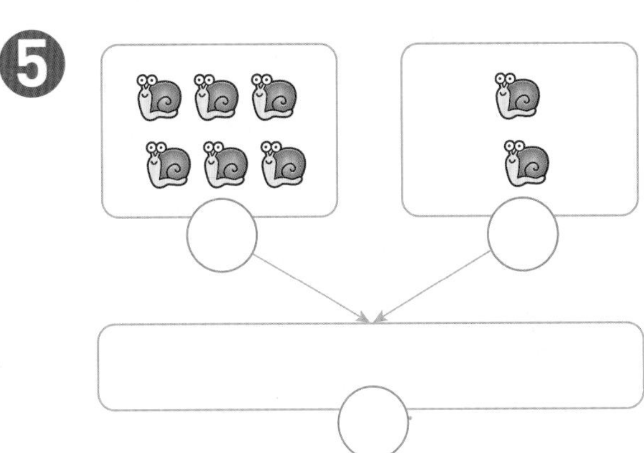

6

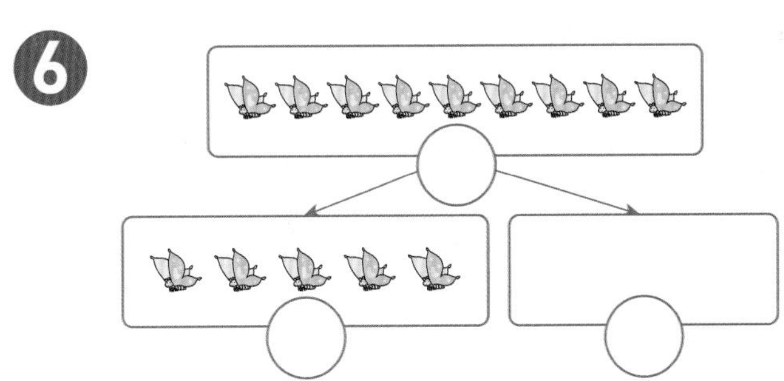

7 □ 안에 알맞은 수를 써넣으세요.

(1) (2)

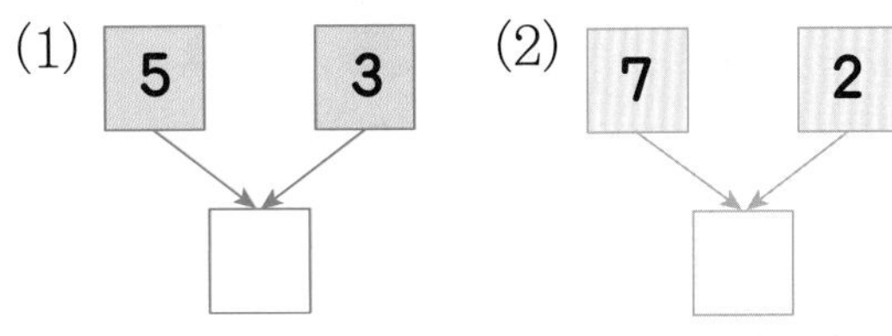

중요

8 □ 안에 알맞은 수를 써넣으세요.

(1) (2)

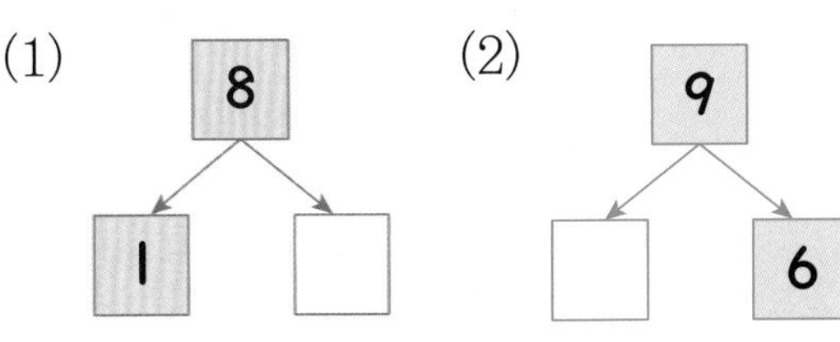

단원 3

유형 콕콕

다양한 기본 유형 문제를 통해 실력을 탄탄히 다져요.

유형 1 수 2, 3을 모으기와 가르기

• 수 2를 모으기와 가르기

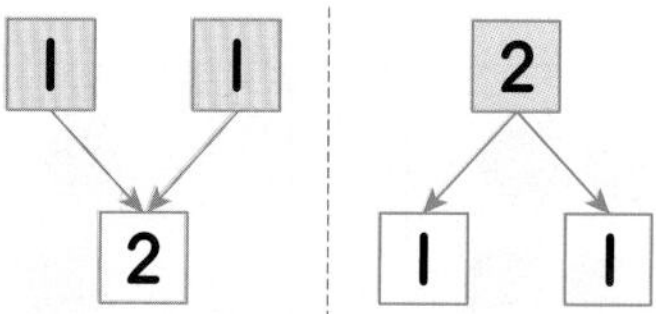

• 수 3을 모으기와 가르기

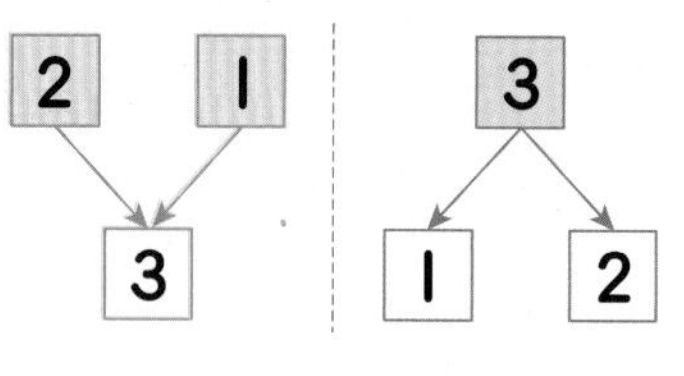

대표유형

1-1 그림을 보고 빈 곳에 알맞은 수를 써넣으세요.

(1)

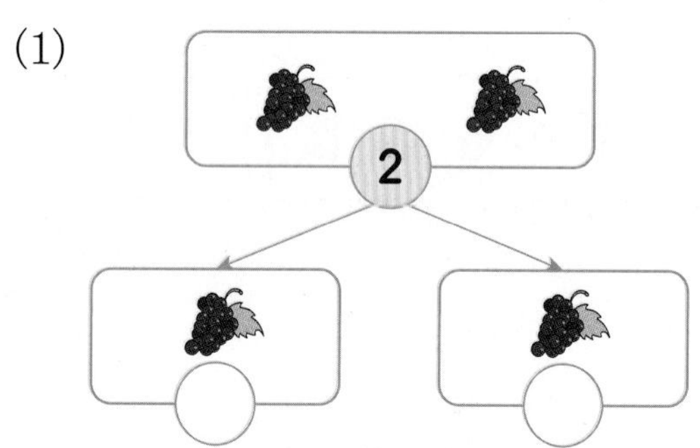

(2)

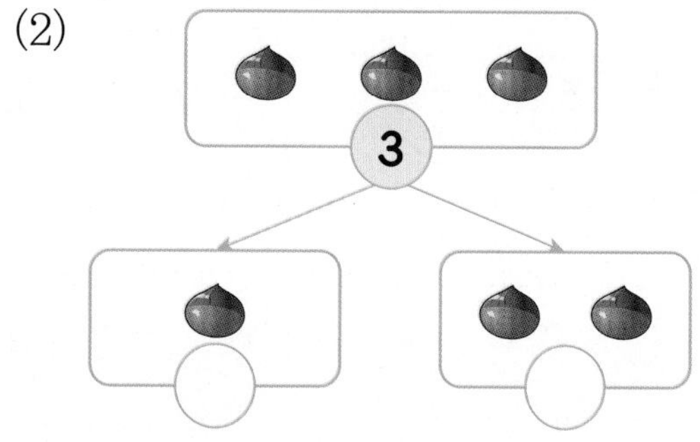

(3)

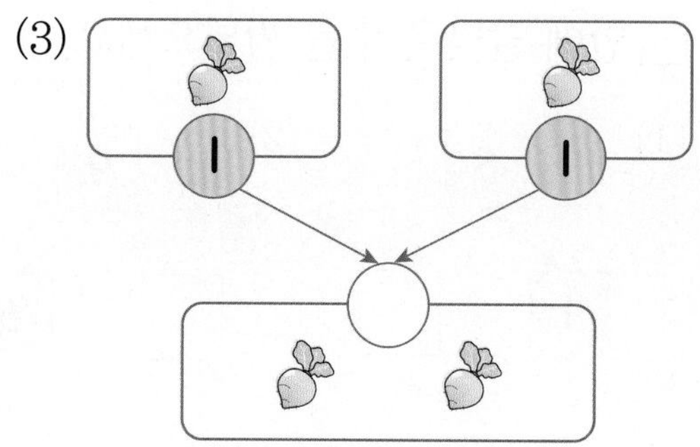

1-2 빈 곳에 알맞은 수만큼 ○를 그리고, □ 안에 알맞은 수를 써넣으세요.

(1)

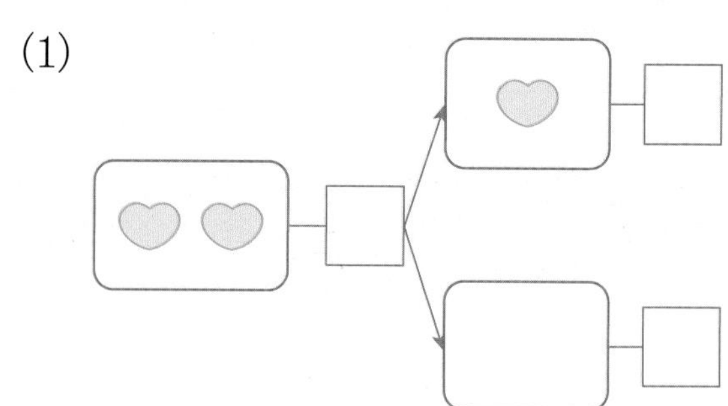

(2)

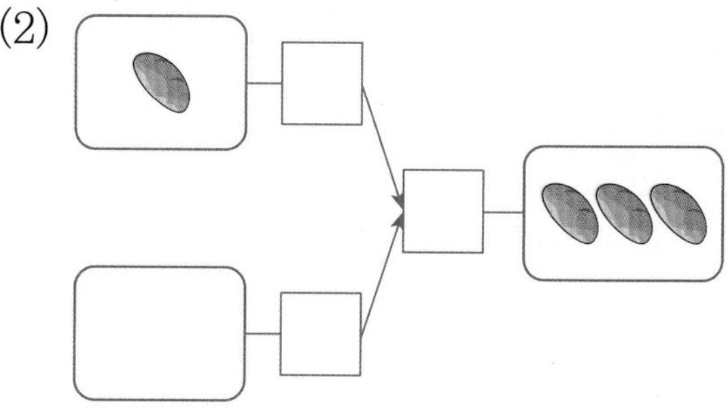

1-3 그림을 보고 가르기를 하여 빈 곳에 알맞은 수를 써넣으세요.

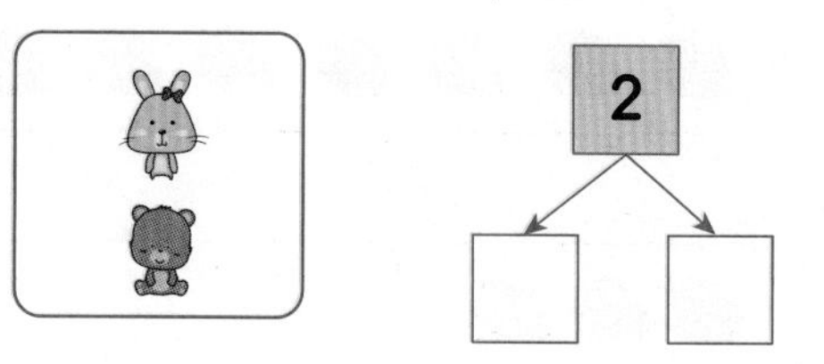

1-4 양쪽의 점의 수를 모으기하면 3이 되는 것을 모두 찾아 ○표 하세요.

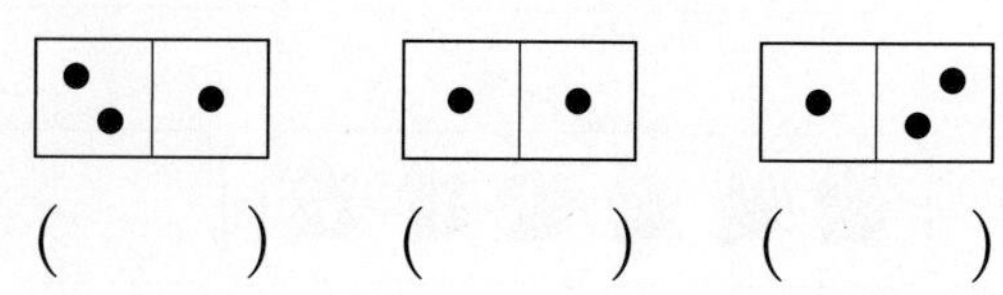

( ) ( ) ( )

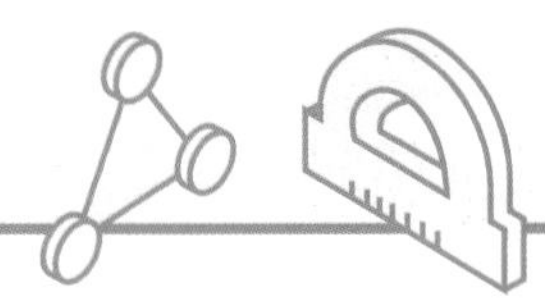

유형 2 수 4, 5를 모으기와 가르기

• 수 4를 모으기와 가르기

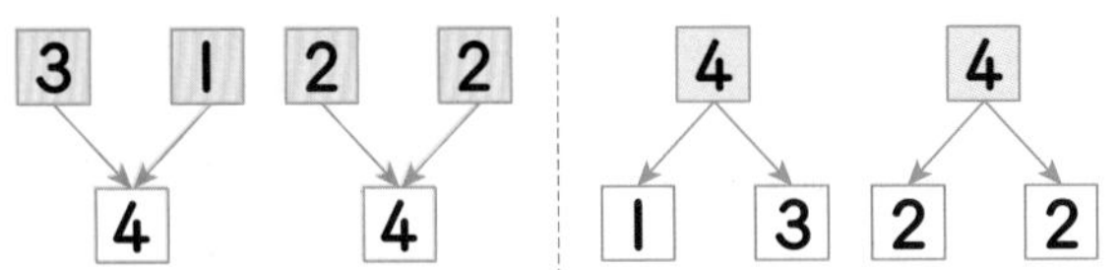

• 수 5를 모으기와 가르기

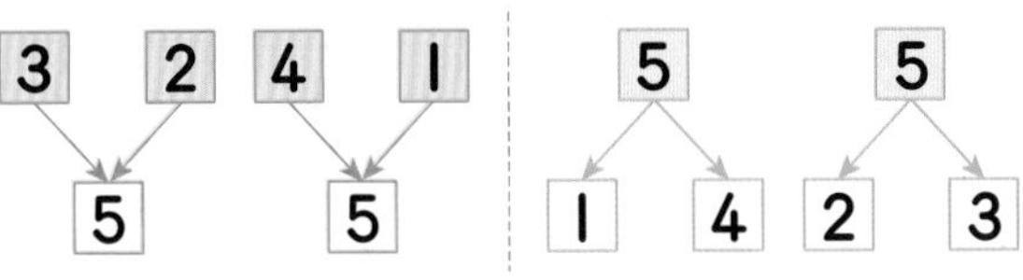

대표유형

2-1 그림을 보고 빈 곳에 알맞은 수를 써넣으세요.

(1)

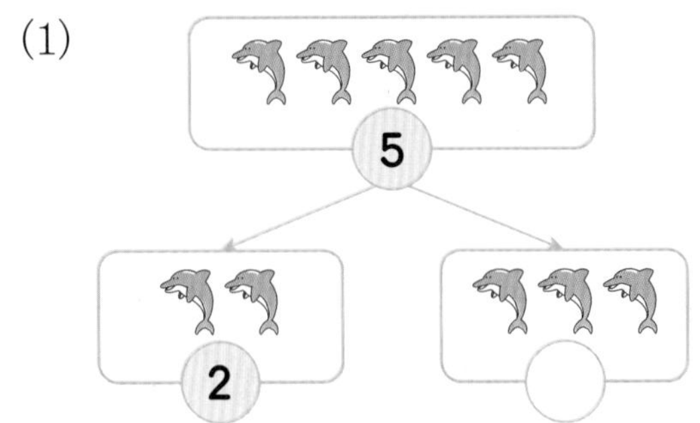

(2)

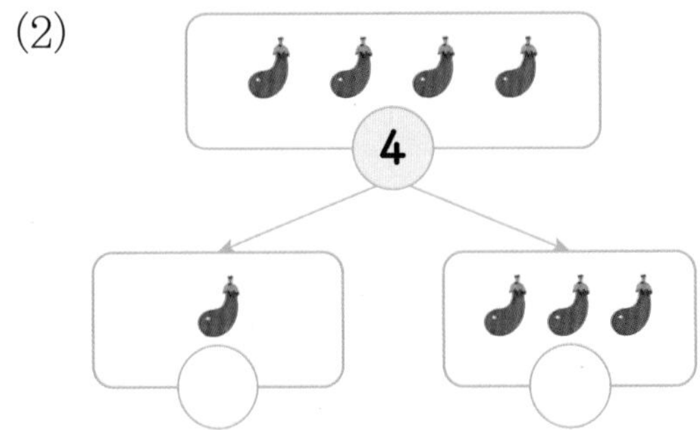

(3)

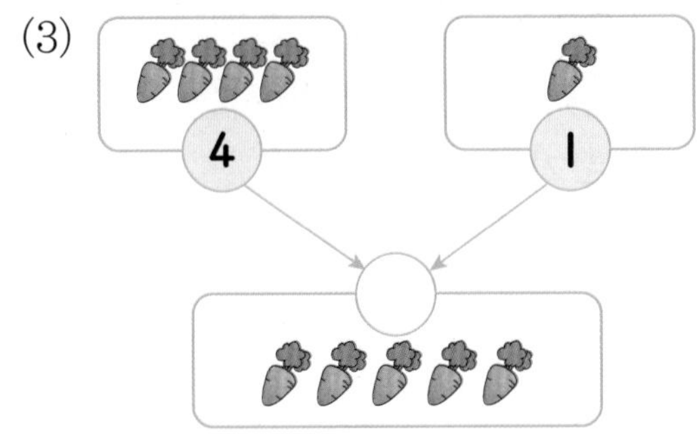

2-2 빈 곳에 알맞은 수만큼 ○를 그리고, □ 안에 알맞은 수를 써넣으세요.

(1)

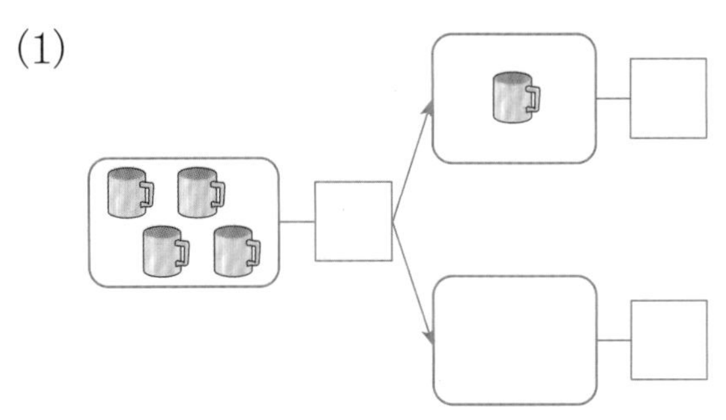

(2)

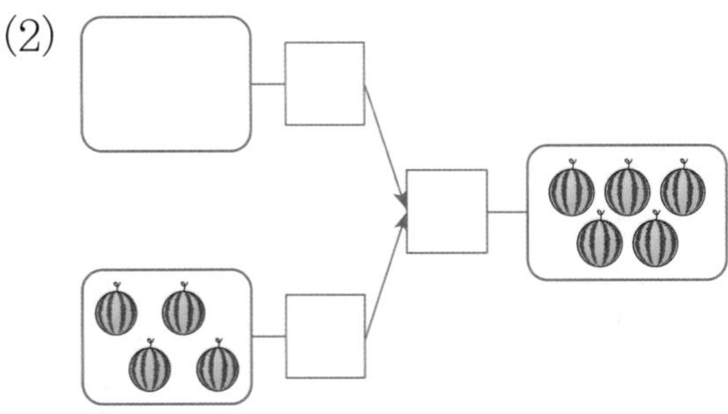

시험에 잘 나와요

2-3 양쪽의 두 수를 모으기하여 5가 되는 것끼리 이어 보세요.

2 •	• 1
4 •	• 3

2-4 마트에 진열된 피망과 옥수수입니다. 같은 종류끼리 모았을 때 4가 되는 것은 피망과 옥수수 중 어느 것인가요?

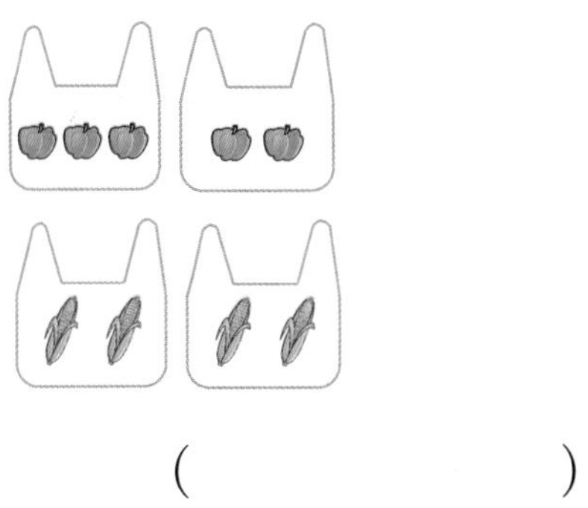

(　　　　　　)

단원 3

유형 3 수 6, 7을 모으기와 가르기

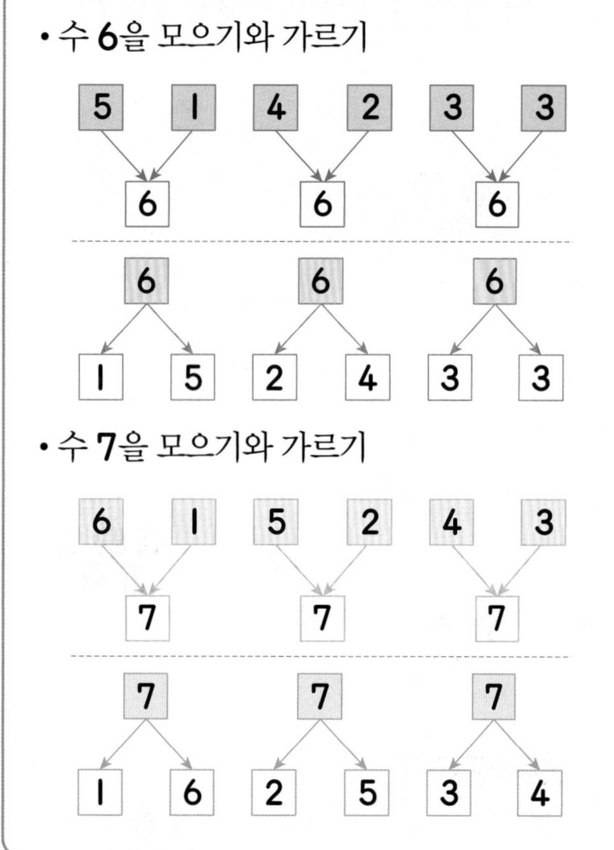

대표유형

3-1 그림을 보고 □ 안에 알맞은 수를 써넣으세요.

(1)

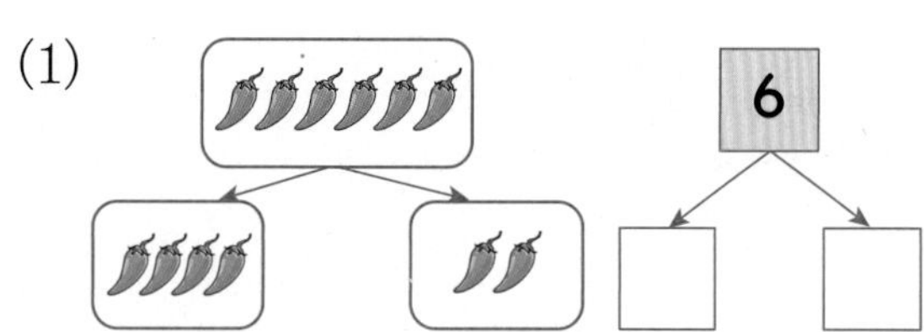

(2)

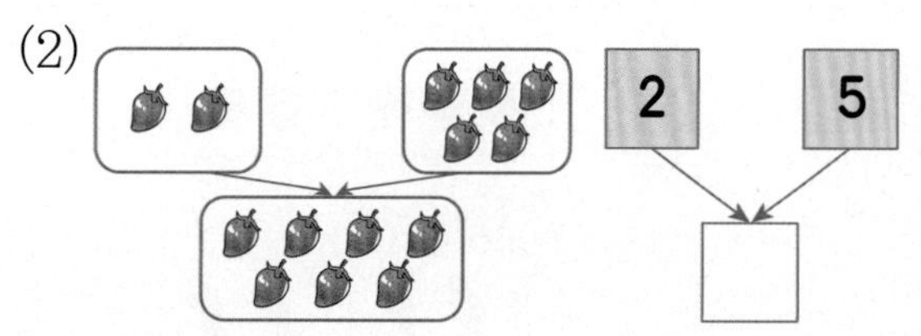

대표유형

3-2 빈 곳에 알맞은 수만큼 ○를 그리고, □ 안에 알맞은 수를 써넣으세요.

(1)

(2)

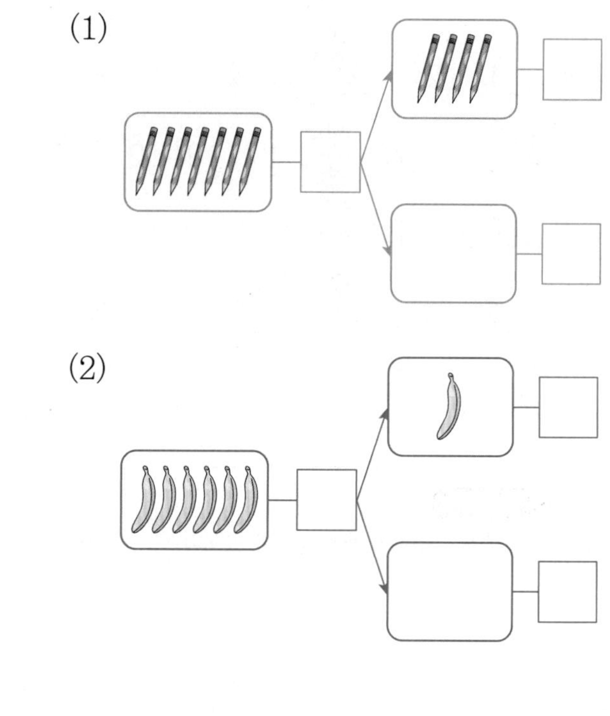

3-3 위와 아래의 두 수를 모아 6이 되도록 빈칸에 알맞은 수를 써넣으세요.

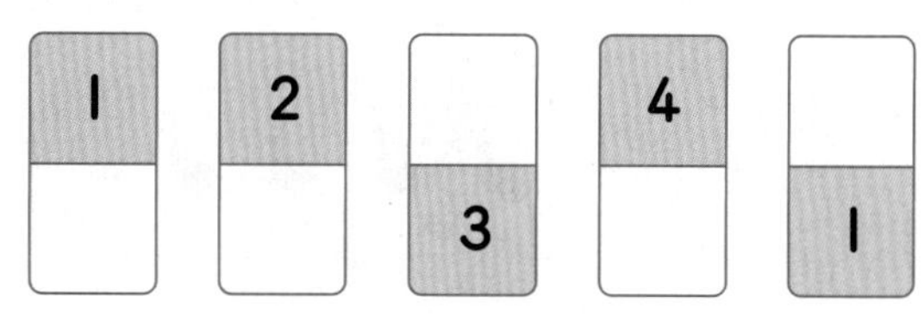

3-4 유승이는 붙임딱지 5개와 2개를 모았습니다. 모은 붙임딱지는 3장과 몇 장으로 가를 수 있나요?

( )장

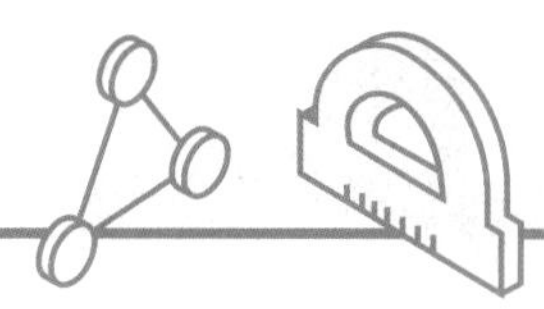

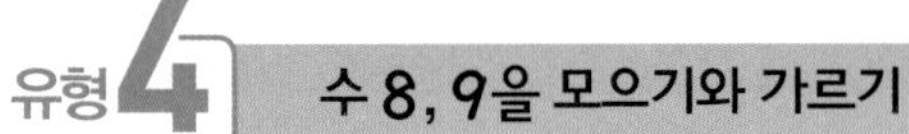

• 수 8을 모으기와 가르기

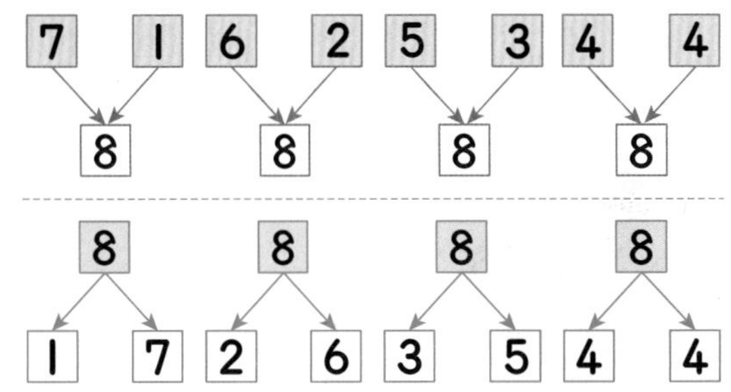

• 수 9를 모으기와 가르기

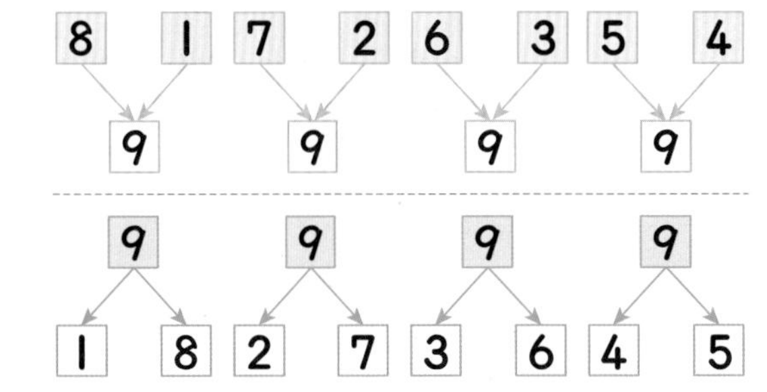

대표유형

4-1 그림을 보고 □ 안에 알맞은 수를 써넣으세요.

(1)

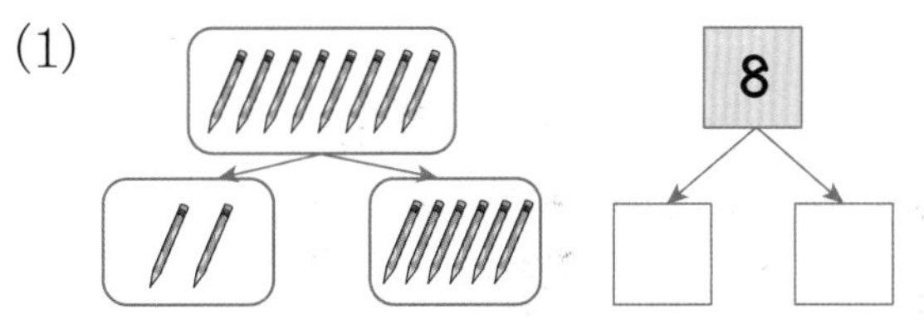

(2)

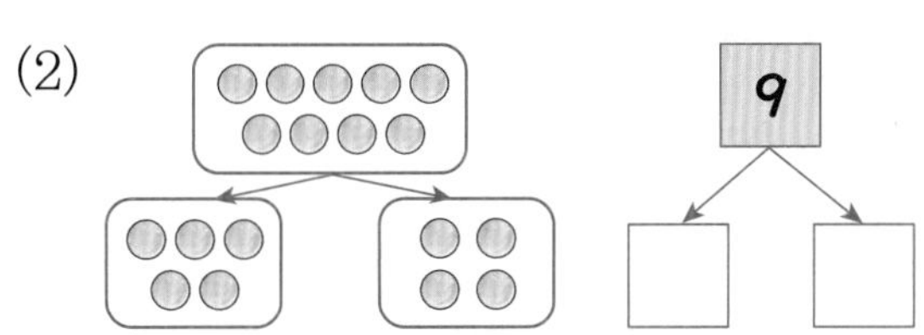

(3)

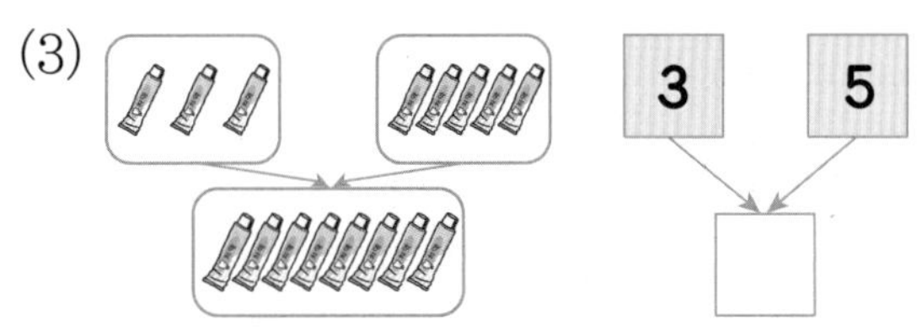

4-2 빈 곳에 알맞은 수만큼 △를 그리고, □ 안에 알맞은 수를 써넣으세요.

(1)

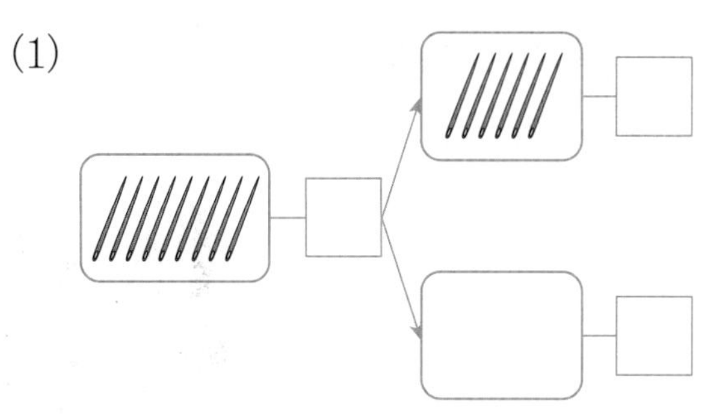

(2)

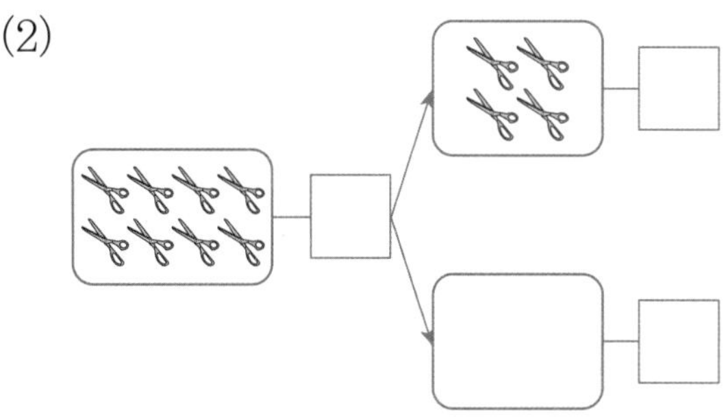

(3)

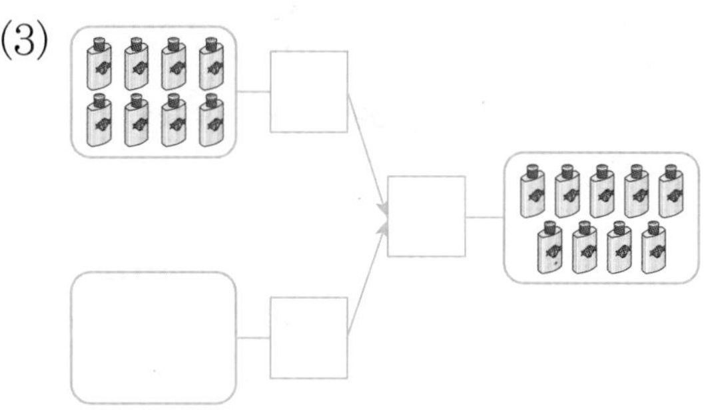

4-3 빈 곳에 알맞은 수를 써넣으세요.

(1) (2)

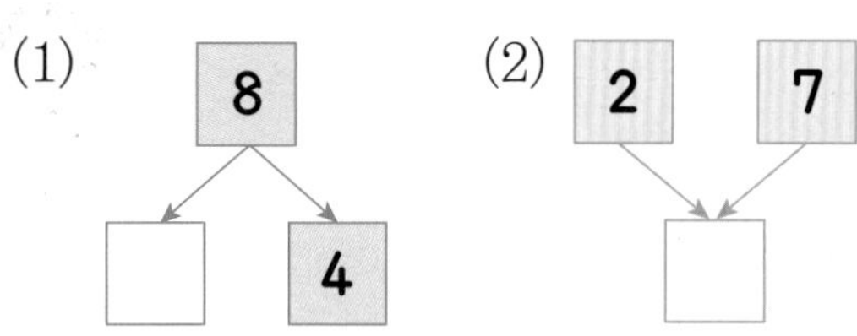

4-4 8을 위와 아래의 두 수로 가르기 하려고 합니다. 빈칸에 알맞은 수를 써넣으세요.

8	1			4		6	
		6	5		3		1

단원 3

5. 덧셈 알아보기

교과서 개념을 이해하고 확인 문제를 통해 익혀요.

덧셈식 쓰고 읽기

오리 **3**마리가 연못에서 헤엄을 치고 있는데 **4**마리가 연못으로 걸어 들어옵니다. 연못 안에 있는 오리와 연못으로 걸어오는 오리를 더하면 **7**마리입니다.

➡

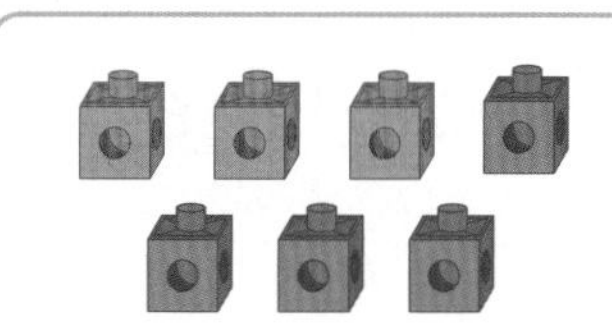

덧셈식 **3+4=7**

읽기 **3** 더하기 **4**는 **7**과 같습니다.
3과 **4**의 합은 **7**입니다.

---

1 개념확인

덧셈식 쓰고 읽기

놀이터에 **4**명의 어린이들이 놀고 있는데 **1**명이 더 왔습니다. 물음에 답하세요.

(1) 놀이터에서 놀고 있던 어린이는 ☐명이고 나중에 온 어린이는 ☐명입니다.

(2) 놀이터에 있는 어린이 수를 구하는 덧셈식을 쓰고 읽어 보세요.

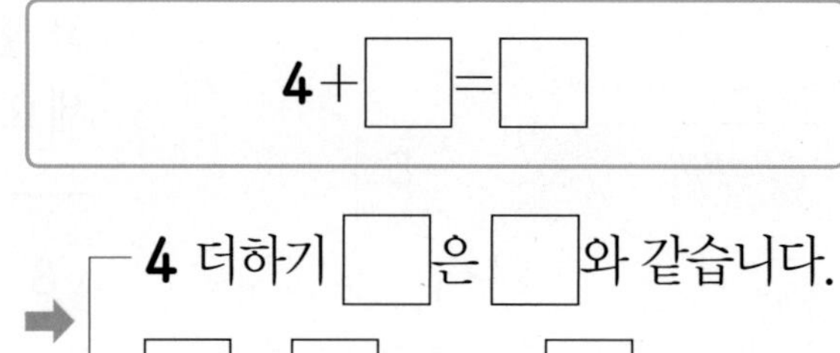

4+☐=☐

➡ **4** 더하기 ☐은 ☐와 같습니다.
☐와 ☐의 합은 ☐입니다.

2단계 핵심 쏙쏙

기본 문제를 통해 교과서 개념을 다져요.

1 덧셈식을 써 보세요.

(1)

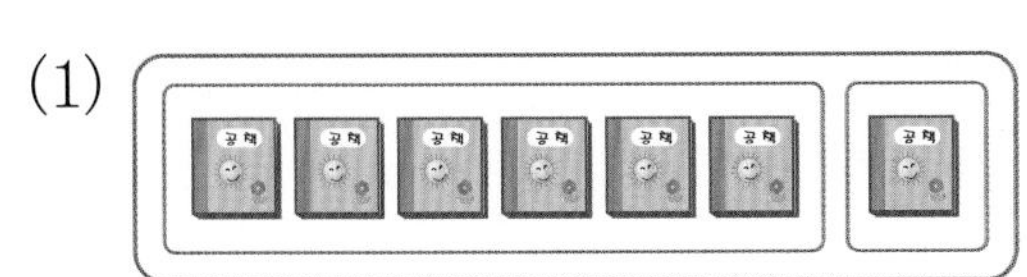

6+□=□

(2)

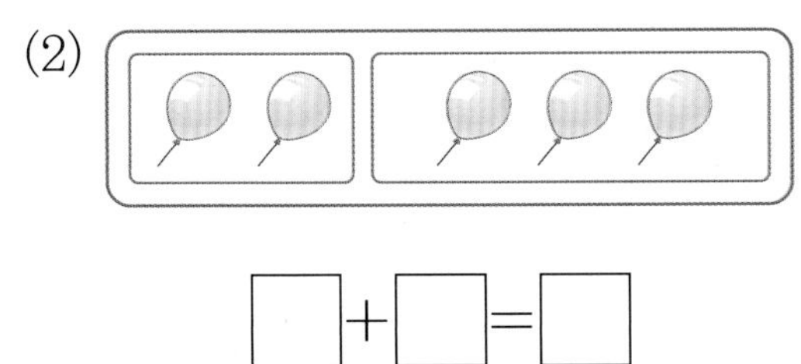

□+□=□

2 덧셈식을 쓰고 읽어 보세요.

덧셈식 3+2=□

읽기 3 더하기 2는 □와 같습니다.

3 덧셈식을 쓰고 읽어 보세요.

덧셈식 4+□=□

읽기 4와 □의 합은 □입니다.

4 그림을 보고 □ 안에 알맞은 수를 써넣으세요.

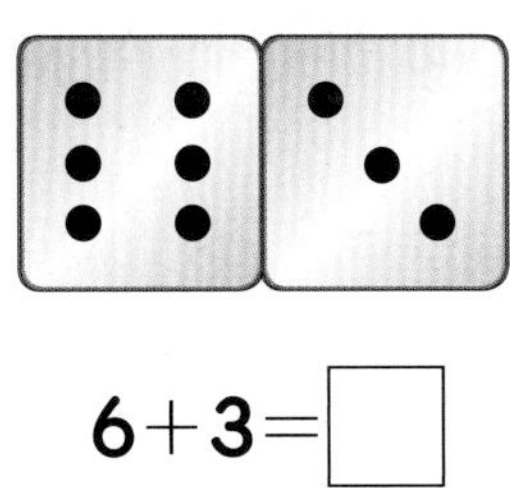

6+3=□

5 관계있는 것끼리 선으로 이어 보세요.

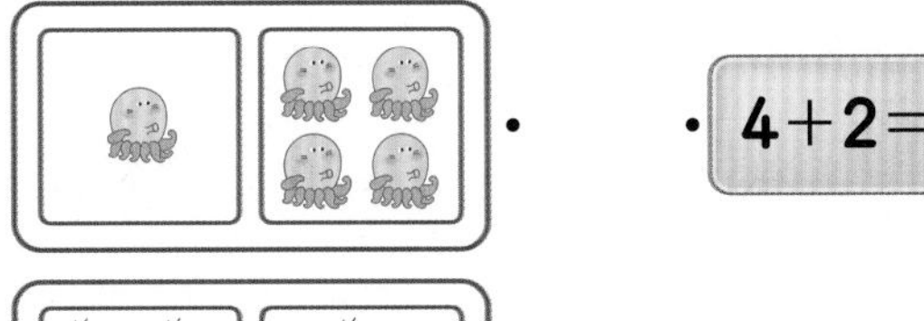

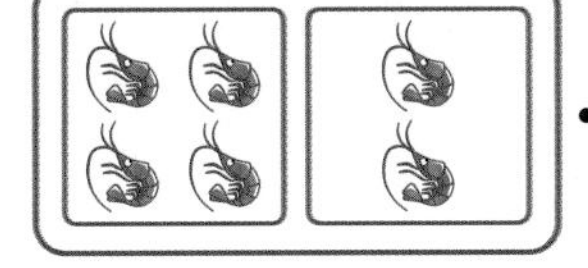

· 4+2=6

· 1+4=5

중요

6 덧셈식을 두 가지 방법으로 읽어 보세요.

(1) 2+7=9

➡ (   )

➡ (   )

(2) 4+4=8

➡ (   )

➡ (   )

6. 덧셈하기

교과서 개념을 이해하고 확인 문제를 통해 익혀요.

덧셈하기

빨간색 컵 **5**개와 파란색 컵 **2**개가 있습니다. 컵은 모두 몇 개인지 알아보세요.

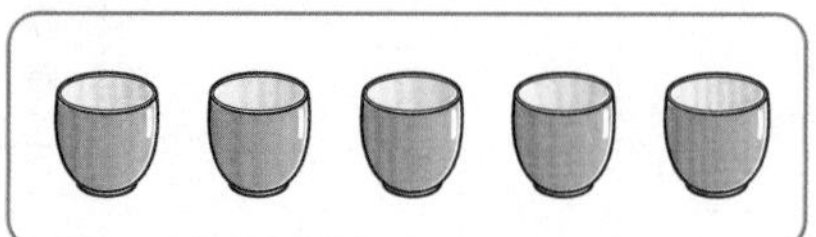
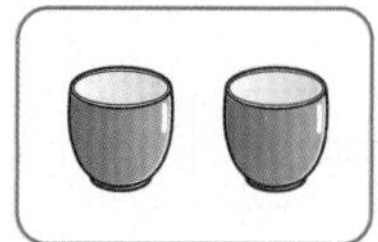

〈수판을 이용하여 구하기〉

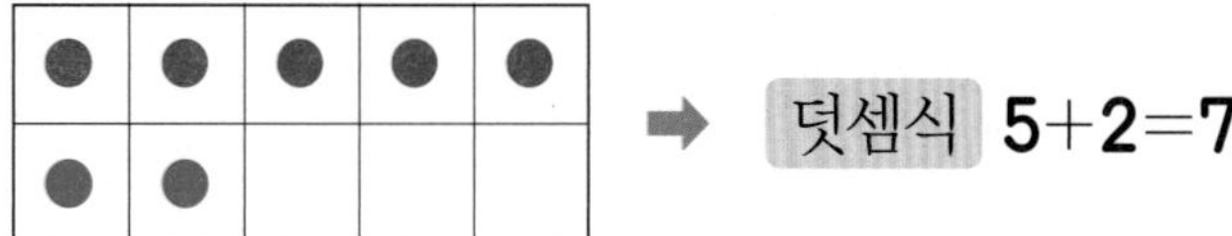

➡ 덧셈식 **5+2=7**

〈모으기를 이용하여 구하기〉

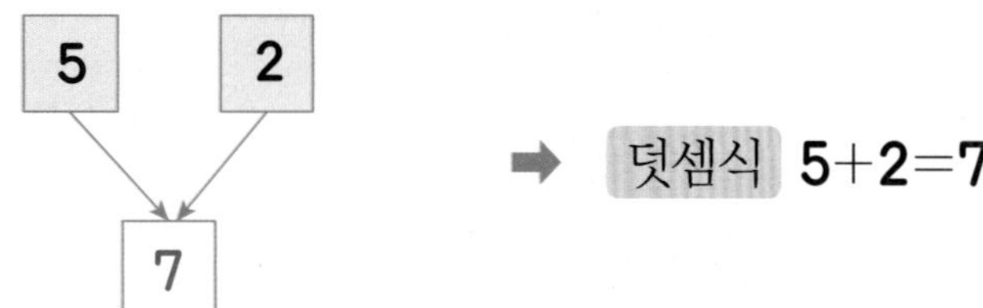

➡ 덧셈식 **5+2=7**

---

1 개념확인

덧셈하기

마당에 토끼와 병아리가 놀고 있습니다. 토끼와 병아리는 모두 몇 마리인지 알아보세요.

(1) 마당에 있는 토끼는 □마리이고, 병아리는 □마리입니다.

(2) 수판에 토끼의 수만큼 ○를 그리고 이어서 병아리의 수만큼 △를 그려 보세요.

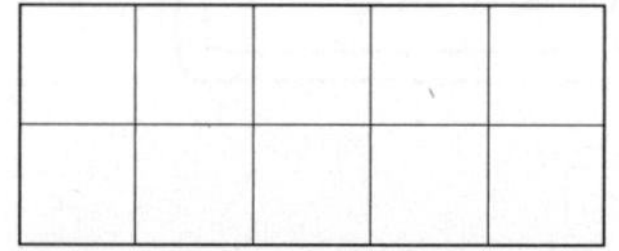

(3) 토끼와 병아리는 모두 몇 마리인지 구하는 덧셈식을 써 보세요.

3+□=□

(4) 토끼와 병아리는 모두 □마리입니다.

2단계 핵심 쏙쏙

기본 문제를 통해 교과서 개념을 다져요.

1 상자는 모두 몇 개인지 덧셈을 하세요.

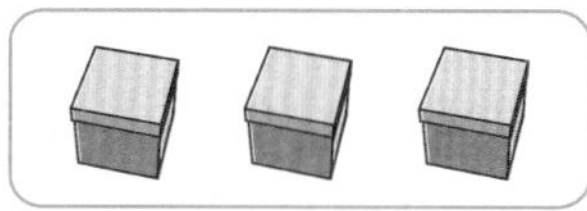 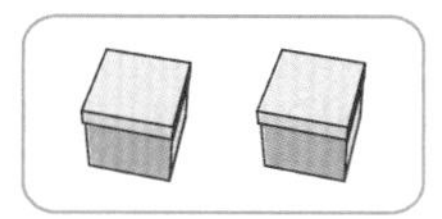

(1) 빨간색 상자의 수만큼 ○을 그려보고 이어서 파란색 상자의 수만큼 △를 그려 보세요.

(2) 덧셈식으로 나타내기

3+□=□

2 그림을 보고 □ 안에 알맞은 수를 써넣으세요.

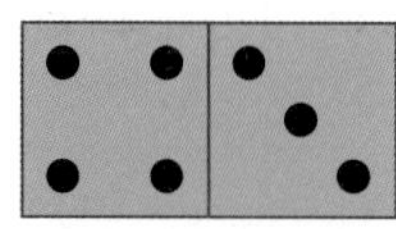 4+□=□

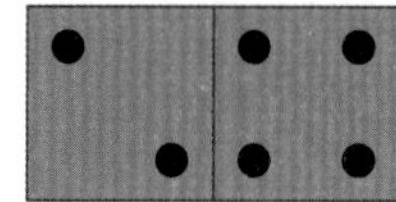 □+4=□

3 식에 알맞게 수판에 ○를 그리고 덧셈을 해 보세요.

3+6=□

⬇

4 그림을 보고 모으기를 하여 덧셈을 하세요.

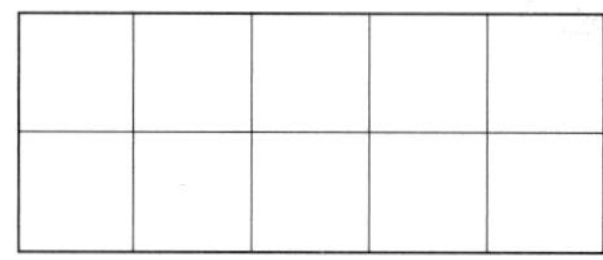

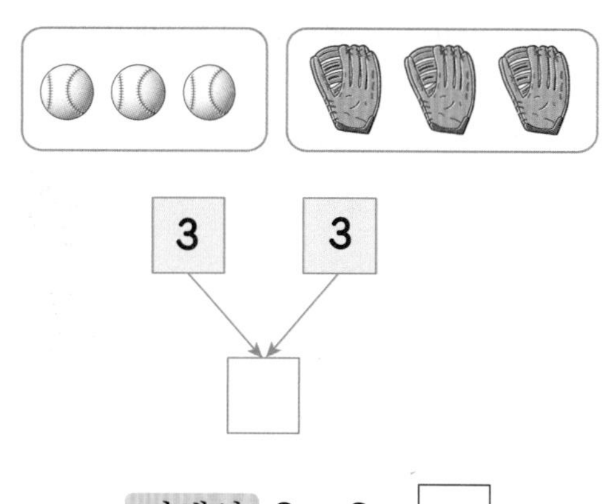

덧셈식 3+3=□

중요

5 닭의 수와 병아리 수의 합을 나타내는 덧셈식을 만들어 보세요.

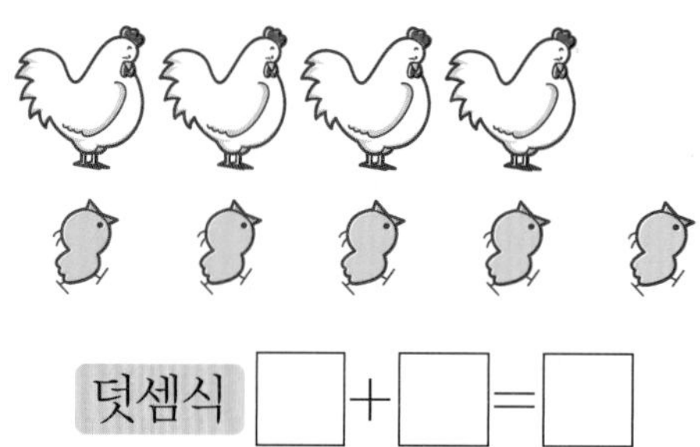

덧셈식 □+□=□

6 합이 같은 것끼리 이어 보세요.

1+7 ·	· 2+5
3+4 ·	· 7+1

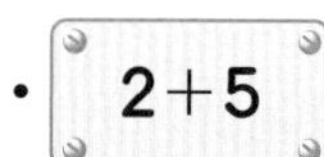

단원 3

7. 뺄셈 알아보기

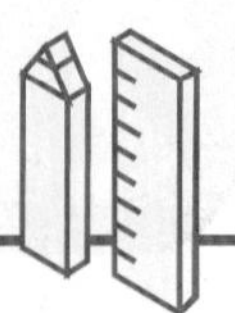

교과서 개념을 이해하고 확인 문제를 통해 익혀요.

뺄셈식 쓰고 읽기

나뭇가지에 참새 **5**마리가 앉아 있었는데 **2**마리가 날아갔습니다. 나뭇가지에 남아 있는 참새는 **3**마리입니다.

뺄셈식 **5−2=3**

읽기 **5** 빼기 **2**는 **3**과 같습니다.
5와 **2**의 차는 **3**입니다.

---

1 개념확인

뺄셈식 쓰고 읽기

어머니께서 감 **5**개를 사 오셨는데 그중에서 **4**개를 먹었습니다. 물음에 답하세요.

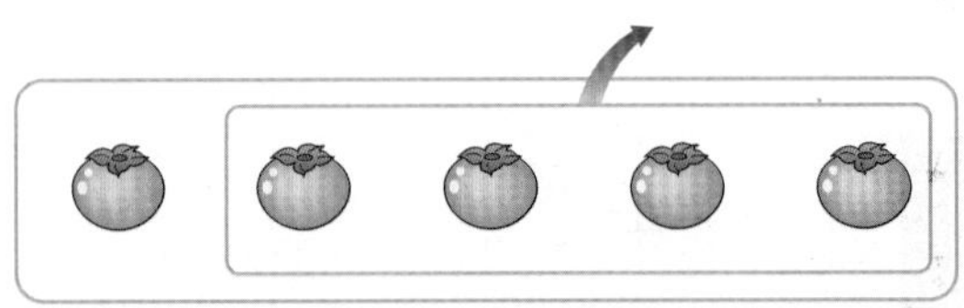

(1) 어머니께서 사 오신 감은 □개이고 먹은 감은 □개입니다.

(2) 남은 감의 수를 구하는 뺄셈식을 쓰고 읽어 보세요.

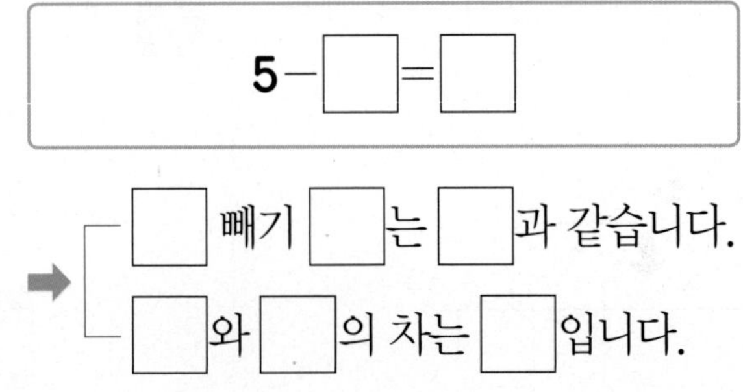

기본 문제를 통해 교과서 개념을 다져요.

1 그림을 보고 □ 안에 알맞은 수를 써넣으세요.

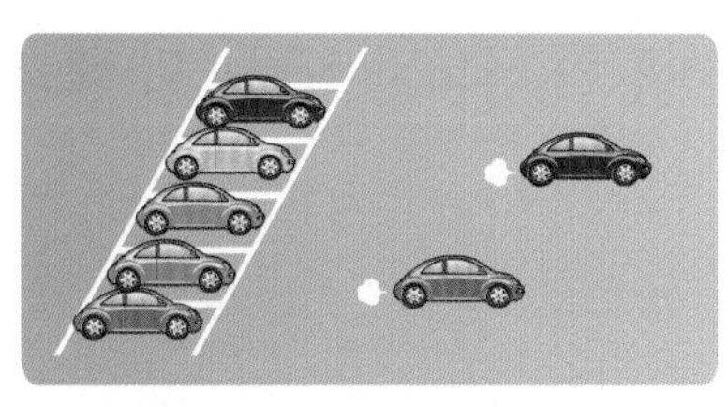

뺄셈식 7－□＝□

2 뺄셈식을 써 보세요.

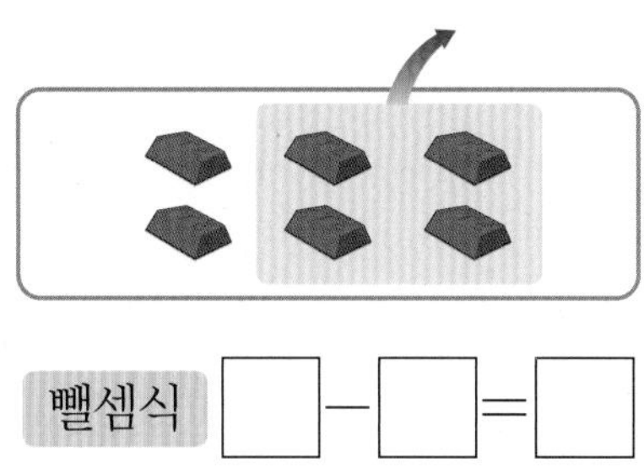

뺄셈식 □－□＝□

3 뺄셈식을 쓰고 읽어 보세요.

뺄셈식 6－□＝□

읽기 6 빼기 3은 □과 같습니다.

4 □ 안에 알맞은 수를 써넣으세요.

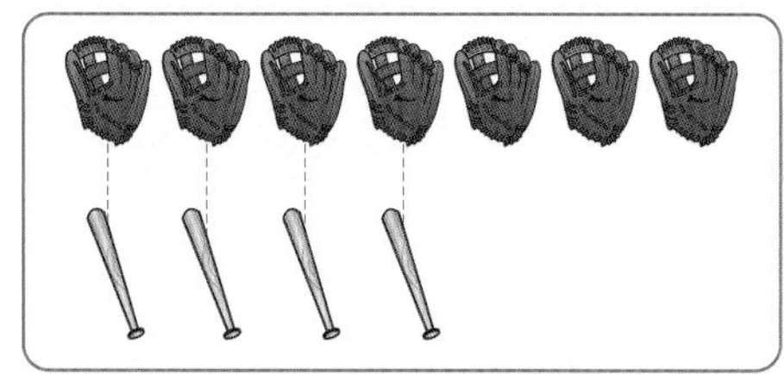

뺄셈식 7－4＝□

읽기 7과 □의 차는 □입니다.

5 관계있는 것끼리 선으로 이어 보세요.

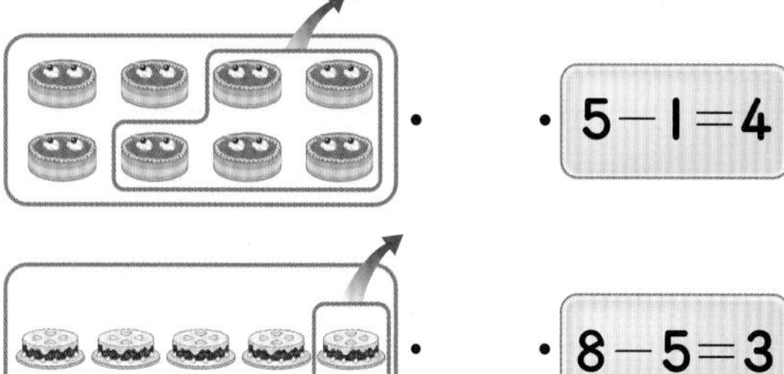

• 5－1＝4

• 8－5＝3

6 뺄셈식을 두 가지 방법으로 읽어 보세요.

(1) 6－5＝1

➡

➡

(2) 9－7＝2

➡

➡

교과서 개념을 이해하고 확인 문제를 통해 익혀요.

뺄셈하기

딸기맛 사탕 **6**개와 포도맛 사탕 **2**개가 있습니다. 딸기맛 사탕은 포도맛 사탕보다 몇 개 더 많은지 알아보세요.

〈비교해서 구하기〉

➡ 뺄셈식 **6−2=4**

〈가르기를 이용하여 구하기〉

➡ 뺄셈식 **6−2=4**

---

1 개념확인

뺄셈하기

우리 안에 소가 **7**마리 있었는데 그중에서 **3**마리가 우리 밖으로 나갔습니다. 우리 안에 남아 있는 소는 몇 마리인지 알아보세요.

(1) 우리 안에 있던 소는 모두 □마리입니다.

(2) 우리 밖으로 나간 소는 □마리입니다.

(3) 우리 안에 남아 있는 소의 마리수를 구하는 뺄셈식을 써 보세요.

7−□=□

(4) 우리 안에 남아 있는 소는 □마리입니다.

기본 문제를 통해 교과서 개념을 다져요.

1 그림을 보고 뺄셈을 하세요.

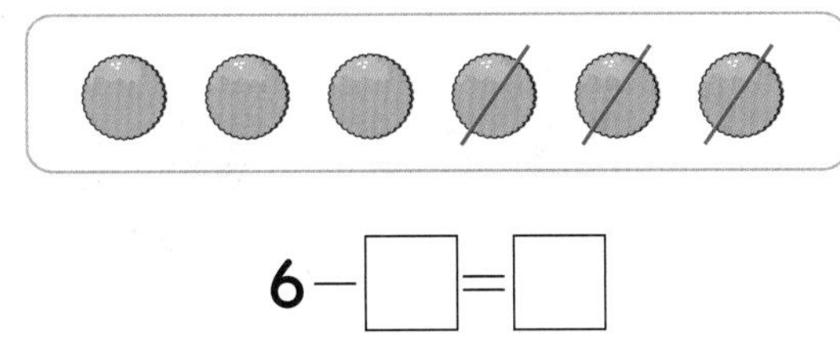

6－□＝□

2 빨간색 구슬은 파란색 구슬보다 몇 개 더 많은지 알아보세요.

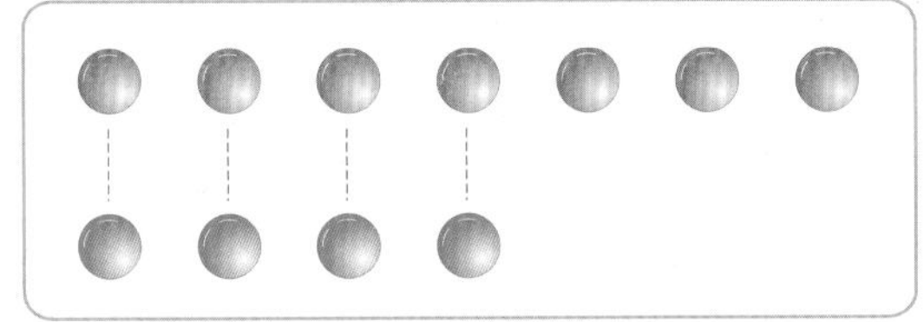

➡ 7－□＝□이므로 빨간색 구슬은 파란색 구슬보다 □개 더 많습니다.

3 남아 있는 풍선은 몇 개인지 알아보려고 합니다. 그림을 보고 뺄셈식을 완성해 보세요.

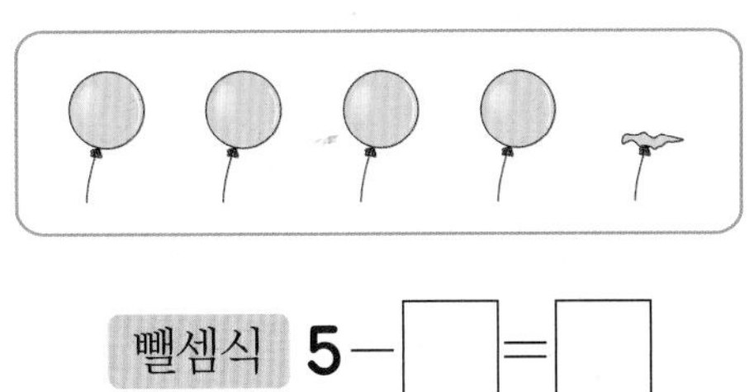

뺄셈식 5－□＝□

4 그림을 보고 가르기를 하여 뺄셈을 하세요.

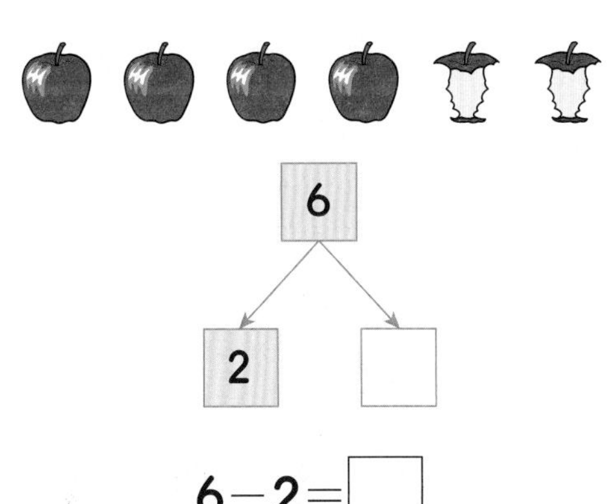

6－2＝□

5 야구 글러브는 야구공보다 몇 개 더 많은지 구하는 식을 만들어 보세요.

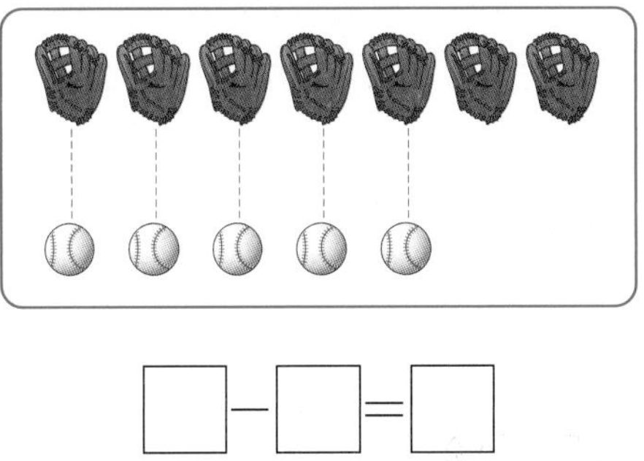

□－□＝□

중요

6 가장 큰 수와 가장 작은 수의 차를 구하세요.

(　　　　　　)

유형 5 덧셈식 쓰고 읽기

●+▲=■는 '● 더하기 ▲는 ■와 같습니다.' 또는 '●와 ▲의 합은 ■입니다.'라고 읽습니다.

5-1 그림을 보고 덧셈과 관련된 이야기를 만들어 보세요.

대표유형

5-2 그림을 보고 □ 안에 알맞은 수를 써넣으세요.

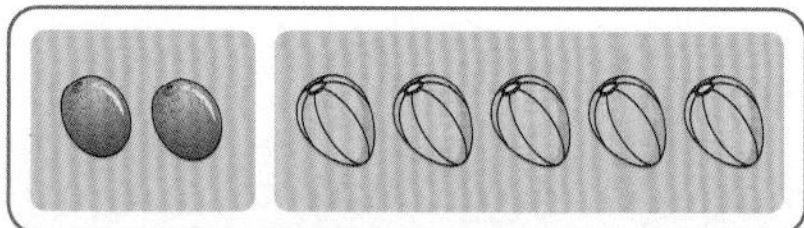

(1) **2+5=**□

(2) □와 □의 합은 □입니다.

5-3 그림을 보고 □ 안에 알맞은 수를 써넣으세요.

(1)

4+3=□

(2)

2+7=□

5-4 그림을 보고 □ 안에 알맞은 수를 써넣으세요.

(1)

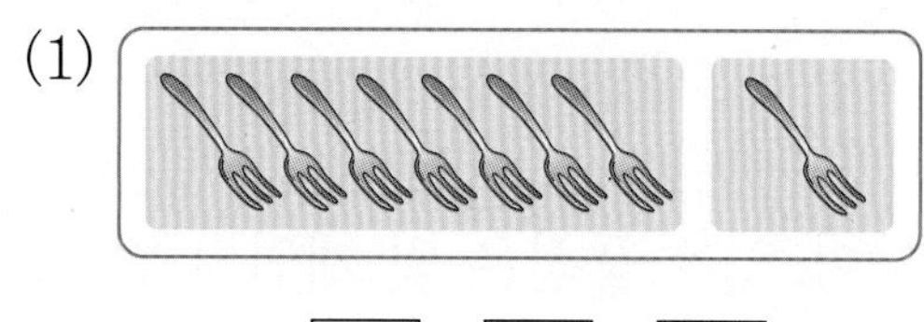

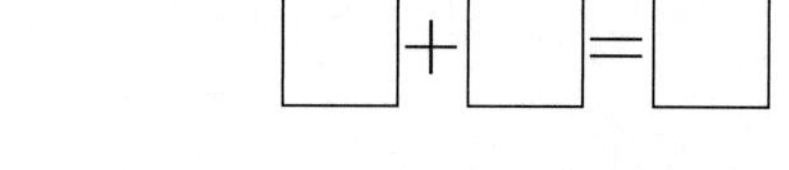

(2)

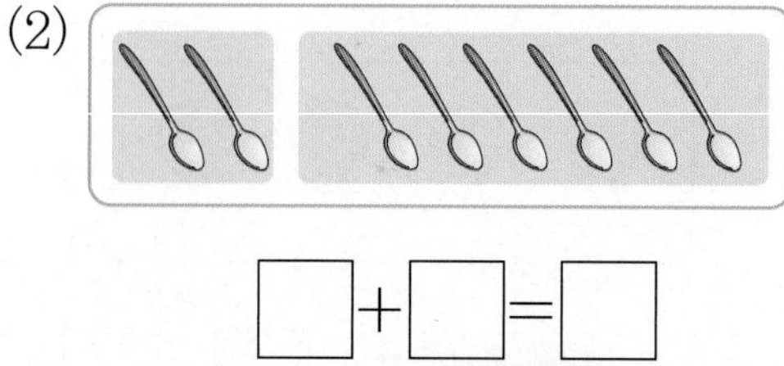

□+□=□

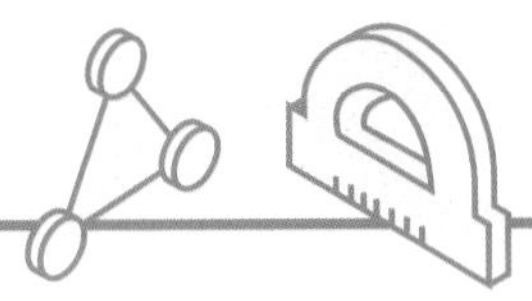

5-5 덧셈식을 쓰고 **2**가지 방법으로 읽어 보세요.

(1)

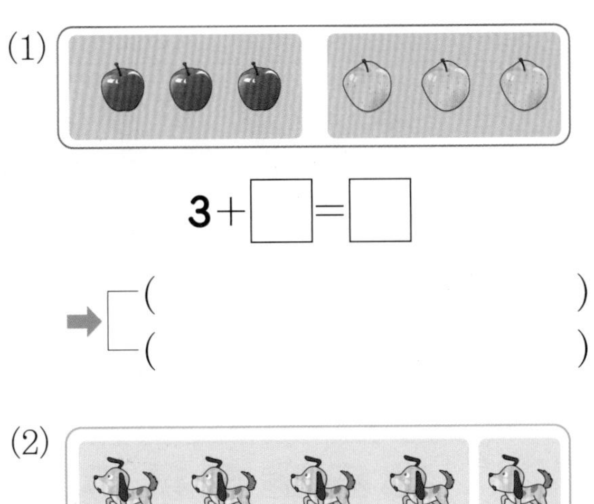

3+□=□

➡ ( )
( )

(2)

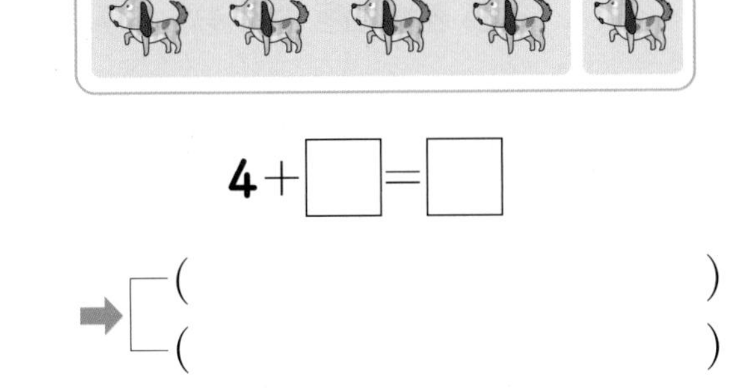

4+□=□

➡ ( )
( )

5-6 관계있는 것끼리 선으로 이어 보세요.

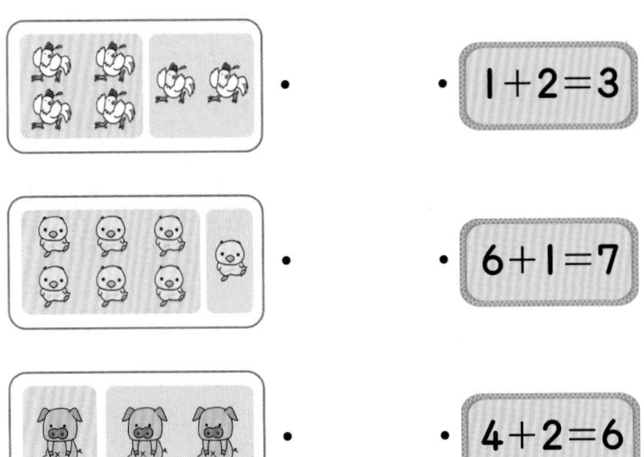

5-7 덧셈식으로 나타내 보세요.

(1) **6** 더하기 **2**는 **8**과 같습니다.

( )

(2) **4**와 **5**의 합은 **9**입니다.

( )

유형 **6** 덧셈하기

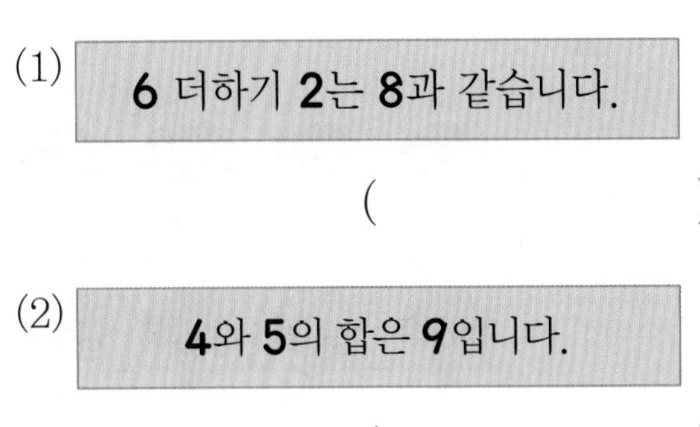

➡ 5+2=7

➡ 5+2=7

6-1 빈 곳에 그림의 수만큼 ○를 그리고, □ 안에 알맞은 수를 써넣으세요.

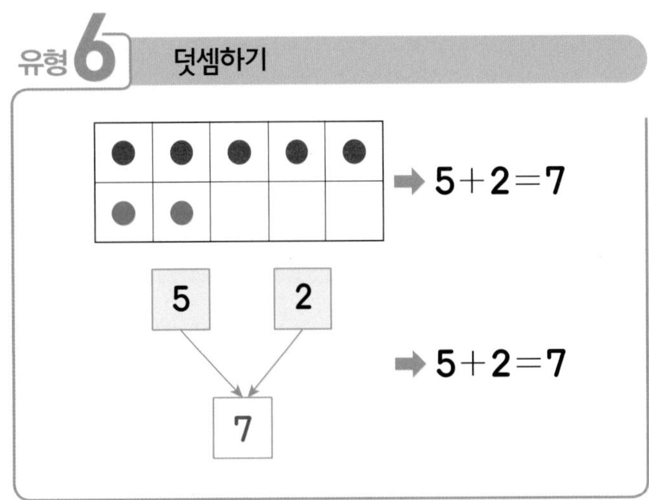

1+**5**=□

6-2 모으기를 이용하여 덧셈을 하세요.

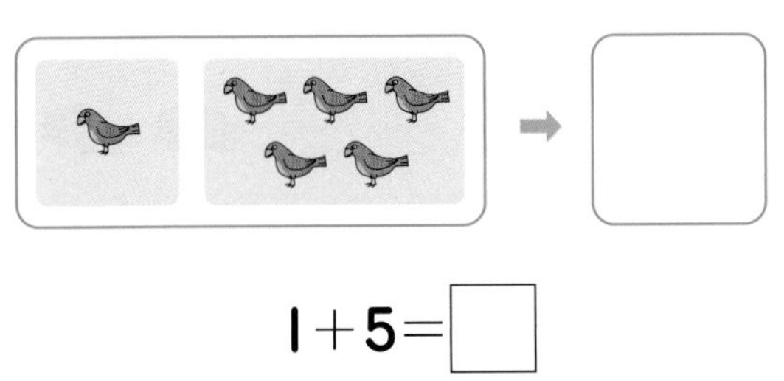

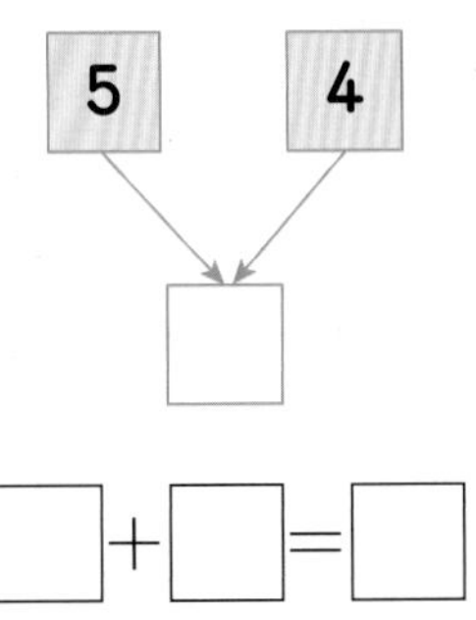

□+□=□

6-3 나무의 수를 구하는 덧셈식을 써 보세요.

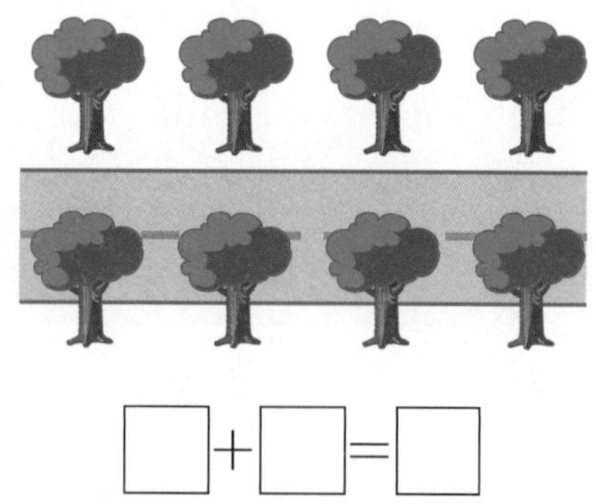

□+□=□

유형 7 뺄셈 알아보기

●−▲=■는 '● 빼기 ▲는 ■와 같습니다.' 또는 '●와 ▲의 차는 ■입니다.'라고 읽습니다.

7-1 그림을 보고 뺄셈과 관련된 이야기를 만들어 보세요.

대표유형

7-2 그림을 보고 □ 안에 알맞은 수를 써넣으세요.

(1)

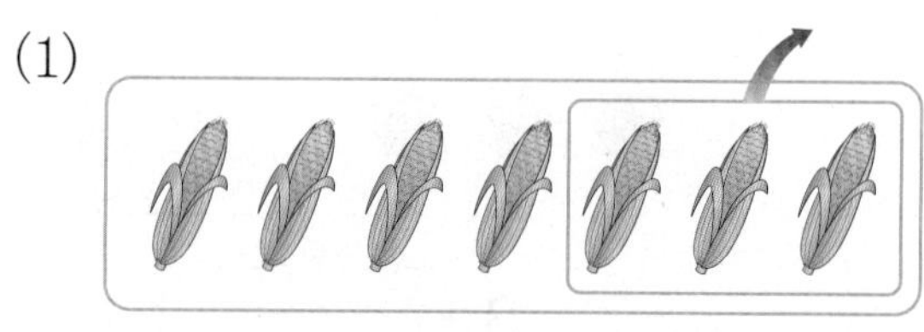

$7-3=$□

➡ 7 빼기 3은 □와 같습니다.

(2)

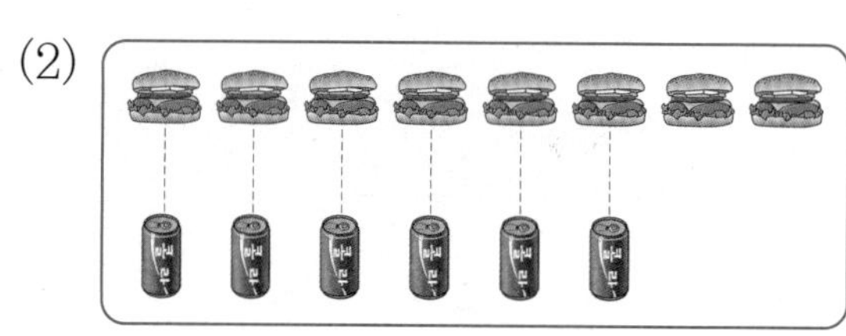

$8-6=$□

➡ 8과 6의 차는 □와 같습니다.

7-3 그림을 보고 □ 안에 알맞은 수를 써넣으세요.

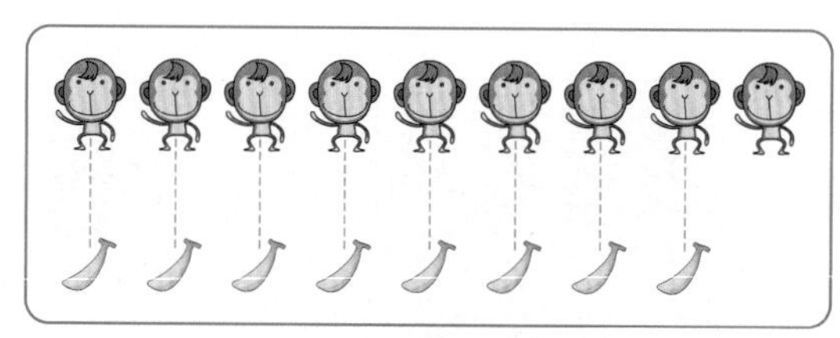

$9-8=$□

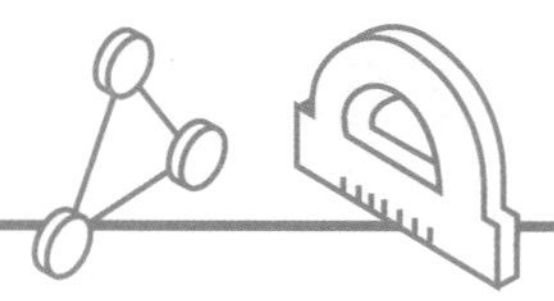

7-4 그림을 보고 □ 안에 알맞은 수를 써넣으세요.

(1)

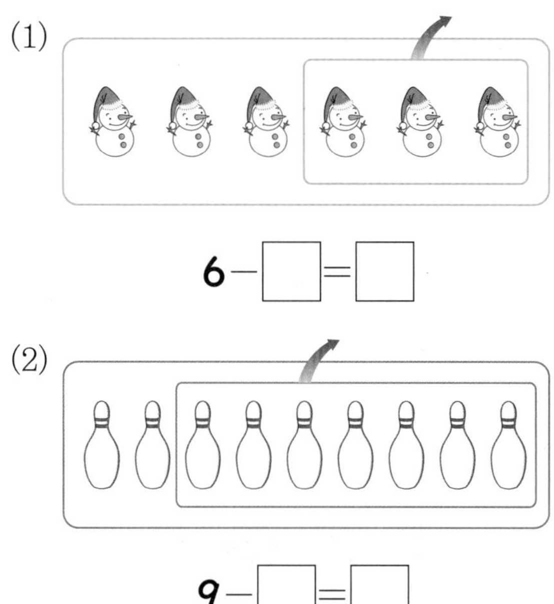

6 − □ = □

(2)

9 − □ = □

7-5 빼셈식으로 나타내 보세요.

4와 3의 차는 1입니다.

(   )

유형 8 뺄셈하기

→ 5 − 3 = 2

→ 5 − 3 = 2

5 / 3, 2 → 5 − 3 = 2

8-1 그림을 보고 뺄셈을 만들어 보세요.

(1)

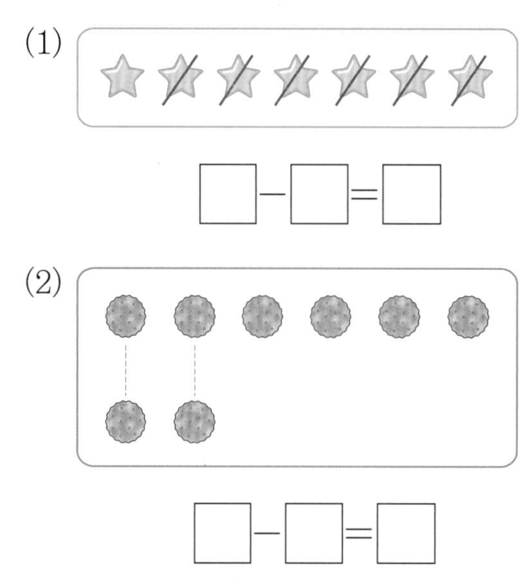

□ − □ = □

(2)

□ − □ = □

8-2 가르기를 이용하여 뺄셈을 하세요.

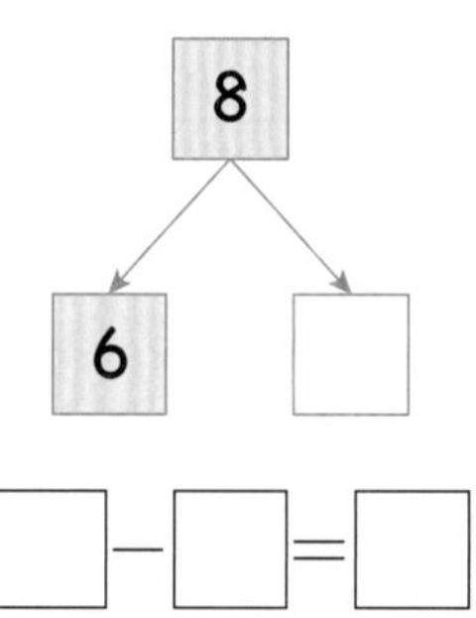

□ − □ = □

8-3 남학생은 여학생보다 몇 명이 더 많은지 구하세요.

→ □ − □ = □ 이므로 남학생은 여학생보다 □ 명 더 많습니다.

단원 3

9. 0이 있는 덧셈과 뺄셈

교과서 개념을 이해하고 확인 문제를 통해 익혀요.

(어떤 수)$+0$, $0+$(어떤 수)

① (어떤 수)$+0$

강아지 **5**마리와 **0**마리를 더하면 모두 **5**마리입니다.

➡ $5+0=5$

② $0+$(어떤 수)

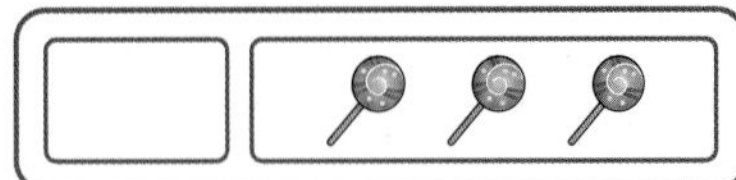

사탕 **0**개와 **3**개를 더하면 모두 **3**개입니다.

➡ $0+3=3$

(전체)$-$(전체), (전체)-0

① (전체)$-$(전체)

고양이 **3**마리에서 **3**마리를 빼면 **0**마리입니다. ➡ $3-3=0$

② (전체)-0

모자 **4**개에서 **0**개를 빼면 **4**개가 남습니다.

➡ $4+0=4$

---

1 개념확인

(어떤 수)$+0$

마당과 우리 안에 있는 소는 모두 몇 마리인지 구하세요.

(1) 소가 마당에 ☐마리, 우리 안에 ☐마리입니다.

(2) 소는 모두 몇 마리인지 덧셈식을 쓰면 $4+$☐$=$☐입니다.

2 개념확인

(전체)$-$(전체)

바구니에 있던 사과 **5**개를 모두 먹었습니다. 남은 사과는 몇 개인지 구하세요.

(1) 바구니에 있던 사과는 ☐개, 먹은 사과는 ☐개입니다.

(2) 남은 사과는 몇 개인지 뺄셈식을 쓰면 $5-$☐$=$☐입니다.

기본 문제를 통해 교과서 개념을 다져요.

1 그림을 보고 덧셈식을 완성하세요.

5+□=□

2 그림을 보고 덧셈식을 쓰세요.

□+6=□

중요

3 계산해 보세요.

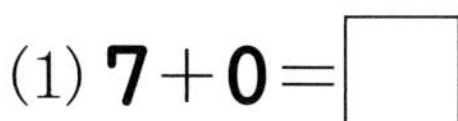

(1) 7+0=□

(2) 3+0=□

(3) 0+8=□

(4) 0+4=□

4 그림을 보고 □ 안에 알맞은 수를 써넣으세요.

4−□=□

5 그림을 보고 뺄셈식을 쓰세요.

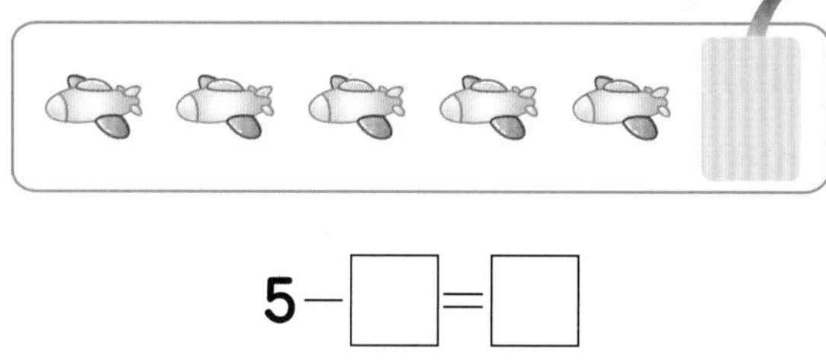

5−□=□

6 계산해 보세요.

(1) 6−0=□

(2) 8−0=□

(3) 7−7=□

(4) 9−9=□

단원 3

10. 덧셈과 뺄셈하기

교과서 개념을 이해하고 확인 문제를 통해 익혀요.

덧셈과 뺄셈하기

- 더하는 수가 1씩 커지면 합도 1씩 커집니다.
  6+1=7, 6+2=8, 6+3=9
- 빼는 수가 1씩 커지면 차는 1씩 작아집니다.
  3−1=2, 3−2=1, 3−3=0
- 같은 수끼리의 차는 0입니다.
  5−5=0, 7−7=0, 9−9=0

상황에 맞게 덧셈식과 뺄셈식 만들기

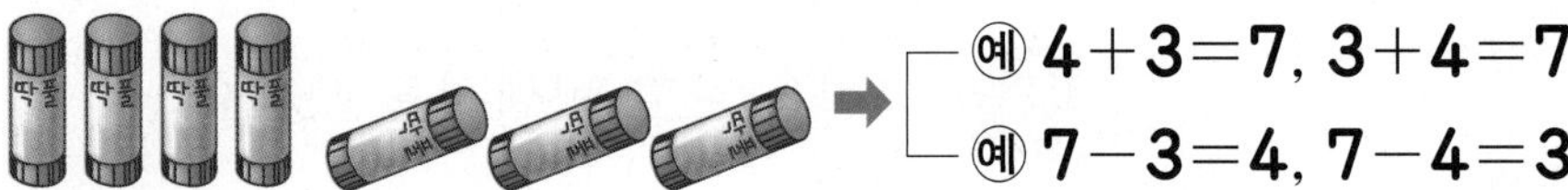

➡ 예 4+3=7, 3+4=7
예 7−3=4, 7−4=3

개념잡기

① 왼쪽의 두 수보다 계산한 값이 커지면 덧셈식입니다. ➡ 2+6=8
② 가장 왼쪽의 수보다 계산한 값이 작아지면 뺄셈식입니다. ➡ 7−3=4

---

1 개념확인

덧셈과 뺄셈하기

□ 안에 알맞은 수를 써넣으세요.

4+1=□, 4+2=□, 4+3=□, 4+4=□

➡ 더하는 수가 1씩 커지면 합도 □씩 커집니다.

2 개념확인

덧셈과 뺄셈하기

□ 안에 알맞은 수를 써넣으세요.

7−1=□, 7−2=□, 7−3=□, 7−4=□

➡ 빼는 수가 1씩 커지면 차는 □씩 작아집니다.

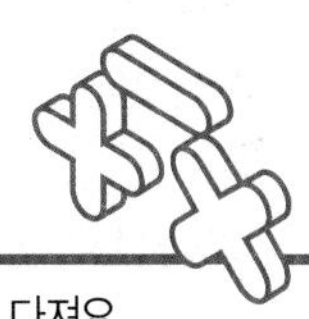

기본 문제를 통해 교과서 개념을 다져요.

1 그림을 보고 □ 안에 알맞은 수를 써넣으세요.

(1)

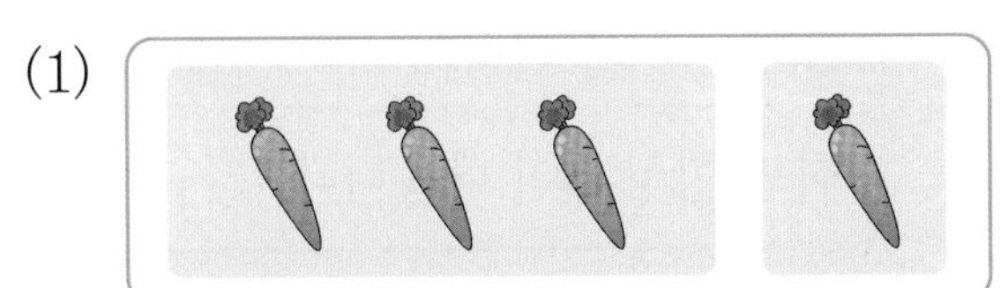

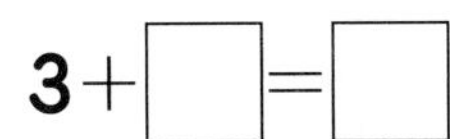

3+□=□

(2)

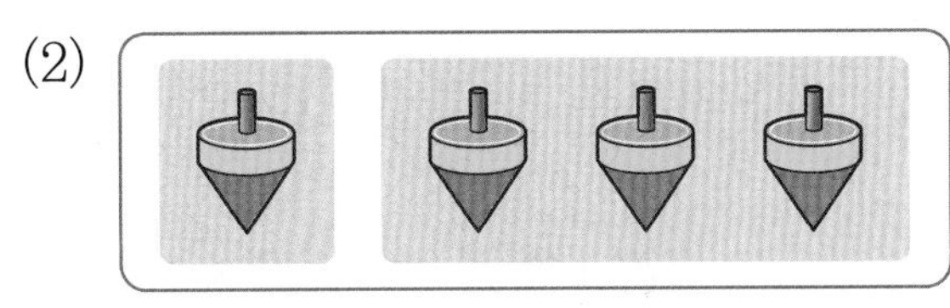

1+□=□

2 덧셈을 하세요.

5+2=□
5+3=□
5+4=□

3 뺄셈을 하세요.

8−4=□
8−5=□
8−6=□
8−7=□
8−8=□

4 계산 결과가 같은 것끼리 이어 보세요.

3+2 •	• 9−3
5+1 •	• 8−0
4+4 •	• 6−1

중요

5 □ 안에 +와 − 중 알맞은 것을 써넣으세요.

(1) 6 □ 3=9

(2) 9 □ 6=3

(3) 7 □ 4=3

(4) 4 □ 5=9

6 알맞은 수를 써넣으세요.

상자 속에 구슬이 3개 더 있습니다.

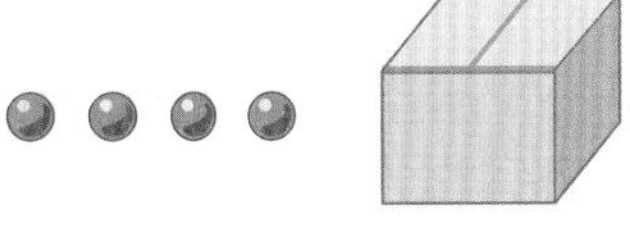

구슬은 모두 4+□=□(개)입니다.

단원 3

유형 9 0이 있는 덧셈과 뺄셈

- 어떤 수에 0을 더하거나 0에 어떤 수를 더하면 항상 어떤 수가 나옵니다.
- 전체에서 전체를 모두 빼면 0이 되고, 어떤 수에서 0을 빼면 그 값은 변하지 않습니다.

대표유형

9-1 그림을 보고 □ 안에 알맞은 수를 써넣으세요.

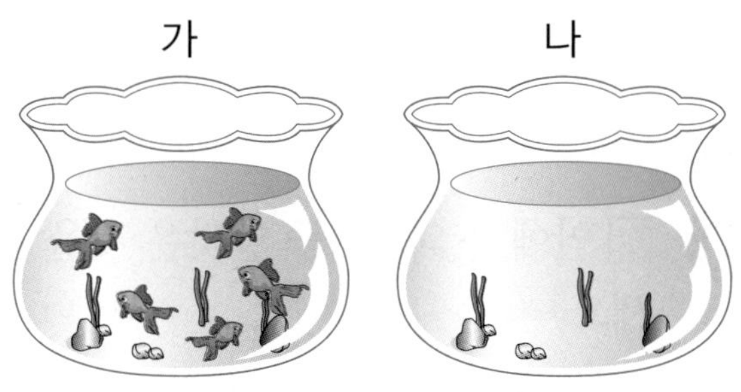

가 어항에는 금붕어가 □마리,

나 어항에는 금붕어가 □마리가

있으므로 금붕어는 모두

5+□=□(마리)입니다.

9-2 그림을 보고 □ 안에 알맞은 수를 써넣으세요.

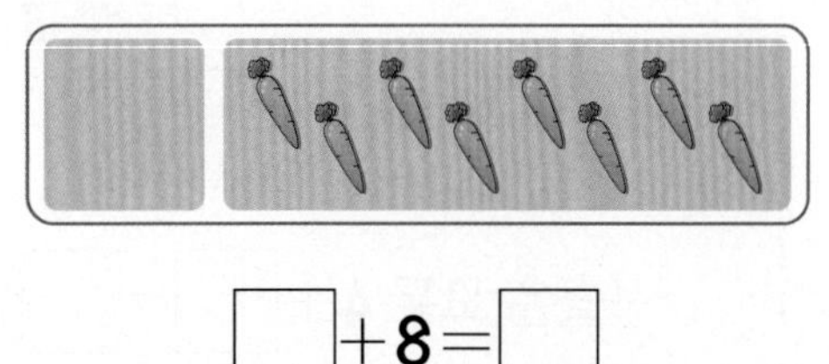

□+8=□

9-3 □ 안에 알맞은 수를 써넣으세요.

6에 □을 더하거나 □에 6을 더하면 항상 6이 나옵니다.

9-4 계산 결과를 찾아 선으로 이어 보세요.

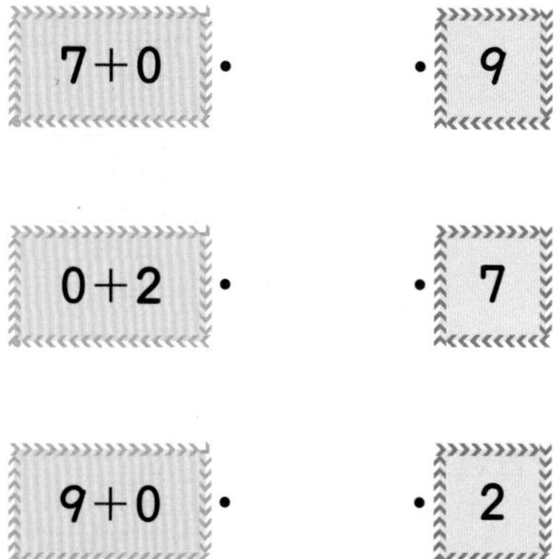

9-5 □ 안에 알맞은 수를 써넣고 덧셈식을 읽어 보세요.

(1) 덧셈식 3+□=3

읽기

3 더하기 □은 □과 같습니다.

(2) 덧셈식 □+4=4

읽기

□과 4의 합은 □입니다.

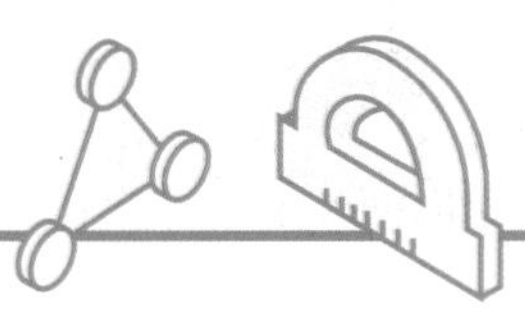

9-6 그림을 보고 □ 안에 알맞은 수를 써넣으세요.

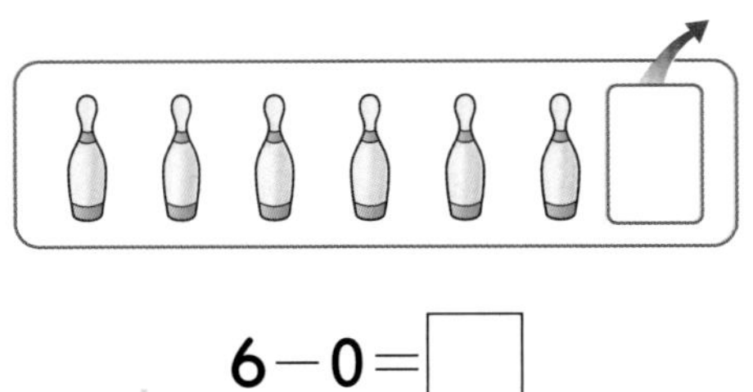

6−0=□

9-7 □ 안에 알맞은 수를 써넣으세요.

(1) 0+8=□

(2) 5−0=□

(3) 9−9=□

9-8 □ 안에 알맞은 수를 써넣으세요.

7에서 □을 빼면 0이 되고

7에서 □을 빼면 7이 됩니다.

9-9 계산 결과를 찾아 이어 보세요.

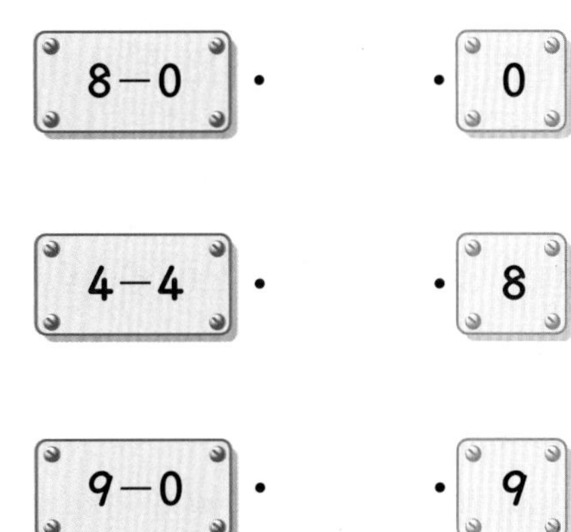

9-10 □ 안에 알맞은 수를 써넣으세요.

(1) 뺄셈식 3−□=0

읽기

3 빼기 □은 □과 같습니다.

(2) 뺄셈식 6−□=6

읽기

6과 □의 차는 □입니다.

9-11 다음 중 차가 3인 뺄셈식을 모두 찾아 기호를 쓰세요.

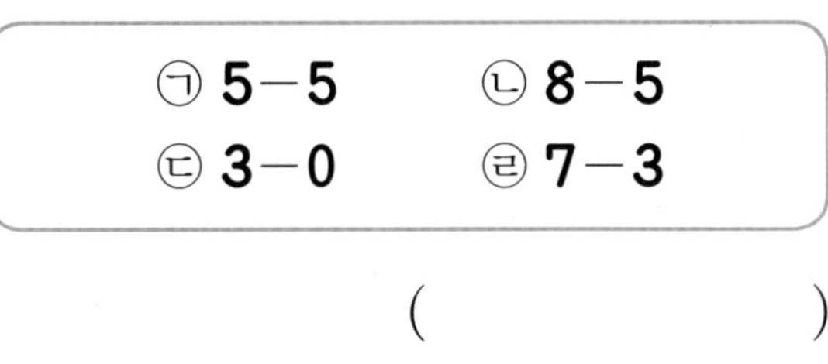

(　　　　　)

단원 3

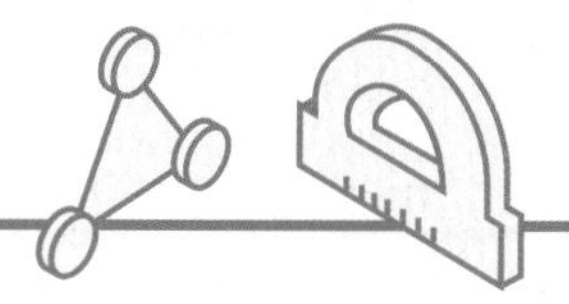

유형 10 덧셈과 뺄셈하기

- 더하는 수가 1씩 커지면 합도 1씩 커지고 빼는 수가 1씩 커지면 차는 1씩 작아집니다.
- 덧셈은 왼쪽 두 개의 수보다 결과가 큰 경우이고 뺄셈은 가장 왼쪽의 수보다 결과가 작아집니다.
- 상황에 맞게 덧셈식과 뺄셈식을 만들 수 있습니다.

대표유형

10-1 □ 안에 알맞은 수를 써넣으세요.

(1) 덧셈에서 더하는 수가 □씩 작아지면 합도 □씩 작아집니다.

(2) 뺄셈에서 빼는 수가 □씩 작아지면 차는 □씩 커집니다.

10-2 □ 안에 알맞은 수를 써넣으세요.

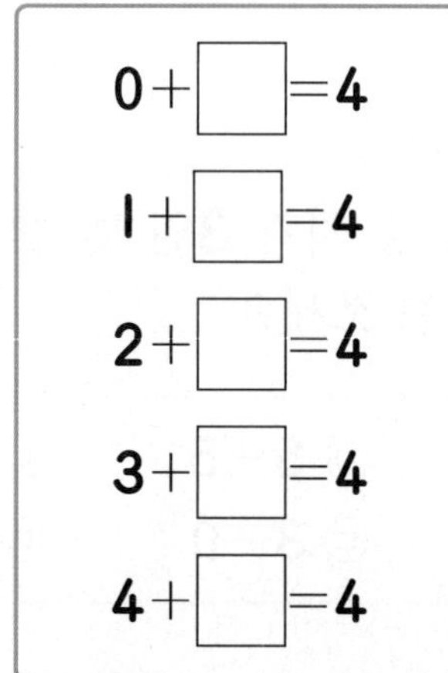

0+□=4

1+□=4

2+□=4

3+□=4

4+□=4

10-3 □ 안에 +와 − 중 알맞은 것을 써넣으세요.

(1) 7 □ 5=2

(2) 3 □ 6=9

(3) 0 □ 4=4

(4) 8 □ 8=0

10-4 세 수로 덧셈식과 뺄셈식을 만들어 보세요.

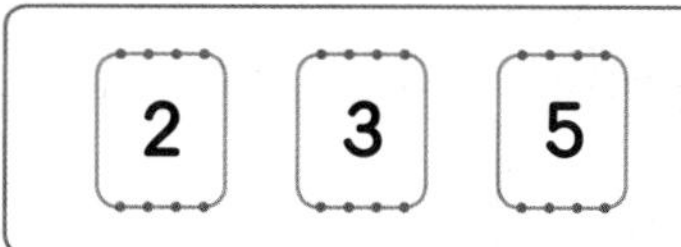

덧셈식

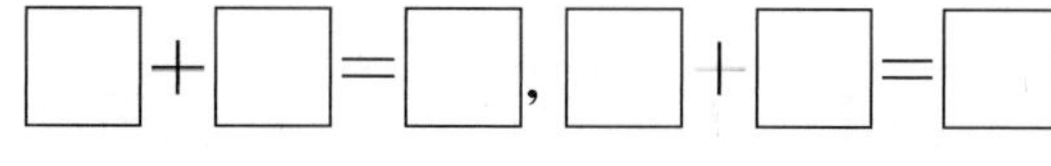

□+□=□, □+□=□

뺄셈식

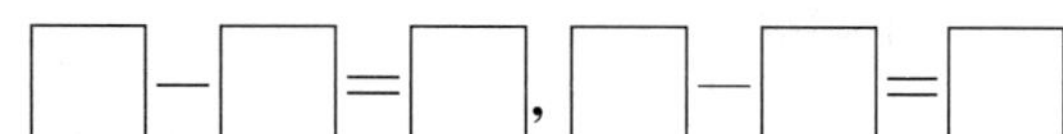

□−□=□, □−□=□

10-5 그림을 보고 덧셈식과 뺄셈식을 만들어 보세요.

덧셈식

□+□=7, □+□=7

뺄셈식

7−□=□, 7−□=□

1 그림을 보고 빈 곳에 알맞은 수를 써넣으세요.

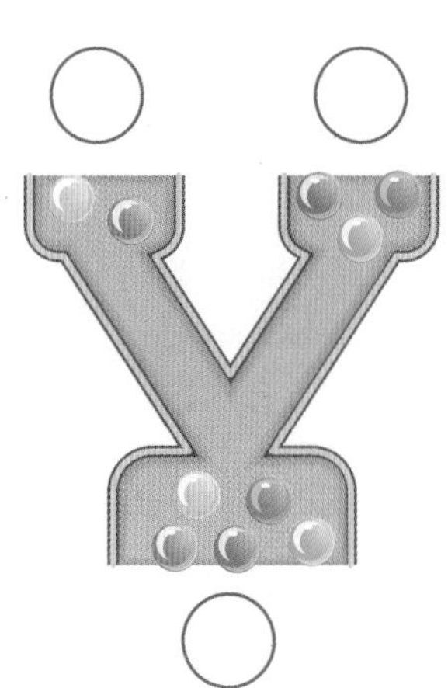

2 그림을 보고 빈 곳에 알맞은 수를 써넣으세요.

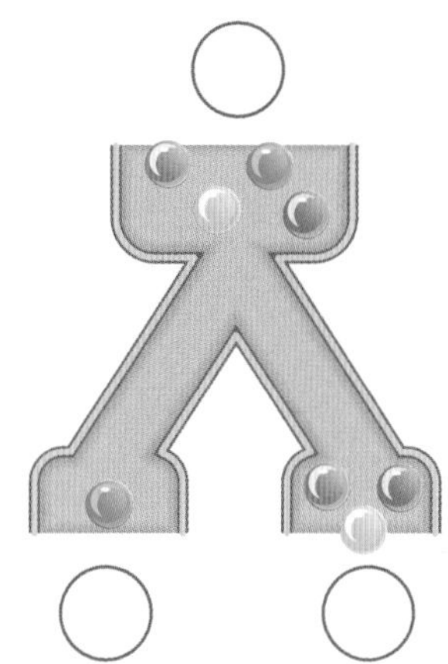

3 모아서 **7**이 되도록 빈 곳에 알맞은 수만큼 ○를 그려 보세요.

7

4 **2**장의 숫자 카드에 적힌 수를 모으면 **8**이 됩니다. 뒤집힌 카드에 적힌 수는 얼마인가요?

( )

5 **9**를 위와 아래의 두 수로 가르려고 합니다. 빈칸에 알맞은 수를 써넣으세요.

9	2	5	4	1

6 모아서 **7**이 되는 두 수를 찾아 ○표 하세요.

9 2 6 4 1

7 두 수를 모았을 때, 나머지와 다른 하나를 찾아 ○표 하세요.

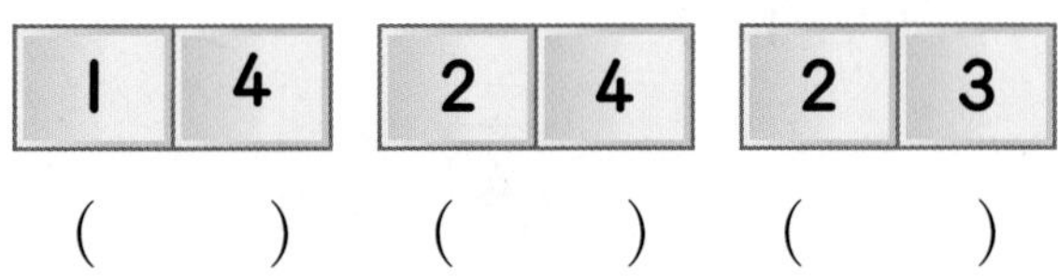

( ) ( ) ( )

8 ㉠과 ㉡에 알맞은 수 중 더 큰 수의 기호를 쓰세요.

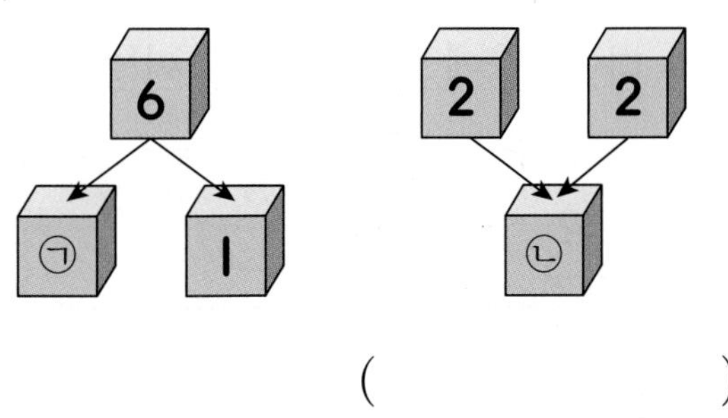

( )

9 지혜는 구슬을 6개 가지고 있고, 동민이는 구슬을 7개 가지고 있습니다. 구슬을 양손에 똑같이 나누어 쥘 수 있는 사람은 누구인가요?

( )

참새 5마리가 나뭇가지에 앉아 있습니다. 참새 2마리가 더 날아왔습니다. 물음에 답하세요. [10~11]

10 참새는 모두 몇 마리인지 구하는 덧셈식을 나타내 보세요.

식 ______________

11 10번의 덧셈식을 2가지 방법으로 읽어 보세요.

① ______________

② ______________

12 예슬이는 분홍 색종이로 진달래 모양 3개를 접고 노란 색종이로 개나리 모양 6개를 접었습니다. 예슬이가 접은 꽃 모양은 모두 몇 개인가요?

( )개

13 계산 결과가 같은 것끼리 선으로 이어 보세요.

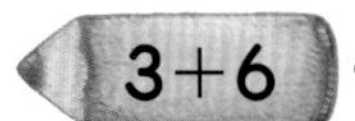

3+6 •	• 6+3
7+1 •	• 3+4
5+2 •	• 4+4

14 ㉠과 ㉡의 합을 구하세요.

3+2=㉠,   1+1=㉡

(　　　　　　　)

15 가영이와 한별이가 숫자 카드 중에서 두 장을 뽑아 합이 더 크면 이기는 놀이를 하고 있습니다. 가영이는 4 와 5 를 뽑았고, 한별이는 5 와 3 을 뽑았습니다. 이긴 사람의 이름을 써 보세요.

(　　　　　　　)

16 그림을 보고 나뭇가지에 매달려있다가 땅에 떨어진 사과의 수를 나타내는 뺄셈식을 만들어 보세요.

식 ________________

17 그림을 보고 뺄셈식을 2개 만들어 보세요.

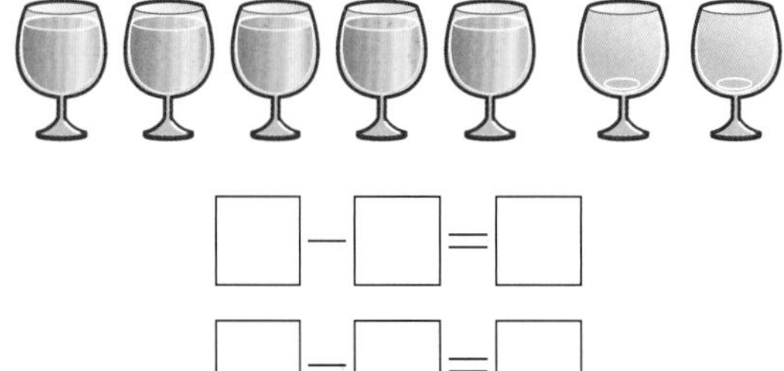

□−□=□

□−□=□

18 계산을 하세요.

(1) 2+6=□　　(2) 0+5=□

(3) 6−5=□　　(4) 4−0=□

단원 3

19 계산 결과가 나머지 셋과 다른 하나를 찾아 기호를 쓰세요.

㉠ 2 더하기 3	㉡ 5 빼기 1
㉢ 7 빼기 2	㉣ 4 더하기 1

( )

20 공깃돌을 동민이는 9개, 한솔이는 6개 가지고 있습니다. 동민이는 한솔이보다 공깃돌을 몇 개 더 많이 가지고 있나요?

( )개

21 지혜는 가지고 있던 사탕 5개 중에서 몇 개를 먹었더니 2개가 남았습니다. 지혜가 먹은 사탕은 몇 개인가요?

( )개

22 가장 큰 수와 가장 작은 수의 합과 차를 구하는 식을 써 보세요.

2　6　7

합: □+□=□

차: □−□=□

23 그림과 관계있는 식을 적은 학생의 이름을 모두 쓰세요.

가영 : 3+2=5	상연 : 4+2=6
예슬 : 5−2=3	효근 : 5−3=2

( )

24 합이 3이 되는 덧셈식을 모두 만들어 보세요.

□+□=□

□+□=□

□+□=□

□+□=□

서술 유형 익히기

주어진 풀이 과정을 함께 해결하면서
서술형 문제의 해결 방법을 익혀요.

유형 1

6을 가를 수 있는 방법은 모두 몇 가지인지 풀이 과정을 쓰고 답을 구하세요.
(단, 0과 6, 6과 0으로 가르는 것은 생각하지 않습니다.)

풀이 6은 (1과 5), (2와 ☐), (☐과 3), (4와 ☐), (5와 ☐)로 가를 수 있습니다.
따라서 6을 가를 수 있는 방법은 모두 ☐가지입니다.

답 ☐가지

단원 3

예제 1

8을 가를 수 있는 방법은 모두 몇 가지인지 풀이 과정을 쓰고 답을 구하세요.
(단, 0과 8, 8과 0으로 가르는 것은 생각하지 않습니다.) [4점]

풀이

답 ______가지

유형 2

지혜는 8살이고, 예슬이는 5살입니다. 지혜는 예슬이보다 몇 살이 더 많은지 풀이 과정을 쓰고 답을 구하세요.

풀이 지혜의 나이에서 예슬이의 나이를 빼면 □－□＝□(살)입니다.

따라서 지혜는 예슬이보다 □살이 더 많습니다.

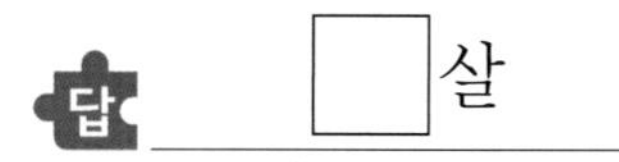

답 □살

예제 2

흰색 오리 7마리와 검은색 오리 5마리가 있습니다. 흰색 오리는 검은색 오리보다 몇 마리가 더 많은지 풀이 과정을 쓰고 답을 구하세요. [5점]

풀이

답 ______ 마리

놀이 수학

영수와 가영이가 주사위 놀이를 하려고 합니다. 물음에 답하세요. [1~3]

놀이 방법

〈준비물〉 1부터 6까지의 수가 적혀 있는 주사위 2개

① 주사위 2개를 동시에 던집니다.

② 나온 두 수의 차를 구합니다.

③ 두 수의 차가 더 큰 사람이 이깁니다.

단원 3

1 영수가 주사위를 던져 나온 두 수의 차를 구하세요.

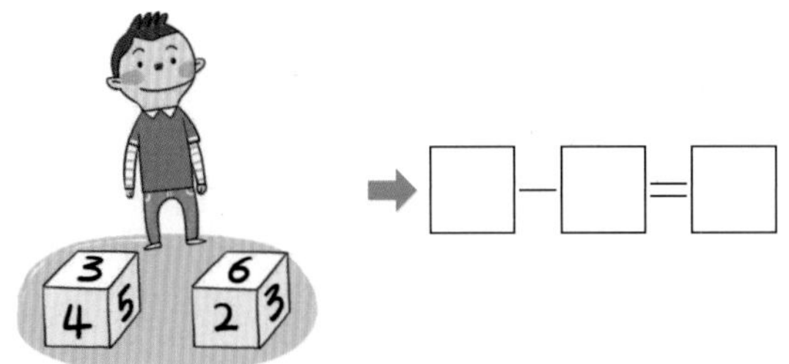

➡ □−□=□

2 가영이가 주사위를 던져 나온 두 수의 차를 구하세요.

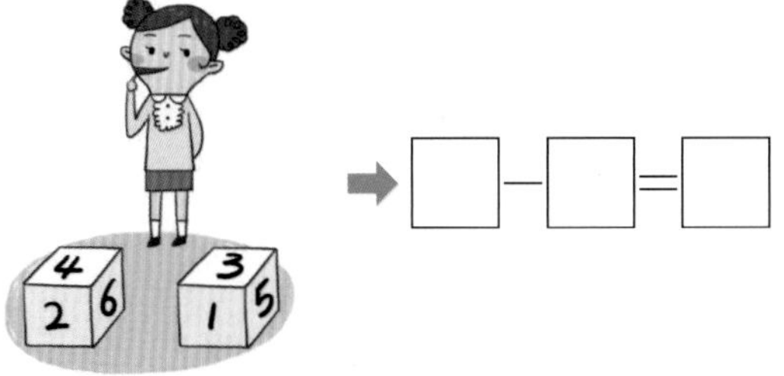

➡ □−□=□

3 놀이에서 이긴 사람은 누구인가요?

( )

3단원 단원 평가

그림을 보고 빈 곳에 알맞은 수를 써넣으세요. [1~2]

1 ③점

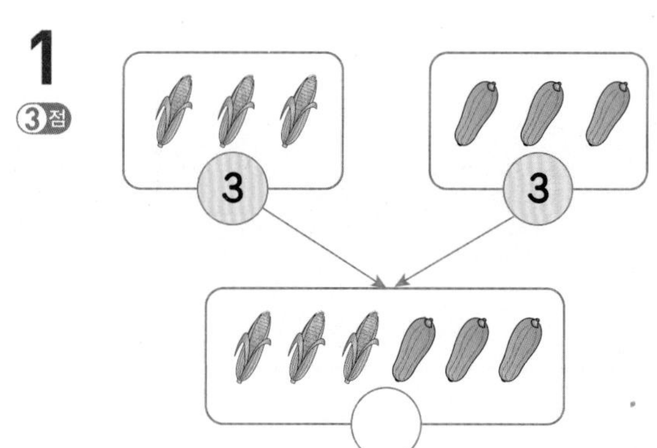

2 ③점

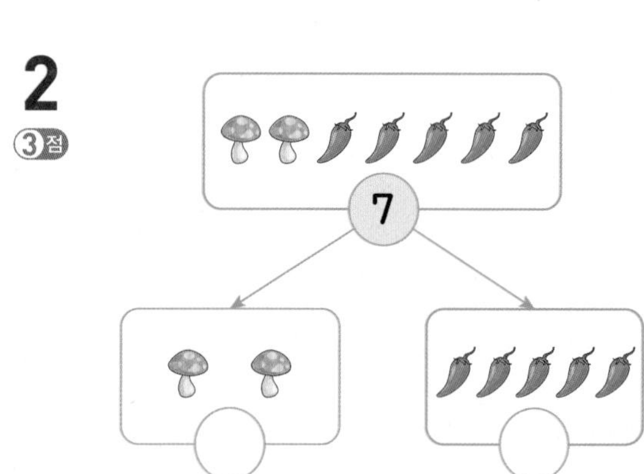

그림을 보고 빈 곳에 알맞은 수만큼 ○를 그려 넣으세요. [3~4]

3 ③점

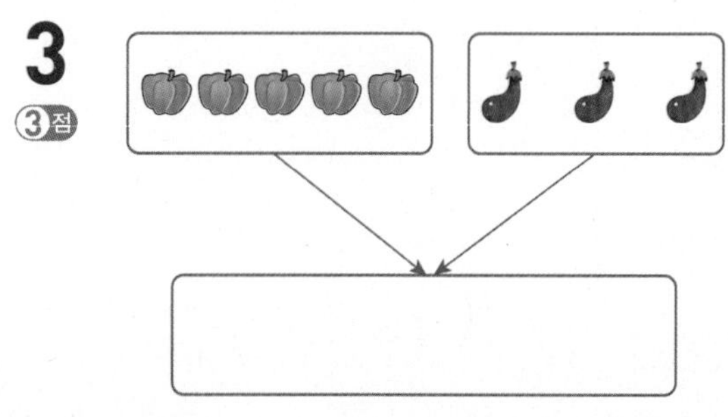

4 ③점

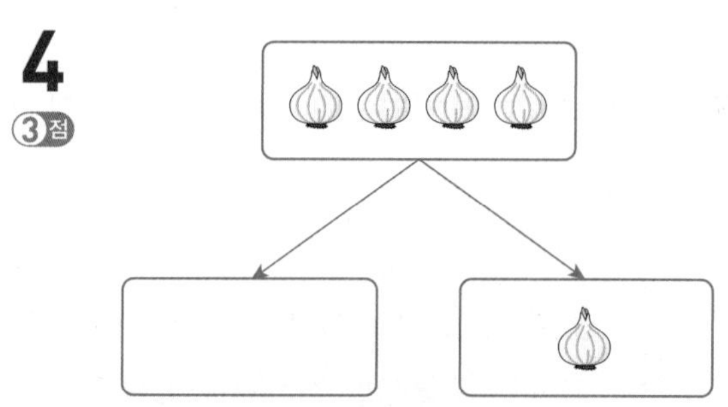

5 모으기를 이용하여 □ 안에 알맞은 수를 써넣으세요. ④점

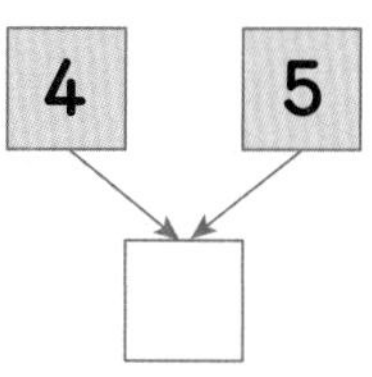

6 가르기를 이용하여 □ 안에 알맞은 수를 써넣으세요. ④점

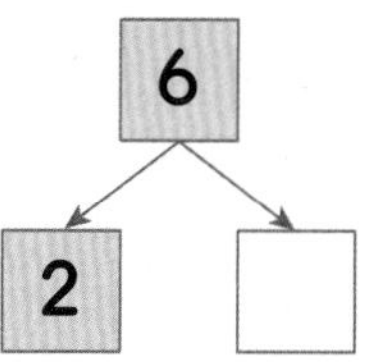

7 두 수로 가르기 했을 때, 바르지 못한 것은 어느 것인가요? (　　　) ④점

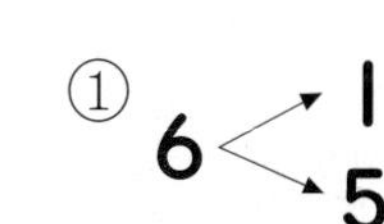

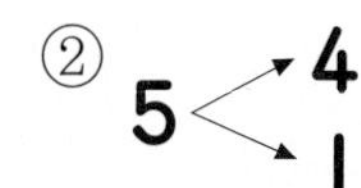

③ 7 — 5, 2

④ 8 — 4, 3

⑤ 9 — 5, 4

8 주어진 수 중 모아서 9가 되는 두 수를 찾아 쓰세요. (4점)

2, 8, 6, 4, 7

(　　　　　　)

9 그림을 보고 □ 안에 알맞은 수를 써넣으세요. (4점)

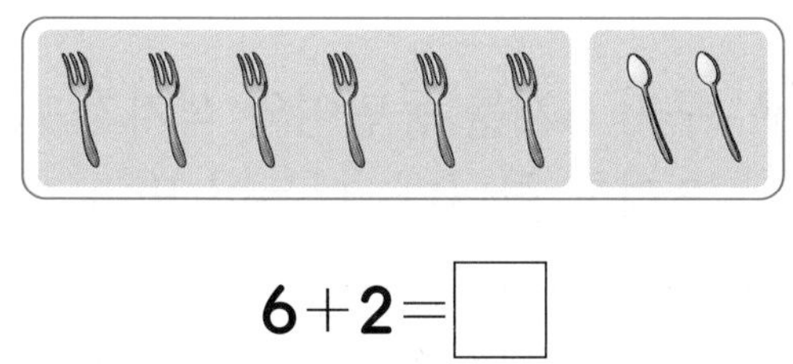

6+2=□

10 그림을 보고 덧셈식을 써 보세요. (4점)

□+□=□

11 그림을 보고 □ 안에 알맞은 수를 써넣으세요. (4점)

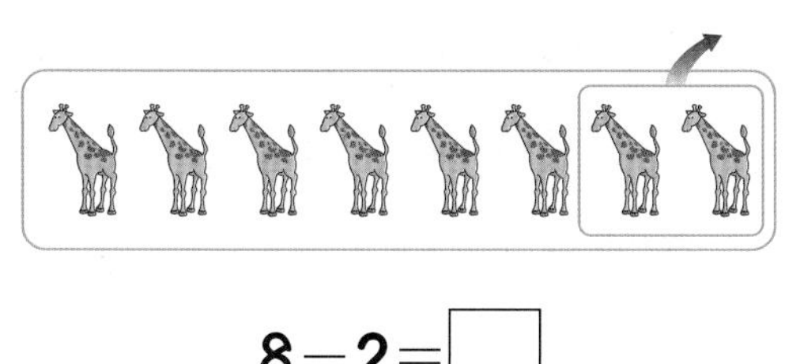

8−2=□

12 그림을 보고 뺄셈식을 써 보세요. (4점)

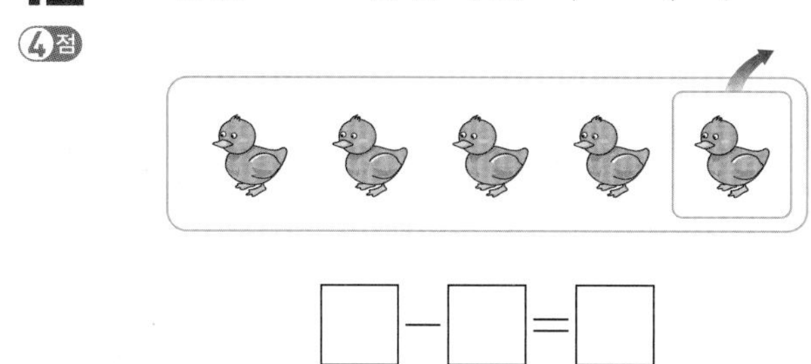

□−□=□

단원 3

13 관계있는 것끼리 선으로 이어 보세요. (4점)

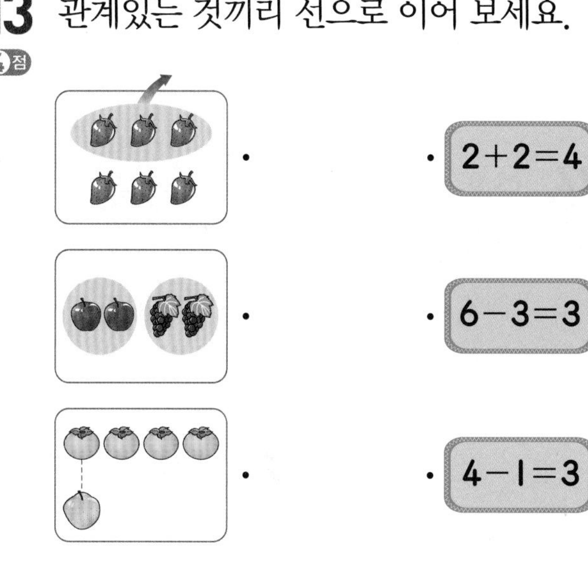

14 계산 결과를 써넣으세요. (4점)

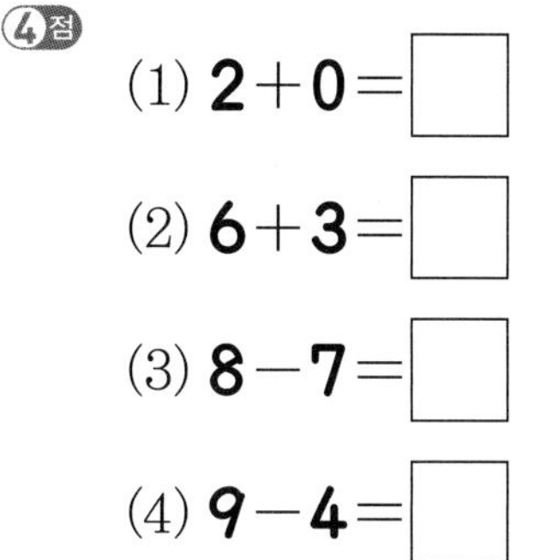

(1) 2+0=□

(2) 6+3=□

(3) 8−7=□

(4) 9−4=□

15 계산 결과가 같은 것끼리 선으로 이어 보세요.
④점

6+0 · · 3+2

16 다음 중 계산 결과가 4인 것은 어느 것인가요? (　　　)
④점

① 6−0　② 9−5　③ 5−2
④ 7−4　⑤ 8−6

17 계산 결과가 다른 하나를 찾아 기호를 쓰세요.
④점

㉠ 2+3　㉡ 5−0
㉢ 8−3　㉣ 7+1

(　　　　　　)

18 그림을 보고 □ 안에 알맞은 수를 써넣으세요.
④점

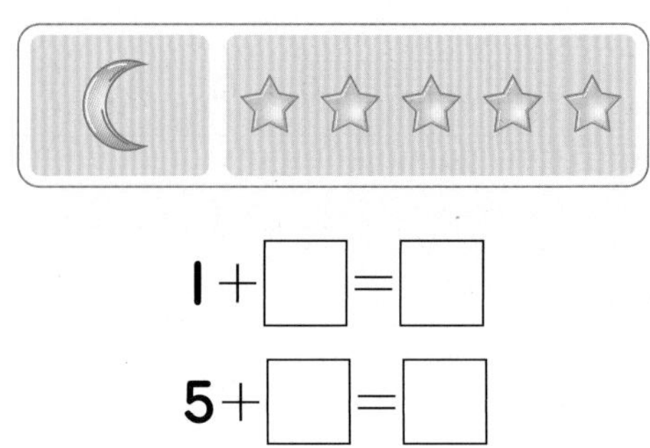

1+□=□

5+□=□

19 쿠키 5개를 동민이와 석기가 나누어 먹으려고 합니다. 나누어 먹는 방법은 모두 몇 가지인가요? (단, 한 사람이 모두 먹는 경우는 없습니다.)
④점

(　　　　　　)가지

20 어머니께서 사과를 9개 사 오셨습니다. 동생이 그중에서 3개를 먹었습니다. 남은 사과는 몇 개인가요?
④점

(　　　　　　)개

21 예슬이는 귤 농장에서 귤을 땄습니다. 그중에서 3개를 친구에게 주었더니 5개가 남았습니다. 예슬이가 딴 귤은 모두 몇 개인가요?
④점

(　　　　　　)개

서술형

22 효근이는 오전에 **2**건, 오후에 **5**건의 문자메시지를 받았습니다. 효근이가 하루 동안 받은 문자메시지는 모두 몇 건인지 풀이 과정을 쓰고 답을 구하세요.
⑤점

풀이

답 ______________ 건

23 도넛이 **8**개 있습니다. 상연이와 영수가 똑같이 나누어 먹으려고 합니다. 한 사람이 몇 개씩 먹으면 되는지 풀이 과정을 쓰고 답을 구하세요.
⑤점

풀이

답 ______________ 개

24 버스에 **9**명이 타고 있었습니다. 이번 정류장에서 **4**명이 내렸다면, 버스에 남아 있는 사람은 몇 명인지 풀이 과정을 쓰고 답을 구하세요.
⑤점

풀이

답 ______________ 명

25 지혜는 귤을 **4**개, 체리를 **3**개 먹었고, 석기는 귤을 **2**개, 체리를 **6**개 먹었습니다. 지혜와 석기 중 누가 과일을 더 많이 먹었는지 풀이 과정을 쓰고 답을 구하세요.
⑤점

풀이

답 ______________

단원 3

① 덧셈과 뺄셈을 하고 계산 결과에 따라 색칠해 보세요.

생활 속의 수학

바뀌도 되요.

달력에는 '일, 월, 화, 수, 목, 금, 토' 이렇게 7형제가 살고 있어요.
7형제는 늘 함께 있어요. 억지로 두 편으로 나누어 놓아도 어느새 쪼르르 7형제가 함께 모여요.

일 - 월 화 수 목 금 토
일 월 - 화 수 목 금 토
일 월 화 - 수 목 금 토
일 월 화 수 - 목 금 토
일 월 화 수 목 - 금 토
일 월 화 수 목 금 - 토

아무리 아무리 둘로 갈라 놓아도 늘 7형제가 함께 있어요.
지혜는 달력에 있는 7형제를 숫자로 나누어 써 보았어요.

$1+6=7$
$2+5=7$
$3+4=7$
$4+3=7$
$5+2=7$
$6+1=7$

어? 다 써놓고 보니 같은 숫자가 보여요.
$1+6=7$ 그리고 $6+1=7$.
또 있어요.
$2+5=7$ 그리고 $5+2=7$.
$3+4$도 바꾸어서 $4+3$을 하니 7이에요.
와, 정말 신기해요.
학교에서 돌아온 오빠한테 지혜가 자랑스럽게 말했어요.
"오빠, 3 더하기 4하고 4 더하기 3이 같아! 2 더하기 5도 5 더하기 2랑 같고!"

생활 속의 수학

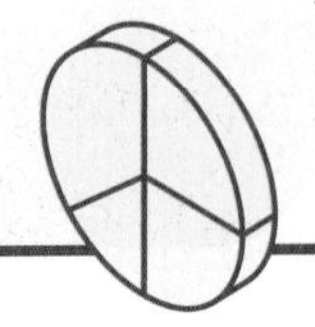

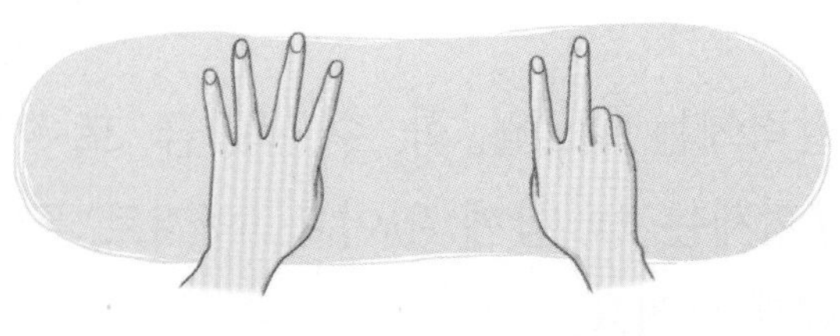

오빠는 싱긋 웃더니 벌써 그런 걸 아느냐고 하면서 손가락을 펴 보였어요.

"손가락이 모두 몇 개인지 덧셈식으로 말해 봐."

"4+2=6!"

"이번에는 오른손부터 덧셈식으로!"

"2+4=6!"

지켜보시던 어머니께서 웃으시며 얼른 손씻고 와서 간식을 먹자고 하셨어요. 둥근 접시엔 사과 네 조각, 네모난 접시엔 과자가 다섯 개 놓여 있었어요. 오빠가 말했어요.

"사과 더하기 과자는?"

"4+5=9" 지혜가 얼른 대답했지요.

"그럼 과자 더하기 사과는?"

"5+4=9!"

지혜가 대답하는 사이 오빠는 얼른 사과 한 쪽을 집어 먹었어요.

지혜는 뭐가 그리도 재미있는지 먹을 생각도 안 하고 또 덧셈식을 만들어요.

"3+5=8, 5+3=8! 와, 바꾸어 더해도 답은 늘 똑같아!"

오빠는 또 사과 한 쪽을 입에 쏙 넣었지요.

"2+5=7, 5+2=7!"

곁에서 지켜보시던 엄마가 얼른 사과 한 쪽을 집어 지혜 입에 넣어 주셨답니다. 안 그러다간 오빠가 다 먹어버릴 것 같으셨나봐요. 지혜는 지금 두 수를 바꾸어 더하는 재미에 푹 빠져있거든요.

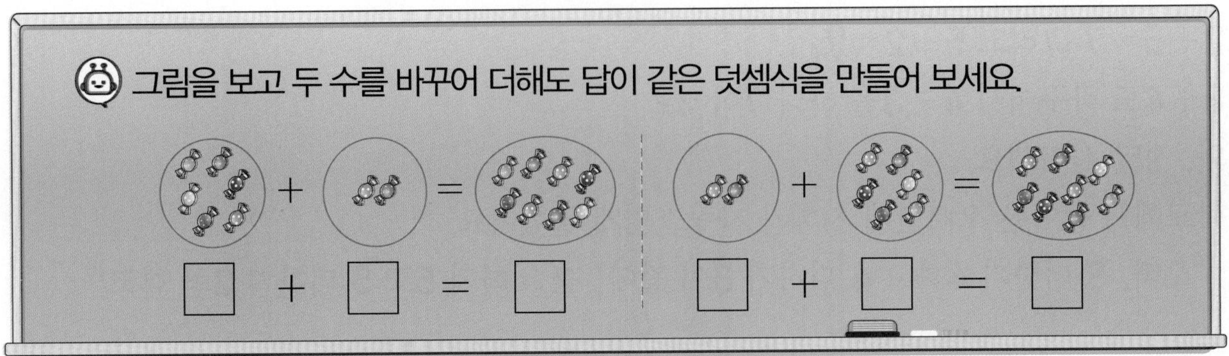

단원 4

비교하기

이번에 배울 내용

1 길이 비교하기

2 키와 높이 비교하기

3 무게 비교하기

4 넓이 비교하기

5 담을 수 있는 양 비교하기

다음에 배울 내용

- 길이의 직접 비교와 간접 비교
- 몸과 물건을 이용하여 길이 재기
- 1 cm 알아보기
- 길이 어림하기

1단계 개념 탄탄

1. 길이 비교하기

교과서 개념을 이해하고 확인 문제를 통해 익혀요.

두 물건의 길이 비교하기 — 한쪽 끝이 맞추어져 있으면 길이를 비교하기가 쉽습니다.

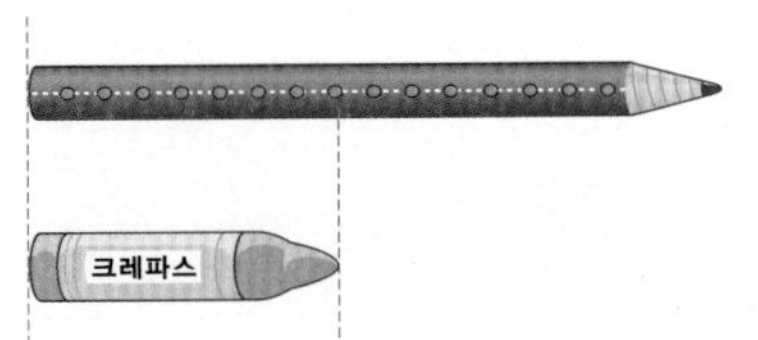

더 길다

더 짧다

두 물건의 길이를 비교할 때에는
'더 길다', '더 짧다'로 나타냅니다.

세 물건의 길이 비교하기

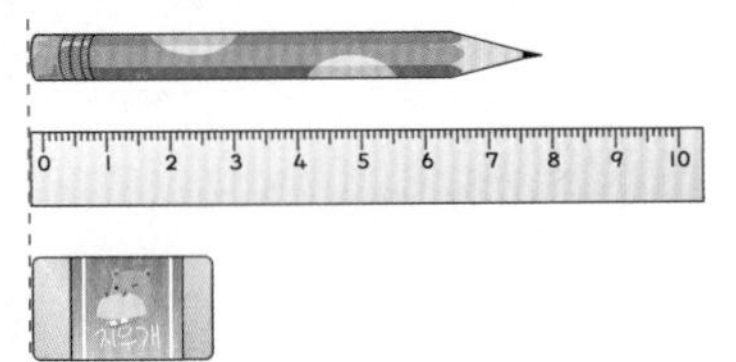

가장 길다

가장 짧다

2개보다 많은 물건의 길이를 비교할 때에는
'가장 길다', '가장 짧다'로 나타냅니다.

개념잡기

- 두 물건의 길이를 비교할 때 한쪽 끝을 맞춘 다음 다른 쪽 끝이 더 많이 나온 것이 더 깁니다.
- 2개보다 많은 물건의 길이를 비교할 때 한쪽 끝을 맞춘 다음 다른 쪽 끝이 가장 많이 남는 것이 가장 깁니다.

1 개념확인

두 물건의 길이 비교하기

더 긴 것에 ○표 하세요.

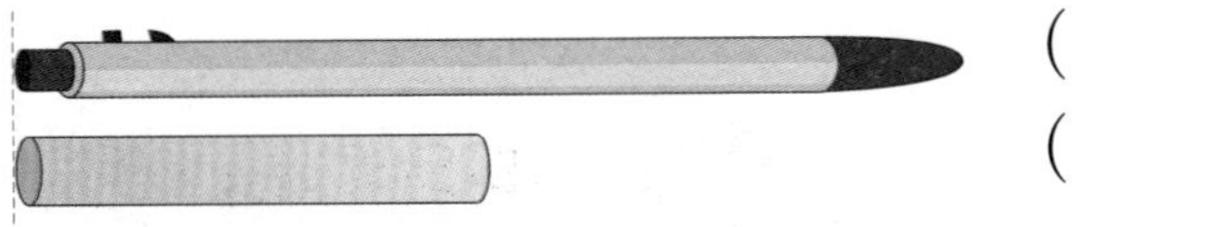

(　　　)

(　　　)

2 개념확인

두 물건의 길이 비교하기

알맞은 말에 ○표 하세요.

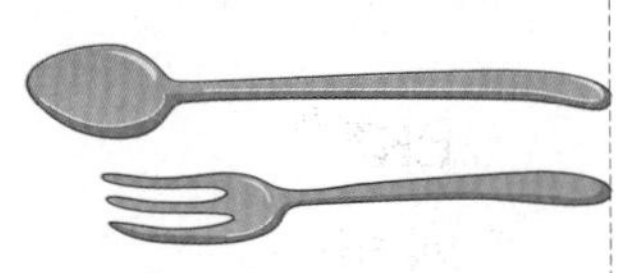

포크가 숟가락보다 더 (깁니다, 짧습니다).

3 개념확인

세 물건의 길이 비교하기

가장 긴 것에 ○표, 가장 짧은 것에 △표 하세요.

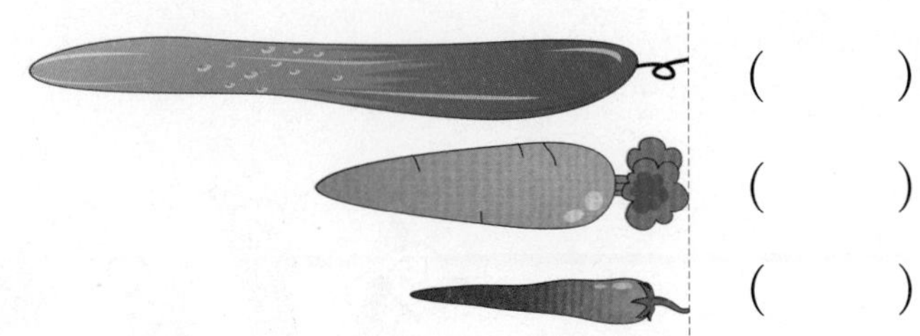

(　　　)

(　　　)

(　　　)

2단계 핵심 쏙쏙

기본 문제를 통해 교과서 개념을 다져요.

1 더 긴 것에 색칠하세요.

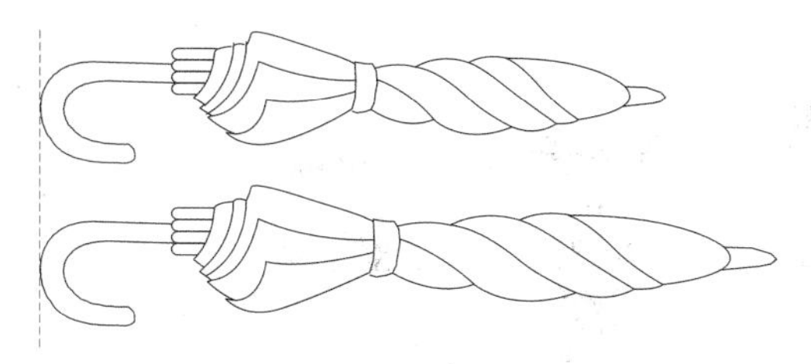

2 더 짧은 것에 △표 하세요.

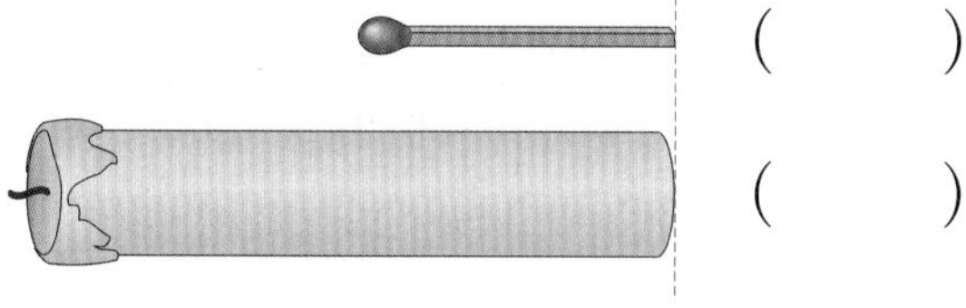

( )

( )

3 관계있는 것끼리 이어 보세요.

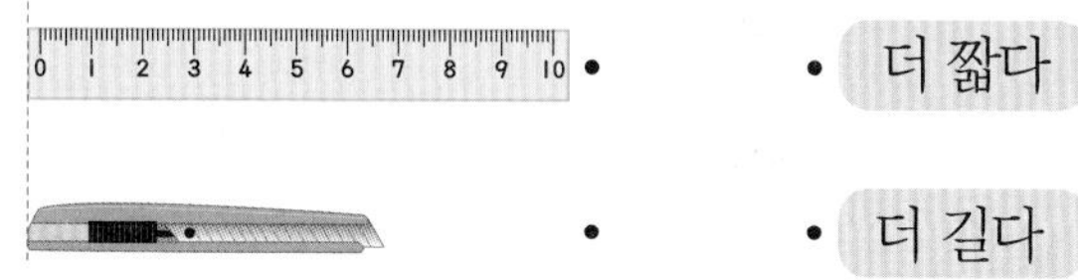

• 더 짧다

• 더 길다

4 그림을 보고 알맞은 말을 써넣으세요.

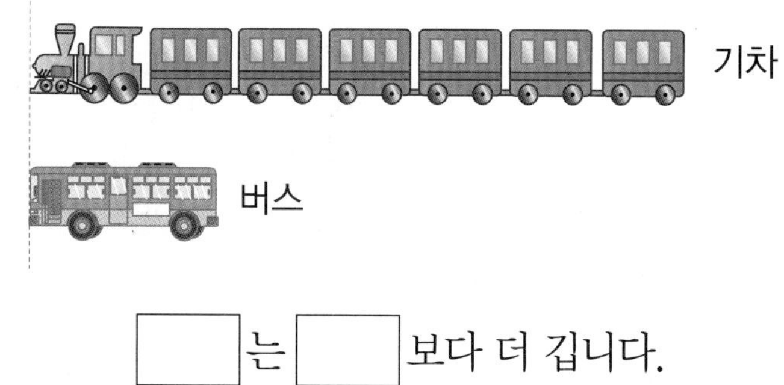

□는 □보다 더 깁니다.

중요

5 가장 긴 것에 ○표, 가장 짧은 것에 △표 하세요.

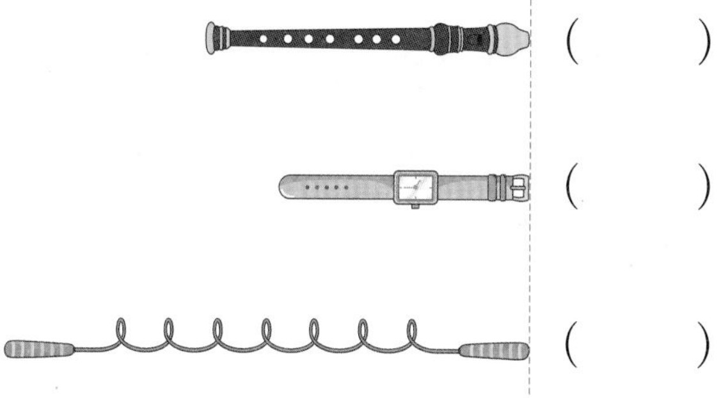

( )

( )

( )

6 친구들이 가지고 있는 연필을 늘어놓았습니다. 누가 가장 긴 연필을 가지고 있나요?

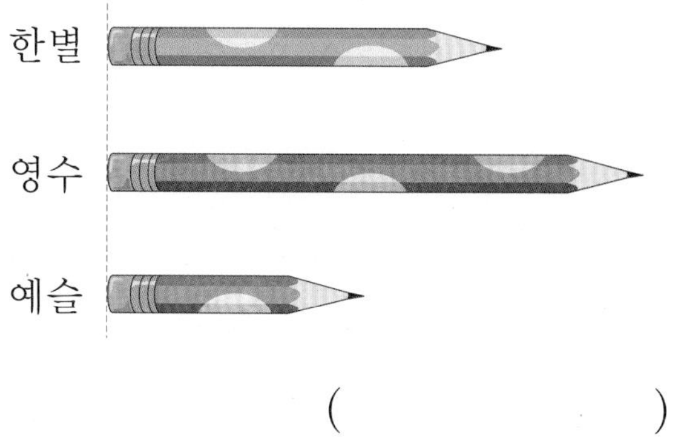

( )

교과서 개념을 이해하고 확인 문제를 통해 익혀요.

키와 높이 비교하기

- 두 사람의 키를 비교할 때에는 '더 크다', '더 작다'로 나타냅니다.
- 2명보다 많은 사람의 키를 비교할 때에는 '가장 크다', '가장 작다'로 나타냅니다.

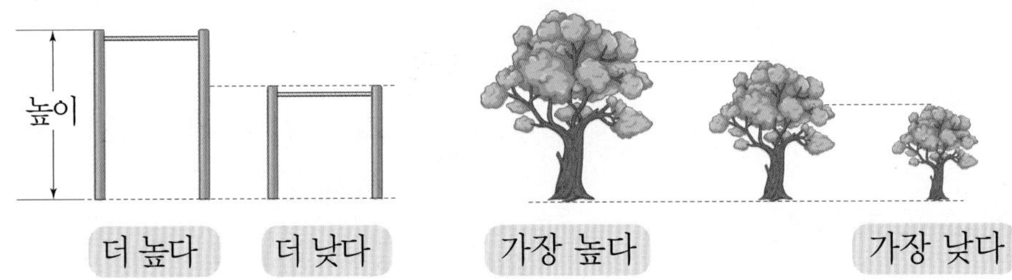

- 두 가지 물건의 높이를 비교할 때에는 '더 높다', '더 낮다'로 나타냅니다.
- 2개보다 많은 것의 높이를 비교할 때에는 '가장 높다', '가장 낮다'로 나타냅니다.

개념잡기

아래쪽 끝이 맞추어져 있을 때 위쪽 끝이 많이 남는 쪽이 큽니다.
위쪽 끝이 맞추어져 있을 때 아래쪽 끝이 많이 남는 쪽이 큽니다.

---

1 개념확인

두 사람의 키 비교하기

키가 더 큰 사람에 ○표 하세요.

( ) ( )

2 개념확인

두 건물의 높이 비교하기

더 낮은 건물의 기호를 쓰세요.

가

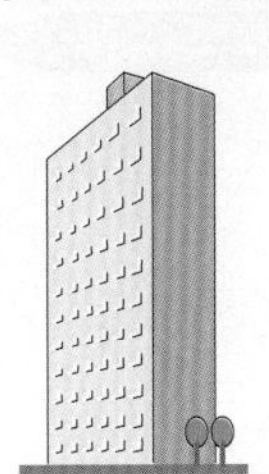

나

( )

1 왼쪽 동물보다 키가 더 작은 동물에 △표 하세요.

( ) ( )

2 키를 비교하여 □ 안에 알맞은 이름을 써 넣으세요.

수지 지후

□는 □보다 더 작습니다.

3 더 높은 것의 기호를 쓰세요.

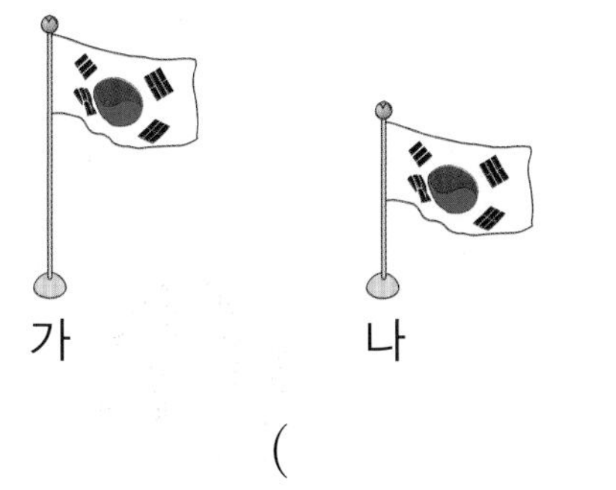

가 나

( )

4 그림을 보고 알맞은 말에 ○표 하세요.

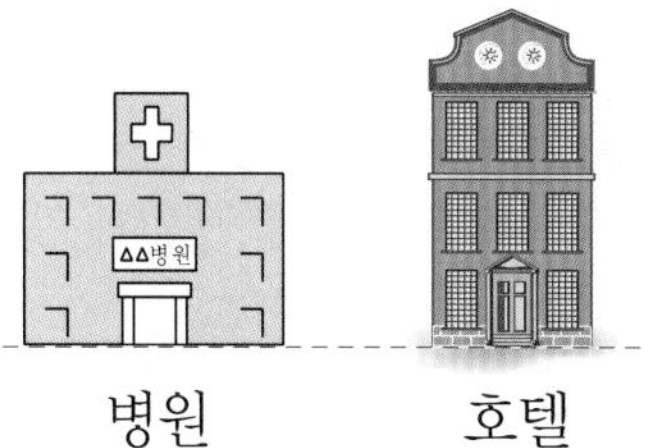

병원 호텔

호텔은 병원보다 더 (높습니다, 낮습니다).

5 가장 낮은 것에 △표 하세요.

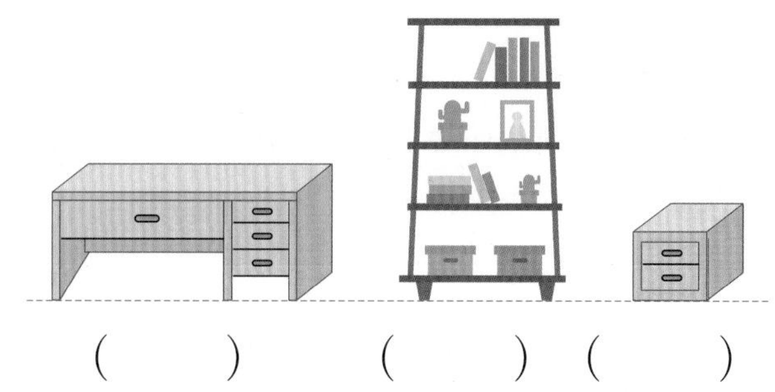

( ) ( ) ( )

6 키가 가장 큰 동물을 찾아 쓰세요.

다람쥐 기린 염소

( )

3. 무게 비교하기

교과서 개념을 이해하고 확인 문제를 통해 익혀요.

두 물건의 무게 비교하기

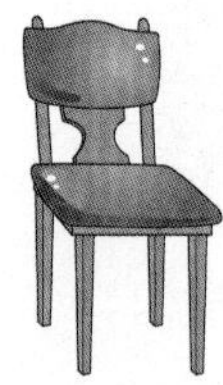

더 무겁다

더 가볍다

두 물건의 무게를 비교할 때에는 '더 무겁다', '더 가볍다'로 나타냅니다.

세 물건의 무게 비교하기

가장 무겁다

가장 가볍다

2개보다 많은 물건의 무게를 비교할 때에는 '가장 무겁다', '가장 가볍다'로 나타냅니다.

개념잡기

양손으로 직접 들어 보았을 때, 힘이 더 드는 쪽이 더 무겁습니다.

보충 시소나 양팔 저울에서는 무거운 쪽이 내려갑니다.

1 개념확인

두 물건의 무게 비교하기

더 무거운 것에 ○표 하세요.

(1)

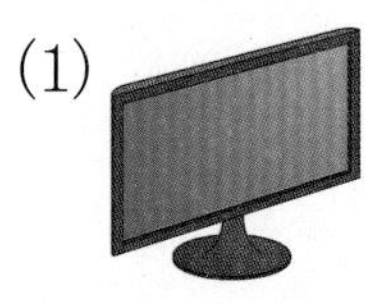

( )

( )

(2)

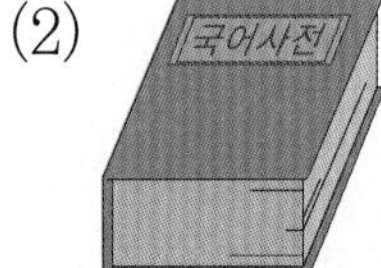

( )

( )

2 개념확인

세 물건의 무게 비교하기

가장 무거운 것에 ○표, 가장 가벼운 것에 △표 하세요.

( )

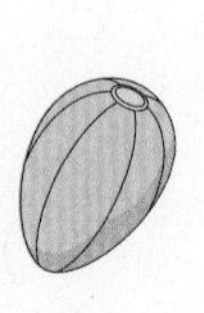

( )

( )

2단계 핵심 쏙쏙

기본 문제를 통해 교과서 개념을 다져요.

1 그림을 보고 알맞은 말에 ○표 하세요.

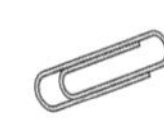 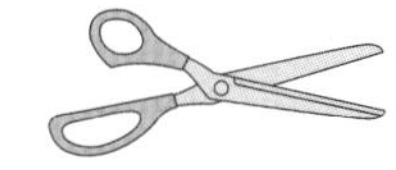

(1) 클립은 가위보다 더
(무겁습니다, 가볍습니다).

(2) 가위는 클립보다 더
(무겁습니다, 가볍습니다).

2 더 무거운 동물에 ○표 하세요.

(　　) (　　)

3 더 가벼운 것에 △표 하세요.

(　　) (　　)

4 더 가벼운 동물에 △표 하세요.

(　　) (　　)

중요

5 가장 무거운 것에 ○표, 가장 가벼운 것에 △표 하세요.

 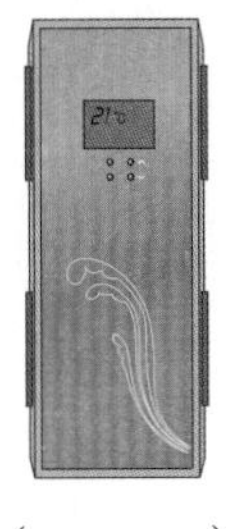 

(　　) (　　) (　　)

6 가장 가벼운 것부터 순서대로 기호를 쓰세요.

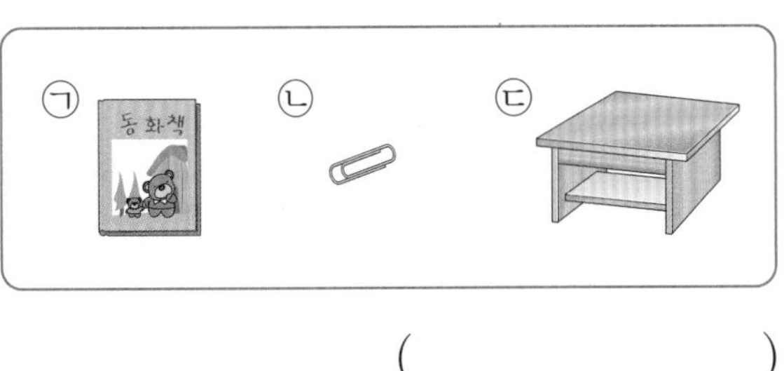

(　　　　　　)

유형 1 길이 비교하기

- 두 물건의 길이를 비교할 때에는 '더 길다', '더 짧다'로 나타냅니다.
- 2개보다 많은 물건의 길이를 비교할 때에는 '가장 길다', '가장 짧다'로 나타냅니다.

대표유형

1-1 알맞은 말에 ○표 하세요.

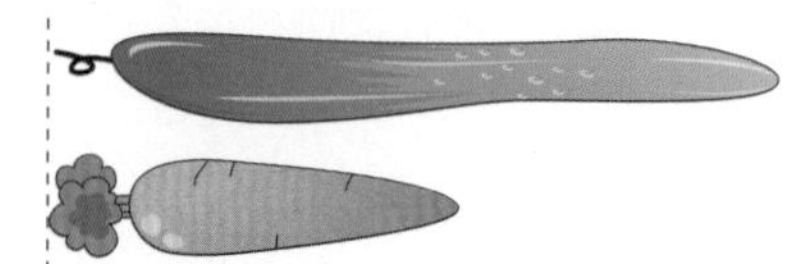

당근은 오이보다 더
(깁니다, 짧습니다).

1-2 더 짧은 것에 △표 하세요.

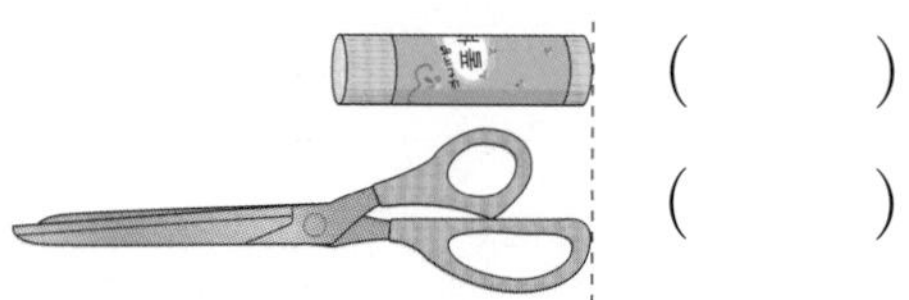

( ) ( )

1-3 더 긴 것을 찾아 기호를 쓰세요.

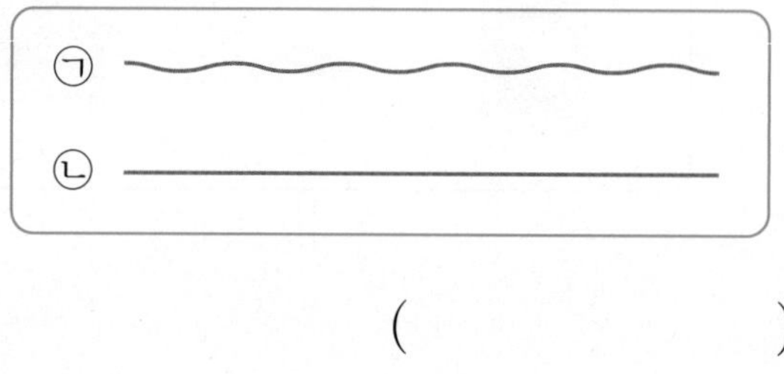

( )

1-4 풀보다 더 긴 것에 ○표 하세요.

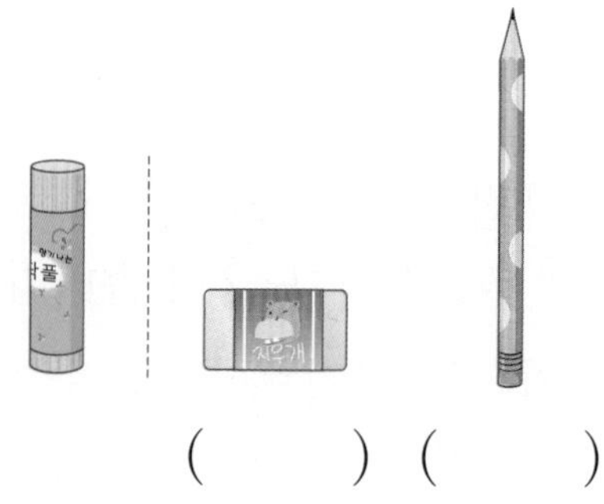

( ) ( )

1-5 가장 짧은 것을 찾아 기호를 쓰세요.

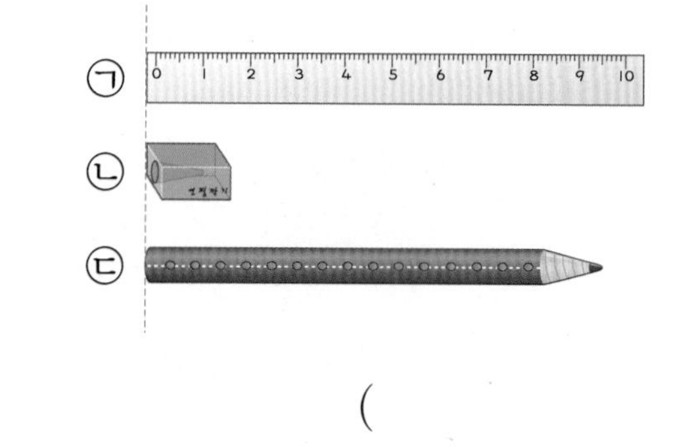

( )

1-6 가장 긴 것부터 순서대로 1, 2, 3을 쓰세요.

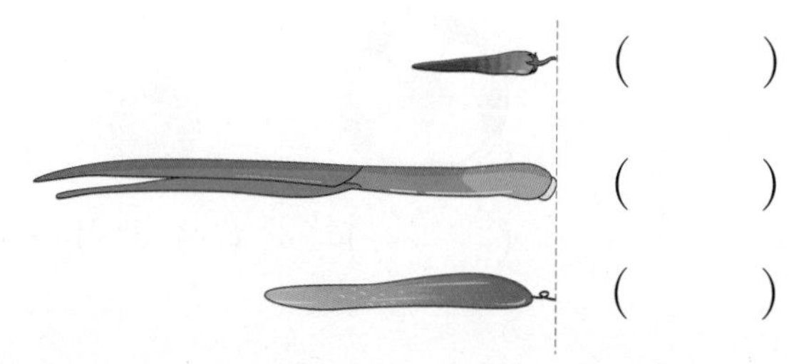

( )
( )
( )

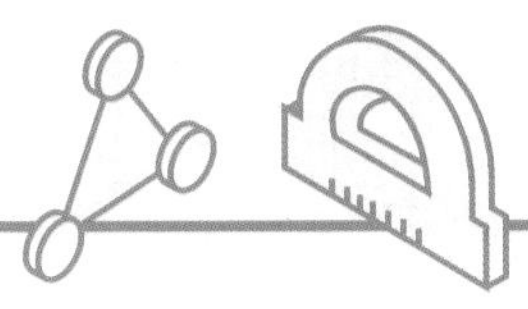

유형 2 키와 높이 비교하기

- 두 사람의 키를 비교할 때에는 '더 크다', '더 작다'로 나타냅니다.
- 2명보다 많은 사람의 키를 비교할 때에는 '가장 크다', '가장 작다'로 나타냅니다.
- 두 물건의 높이를 비교할 때에는 '더 높다', '더 낮다'로 나타냅니다.
- 2개보다 많은 물건의 높이를 비교할 때에는 '가장 높다', '가장 낮다'로 나타냅니다.

2-1 키가 더 큰 사람의 이름을 쓰세요.

영수　　지혜

(　　　　　)

2-2 키를 비교하여 □ 안에 알맞은 말을 써넣으세요.

더 작다　　□

2-3 키가 가장 큰 사람에 ○표 하세요.

(　　)(　　)(　　)

2-4 연을 더 높게 날리고 있는 동물을 쓰세요.

(　　　　　)

2-5 가장 높게 올라간 어린이의 이름을 쓰세요.

(　　　　　)

2-6 가장 낮게 날고 있는 새에 ○표 하세요.

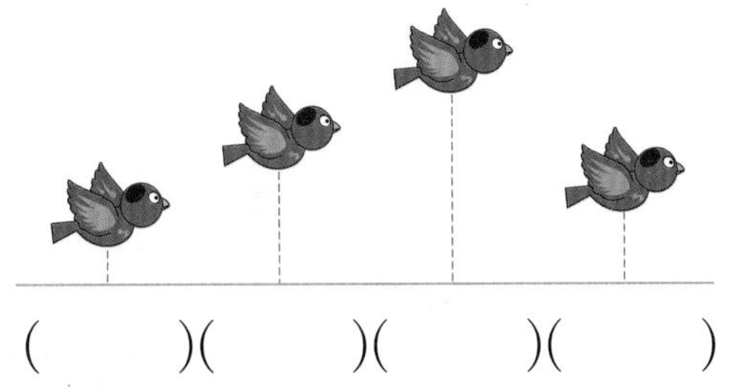

(　　)(　　)(　　)(　　)

유형 3 무게 비교하기

- 두 물건의 무게를 비교할 때에는 '더 무겁다', '더 가볍다'로 나타냅니다.
- 2개보다 많은 물건의 무게를 비교할 때에는 '가장 무겁다', '가장 가볍다'로 나타냅니다.

3-1 알맞은 말에 ○표 하세요.

국자　　냄비

냄비는 국자보다 더
(무겁습니다 , 가볍습니다).

3-2 무게를 비교하여 □ 안에 알맞은 말을 써넣으세요.

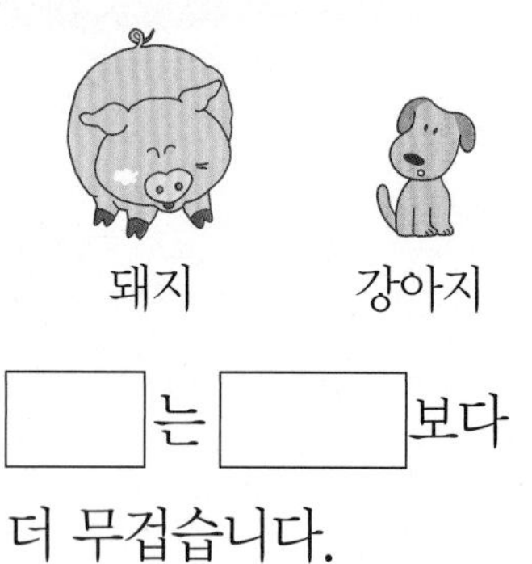

돼지　　강아지

□는 □보다
더 무겁습니다.

3-3 오이와 무 중 더 무거운 것을 쓰세요.

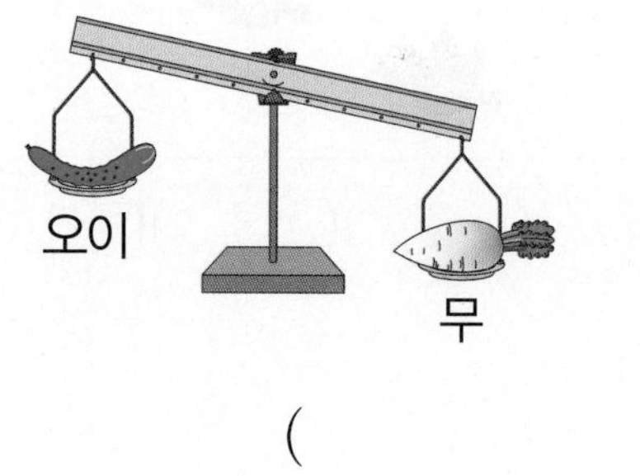

(　　　　)

3-4 더 무거운 것에 ○표 하세요.

(　　) (　　)

3-5 사과와 수박 중 더 가벼운 것을 쓰세요.

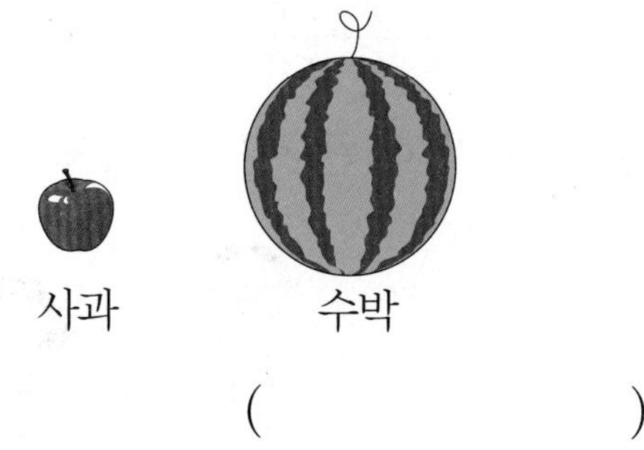

(　　　　)

3-6 보기보다 더 무거운 것에 ○표 하세요.

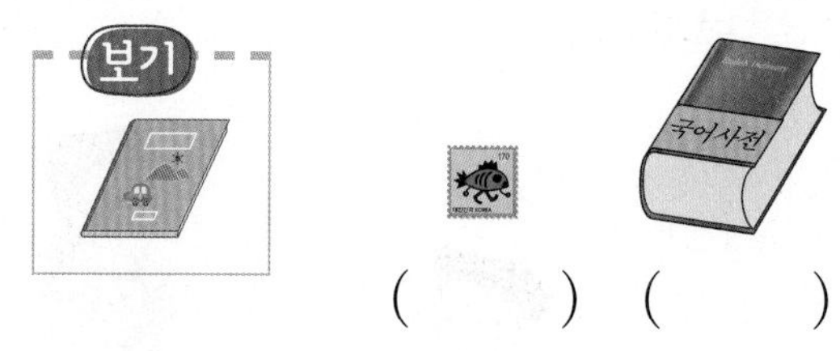

(　　) (　　)

3-7 보기보다 더 가벼운 것에 △표 하세요.

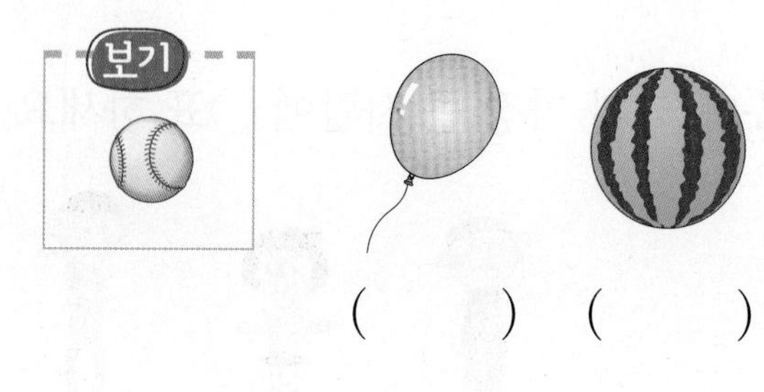

(　　) (　　)

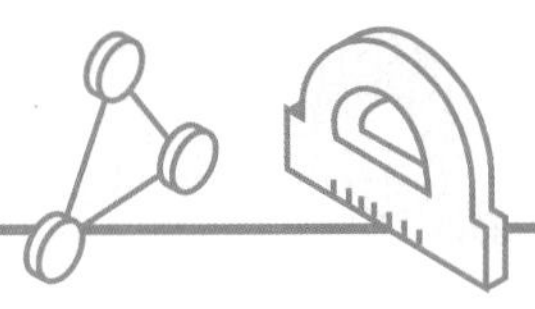

3-8 알맞은 말에 ○표 하세요.

고양이 호랑이 햄스터

고양이는 (호랑이, 햄스터)보다 더 무겁고, (호랑이, 햄스터)보다 더 가볍습니다.

3-9 다음 설명이 맞도록 (　　) 안에 사람의 이름을 써 보세요.

영수는 동민이보다 무겁습니다.

(　　)　(　　)

3-10 가장 무거운 것을 찾아 ○표 하세요.

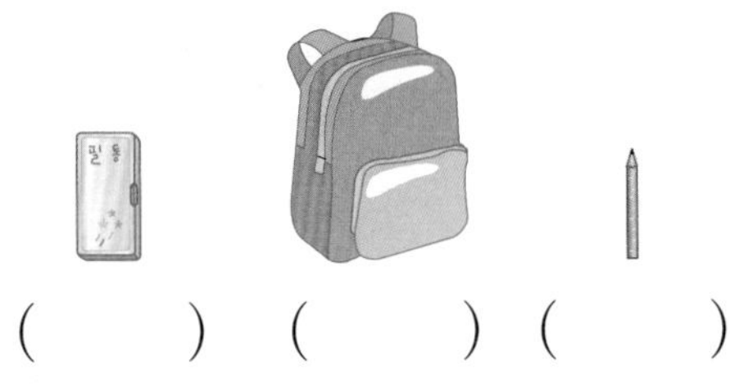

(　　)　(　　)　(　　)

3-11 가장 가벼운 것을 찾아 △표 하세요.

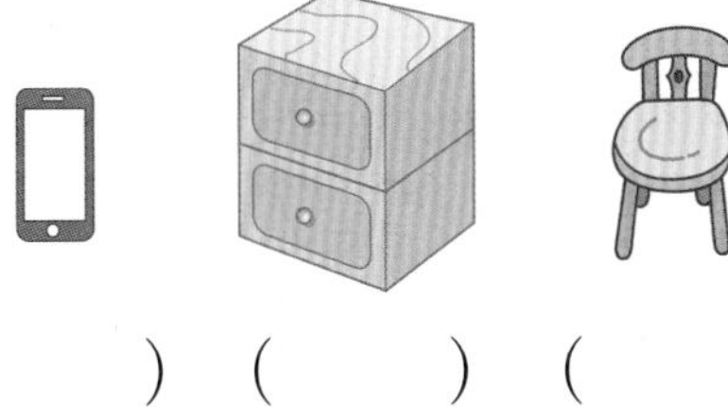

(　　)　(　　)　(　　)

3-12 가장 무거운 것에 ○표, 가장 가벼운 것에 △표 하세요.

(　　)　(　　)　(　　)

3-13 가장 무거운 것부터 순서대로 1, 2, 3을 쓰세요.

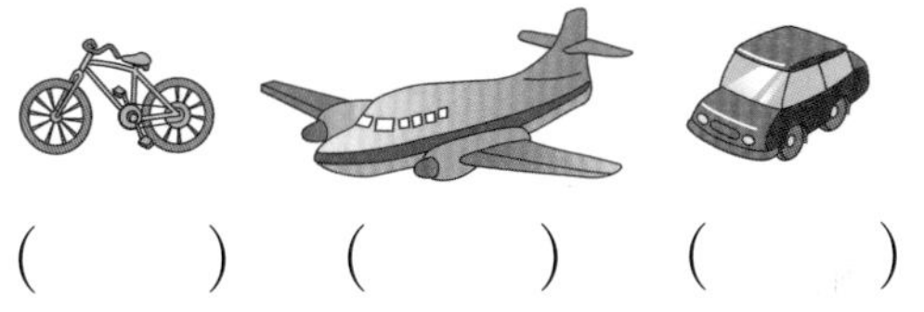

(　　)　(　　)　(　　)

3-14 가장 가벼운 것을 찾아 기호를 쓰세요.

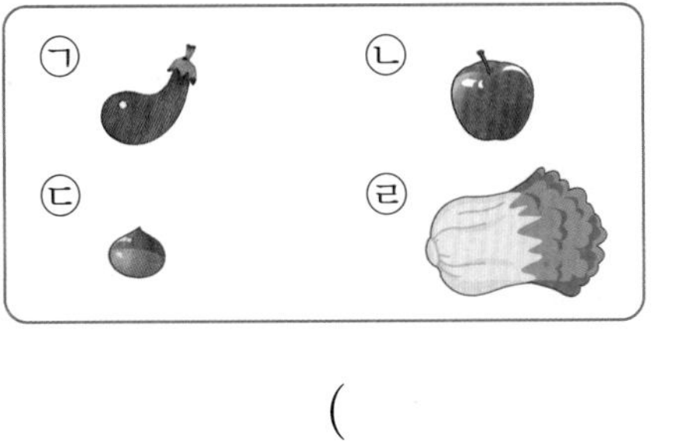

(　　　　　)

두 물건의 넓이 비교하기

더 넓다

더 좁다

두 물건의 넓이를 비교할 때에는 '더 넓다', '더 좁다'로 나타냅니다.

세 물건의 넓이 비교하기

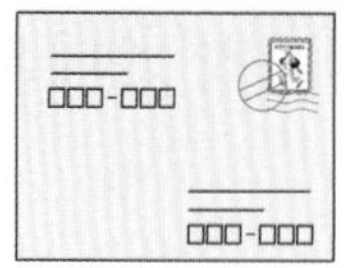
가장 넓다

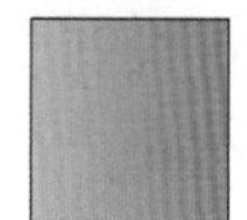

가장 좁다

2개보다 많은 물건의 넓이를 비교할 때에는 '가장 넓다', '가장 좁다'로 나타냅니다.

개념잡기

두 물건을 직접 맞대어 보았을 때, 남는 부분이 있는 쪽이 더 넓습니다.

---

1 개념확인 두 물건의 넓이 비교하기

더 넓은 것에 ○표 하세요.

(1) 

(　　) (　　)

(2) 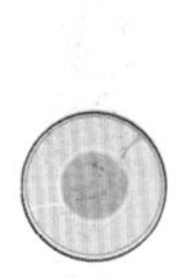
(　　) (　　)

2 개념확인 두 물건의 넓이 비교하기

더 좁은 것에 △표 하세요.

(1) 
(　　) (　　)

(2)  
(　　) (　　)

3 개념확인 세 물건의 넓이 비교하기

가장 넓은 것에 ○표, 가장 좁은 것에 △표 하세요.

(　　) (　　) (　　)

1 그림을 보고 알맞은 말에 ○표 하세요.

 은  보다

더 (넓습니다, 좁습니다).

2 주어진 색종이로 완전히 가릴 수 있는 도형에 ○표 하세요.

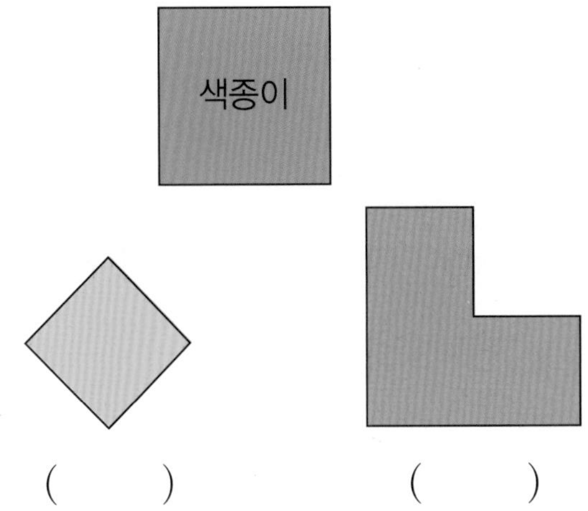

( ) ( )

3 더 넓은 것에 ○표 하세요.

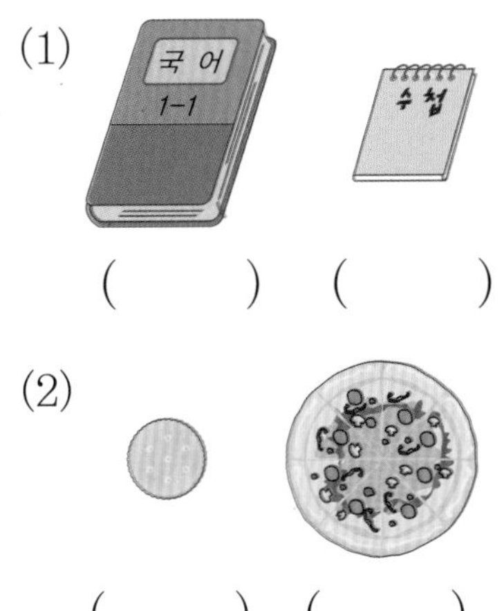

(1) ( ) ( )

(2) ( ) ( )

4 크기가 같은 색종이로 만든 모양입니다. 더 넓은 것을 찾아 기호를 쓰세요.

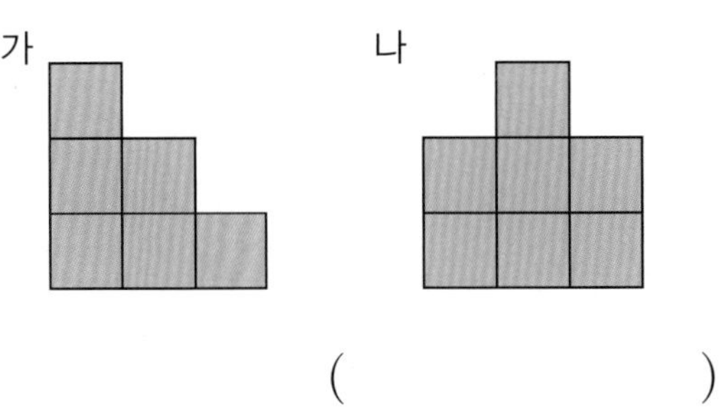

( )

5 가장 좁은 것에 △표 하세요.

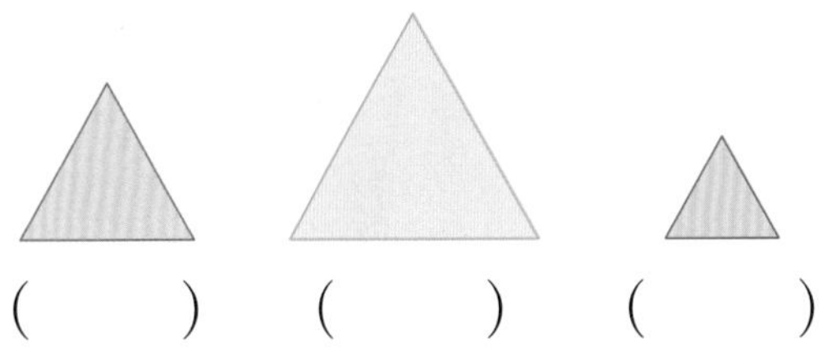

( ) ( ) ( )

6 그림을 보고 □ 안에 알맞은 말을 보기에서 찾아 써넣으세요.

유승이네 집

학교 운동장

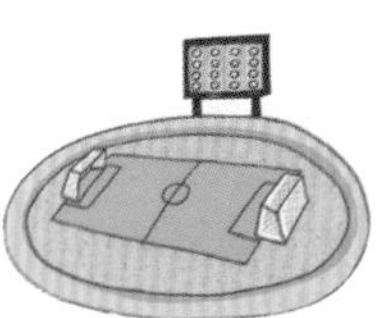
축구경기장

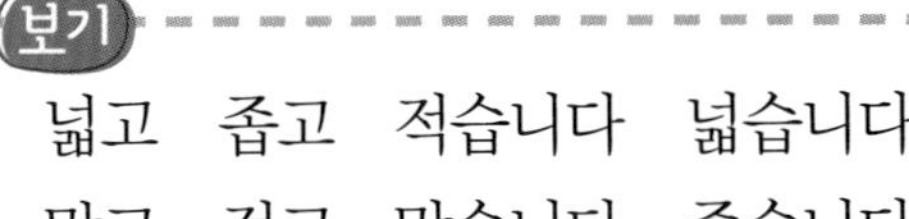

보기

넓고 좁고 적습니다 넓습니다
많고 적고 많습니다 좁습니다

학교 운동장은 유승이네 집보다 더 □

축구경기장보다 더 □.

교과서 개념을 이해하고 확인 문제를 통해 익혀요.

담을 수 있는 양 비교하기

• 두 가지 그릇을 비교하기

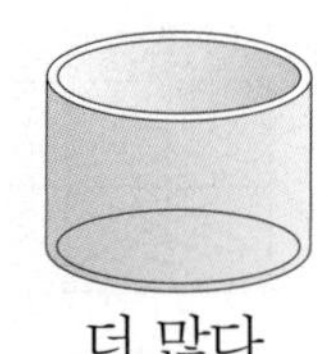

더 많다 / 더 적다

• 세 가지 그릇을 비교하기

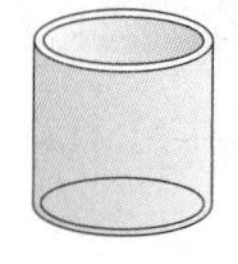

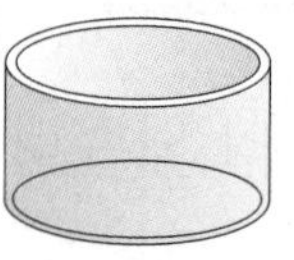

가장 적다 / 가장 많다

• 2개의 그릇에 담을 수 있는 양을 비교할 때에는 '더 많다', '더 적다'로 나타냅니다.
• 2개보다 많은 그릇에 담을 수 있는 양을 비교할 때는 '가장 많다', '가장 적다'로 나타냅니다.

담긴 양 비교하기

• 그릇의 모양과 크기가 같을 때

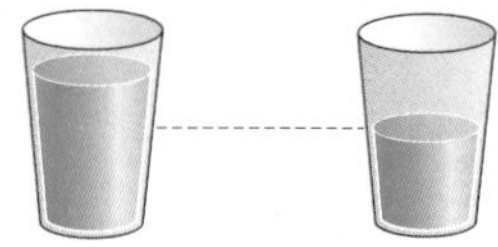

더 많다 / 더 적다

➡ 물의 높이가 높을수록 그릇에 담긴 양이 더 많습니다.

• 물의 높이가 같을 때

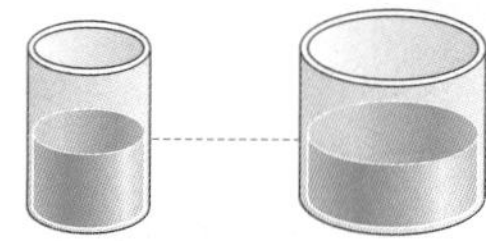

더 적다 / 더 많다

➡ 그릇의 크기가 클수록 담긴 양이 많습니다.

개념잡기

• 그릇의 모양과 크기가 같을 때에는 들어 있는 물의 높이를 비교합니다.
• 그릇의 크기가 다를 때에는 그릇의 크기를 비교합니다.

---

1 개념확인

담을 수 있는 양 비교하기

담을 수 있는 양이 가장 많은 것에 ○표, 가장 적은 것에 △표 하세요.

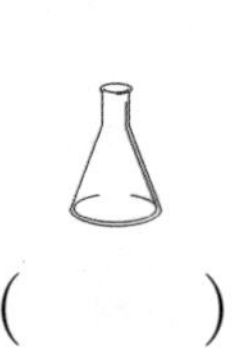

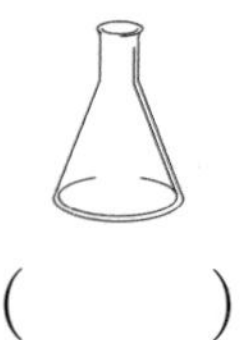

(　　) (　　) (　　)

2 개념확인

담긴 양 비교하기

담긴 우유의 양이 더 많은 것에 ○표 하세요.

(1)

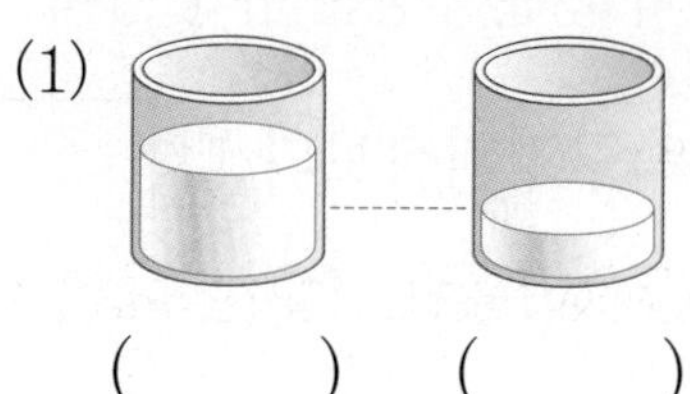

(　　) (　　)

(2)

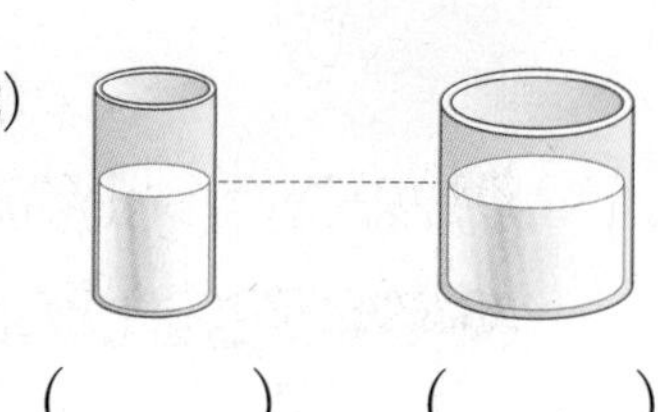

(　　) (　　)

기본 문제를 통해 교과서 개념을 다져요.

1 담긴 물의 양이 더 적은 것에 △표 하세요.

(1)

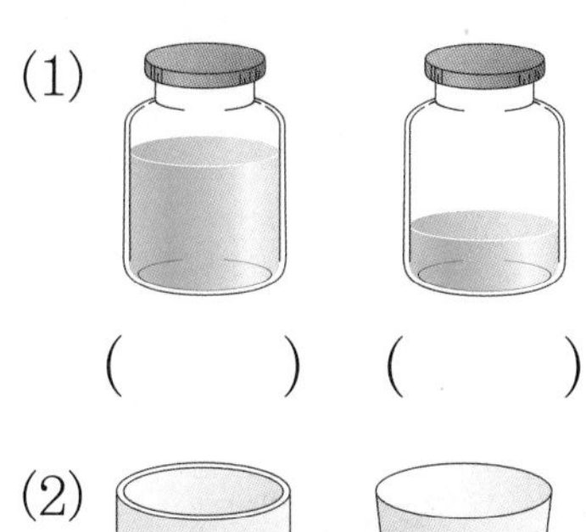

(　　) (　　)

(2)

(　　) (　　)

2 담을 수 있는 양이 더 많은 것에 ○표 하세요.

(1)

(　　) (　　)

(2)

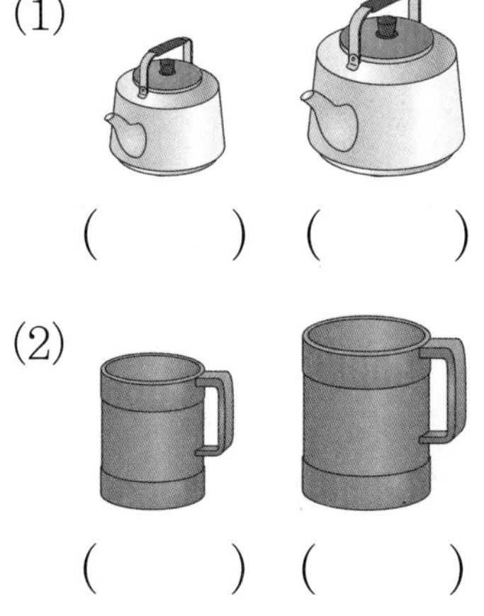

(　　) (　　)

3 모양과 크기가 서로 다른 두 컵이 있습니다. 담을 수 있는 양이 더 적은 것은 가 컵과 나 컵 중 어느 것인가요?

(　　　　)

중요

4 담긴 주스의 양이 가장 많은 것에 ○표, 가장 적은 것에 △표 하세요.

(　　) (　　) (　　)

5 왼쪽 냄비에 가득 담긴 물을 넘치지 않게 모두 옮겨 담을 수 있는 것을 찾아 기호를 쓰세요.

(　　　　)

유형 4 넓이 비교하기

- 두 물건의 넓이를 비교할 때에는 '더 넓다', '더 좁다'로 나타냅니다.
- 2개보다 많은 물건의 넓이를 비교할 때에는 '가장 넓다', '가장 좁다'로 나타냅니다.

대표유형

4-1 더 넓은 것에 ○표 하세요.

(1)

(　　) (　　)

(2)

(　　) (　　)

4-2 더 좁은 것에 △표 하세요.

(1)

(　　) (　　)

(2)

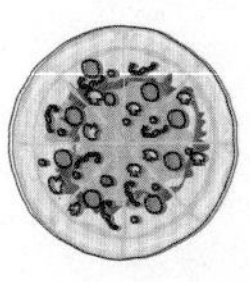

(　　) (　　)

4-3 더 넓은 것을 찾아 기호를 쓰세요.

㉠ 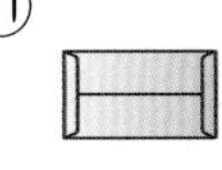

㉡ 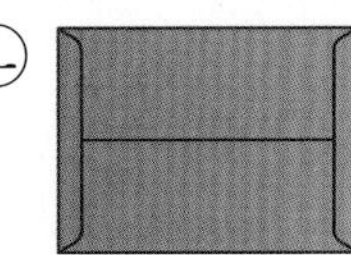

(　　　　　　)

4-4 보기 보다 더 넓은 것에 ○표 하세요.

보기

(　　) (　　)

4-5 보기 에서 알맞은 말을 찾아 □ 안에 써넣으세요.

보기

넓습니다　　많습니다

적습니다　　좁습니다

(1)

공책은 색종이보다 더 □.

(2)

액자는 달력보다 더 □.

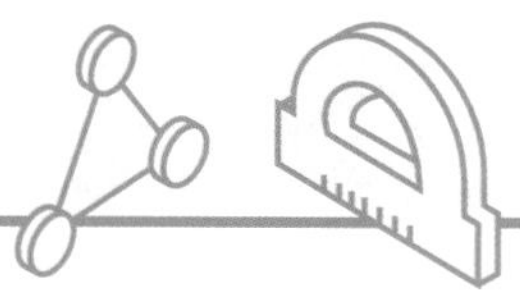

4-6 ㉮와 ㉯ 중에서 더 넓은 것은 어느 것인가요?

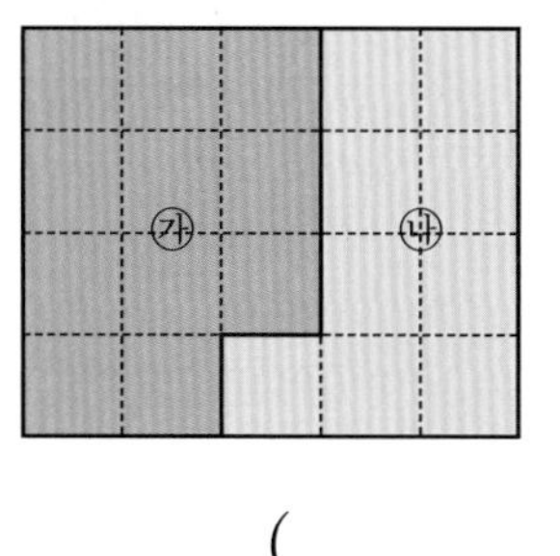

( )

4-7 그림을 보고 물음에 답하세요.

(1) 가장 넓은 것을 찾아 기호를 쓰세요.
( )

(2) 가장 좁은 것을 찾아 기호를 쓰세요.
( )

4-8 가장 넓은 칸에 ○표 하세요.

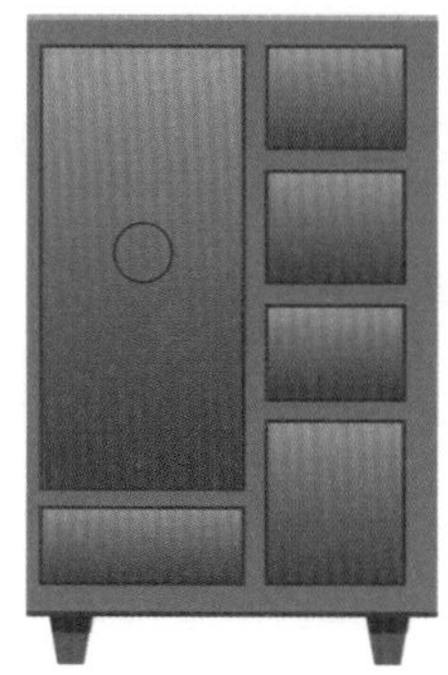

4-9 가장 넓은 것부터 순서대로 **1**, **2**, **3**을 쓰세요.

( ) ( ) ( )

유형 5 담을 수 있는 양 비교하기

- **2**개의 그릇에 담긴 양이나 담을 수 있는 양을 비교할 때는 '더 많다', '더 적다'로 나타냅니다.
- **2**개보다 많은 그릇에 담긴 양이나 담을 수 있는 양을 비교할 때는 '가장 많다', '가장 적다'로 나타냅니다.

대표유형

5-1 담을 수 있는 양이 더 많은 것에 ○표 하세요.

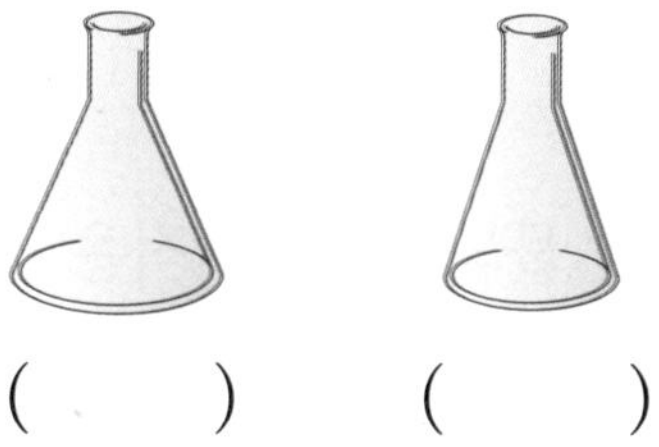

( ) ( )

5-2 담을 수 있는 양이 더 적은 것을 찾아 기호를 쓰세요.

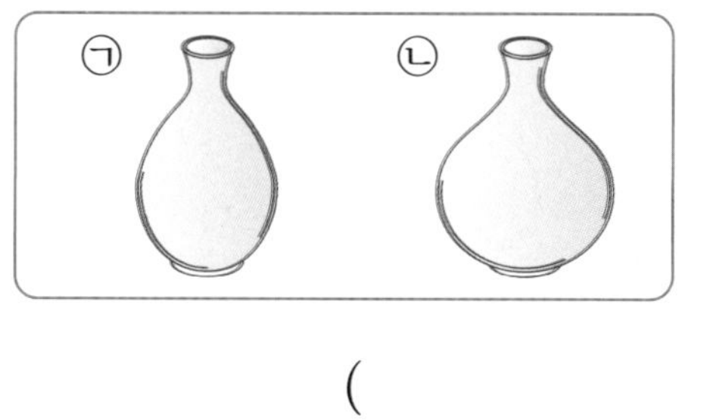

( )

5-3 담긴 양이 더 많은 것을 찾아 기호를 쓰세요.

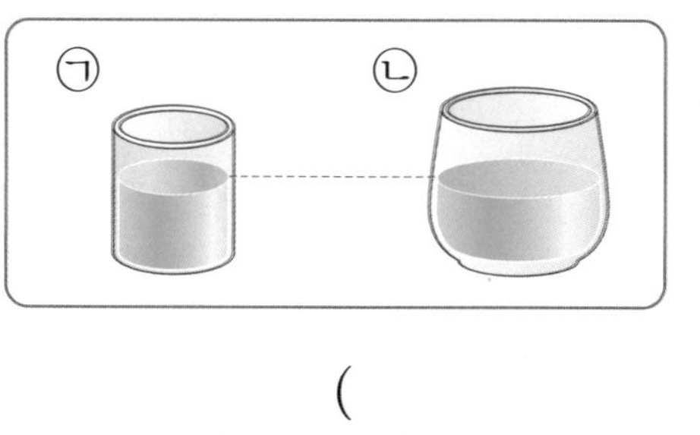

( )

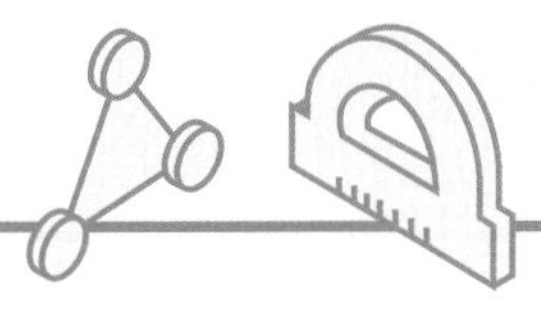

5-4 담긴 물의 양이 더 많은 것에 ○표 하세요.

(1) ( ) ( )

(2) ( ) ( )

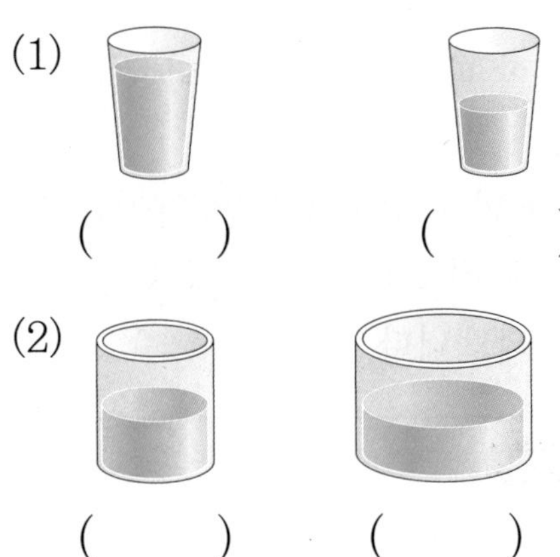

5-5 담긴 물의 양이 더 적은 것에 △표 하세요.

(1) ( ) ( )

(2) ( ) ( )

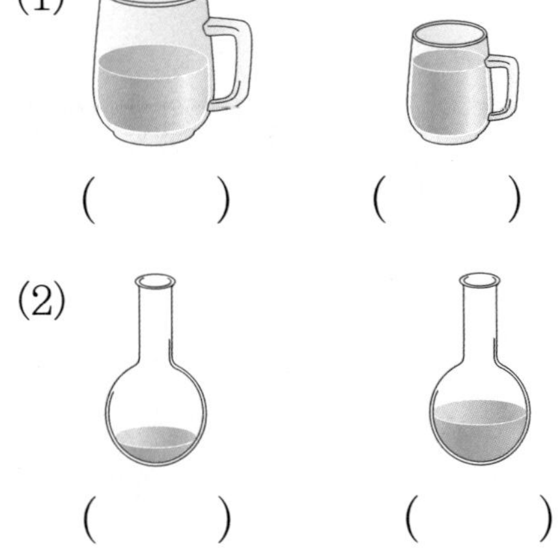

5-6 담긴 주스의 양이 가장 많은 것에 ○표 하세요.

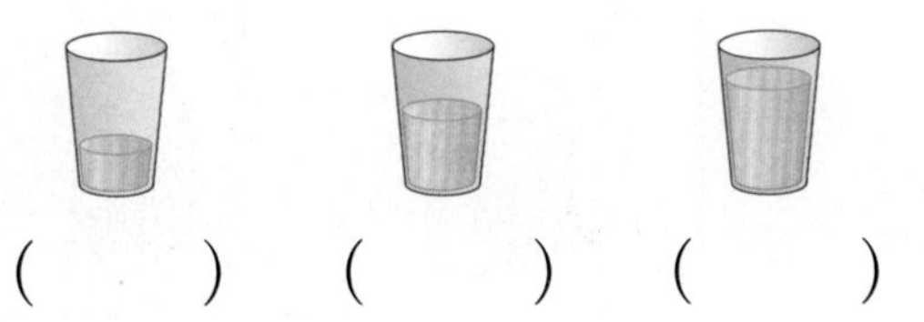

( ) ( ) ( )

5-7 담을 수 있는 양이 가장 많은 것에 ○표, 가장 적은 것에 △표 하세요.

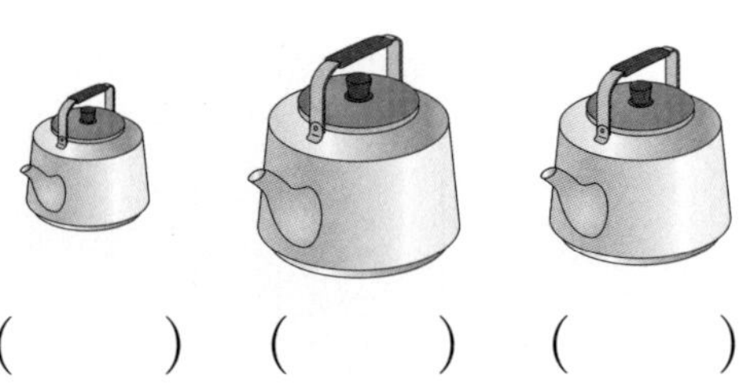

( ) ( ) ( )

5-8 담긴 물의 양이 가장 많은 것부터 순서대로 기호를 쓰세요.

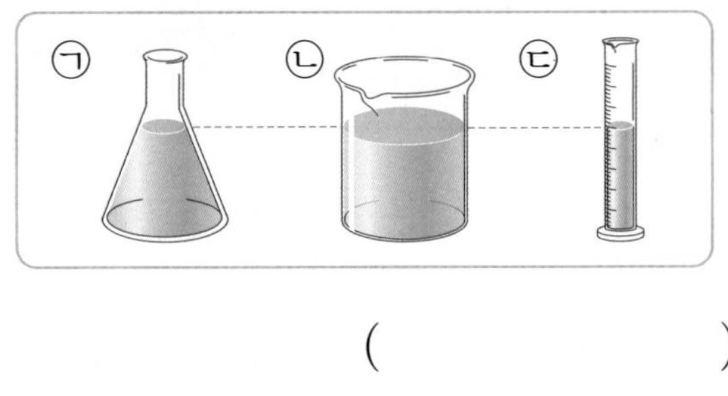

( )

5-9 크기와 모양이 다른 세 컵에 각각 물을 가득 담았습니다. 세 친구가 이야기하는 내용에 알맞은 컵을 찾아 이어 보세요.

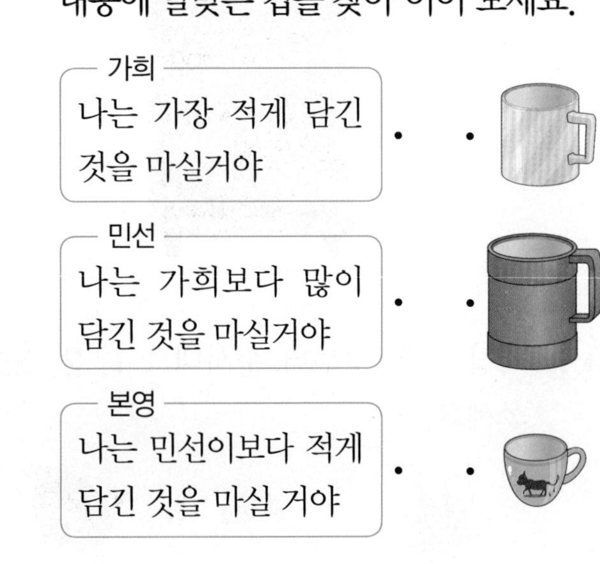

1 가장 높은 건물에 ○표, 가장 낮은 건물에 △표 하세요.

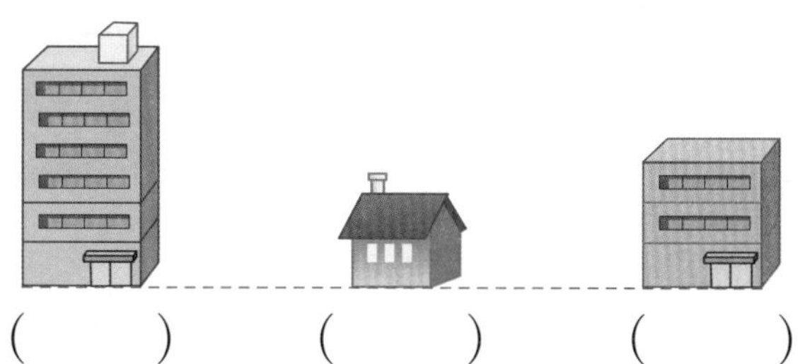

(　　) (　　) (　　)

다음은 필통 속에 있는 자, 연필, 볼펜, 칼, 크레파스, 지우개를 꺼내어 놓은 것입니다. 그림을 보고 물음에 답하세요. [2~3]

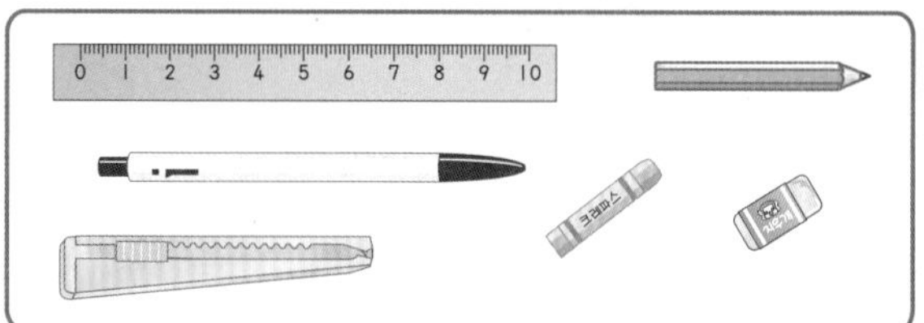

2 연필보다 더 긴 것을 모두 찾아 쓰세요.

(　　　　　　　　)

3 칼보다 더 짧은 것을 모두 찾아 쓰세요.

(　　　　　　　　)

4 사진을 보고 □ 안에 알맞은 이름을 써넣으세요.

영수 석기 웅이

(1) 영수는 키가 □ 보다 더 크고, □ 보다 더 작습니다.

(2) 세 사람 중 키가 가장 큰 사람은 □ 이고, 가장 작은 사람은 □ 입니다.

5 출발선에서 멀리뛰기를 했습니다. 가장 멀리 뛴 사람은 누구인가요?

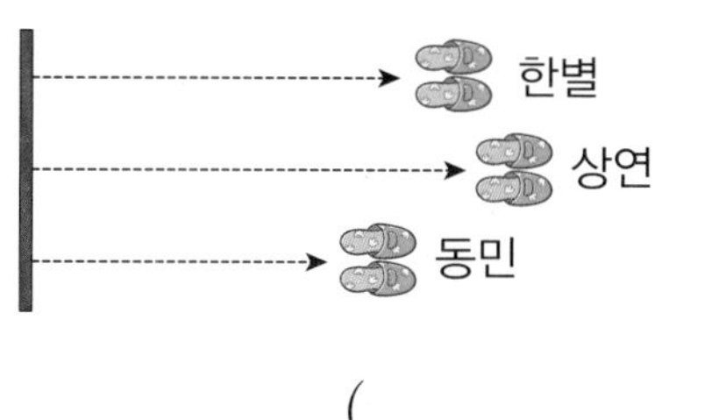

(　　　　　　)

6 연줄의 길이가 가장 짧은 동물을 쓰세요.

(　　　　　　)

7 키가 가장 큰 사람은 누구인가요?

(　　　　　　　)

👑 **숲 속에 코끼리, 토끼, 오리, 개구리, 사슴이 있습니다. 그림을 보고 물음에 답하세요.**

[8~9]

8 숲 속에 있는 동물 중 가장 무거운 동물의 이름을 쓰세요.

(　　　　　　　)

9 숲 속에 있는 동물 중 가장 가벼운 동물의 이름을 쓰세요.

(　　　　　　　)

10 가장 무거운 것에 ○표, 가장 가벼운 것에 △표 하세요.

(　　) (　　) (　　)

11 길이가 같은 고무줄에 물건을 매달았습니다. 가장 무거운 것부터 순서대로 쓰세요.

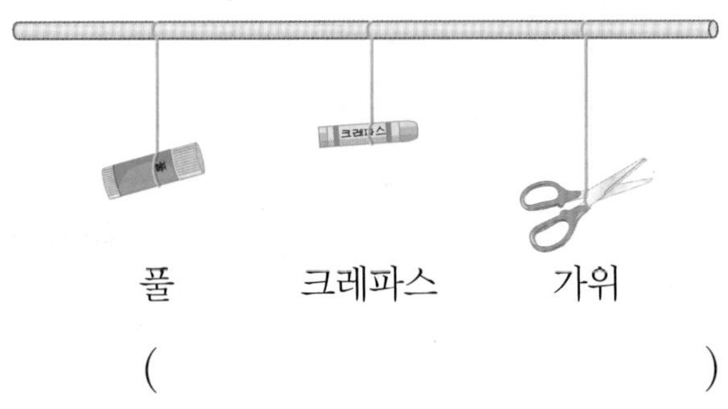

(　　　　　　　　　　)

12 양팔 저울로 참외, 귤, 토마토의 무게를 비교해 보았습니다. 가장 무거운 과일은 무엇인가요?

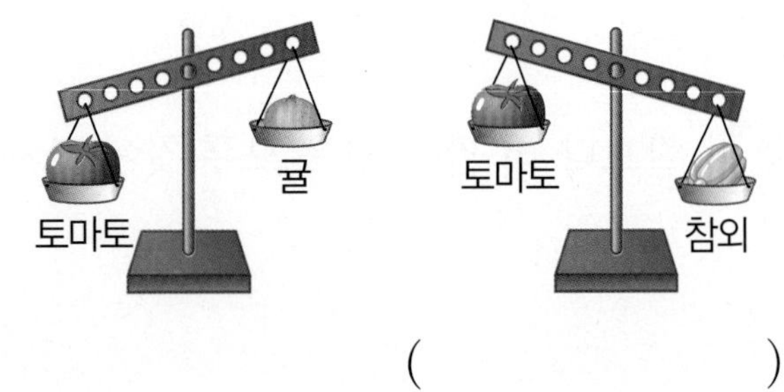

(　　　　　　　)

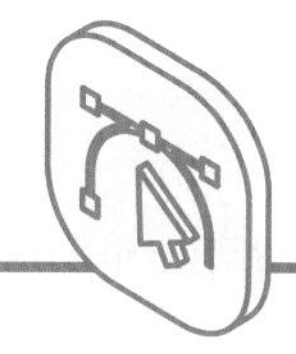

13 가영이는 예슬이보다 더 가볍고, 지혜는 예슬이보다 더 무겁습니다. 가영, 예슬, 지혜 중에서 가장 무거운 사람은 누구인가요?

( )

14 모양과 크기가 같은 세 병에 솜, 유리 구슬, 종이학을 가득 담았습니다. 무엇을 담은 병이 가장 무거운가요?

( )

15 1부터 9까지 순서대로 연결하여 두 부분으로 나누어 보고, 더 넓은 쪽을 색칠해 보세요.

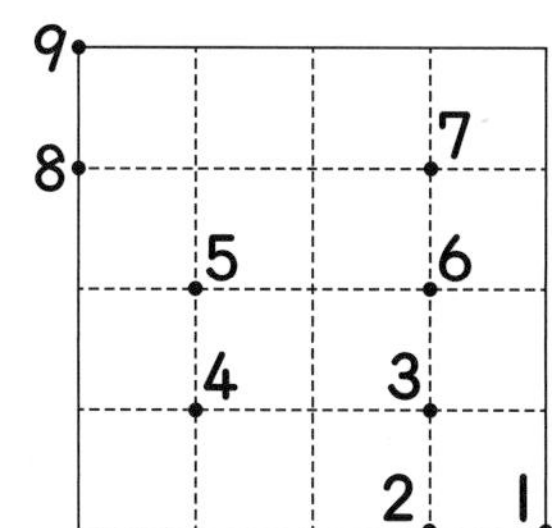

16 왼쪽보다 좁고 오른쪽보다는 넓은 모양을 빈칸에 그려 보세요.

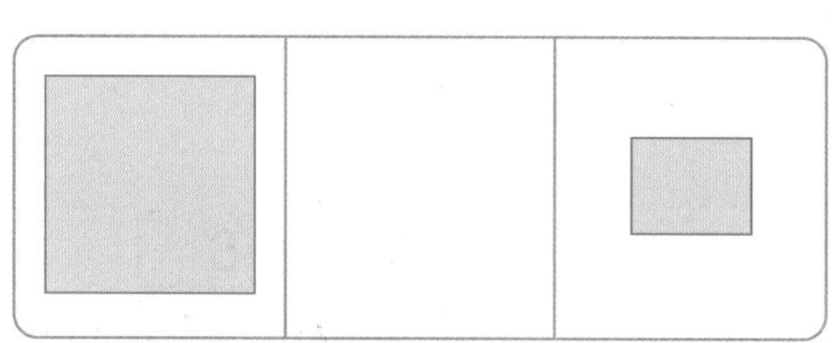

17 왼쪽의 사진을 자르거나 접지 않고 넣을 수 있는 액자를 찾아 ○표 하세요.

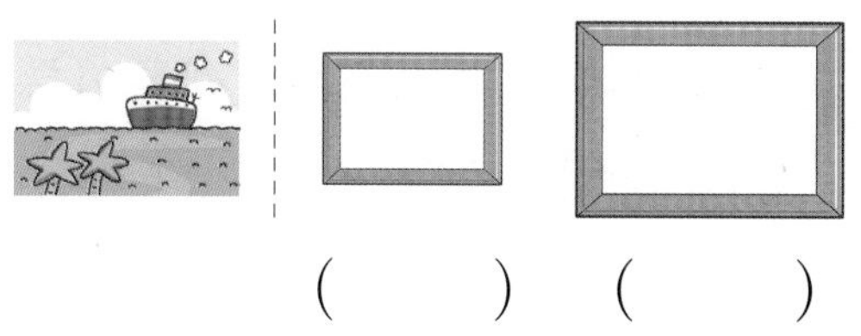

( ) ( )

18 가장 좁은 곳에 빨간색, 가장 넓은 곳에 파란색을 색칠해 보세요.

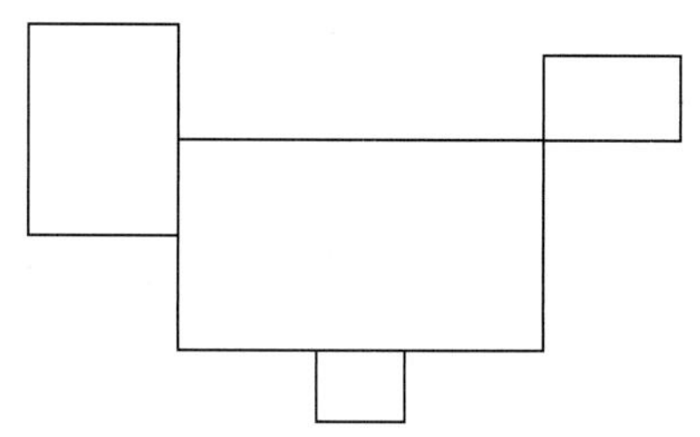

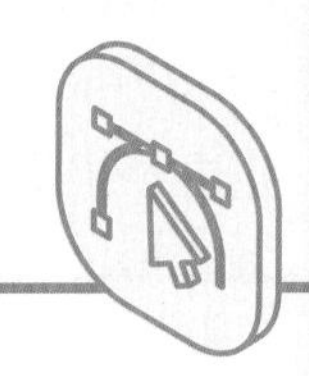

19 사방치기 놀이를 하여 동민이가 차지한 땅에는 빨간색, 가영이가 차지한 땅에는 노란색을 칠했습니다. 더 넓은 땅을 차지한 사람은 누구인가요?

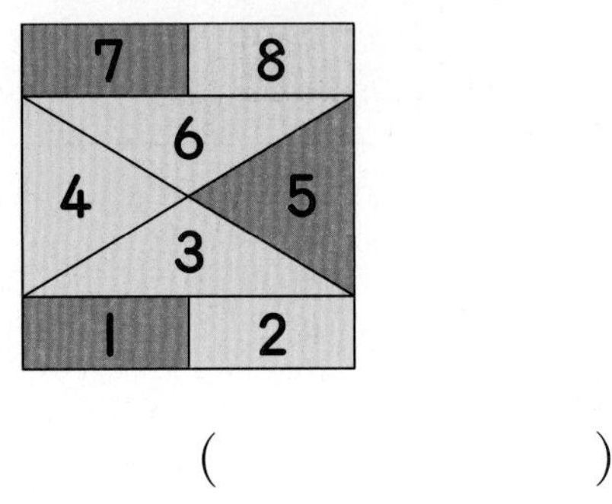

( )

20 도화지에 크기가 같은 색종이를 겹치지 않게 붙였습니다. 상연이가 **6**장, 지윤이는 **7**장, 효근이가 **5**장을 붙였다면 색종이를 붙인 넓이가 가장 넓은 사람은 누구인가요?

( )

21 담긴 물의 양이 가장 많은 컵부터 순서대로 기호를 쓰세요.

( )

22 물을 오른쪽 그릇보다 더 많이 담을 수 있는 것에 ○표 하세요.

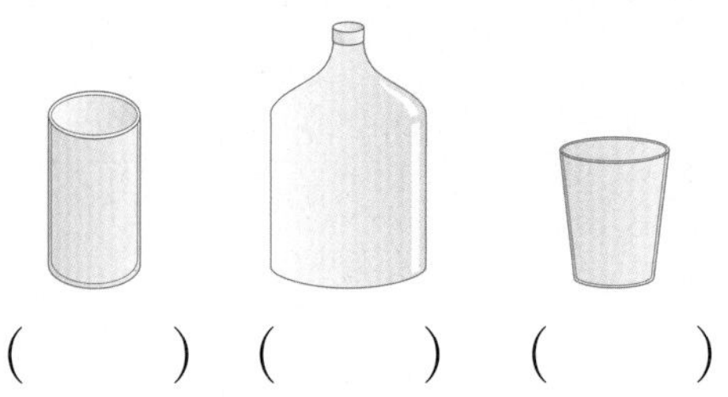

( ) ( ) ( )

23 한솔, 예슬, 지혜가 우유를 마셨습니다. 모양과 크기가 같은 세 컵에 같은 양의 우유가 담겨 있었고, 세 학생이 우유를 마신 후 남은 양이 다음과 같았습니다. 우유를 가장 많이 마신 학생은 누구인가요?

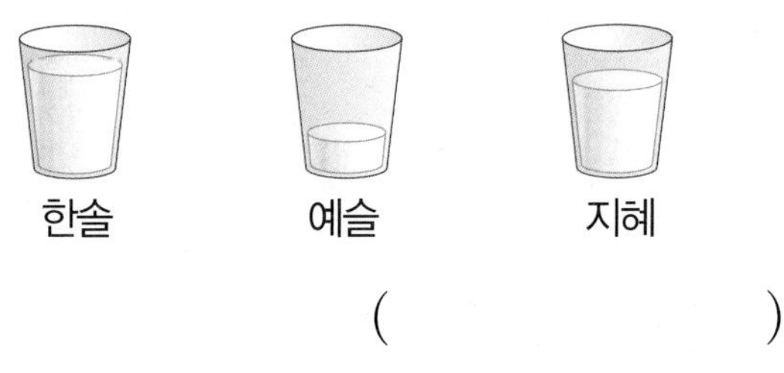

( )

24 ㉮, ㉯, ㉰ 세 항아리에 물을 가득 담았습니다. ㉮에는 ㉯보다 물을 더 적게 담았고, ㉯에는 ㉰보다 물을 더 많이 담았습니다. 또, ㉮에는 ㉰보다 물을 더 많이 담았습니다. 담을 수 있는 물의 양이 가장 적은 항아리는 어느 것인가요?

( )

서술 유형 익히기

주어진 풀이 과정을 함께 해결하면서
서술형 문제의 해결 방법을 익혀요.

유형 1

저울의 한쪽에 방울토마토를, 다른 한쪽에는 참외를 올려놓았습니다. 방울토마토가 참외보다 가벼울 때, 참외를 놓은 쪽은 ㉠과 ㉡ 중 어느 쪽인지 풀이 과정을 쓰고 답을 구하세요.

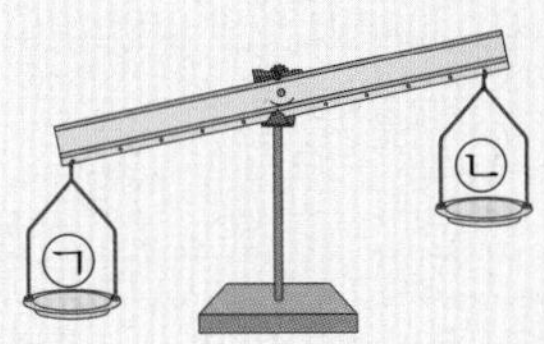

풀이 참외가 방울토마토보다 더 무거우므로 내려간 쪽에 □가 놓여 있습니다.

따라서 참외를 놓은 쪽은 □입니다.

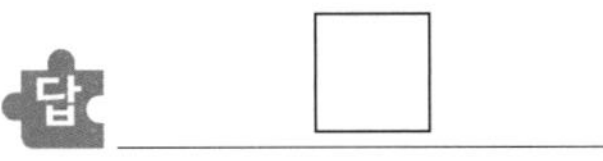

답 □

예제 1

저울의 한쪽에 멜론을, 다른 한쪽에는 복숭아를 올려놓았습니다. 멜론이 복숭아보다 무거울 때, 복숭아를 놓은 쪽은 ㉠과 ㉡ 중 어느 쪽인지 풀이 과정을 쓰고 답을 구하세요. [5점]

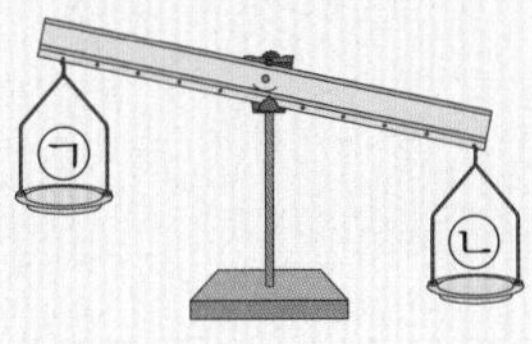

풀이

답

서술 유형 익히기

유형 2

예슬이와 한별이는 도화지를 똑같은 크기로 나누어 각각 다음과 같이 색칠하였습니다. 더 넓게 색칠한 사람은 누구인지 풀이 과정을 쓰고 답을 구하세요.

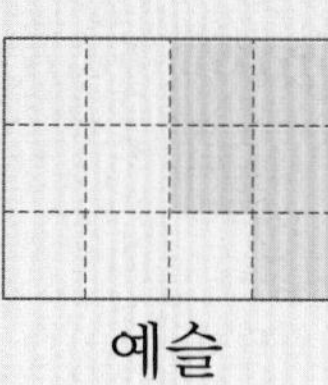
예슬

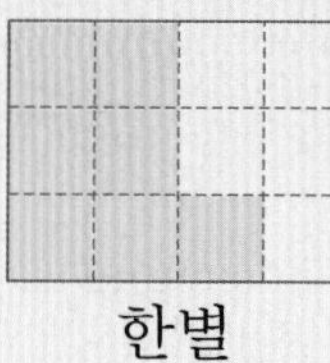
한별

풀이 예슬이는 □칸, 한별이는 □칸을 색칠하였습니다.

색칠한 칸이 더 많은 쪽이 더 넓게 색칠한 것이므로 더 넓게 색칠한 사람은 □이입니다.

답 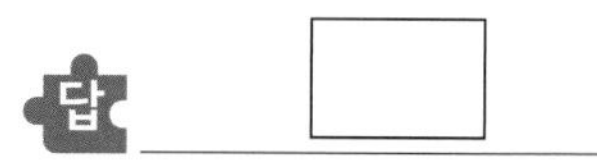

예제 2

가영이와 영수는 도화지를 똑같은 크기로 나누어 각각 다음과 같이 색칠하였습니다. 더 좁게 색칠한 사람은 누구인지 풀이 과정을 쓰고 답을 구하세요. [5점]

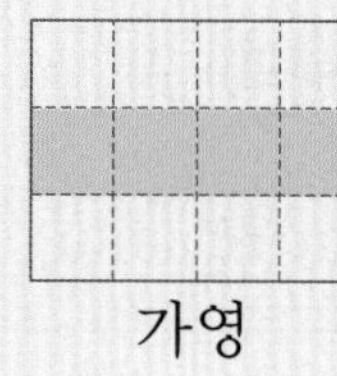
가영

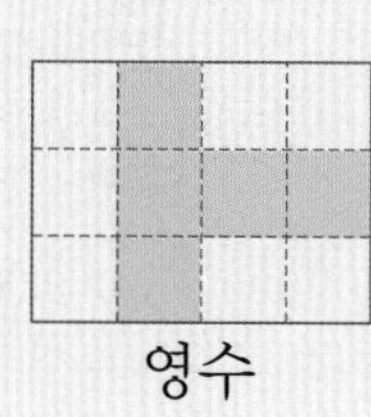
영수

풀이

답

영수와 지혜가 다음과 같은 방법으로 놀이를 합니다. 물음에 답하세요. [1~2]

놀이 방법

① 두 사람이 가위바위보를 합니다.
② 놀이판에 가위로 이기면 3칸, 바위로 이기면 2칸, 보로 이기면 1칸을 색칠합니다.
(단, 서로 비기는 경우는 색칠하지 않습니다.)
③ 가위바위보를 모두 5번 해서 색칠한 넓이가 더 넓은 사람이 이깁니다.

1 영수와 지혜가 가위바위보를 다음과 같이 5번을 했습니다. 위 놀이판에 놀이 방법에 알맞게 색칠하세요.

	1회	2회	3회	4회	5회
영수	바위	보	바위	가위	가위
지혜	가위	가위	가위	보	바위

2 영수와 지혜 중 놀이에서 이긴 사람은 누구인가요?

( )

4단원 단원 평가

1 더 긴 것에 ○표 하세요.

 (　　)

(　　)

2 더 낮은 것에 △표 하세요.

3점

(　　) (　　)

3 키가 더 큰 사람에 ○표 하세요.

3점

(　　) (　　)

4 가장 짧은 쪽에 △표 하세요.

4점

(　　)

(　　)

(　　)

그림을 보고 물음에 답하세요. [5~6]

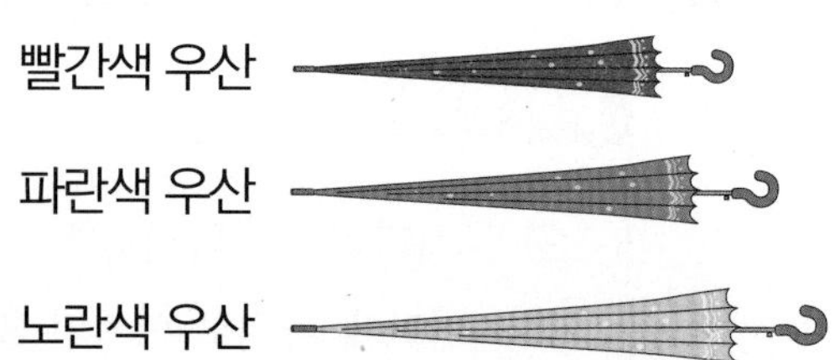

5 가장 긴 우산은 무슨 색인가요?

4점

(　　　　　)

6 가장 짧은 우산은 무슨 색인가요?

4점

(　　　　　)

7 가장 높은 쪽에 ○표 하세요.

4점

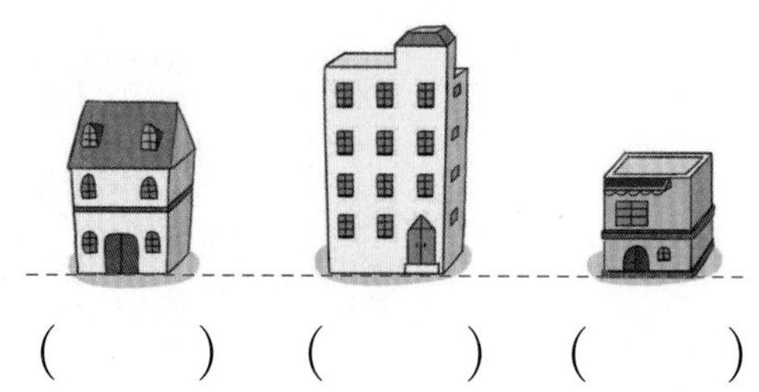

(　　) (　　) (　　)

8 키가 가장 큰 동물부터 순서대로 1, 2, 3을 쓰세요.

4점

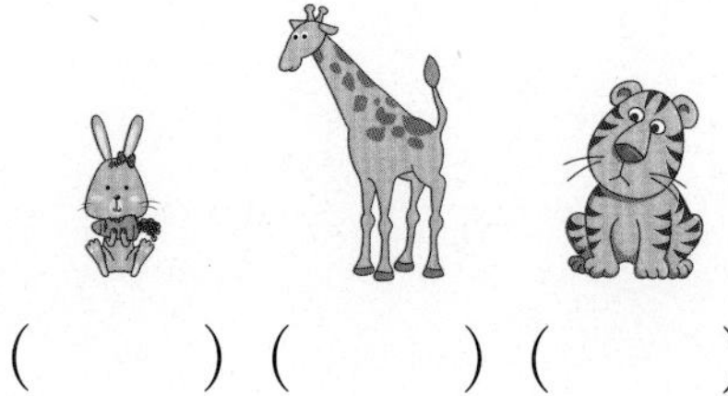

(　　) (　　) (　　)

9 가위보다 더 긴 것을 모두 찾아 기호를 쓰세요. (4점)

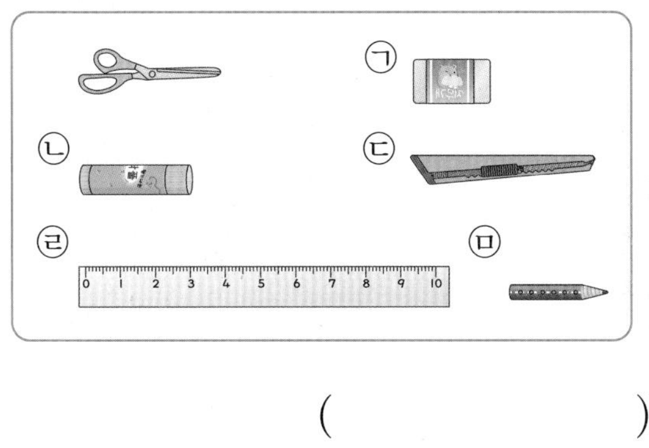

(　　　　　　)

10 키가 가장 큰 사람의 이름을 쓰세요. (4점)

- 동민이는 예슬이보다 키가 더 작습니다.
- 영수는 예슬이보다 키가 더 큽니다.

(　　　　　　)

11 그림을 보고 알맞은 말에 ○표 하세요. (4점)

전화기는 냉장고보다 더 (무겁습니다, 가볍습니다).

12 그림을 보고 ㉮에 있는 쌓기나무 모양을 모두 찾아 ○표 하세요. (4점)

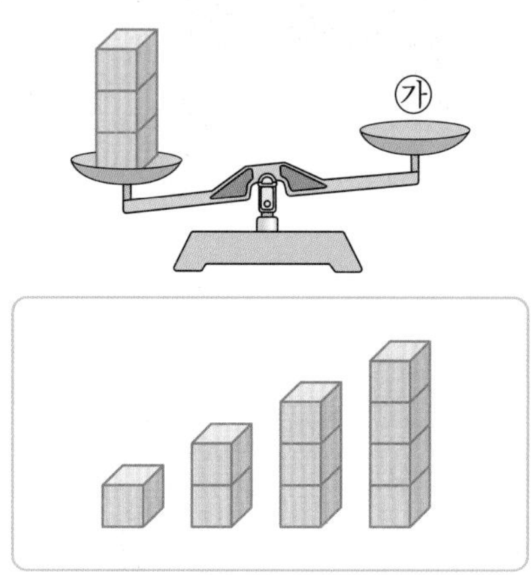

13 더 무거운 사람의 이름을 쓰세요. (4점)

(　　　　　　)

14 가장 무거운 동물에 ○표, 가장 가벼운 동물에 △표 하세요. (4점)

(　　) (　　) (　　)

15 더 넓은 것에 ○표 하세요. (4점)

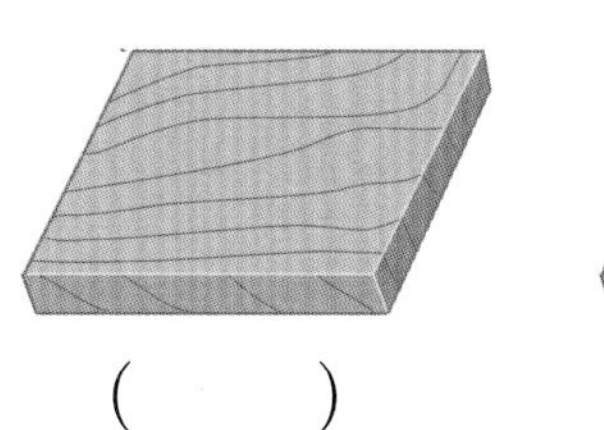
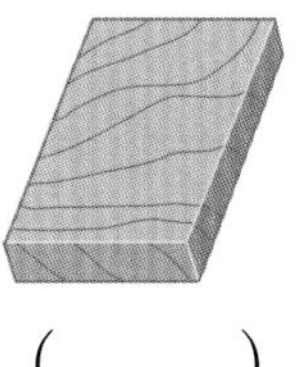

(　　) (　　)

16 더 좁은 것에 △표 하세요.
4점

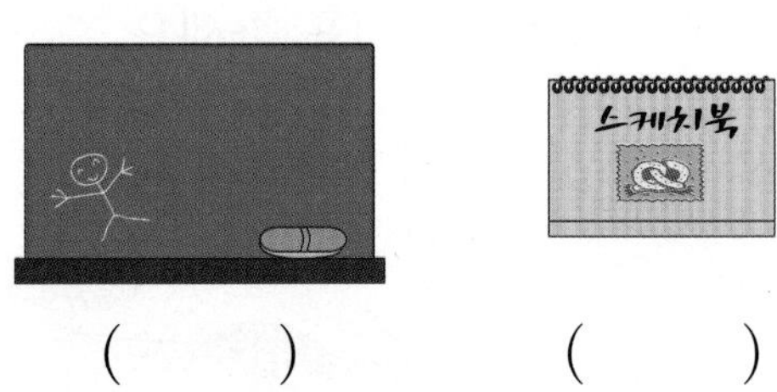

(　　)　　(　　)

17 ㉮와 ㉯ 중에서 더 넓은 쪽은 어느 것인가요?
4점

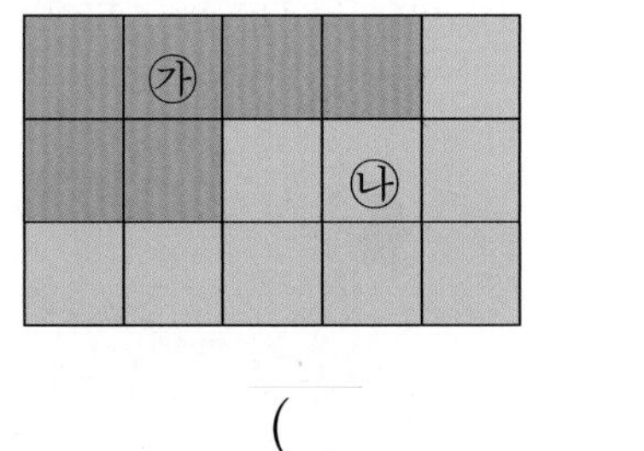

(　　　　)

18 가장 좁은 것을 찾아 기호를 쓰세요.
4점

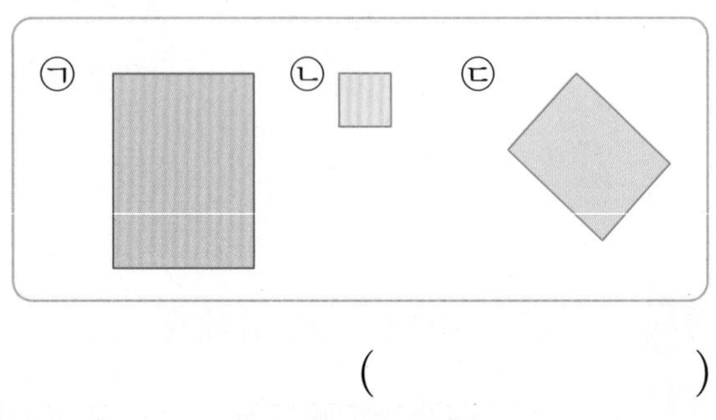

(　　　　)

19 칠교놀이에 쓰이는 조각들을 모아 만든 모양입니다. 가장 넓은 조각과 가장 좁은 조각을 모두 찾아 기호를 써보세요.
4점

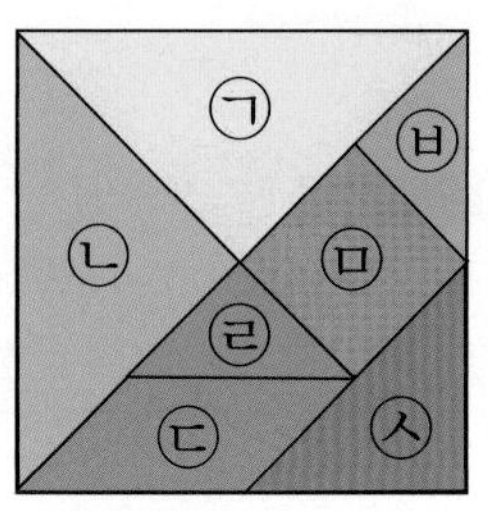

가장 넓은 조각 (　　　　)
가장 좁은 조각 (　　　　)

20 음료수가 가장 적게 담긴 것부터 순서대로 기호를 쓰세요.
4점

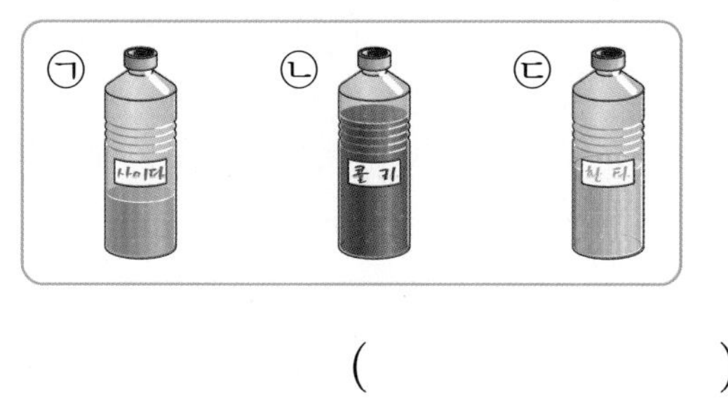

(　　　　)

21 물을 가장 많이 담을 수 있는 컵을 찾아 기호를 쓰세요.
4점

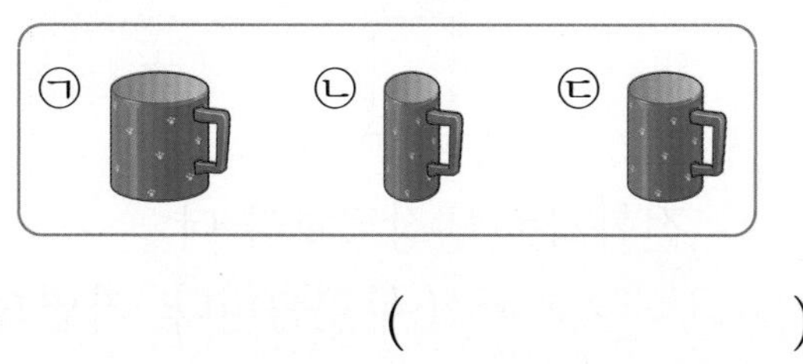

(　　　　)

서술형

22 ④점 가영이는 지혜보다 키가 더 크고, 예슬이는 지혜보다 키가 더 작습니다. 세 사람 중 키가 제일 작은 사람은 누구인지 풀이 과정을 쓰고 답을 구하세요.

풀이

답

23 ⑤점 가영이는 모양과 크기가 다른 세 컵 중 하나를 골라 우유를 가득 따라 마시려고 합니다. 우유를 가장 많이 마시려면 어느 컵에 따라야 하는지 풀이 과정을 쓰고 답을 구하세요.

풀이

답

24 ⑤점 가장 가벼운 동물은 무엇인지 풀이 과정을 쓰고 답을 구하세요.

풀이

답

25 ⑤점 작은 네모 한 칸의 크기가 모두 같은 밭에 배추, 무, 고추를 심었습니다. 전체 밭 중에서 가장 넓은 부분에 심은 것은 무엇인지 풀이 과정을 쓰고 답을 구하세요.

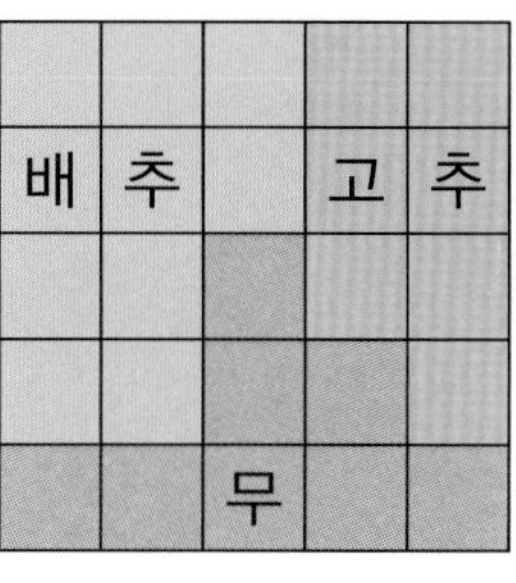

풀이

답

탐구 수학

동민, 예슬, 석기가 각각 쌓기나무 10개씩 사용하여 다음과 같이 탑을 쌓았습니다. 누가 탑을 가장 높게 쌓았는지 알아보세요. [1~4]

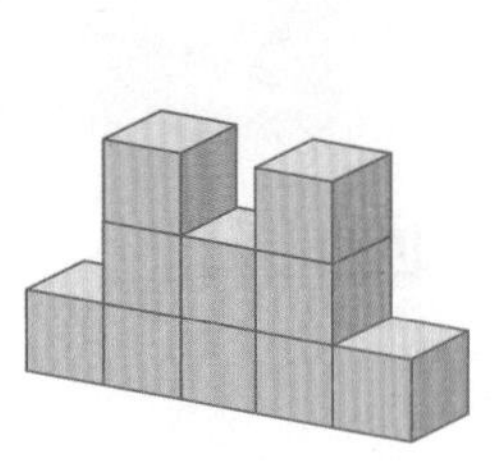

동민

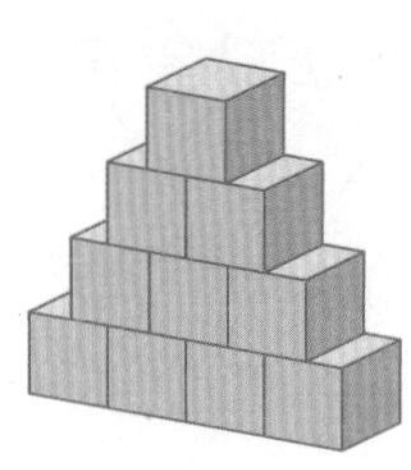

예슬

석기

1. 동민이가 쌓은 탑은 몇 층인가요?

( )층

2. 예슬이가 쌓은 탑은 몇 층인가요?

( )층

3. 석기가 쌓은 탑은 몇 층인가요?

( )층

4. 탑을 가장 높게 쌓은 사람은 누구인가요?

( )

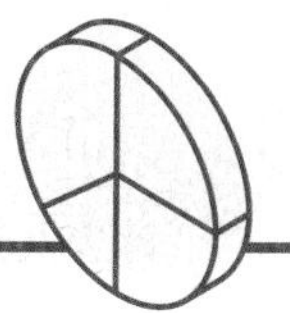

어떻게 알아볼까?

냐옹이네 식구들이 소풍을 가려고 해요. 날이 더워서 물을 많이 먹을 것 같아서 큰 물통에 물을 가득 담아 가기로 했어요. 집에 있는 물통을 모두 꺼내 보았더니 모양이 다 달라서 도무지 어떤 것이 제일 큰 물통인지 알 수가 없어요.

둘째 냥이는 얼른 물통 3개에 물을 가득 담았어요. 그리고는 쭈르르 쏟아 보았지요. 쏟아진 물은 어느새 풀밭으로 다 스며들어 보이질 않았어요. 그 모습을 보고 있던 첫째 냥이가 혀를 끌끌 차면서 다시 3개의 물통에 물을 가득 담았어요. 그러고나서 어느 것이 더 무거운가 들어 보았어요. 하나씩 들어보더니 알 수가 없는지 양팔에 한 개씩을 들고 들어봐요. 여전히 모르겠는지 슬그머니 뒤로 물러섰어요. 막내 냥이는 두 언니가 하는 것을 지켜보더니

"내가 마셔 볼게. 어느 물통의 물이 제일 배가 부른지 마셔보면 알거야."

하더니만 벌컥벌컥 물을 마셔요. 그런데 한 통도 다 못 마시고는 컬럭컬럭 기침을 해요.

"어휴, 넌 뭐든지 먹으면서 해결하려고 하더라."

언니들이 콩콩 머리를 쥐어박았어요. 안 그래도 물을 많이 마셔 정신이 없는데 머리까지 쥐어박힌 막내 냥이는 아빠 냥이에게 쪼르르 달려갔어요.

딸들이 하는 모습을 지켜보던 엄마 냥이는 막내가 먹어서 비어 있는 통에 다른 통의 물을 쏟아 부었어요. 그랬더니 물이 조금 남았어요.

"그럼 이 통에 물이 더 들어간다는 거지?"

둘째 냥이는 얼른 작은 통을 치웠어요. 조금 남은 물을 바닥에 버린 엄마 냥이는 그 통에다 옆에 있던 통의 물을 콸콸콸 부었지요. 그랬더니 그 통의 물이 가득 차고 콸콸콸 물이 흘러내렸어요.

이것을 본 엄마 냥이는 소풍갈 때 가져갈 물통으로 어느 것을 선택해야 할지 알게 되었어요.

엄마 냥이가 가장 큰 물통을 찾아내는 방법을 보고 있던 냥이네 자매들은 점심을 먹고 난 그릇들을 갖고 놀아요.

어느 그릇에 밥이 제일 많이 담길까? 이 그릇 저 그릇에 모래를 담았다, 부었다, 쏟았다, 담았다, 법석을 떨어요.

"엄마, 우리 중에 누가 제일 무거울까요?"

"그야 업어보면 알겠지."

"그럼 나부터 업어보세요."

날름 엄마 냥이 등에 업힌 막내 냥이가 혀를 쏘옥 내밀었어요. 엄마 등에 업히고 싶어서 꾀를 낸 건데 엄마도 언니들도 모두 속았잖아요. 하지만 엄마는 다른 언니들을 업어보고 비교하겠다는 말을 안 하는 걸 보니 막내의 속마음을 알고 있었나 봐요.

냐옹이네 식구가 소풍을 갈 때 가져갈 물통으로 어느 색깔의 물통을 선택하였는지 말해 보세요.

단원 5

50까지의 수

이번에 배울 내용

1. 10 알아보기
2. 십몇 알아보기
3. 십몇 모으기와 가르기
4. 몇십 알아보기
5. 50까지의 수를 세어 보기
6. 수의 순서 알아보기
7. 수의 크기 비교하기

이전에 배운 내용

- 9까지의 수
- 9까지의 수의 순서

다음에 배울 내용

- 100까지의 수
- 100까지의 수의 순서

1. 10 알아보기

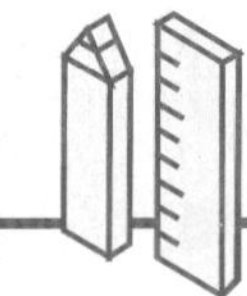

교과서 개념을 이해하고 확인 문제를 통해 익혀요.

10 알아보기

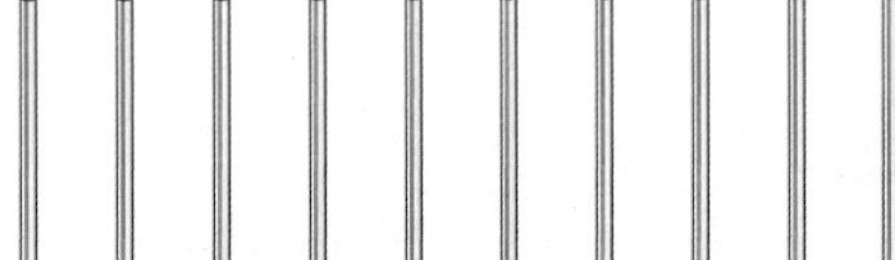

9보다 1만큼 더 큰 수를 10이라고 합니다.
10은 십 또는 열이라고 읽습니다.

10 모으기와 가르기

〈10 모으기〉

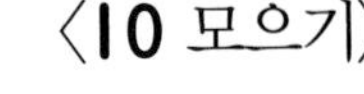

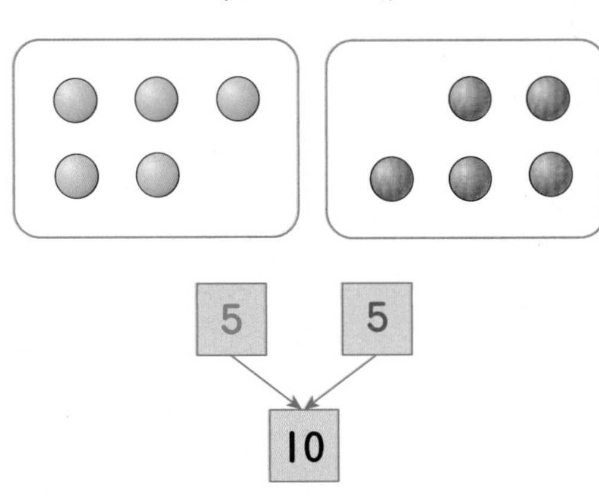

〈10 가르기〉

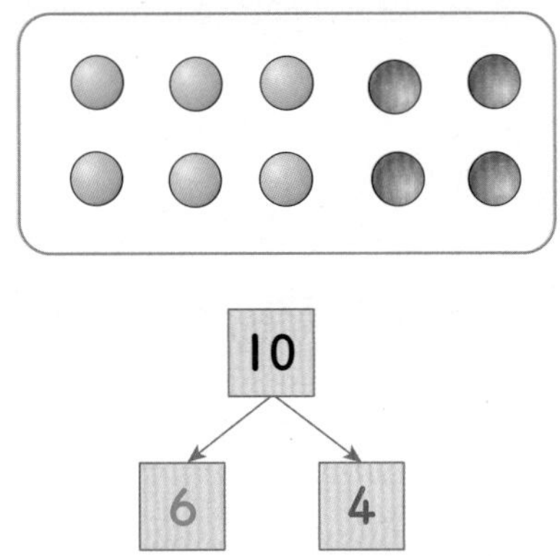

개념잡기

- 10을 두 수로 가르기 하면 (9, 1), (8, 2), (7, 3), (6, 4), (5, 5), (4, 6), (3, 7), (2, 8), (1, 9)로 가르기를 할 수 있습니다.
- 10을 알맞게 읽기 : 10일(십일), 10시간(열시간), 10분(십분), 10층(십층), 10살(열살), 10개(열개)

---

1 개념확인

10 알아보기

그림을 보고 □ 안에 알맞은 수나 말을 써넣으세요.

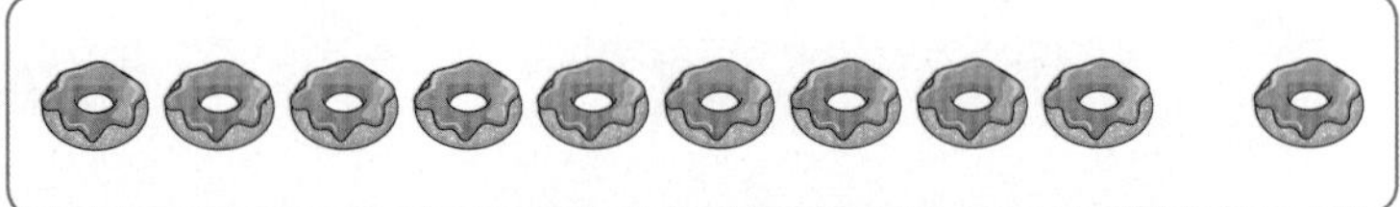

9보다 1만큼 더 큰 수를 □이라고 합니다.

10은 □ 또는 □이라고 읽습니다.

2 개념확인

10 모으기와 가르기

그림을 보고 모으기를 하여 빈칸에 알맞은 수를 써넣으세요.

기본 문제를 통해 교과서 개념을 다져요.

1 세어 보고 □ 안에 알맞은 수를 써 보세요.

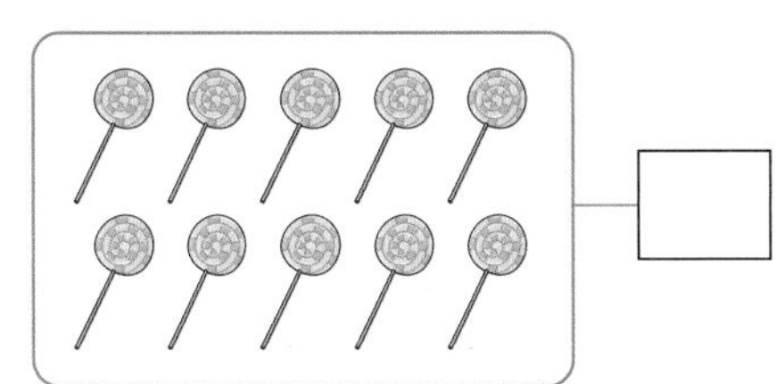

2 그림을 보고 □ 안에 알맞은 수를 써넣으세요.

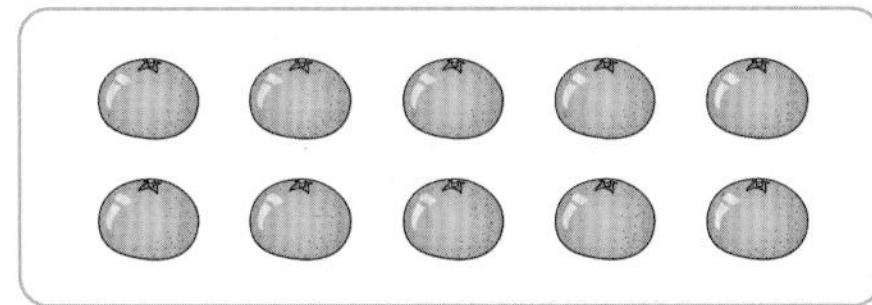

10은 8보다 □ 만큼 더 큽니다.

3 10이 되도록 ○를 그리고, □ 안에 알맞은 수를 써넣으세요.

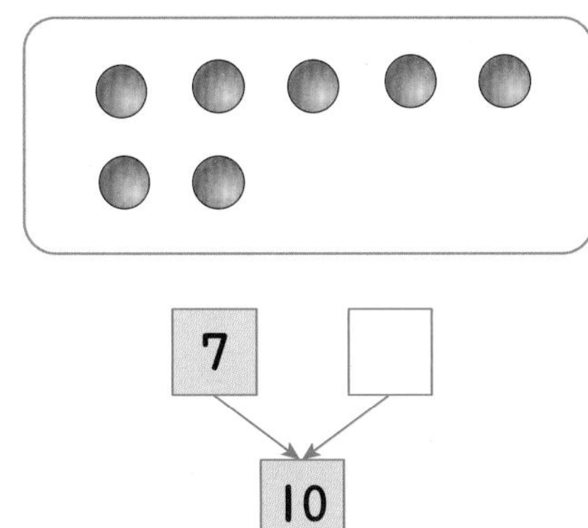

7과 □ 을 모으면 10이 됩니다.

4 수를 세어 쓰고 2가지 방법으로 읽어 보세요.

쓰기 ____________

읽기 ____________, ____________

5 모으기와 가르기를 하여 빈칸에 알맞은 수를 써넣으세요.

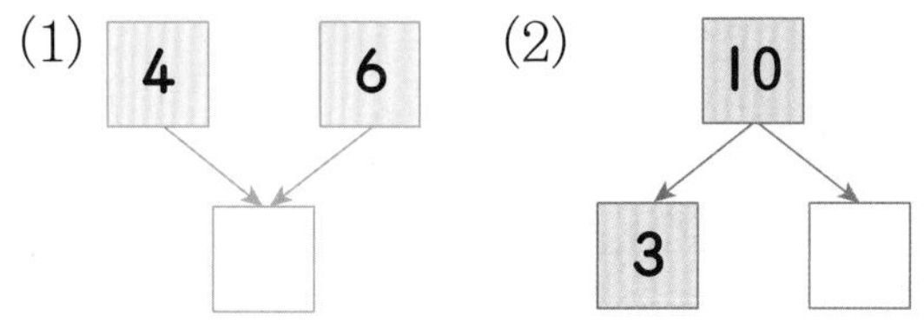

6 밑줄 친 10을 알맞게 읽은 것에 ○표 하세요.

(1) 사과를 10개 먹었습니다.
➡ (십, 열)개

(2) 우리집은 10층에 있어.
➡ (십, 열)층

(3) 잠을 10시간 잤어요.
➡ (십, 열)시간

(4) 석기는 10분 지각했어요.
➡ (십, 열)분

단원 5

2. 십몇 알아보기

교과서 개념을 이해하고 확인 문제를 통해 익혀요.

십몇 알아보기

10개씩 묶음 1개와 낱개 2개를 12라고 합니다.
(10개씩 묶음의 수 / 낱개의 수)

12는 십이 또는 열둘이라고 읽습니다.
(수는 두 가지 방법으로 읽을 수 있습니다.)

11부터 19까지의 수의 크기 비교하기

17	★★★★★ ★★★★★	★★★★★ ★★
15	●●●●● ●●●●●	●●●●●

- ★은 ●보다 많습니다.
  ➡ 17은 15보다 큽니다.
- ●은 ★보다 적습니다.
  ➡ 15는 17보다 작습니다.

개념잡기

10 십, 열	11 십일, 열하나	12 십이, 열둘	13 십삼, 열셋	14 십사, 열넷
15 십오, 열다섯	16 십육, 열여섯	17 십칠, 열일곱	18 십팔, 열여덟	19 십구, 열아홉

주의 10을 '일십'으로 읽지 않도록 합니다.

1 개념확인 십몇 알아보기

그림을 보고 □ 안에 알맞은 수나 말을 써넣으세요.

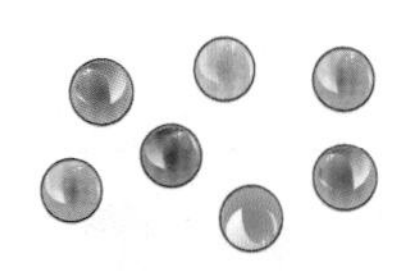

10개씩 묶음 1개와 낱개 □ 개를 □ 이라고 합니다.

17은 □ 또는 □ 이라고 읽습니다.

2 개념확인 십몇 알아보기

그림을 보고 □ 안에 알맞은 수를 쓰고, 더 큰 수에 ○표 하세요.

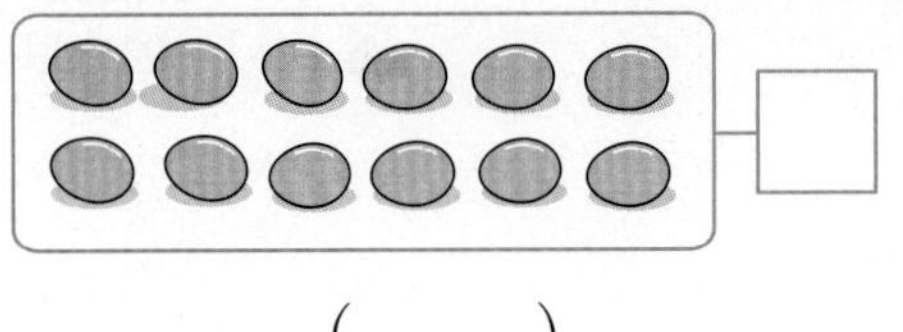
□
(　　)

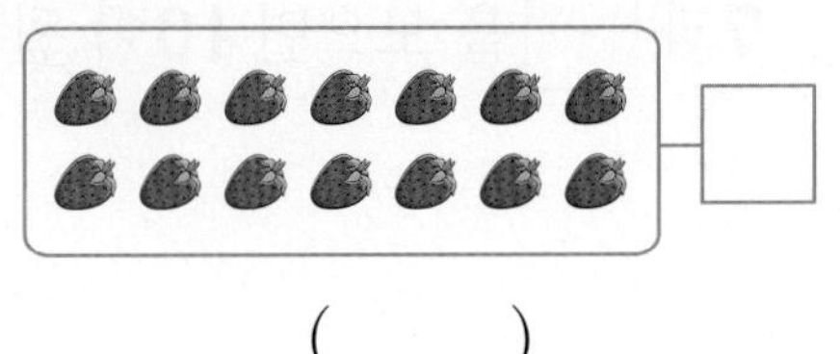
□
(　　)

2단계 핵심 쏙쏙

기본 문제를 통해 교과서 개념을 다져요.

1 그림을 보고 알맞은 수에 ○표 하세요.

(1)

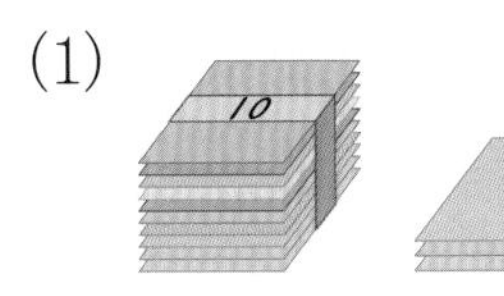

(11, 12, 13)

(2)

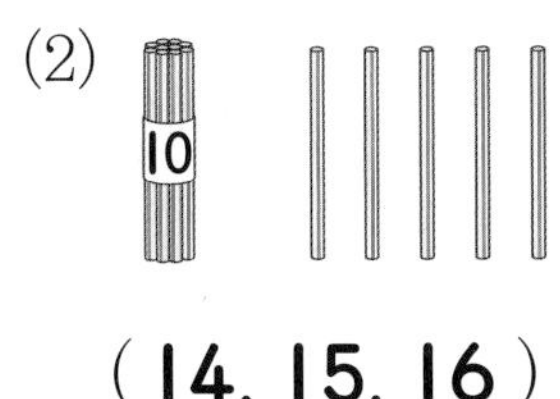

(14, 15, 16)

2 관계있는 것끼리 선으로 이어 보세요.

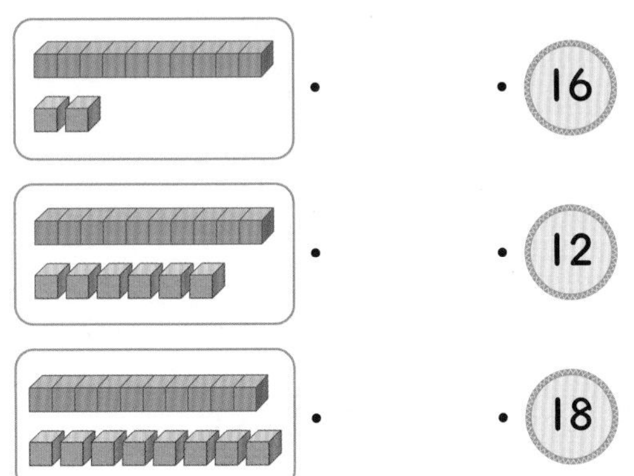

3 사과의 수를 세어 숫자로 쓰고 읽어 보세요.

	십삼

4 □ 안에 알맞은 수를 써넣고, 관계있는 것끼리 이어 보세요.

5 그림을 보고 알맞은 말에 ○표 하세요.

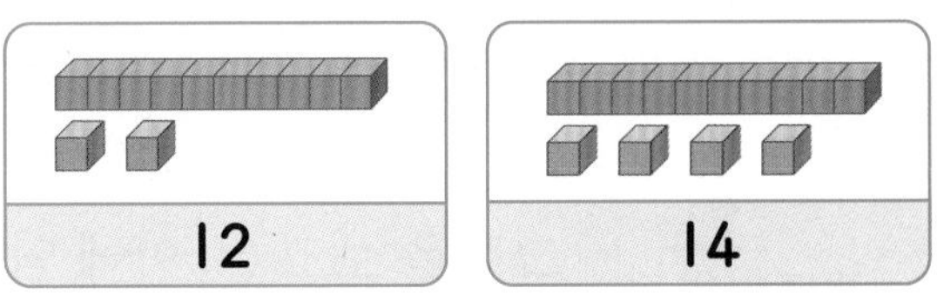

12는 14보다 (큽니다, 작습니다).

6 □ 안에 알맞은 수를 써넣고, 크기를 비교하여 알맞은 말에 ○표 하세요.

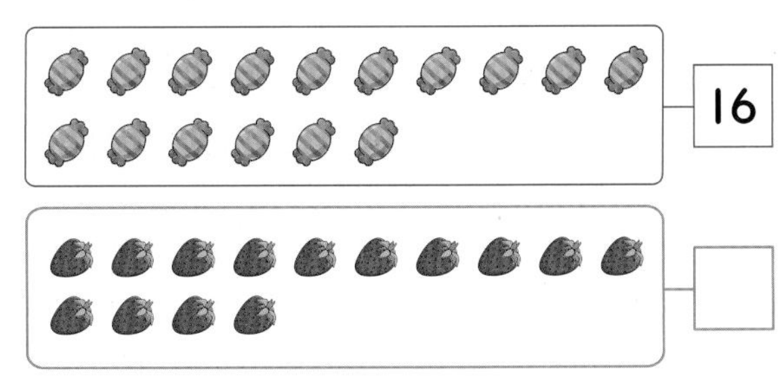

16은 □ 보다 (큽니다, 작습니다).

단원 5

3. 십몇 모으기와 가르기

교과서 개념을 이해하고 확인 문제를 통해 익혀요.

19까지의 수 모으기

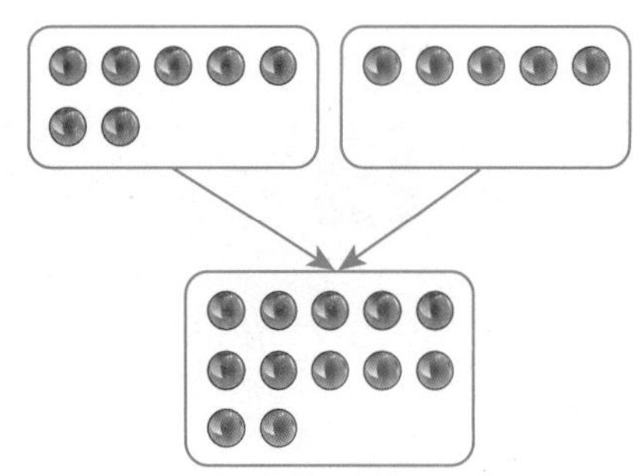

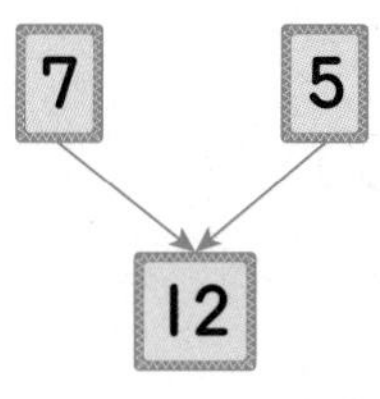

19까지의 수 가르기

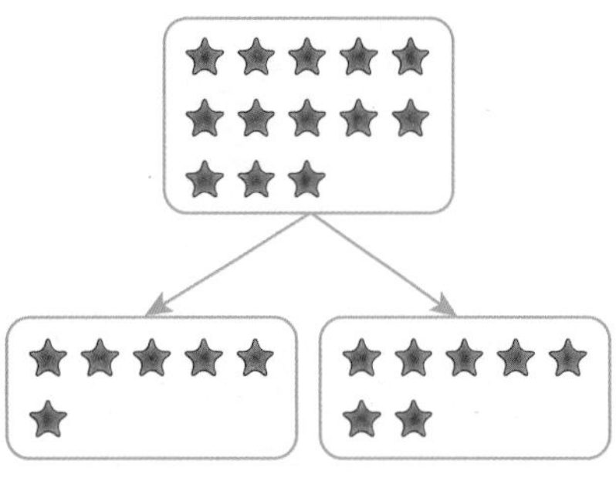

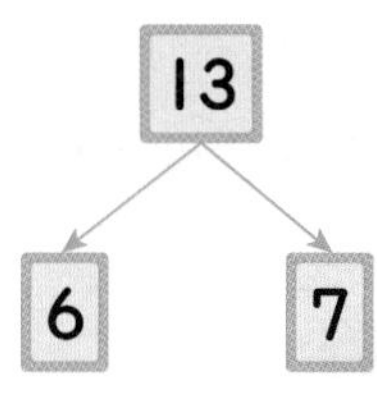

1 개념확인

19까지의 수 모으기

그림을 보고 ○ 안에 알맞은 수를 써넣으세요.

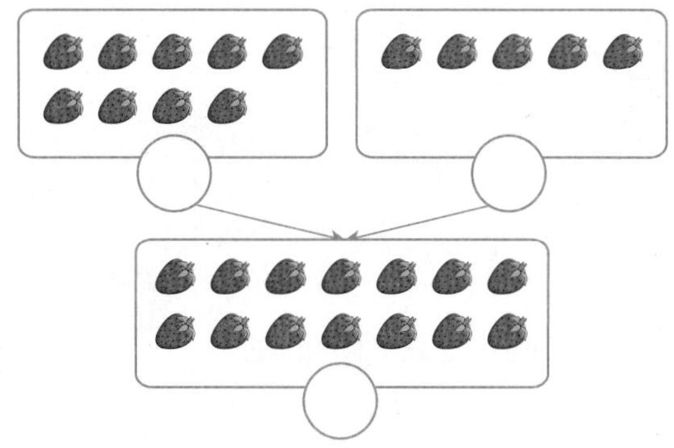

2 개념확인

19까지의 수 가르기

그림을 보고 ○ 안에 알맞은 수를 써넣으세요.

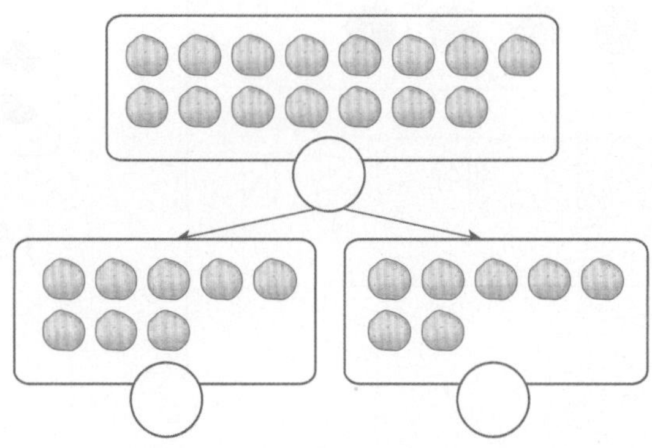

2단계 핵심 쏙쏙

기본 문제를 통해 교과서 개념을 다져요.

1 빈칸에 알맞은 수를 써넣으세요.

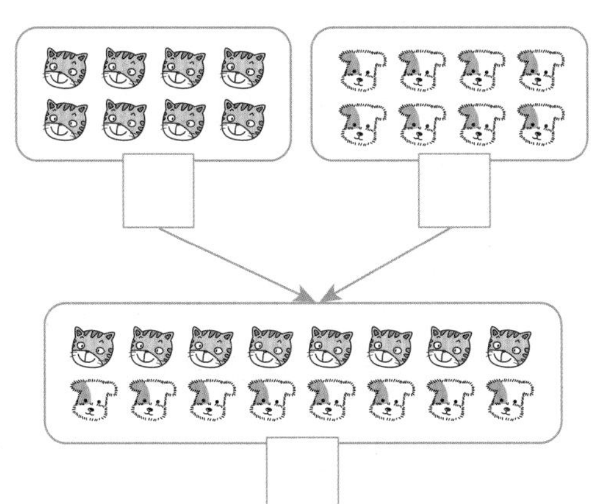

2 빈칸에 알맞은 수를 써넣으세요.

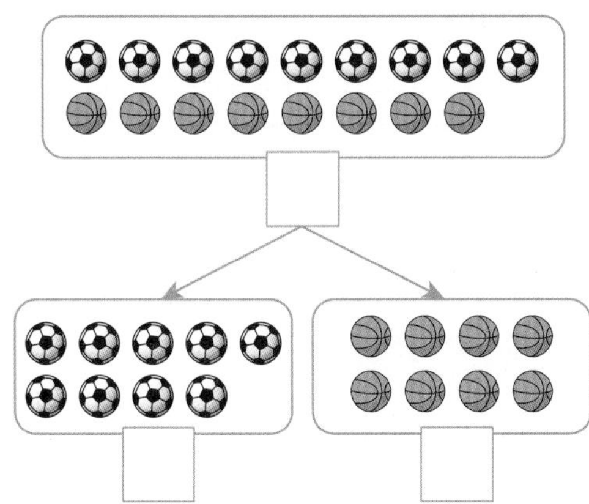

3 빈칸에 알맞은 수만큼 ○를 그려 보세요.

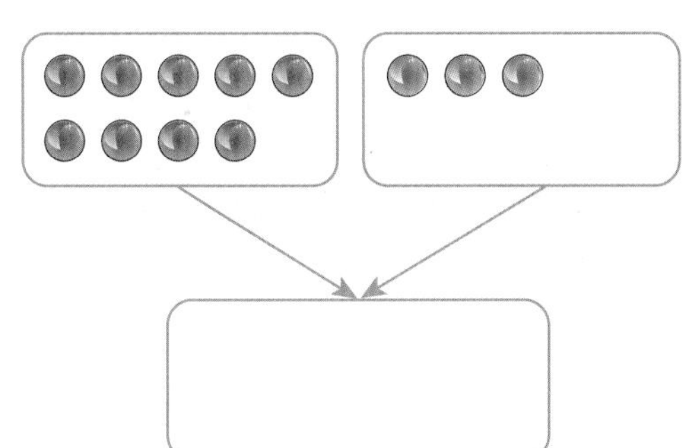

4 빈칸에 알맞은 수만큼 ○를 그려 보세요.

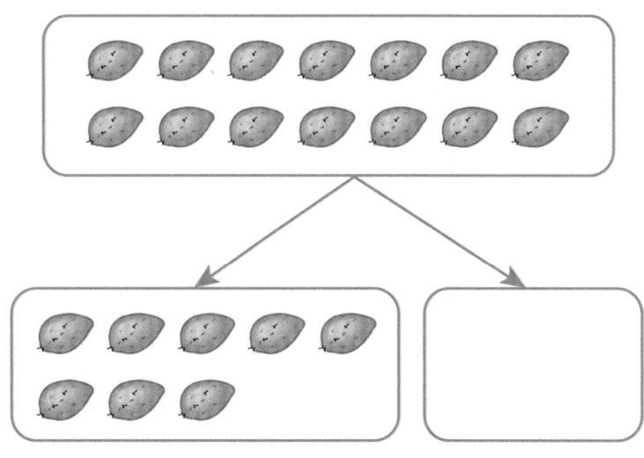

5 모으기를 해 보세요.

(1) (2)

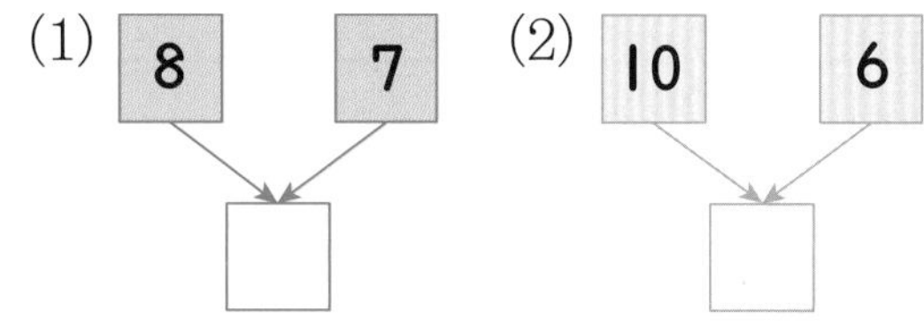

중요

6 가르기를 해 보세요.

(1) (2)

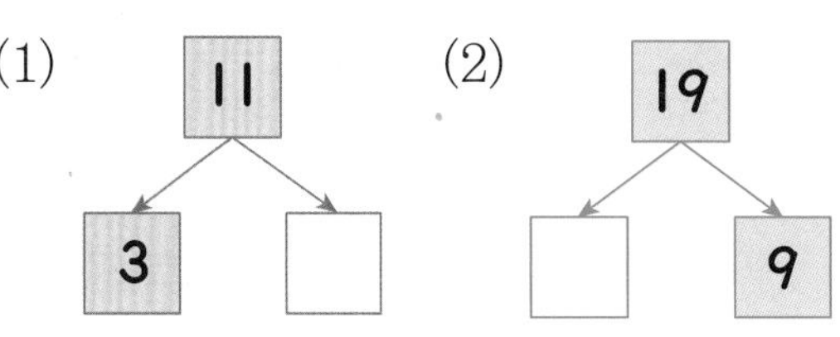

단원 5

4. 몇십 알아보기

교과서 개념을 이해하고 확인 문제를 통해 익혀요.

몇십 알아보기

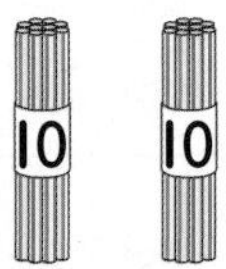

10개씩 묶음 2개
➡ 20(이십, 스물)

10개씩 묶음 3개
➡ 30(삼십, 서른)

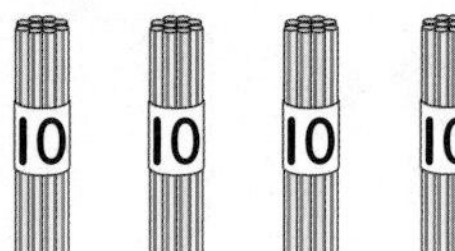

10개씩 묶음 4개
➡ 40(사십, 마흔)

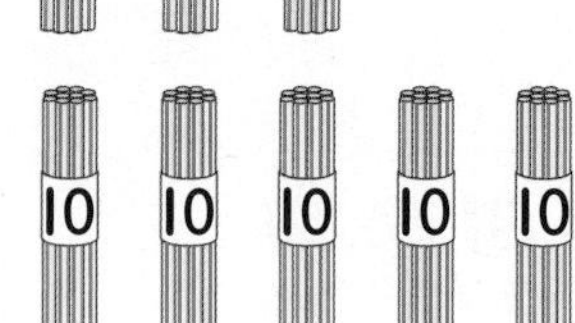

10개씩 묶음 5개
➡ 50(오십, 쉰)

몇십인 수의 크기 비교하기

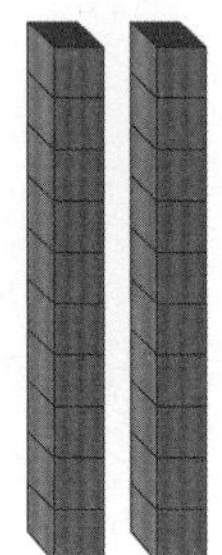

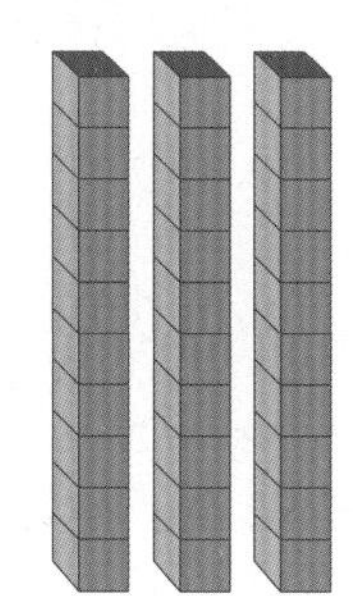

- 빨간색 모형은 파란색 모형보다 적습니다.
  ➡ 20은 30보다 작습니다.
- 파란색 모형은 빨간색 모형보다 많습니다.
  ➡ 30은 20보다 큽니다.

---

1 개념확인

20 알아보기

그림을 보고 □ 안에 알맞은 수나 말을 써넣으세요.

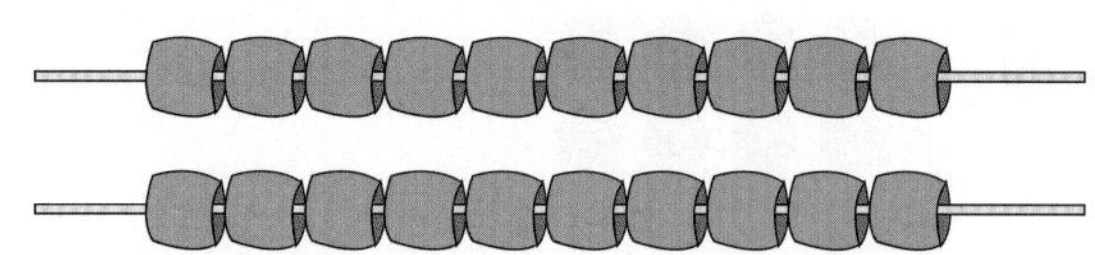

10개씩 묶음이 2개이므로 □ 이라 하고 이십 또는 □ 이라고 읽습니다.

2 개념확인

30 알아보기

그림을 보고 □ 안에 알맞은 수나 말을 써넣으세요.

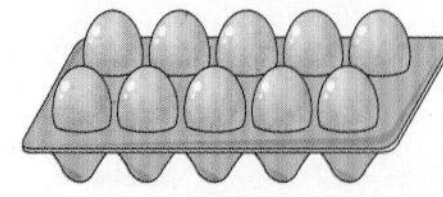 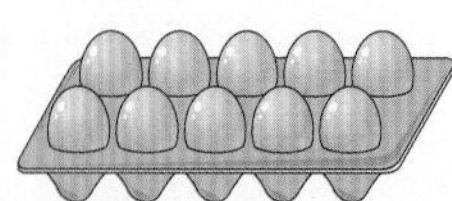 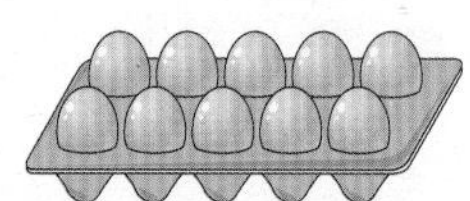

10개씩 묶음이 □ 개이므로 □ 입니다.

□ 은 □ 또는 서른이라고 읽습니다.

1 그림을 보고 □ 안에 알맞은 수나 말을 써넣으세요.

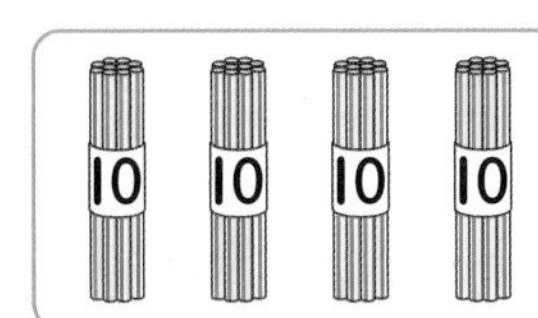

10개씩 묶음이 □ 개이므로 □ 이고, 사십 또는 □ 이라고 읽습니다.

2 □ 안에 알맞은 수를 써넣으세요.

30	10개씩 묶음 □ 개
40	10개씩 묶음 □ 개
50	10개씩 묶음 □ 개

3 관계있는 것끼리 선으로 이어 보세요.

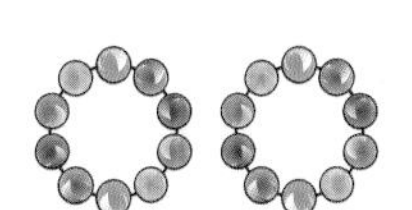 · · 40

 · · 20

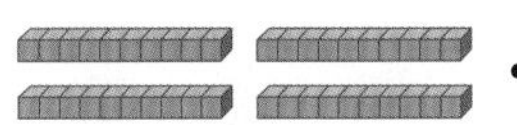 · · 30

 · · 50

4 수로 써 보세요.

(1) 서른 ➡ (　　　　　　)

(2) 쉰 ➡ (　　　　　　)

(3) 마흔 ➡ (　　　　　　)

5 □ 안에 알맞은 수를 써넣고, 더 큰 수에 ○표 하세요.

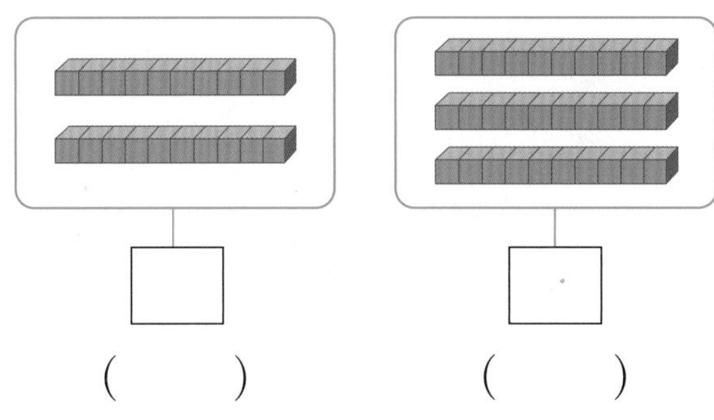

□ (　　)　　□ (　　)

6 그림을 보고 □ 안에 알맞은 수를 써넣으세요.

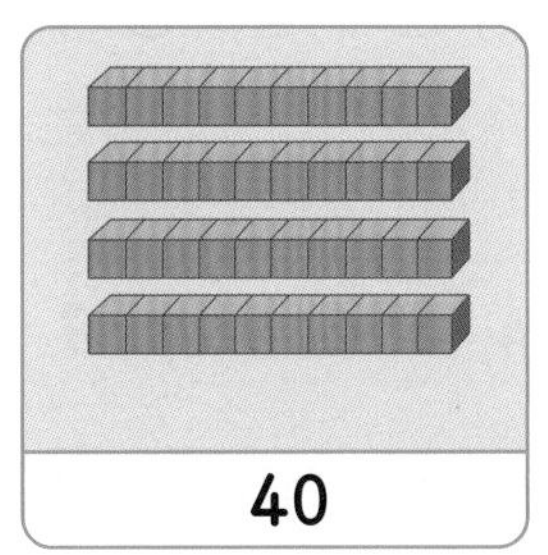

40

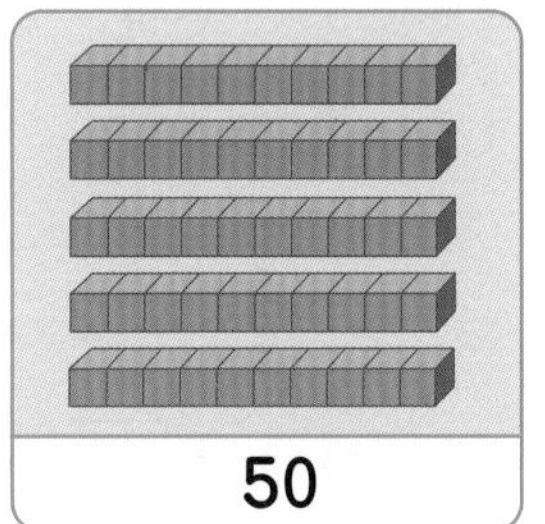

50

□ 은 □ 보다 작습니다.

3단계 유형 콕콕

다양한 기본 유형 문제를 통해 실력을 탄탄히 다져요.

유형 1 10 알아보기

① 9보다 1만큼 더 큰 수를 10이라고 합니다.

② 10은 십 또는 열이라고 읽습니다.

③ 〈10 모으기〉 〈10 가르기〉

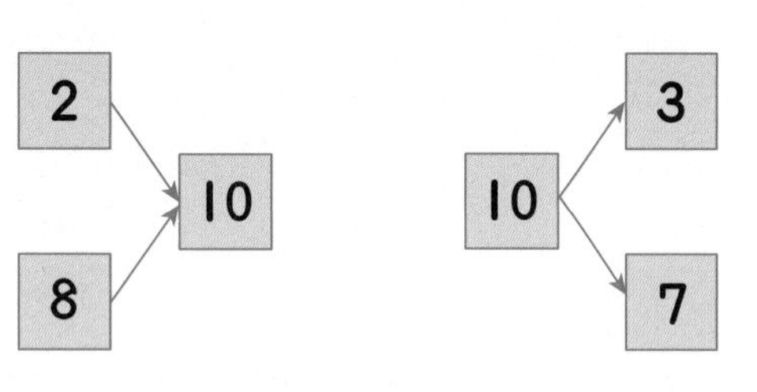

1-1 왼쪽의 수보다 1만큼 더 큰 수만큼 색칠하세요.

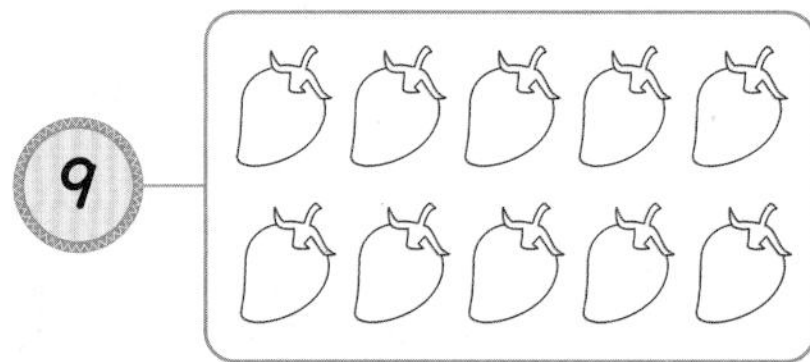

1-2 10개가 되도록 ○를 더 그리세요.

1-3 수직선을 보고 □ 안에 알맞은 수를 써넣으세요.

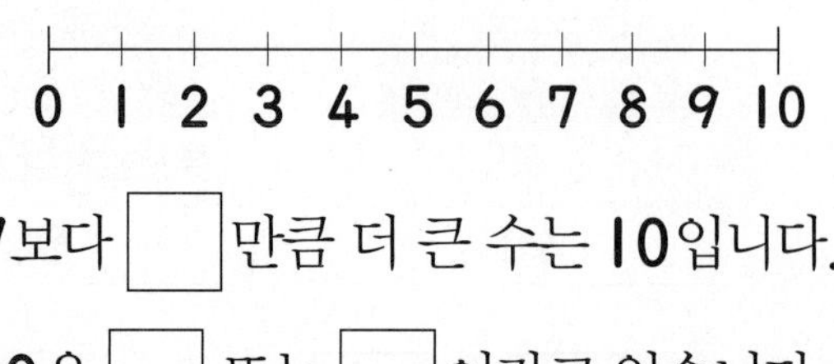

7보다 □만큼 더 큰 수는 10입니다.

10은 □ 또는 □이라고 읽습니다.

1-4 그림을 보고 모으기를 하여 빈칸에 알맞은 수를 써넣으세요.

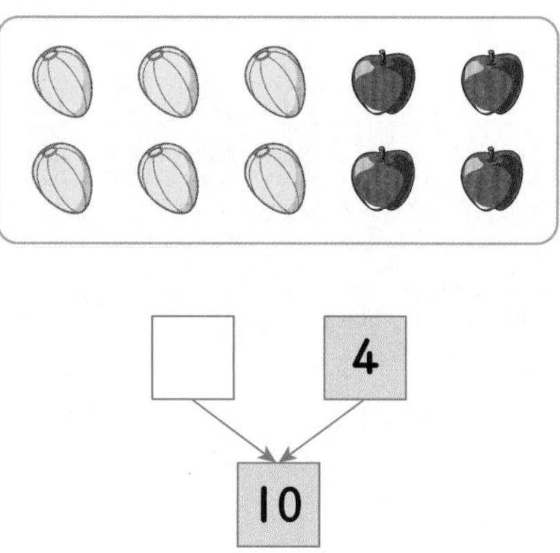

□ 4

10

1-5 10을 가르기한 것입니다. ㉮와 ㉯ 중 더 작은 수는 어느 것인지 기호를 쓰세요.

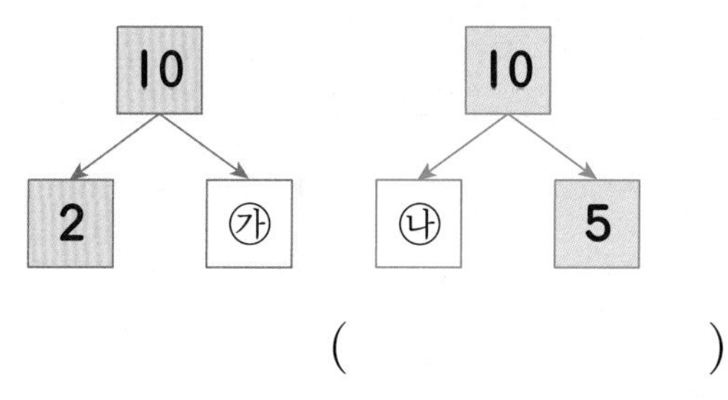

(　　　　)

1-6 10개가 되려면 체리가 몇 개 더 있어야 하는지 구하세요.

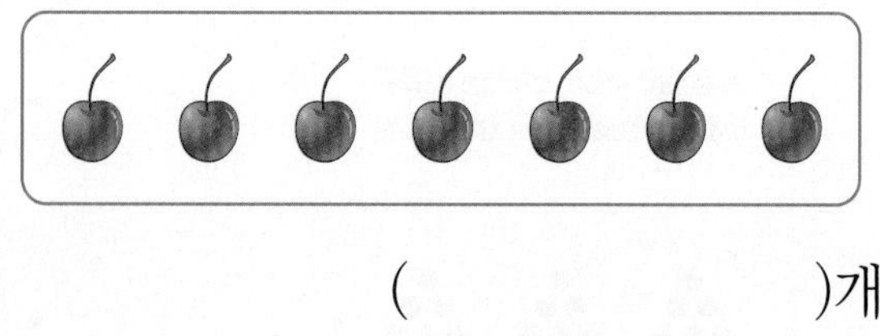

(　　　　)개

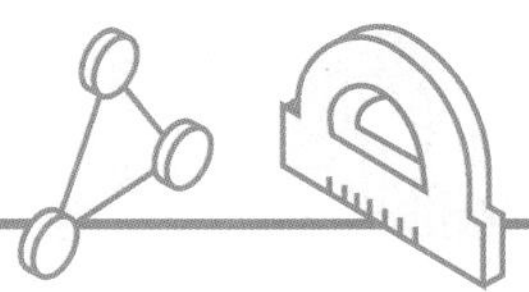

유형 2 십몇 알아보기

10	11	12	13	14
십, 열	십일, 열하나	십이, 열둘	십삼, 열셋	십사, 열넷
15	16	17	18	19
십오, 열다섯	십육, 열여섯	십칠, 열일곱	십팔, 열여덟	십구, 열아홉

2-1 그림을 보고 □ 안에 알맞은 수를 써넣으세요.

(1)

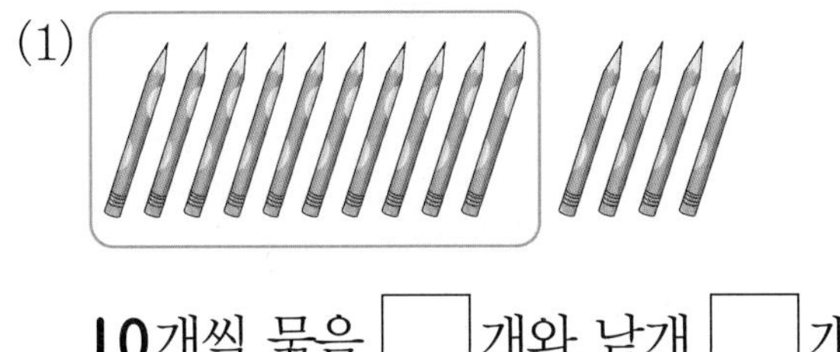

10개씩 묶음 □개와 낱개 □개는 □입니다.

(2)

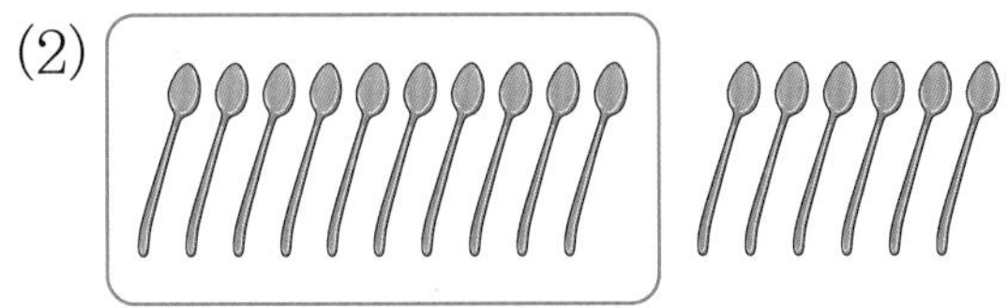

10개씩 묶음 □개와 낱개 □개는 □입니다.

2-2 보기와 같이 2가지 방법으로 수를 읽어 보세요.

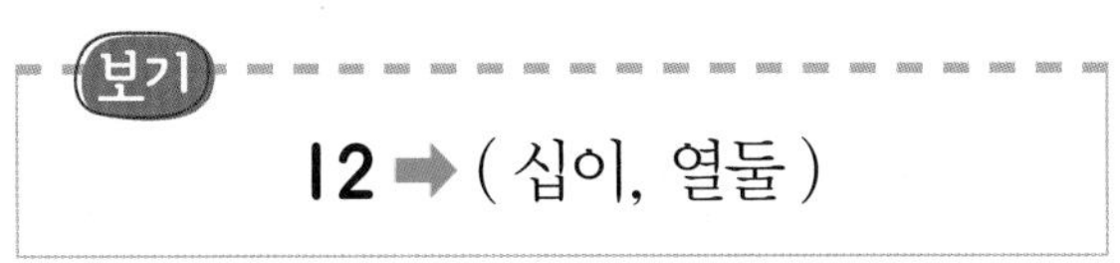

보기
12 ➡ (십이, 열둘)

(1) 15 ➡ (　　　,　　　)

(2) 18 ➡ (　　　,　　　)

(3) 11 ➡ (　　　,　　　)

2-3 주어진 수보다 1만큼 더 작은 수와 1만큼 더 큰 수를 써넣으세요.

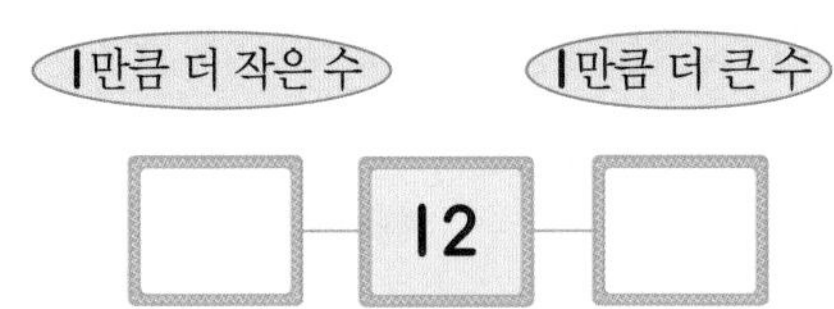

2-4 한 접시에 딸기가 10개씩 놓여 있는 딸기 1접시와 낱개 9개가 있습니다. 물음에 답하세요.

(1) □ 안에 알맞은 수를 써넣으세요.

10개씩 묶음 1개와 낱개 9개는 □입니다.

(2) 딸기는 모두 몇 개인가요?

(　　　　　)개

2-5 □ 안에 알맞은 수를 쓰고, 수의 크기를 비교하여 알맞은 말에 ○표 하세요.

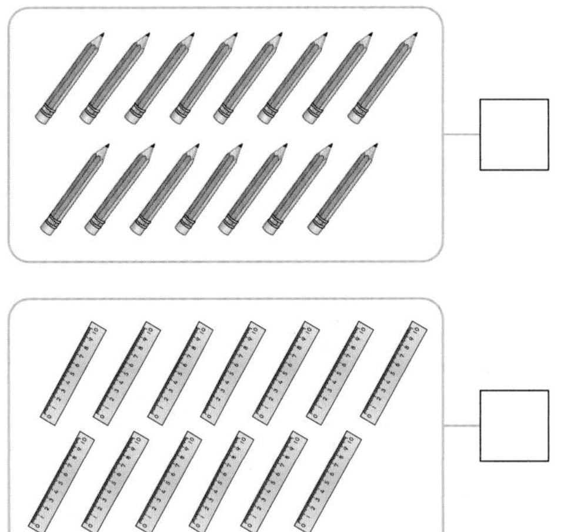

(연필)는 (자)보다 (많습니다, 적습니다).
➡ 15는 □보다 (큽니다, 작습니다).

• 19까지의 수 모으기

➡ 8과 4를 모으면 12입니다.

• 19까지의 수 가르기

➡ 15는 6과 9로 가를 수 있습니다.

3-1 그림을 보고 빈칸에 알맞은 수를 써넣으세요.

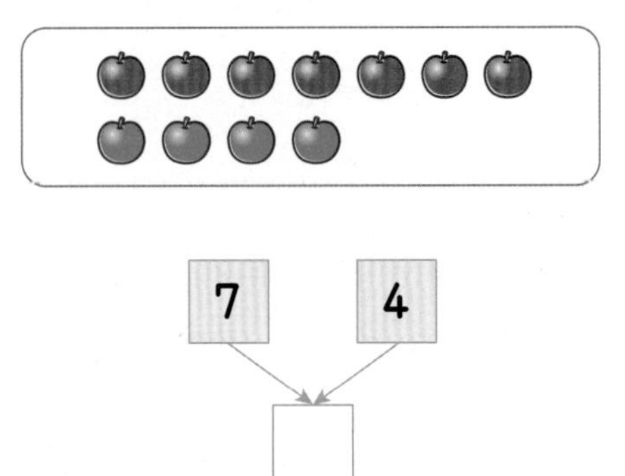

3-2 그림을 보고 빈칸에 알맞은 수를 써넣으세요.

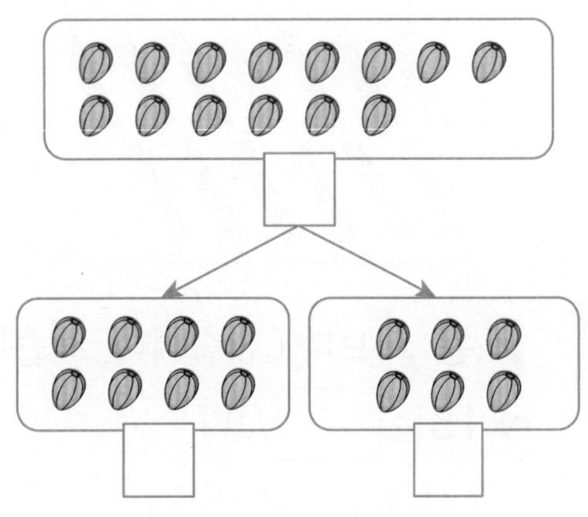

3-3 12개의 칸을 두 가지 색으로 색칠하고 가르기를 하세요.

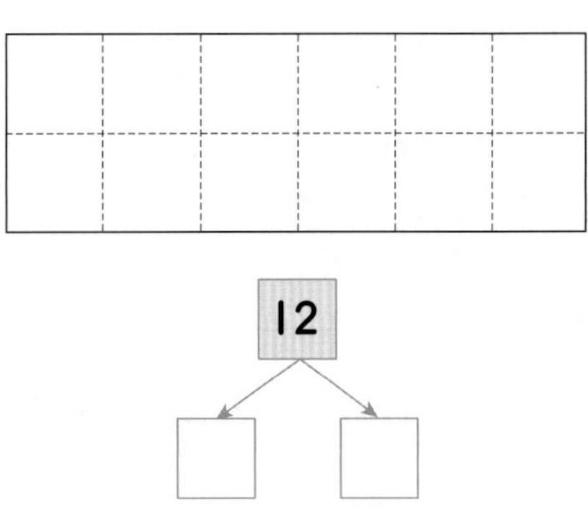

3-4 모으기를 하세요.

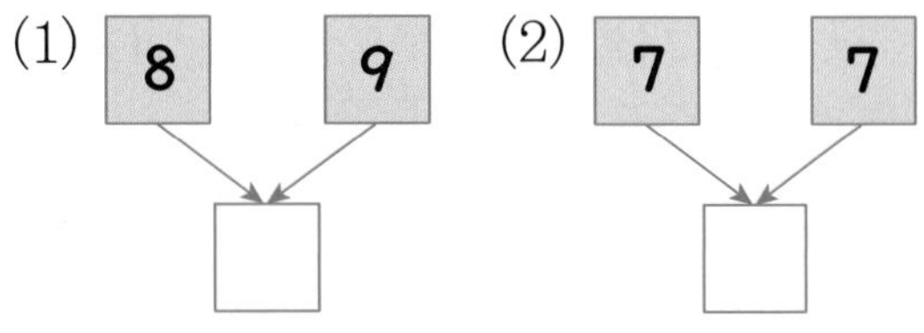

3-5 가르기를 하세요.

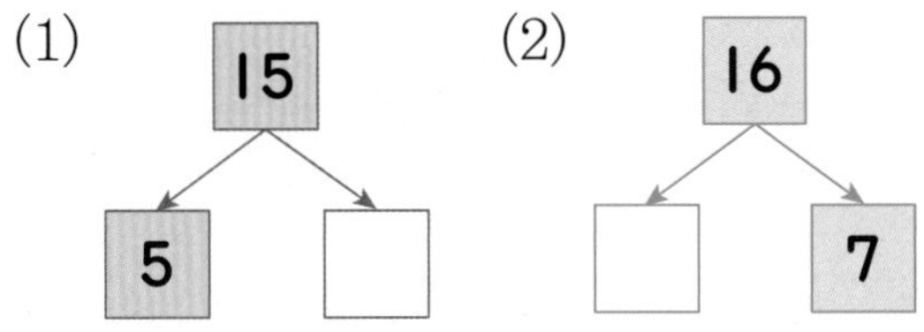

3-6 모으면 18이 되는 서로 다른 두 수를 찾아 색칠해 보세요.

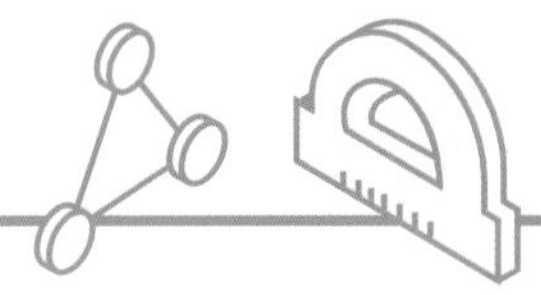

유형 4 몇십 알아보기

20	이십, 스물	30	삼십, 서른
40	사십, 마흔	50	오십, 쉰

4-1 그림을 보고 □ 안에 알맞은 수를 써넣으세요.

(1)

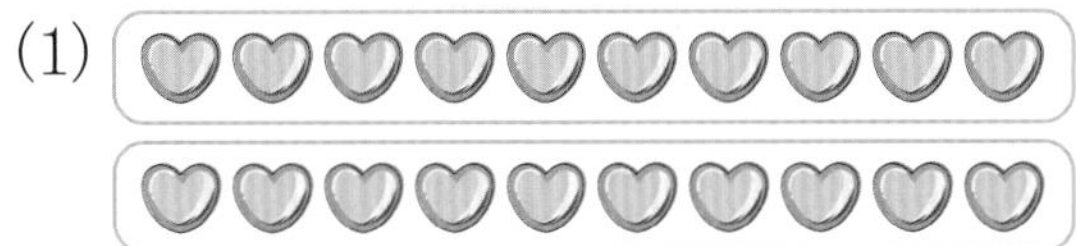

10개씩 묶음 □개는 □입니다.

(2)

10개씩 묶음 □개는 □입니다.

4-2 그림을 보고 □ 안에 알맞은 수를 써넣으세요.

(1)

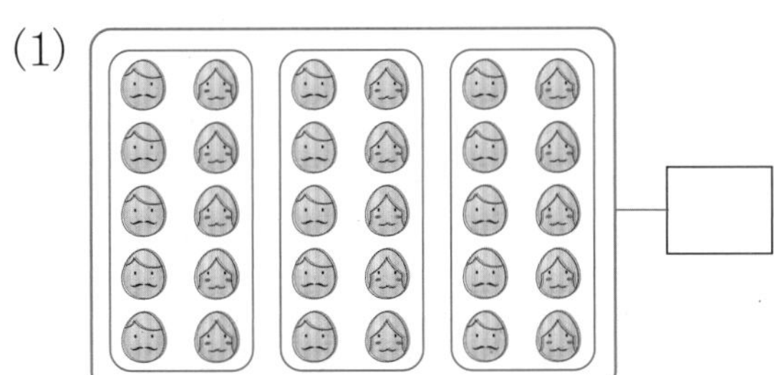

(2)

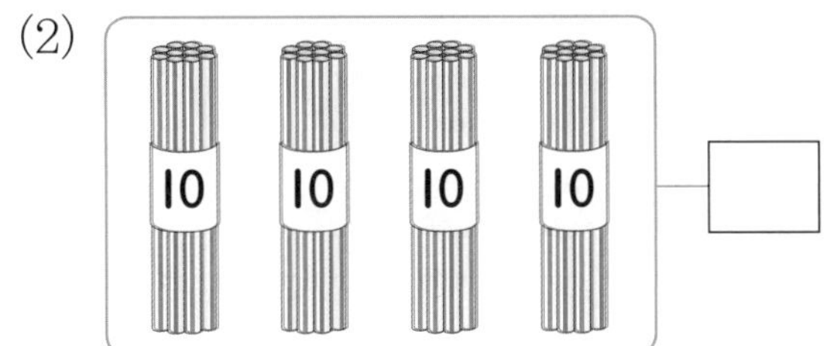

4-3 관계있는 것끼리 선으로 이어 보세요.

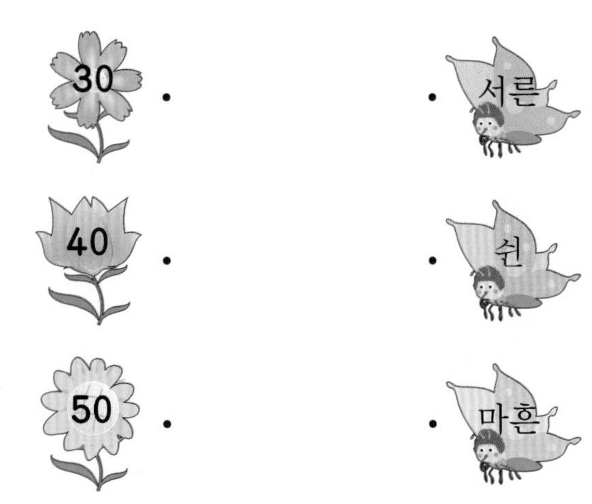

4-4 □ 안에 알맞은 수를 써넣고 더 큰 수에 ○표 하세요.

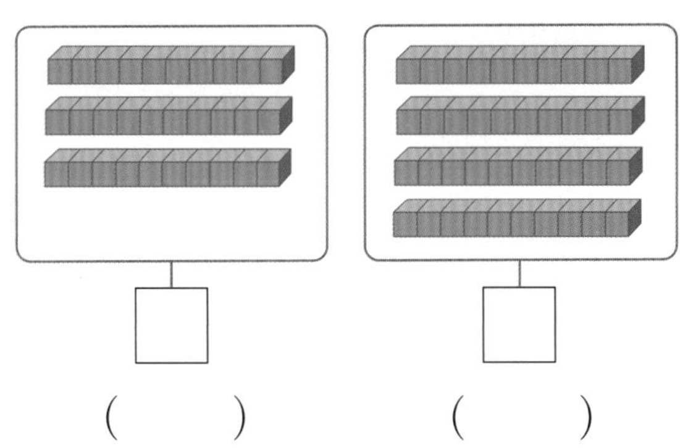

( ) ( )

4-5 지혜는 대추 30개를 땄습니다. 이 대추를 한 사람에게 10개씩 나누어 준다면 몇 명에게 나누어 줄 수 있나요?

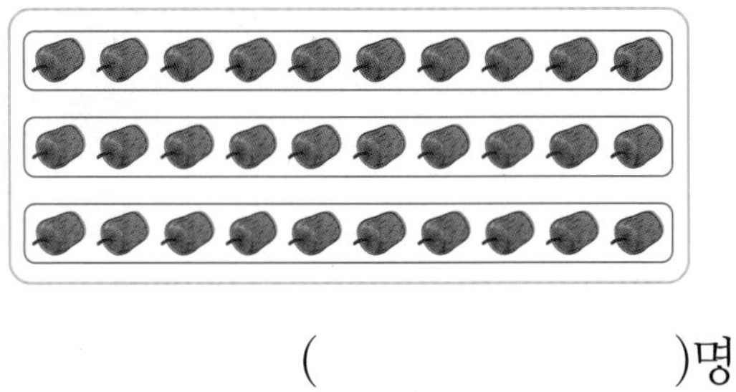

( )명

5. 50까지의 수를 세어 보기

교과서 개념을 이해하고 확인 문제를 통해 익혀요.

몇십 몇 알아보기

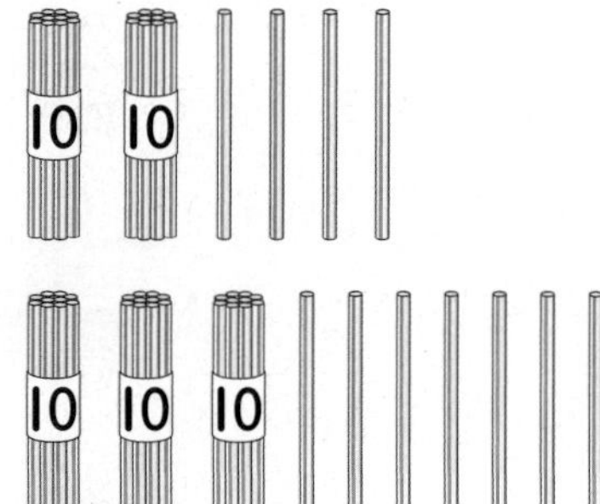

10개씩 묶음 2개와 낱개 4개를 24라고 합니다.
24는 이십사 또는 스물넷이라고 읽습니다.

10개씩 묶음 3개와 낱개 7개를 37이라고 합니다.
37은 삼십칠 또는 서른일곱이라고 읽습니다.

개념잡기

10개씩 묶음 ●개와 낱개 ▲개는 ●▲입니다.

10개씩 묶음	낱개
●	▲

➡ ●▲

---

1 개념확인

몇십 몇 알아보기

그림을 보고 □ 안에 알맞은 수나 말을 써넣으세요.

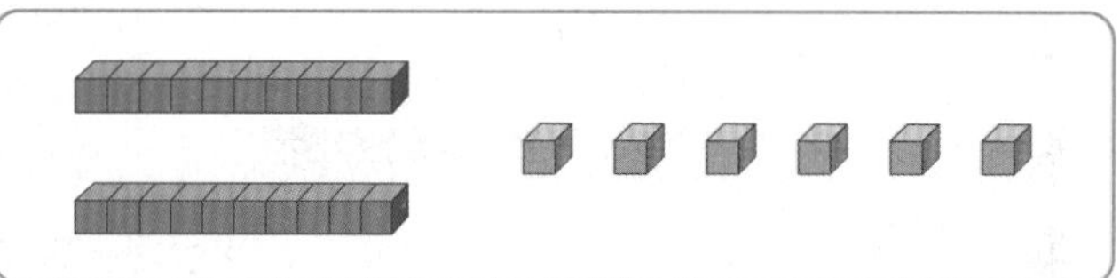

10개씩 묶음 2개와 낱개 □개를 □이라고 합니다.

26은 □ 또는 □이라고 읽습니다.

2 개념확인

몇십 몇 알아보기

그림을 보고 빈칸에 알맞은 수를 써넣으세요.

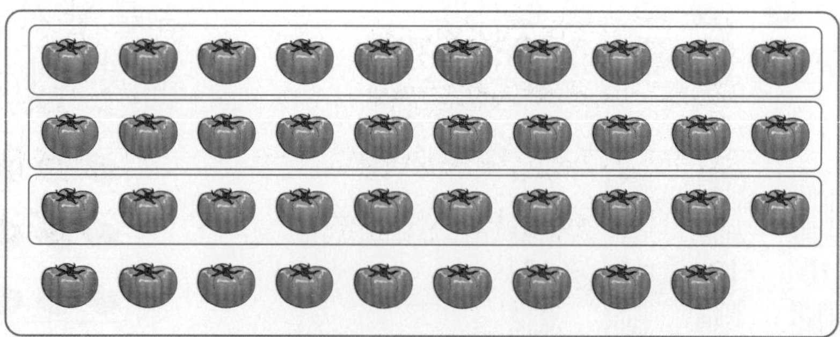

10개씩 묶음	낱개

➡ □

2단계 핵심 쏙쏙

기본 문제를 통해 교과서 개념을 다져요.

1 그림을 보고 □ 안에 알맞은 수나 말을 써넣으세요.

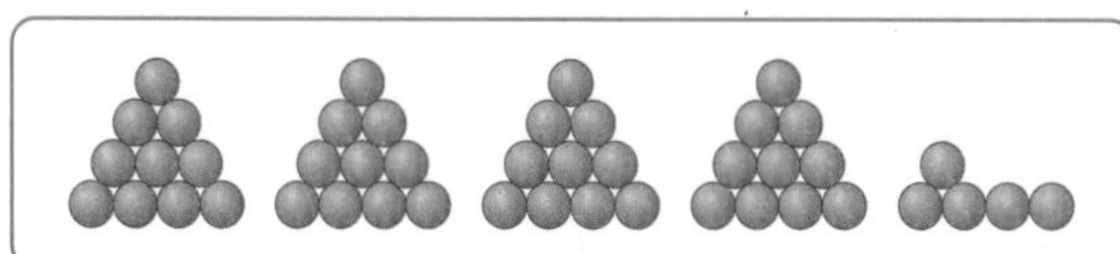

(1) 10개씩 묶음 □개와 낱개 □개는 □입니다.

(2) 45는 사십오 또는 □이라고 읽습니다.

2 빈칸에 알맞은 수를 써넣고, 수를 두 가지 방법으로 읽어 보세요.

☆☆☆☆☆☆☆☆☆☆
☆☆☆☆☆☆☆☆☆☆
☆☆☆☆☆☆☆

수	읽기

3 사탕이 10개씩 묶음 3개와 낱개 2개가 있습니다. 사탕은 모두 몇 개인가요?

(　　　　　　)개

4 빈칸에 알맞은 수를 써넣으세요.

수	10개씩 묶음	낱개
36		6
49	4	
	2	5

5 수로 나타내 보세요.

(1) 스물아홉 ➡ □

(2) 삼십삼 ➡ □

(3) 마흔여섯 ➡ □

(4) 이십사 ➡ □

6 관계있는 것끼리 선으로 이어 보세요

28 •	• 스물여덟
31 •	• 마흔일곱
47 •	• 서른하나

단원 5

6. 수의 순서 알아보기

교과서 개념을 이해하고 확인 문제를 통해 익혀요.

50까지의 수의 순서 알아보기

1씩 커집니다. → / 10씩 커집니다. ↓

1	2	3	4	5	6	7	8	9	10
11	12	13	14	15	16	17	18	19	20
21	22	23	24	25	26	27	28	29	30
31	32	33	34	35	36	37	38	39	40
41	42	43	44	45	46	47	48	49	50

24 ← 1만큼 더 작은 수 — 25 — 1만큼 더 큰 수 → 26

25보다 1만큼 더 작은 수는 25 바로 앞의 수인 24입니다.

24와 26 사이의 수

25보다 1만큼 더 큰 수는 25 바로 뒤의 수인 26입니다.

개념잡기

수를 순서대로 쓸 때 바로 앞의 수는 1만큼 더 작은 수이고, 바로 뒤의 수는 1만큼 더 큰 수입니다.

1 개념확인

수의 순서 알아보기

순서에 맞게 빈칸에 알맞은 수를 써넣으세요.

11	12		14	15		17	18		20
21		23	24		26			29	30
31	32			35		37	38		

2 개념확인

수의 순서 알아보기

□ 안에 알맞은 수를 써넣으세요.

동화책을 번호 순서대로 정리하여 책꽂이에 꽂았습니다. 11번 동화책은 □번 동화책과 □번 동화책 사이에 꽂아야 합니다.

1 순서에 맞게 빈칸에 알맞은 수를 써넣으세요.

21	22	23	24			
28	29	30				34
	36		38	39		

2 수의 순서에 맞게 빈 곳에 알맞은 수를 써넣으세요.

3 수의 순서를 거꾸로 하여 빈칸에 알맞은 수를 써넣으세요.

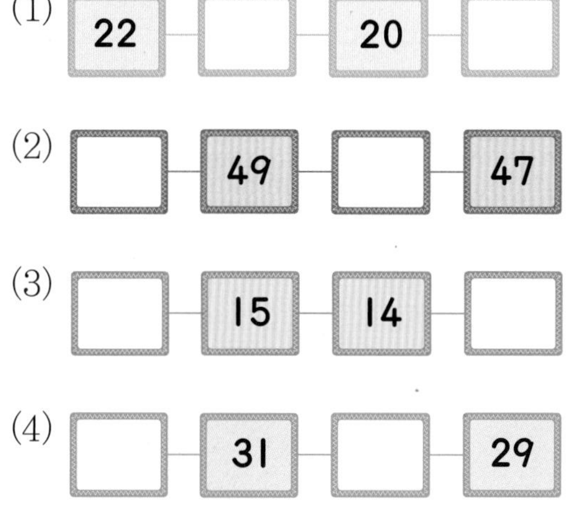

4 다음 수직선을 보고 □ 안에 알맞은 수를 써넣으세요.

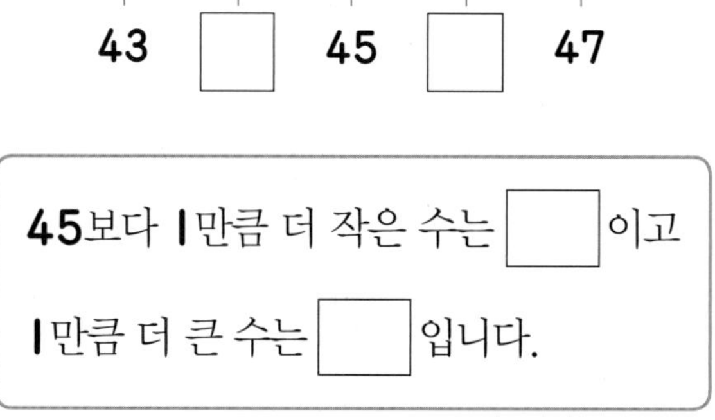

45보다 1만큼 더 작은 수는 □이고
1만큼 더 큰 수는 □입니다.

5 빈 곳에 들어갈 알맞은 수를 찾아 선으로 이어 보세요.

32 – 33 – □ •　　　　• 38

□ – 39 – 40 •　　　　• 36

　　　　　　　　　　• 34

중요

6 □ 안에 알맞은 수를 써넣으세요.

(1) 18과 21 사이에 있는 수는
□, □입니다.

(2) 35와 38 사이에 있는 수는
□, □입니다.

7. 수의 크기 비교하기

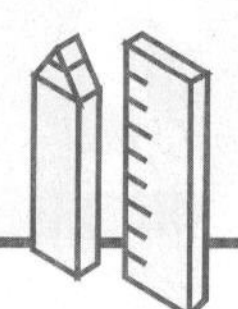

교과서 개념을 이해하고 확인 문제를 통해 익혀요.

16과 31의 크기 비교하기

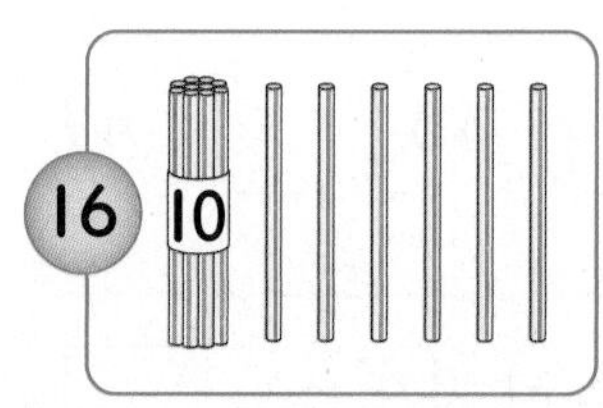

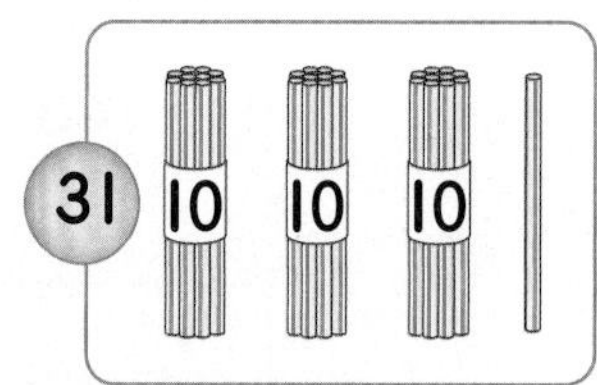

10개씩 묶음의 수가 다를 때는 10개씩 묶음의 수가 더 클수록 더 큰 수입니다.

➡ 31은 16보다 큽니다.

➡ 16은 31보다 작습니다.

23과 25의 크기 비교하기

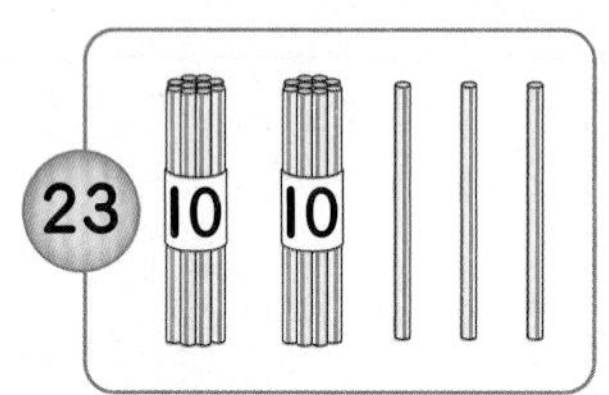

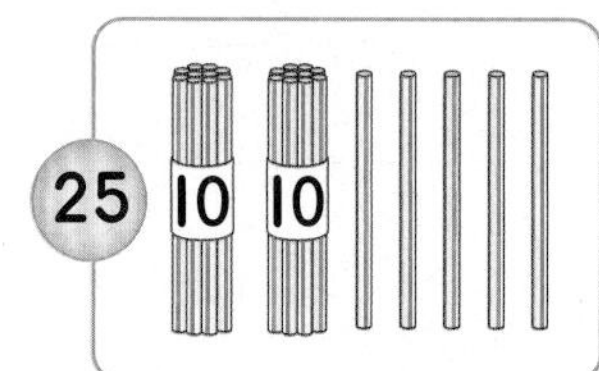

10개씩 묶음의 수가 같을 때는 낱개의 수가 더 클수록 더 큰 수입니다.

➡ 25는 23보다 큽니다.

➡ 23은 25보다 작습니다.

개념잡기

두 수의 크기를 비교할 때에는 10개씩 묶음의 수를 먼저 비교하고, 10개씩 묶음의 수가 같으면 낱개의 수를 비교합니다.

수의 크기 비교하기

그림을 보고 알맞은 말에 ○표 하세요. [1~2]

28

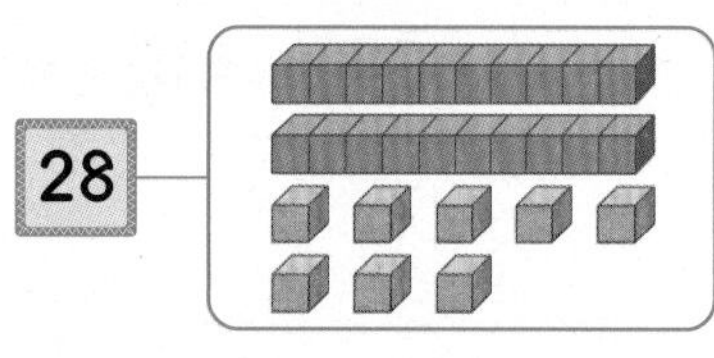

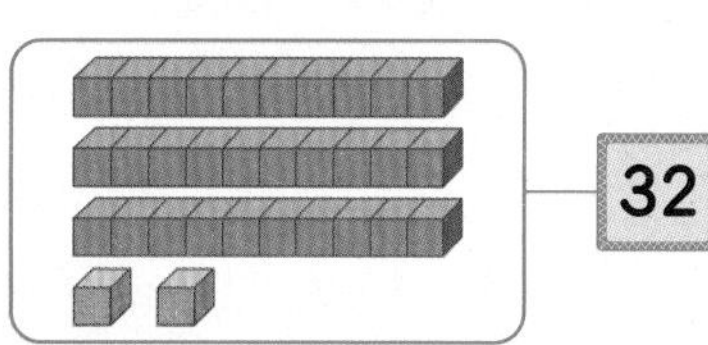

32

28은 32보다 (큽니다, 작습니다).

32는 28보다 (큽니다, 작습니다).

2 개념확인

43

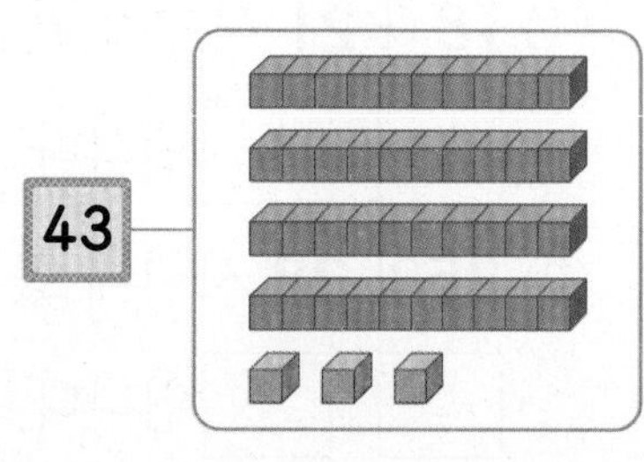

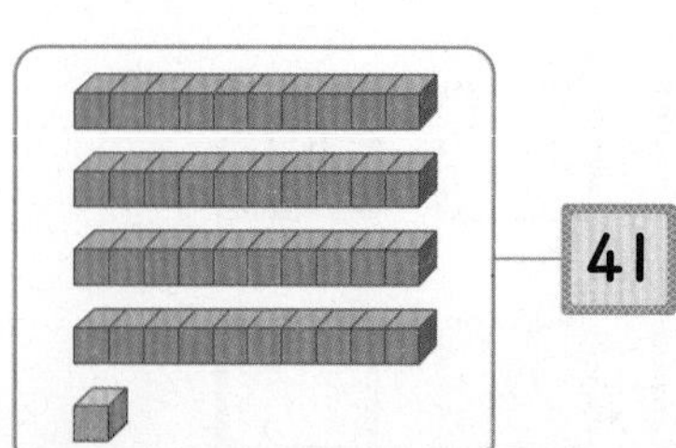

41

43은 41보다 (큽니다, 작습니다).

41은 43보다 (큽니다, 작습니다).

1 그림을 보고 □ 안에 알맞은 수를 써넣으세요.

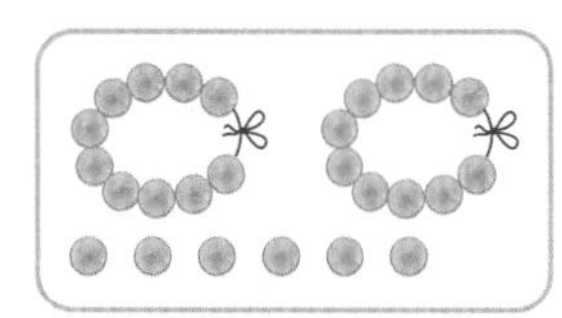
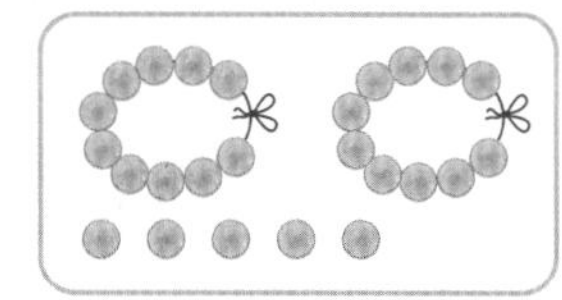

□은 □보다 큽니다.

2 그림을 보고 □ 안에 알맞은 수를 써넣으세요.

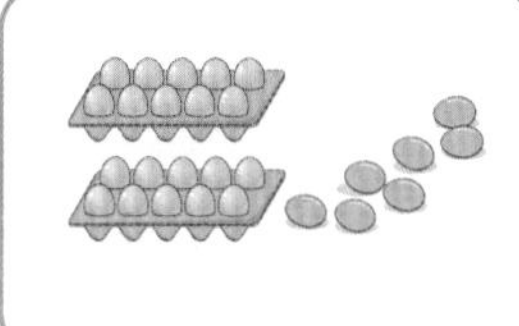
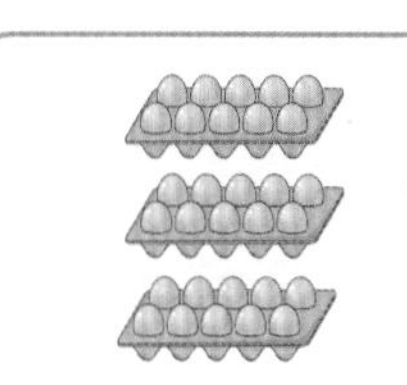

□은 □보다 작습니다.

3 알맞은 말에 ○표 하세요.

(1) **38**은 **50**보다
(큽니다, 작습니다).

(2) **49**는 **43**보다
(큽니다, 작습니다).

4 더 작은 수에 △표 하세요.

(1)
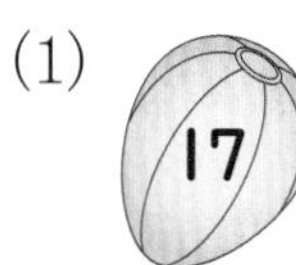

(2)

42

중요

5 가장 큰 수에 ○표 하세요.

(1)

29 37 40

(2)

46 49 41

6 **39**보다 크고 **43**보다 작은 수를 모두 쓰세요.

( )

유형 5 50까지의 수를 세어 보기

10개씩 ●묶음과 낱개 ▲개는 ●▲입니다.

10개씩 묶음	●
낱개	▲

➡ ●▲

5-1 그림을 보고 □ 안에 알맞은 수를 써넣으세요.

(1) 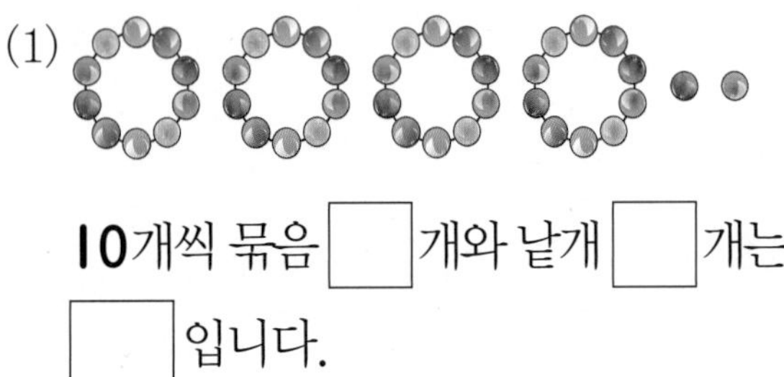

10개씩 묶음 □개와 낱개 □개는 □입니다.

(2)

10개씩 묶음 □개와 낱개 □개는 □입니다.

(3) 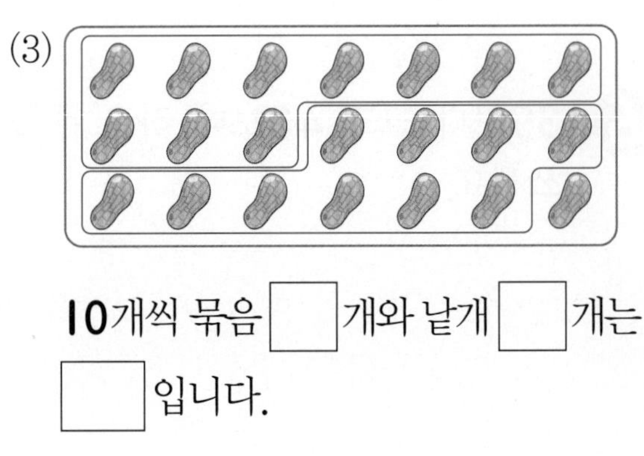

10개씩 묶음 □개와 낱개 □개는 □입니다.

5-2 그림을 보고 빈칸에 알맞은 수를 써넣으세요.

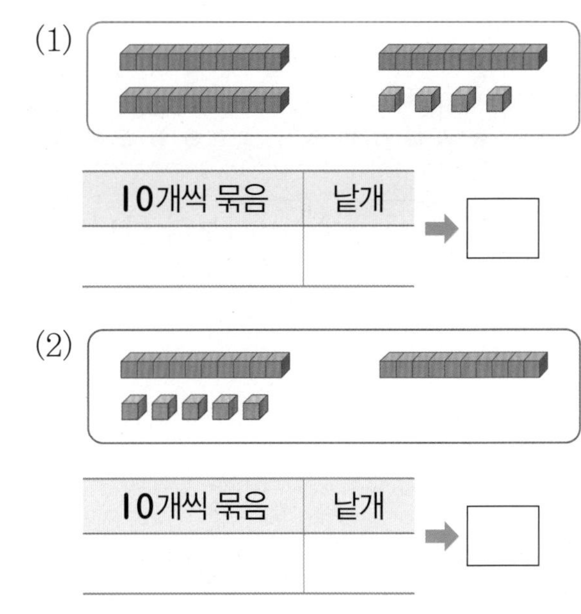

(1)

10개씩 묶음	낱개

➡ □

(2)

10개씩 묶음	낱개

➡ □

5-3 □ 안에 알맞은 수를 써넣고 두 가지 방법으로 읽어 보세요.

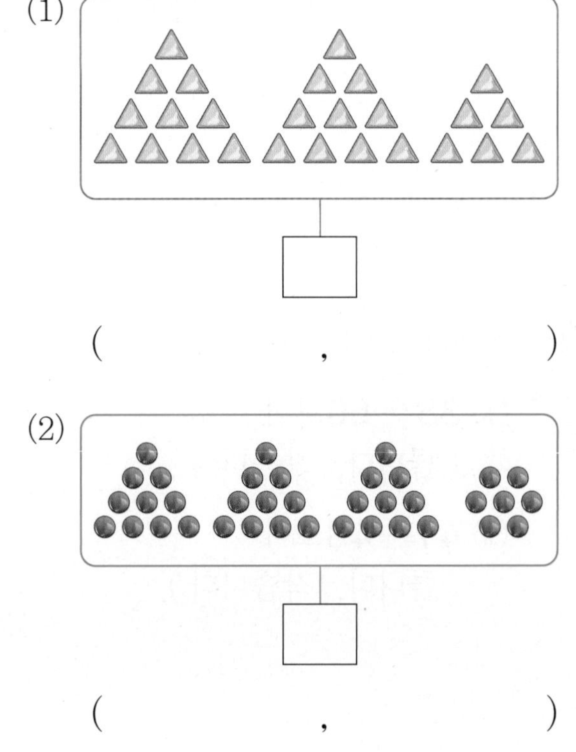

(1) □

(,)

(2) □

(,)

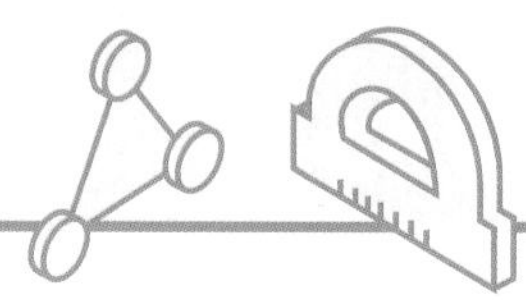

5-4 □ 안에 알맞은 수를 써넣으세요.

> **10**개씩 묶음 **4**개와 낱개 **9**개는 □ 입니다.
> **31**은 **10**개씩 묶음 □ 개와 낱개 □ 개입니다.

➡ □ 은 □ 보다 작습니다.

5-5 수로 나타내 보세요.

(1) 서른아홉 ➡ (　　　　)

(2) 마흔여덟 ➡ (　　　　)

5-6 수를 잘못 읽은 것을 찾아 기호를 쓰세요.

> ㉠ **38** — 서른여덟　㉡ **21** — 이십하나
> ㉢ **47** — 마흔일곱　㉣ **33** — 삼십삼

(　　　　)

5-7 나머지 셋과 다른 하나를 찾아 기호를 쓰세요.

> ㉠ 사십삼　㉡ 마흔셋
> ㉢ 삼십사　㉣ **43**

(　　　　)

5-8 체리는 모두 몇 개인가요?

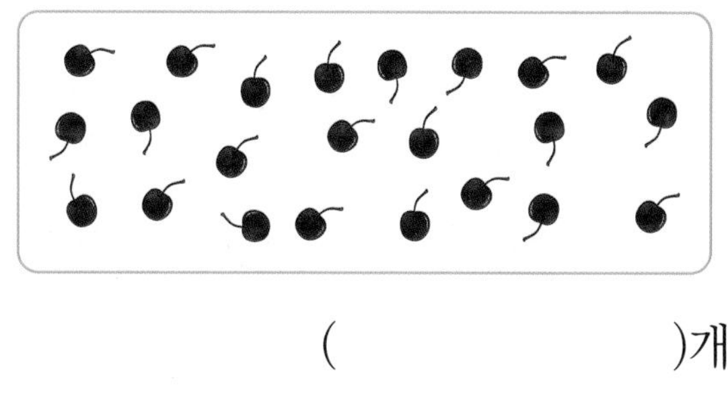

(　　　　)개

5-9 도넛이 **10**개씩 묶음 **1**개와 낱개 **14**개가 있습니다. 도넛은 모두 몇 개인가요?

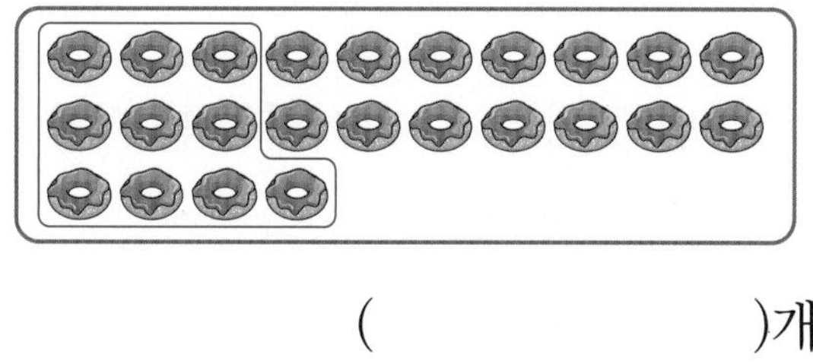

(　　　　)개

5-10 주머니에 들어 있는 구슬을 **10**개씩 **4**번 꺼냈더니 주머니 안에는 **6**개의 구슬이 남았습니다. 구슬은 모두 몇 개인가요?

(　　　　)개

유형 6 수의 순서 알아보기

수를 순서대로 쓸 때 바로 앞의 수는 **1**만큼 더 작은 수이고, 바로 뒤의 수는 **1**만큼 더 큰 수입니다.

대표유형

6-1 수의 순서에 맞게 빈칸에 알맞은 수를 써넣으세요.

15	16	17		19	20
21			24	25	
		29			32

6-2 빈 곳에 두 수 사이의 수를 써넣으세요.

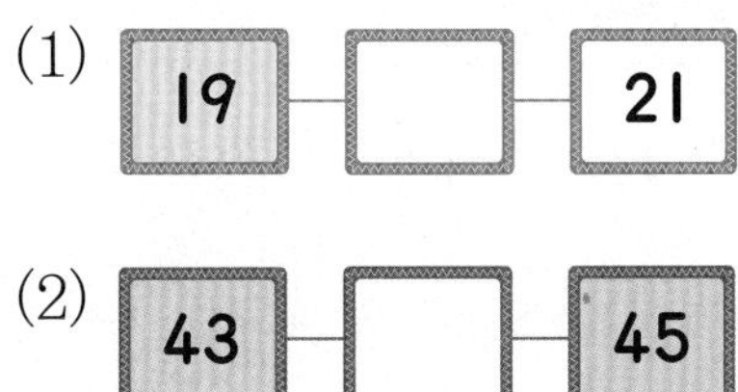

6-3 수의 순서에 맞게 □ 안에 알맞은 수를 써넣으세요.

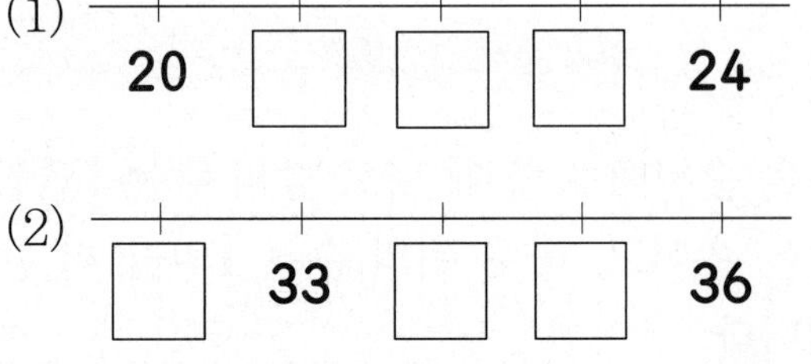

6-4 39부터 수를 순서대로 쓰려고 합니다. ㉠에 알맞은 수를 쓰세요.

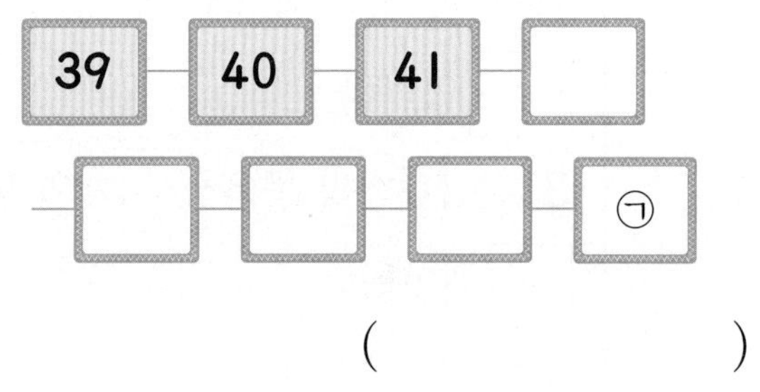

( )

6-5 수의 순서에 맞게 빈 곳에 알맞은 수를 써넣으세요.

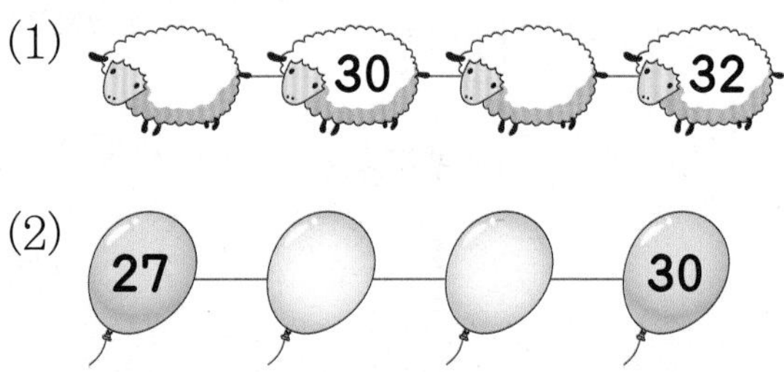

6-6 18과 23 사이의 수를 모두 쓰세요.

( )

6-7 수의 순서를 거꾸로 하여 수를 써 보세요.

(1)

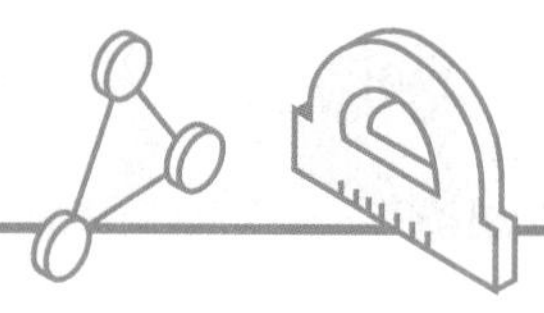

시험에 잘 나와요

6-8 왼쪽의 수보다 1만큼 더 큰 수에 ○표, 1만큼 더 작은 수에 △표 하세요.

(1)

(2)
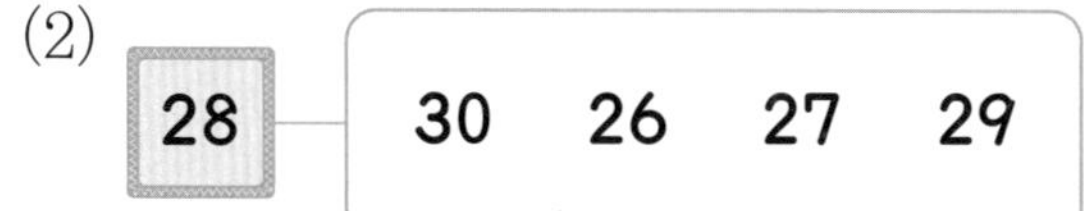

(3)
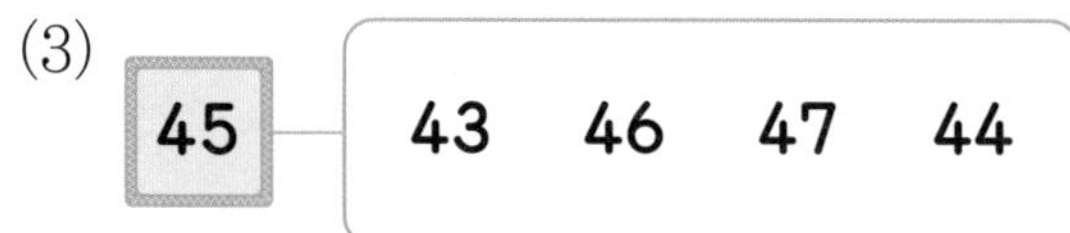

(4)
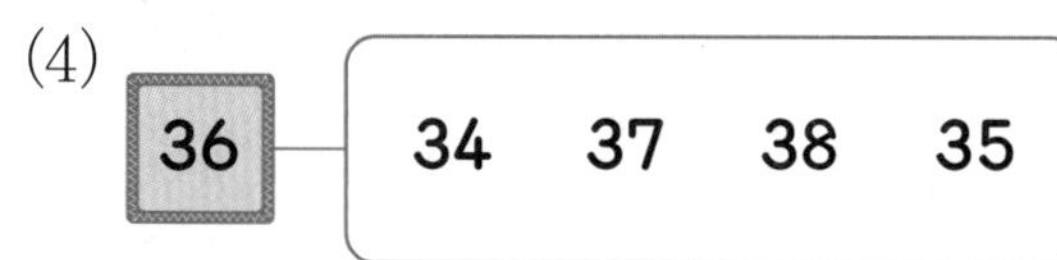

6-9 관계있는 것끼리 선으로 이어 보세요.

23보다 1만큼 더 큰 수 •	• 24
24와 26 사이의 수 •	• 25
	• 26

6-10 준호의 사물함 번호는 38보다 1만큼 더 큰 수입니다. 준호의 사물함 번호는 몇 번인가요?

( )

6-11 나타내는 수가 다른 하나를 찾아 기호를 쓰세요.

㉠ 10개씩 4묶음
㉡ 41보다 1만큼 더 작은 수
㉢ 41 바로 뒤의 수
㉣ 39보다 1만큼 더 큰 수

( )

유형 7 수의 크기 비교하기

두 수의 크기를 비교할 때에는 10개씩 묶음의 수를 먼저 비교하고, 10개씩 묶음의 수가 같으면 낱개의 수를 비교합니다.

대표유형

7-1 그림을 보고 알맞은 말에 ○표 하세요.

(1)

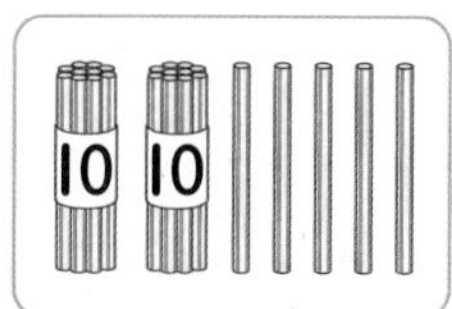

31은 25보다
(큽니다, 작습니다).

(2)
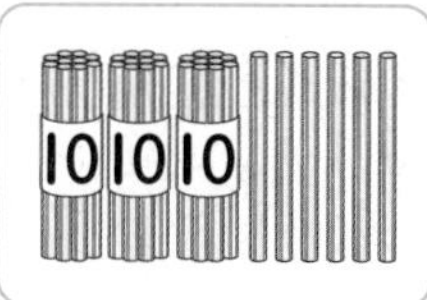

34는 36보다
(큽니다, 작습니다).

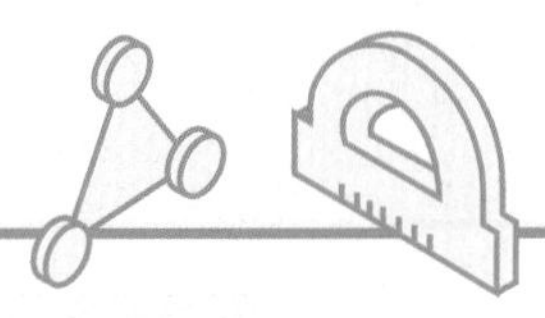

7-2 그림을 비교하여 □ 안에 알맞은 수를 써넣고 알맞은 말에 ○표 하세요.

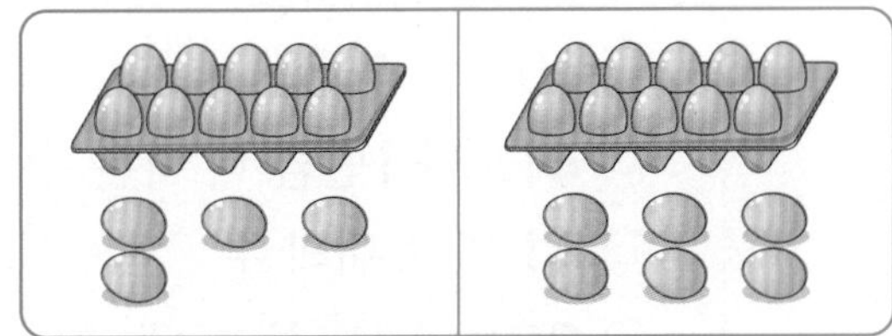

(1) **14**는 □ 보다 (큽니다, 작습니다).

(2) **16**은 □ 보다 (큽니다, 작습니다).

7-3 더 작은 수에 △표 하세요.

7-4 더 큰 수에 ○표 하세요.

시험에 잘 나와요

7-5 가장 큰 수를 찾아 쓰세요.

14 22 48

( )

7-6 나타내는 수가 더 작은 것을 찾아 기호를 쓰세요.

㉠ 스물다섯 ㉡ 서른둘

( )

7-7 **21**보다 큰 수를 모두 찾아 ○표 하세요.

7-8 **35**보다 작은 수 중에서 **31**보다 큰 수를 모두 쓰세요.

( )

7-9 사탕을 가장 적게 가지고 있는 사람의 이름을 쓰세요.

영수 : **10**개씩 **4**봉지와 낱개 **1**개
지혜 : **10**개씩 **3**봉지와 낱개 **8**개
한별 : **10**개씩 **4**봉지와 낱개 **7**개

( )

1 붕어빵이 10개가 되도록 하려면 몇 개가 더 있어야 하나요?

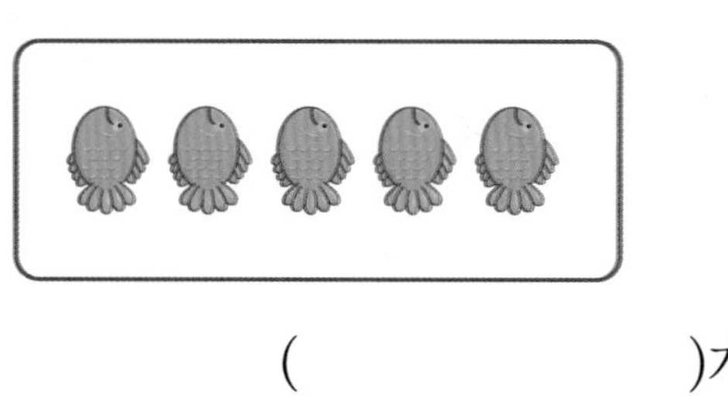

(　　　　　　　)개

2 망고가 10개씩 3상자와 낱개 7개가 있습니다. 망고는 모두 몇 개인가요?

(　　　　　　　)개

3 주어진 숫자 카드의 수를 모으면 15가 됩니다. 뒤집힌 카드에 적힌 수는 무엇인가요?

(　　　　　　　)

4 ㉠과 ㉡에 알맞은 수 중 더 큰 수의 기호를 쓰세요.

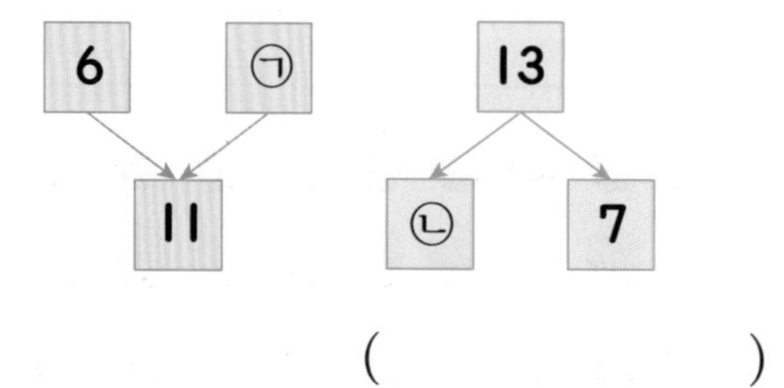

(　　　　　　　)

5 땅콩이 16개 있습니다. 이 땅콩을 지혜와 예슬이가 똑같이 나누어 가지려고 합니다. 두 사람은 땅콩을 몇 개씩 나누어 가지면 되나요?

(　　　　　　　)개

6 석기는 한 상자에 10개씩 들어 있는 쿠키를 3상자 샀고, 동민이도 같은 쿠키를 1상자 샀습니다. 석기와 동민이가 산 쿠키는 모두 몇 개인가요?

(　　　　　　　)개

7 키위를 한 상자에 10개씩 담으려고 합니다. 그림의 수만큼 키위를 담으려면 상자는 모두 몇 개 필요한가요?

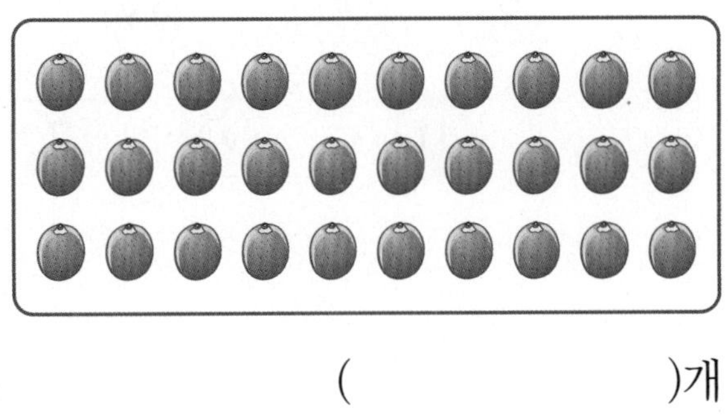

( )개

8 관계있는 것끼리 선으로 이어 보세요.

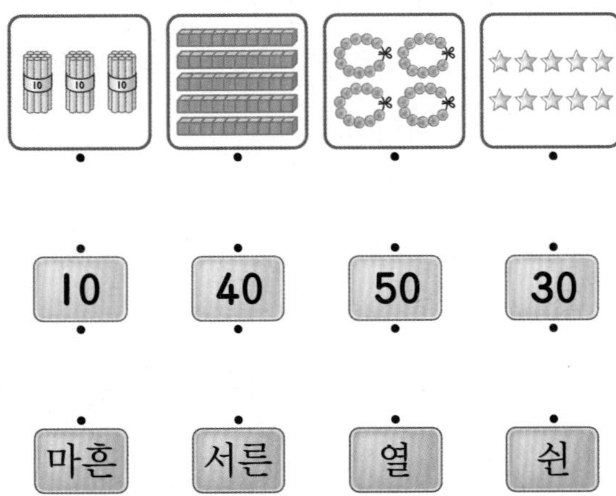

9 10명씩 앉을 수 있는 긴 의자가 4개 있습니다. 그중에서 1개가 망가져 앉을 수 없다면 의자에는 모두 몇 명이 앉을 수 있나요?

( )명

10 보기와 같이 수를 넣어 말을 만들어 보세요.

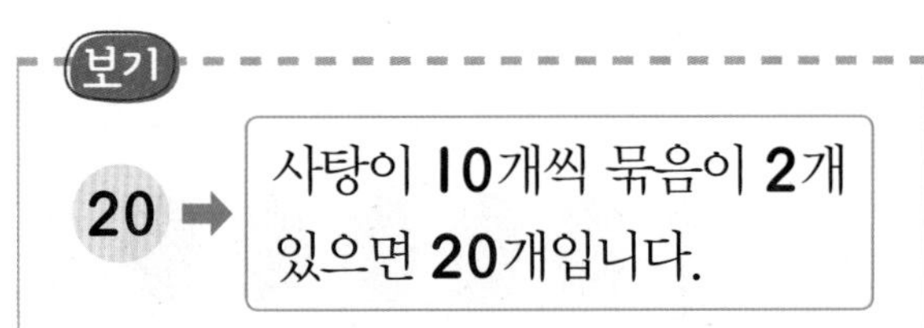

11 주어진 쌓기나무로 오른쪽 모양을 몇 개까지 만들 수 있나요?

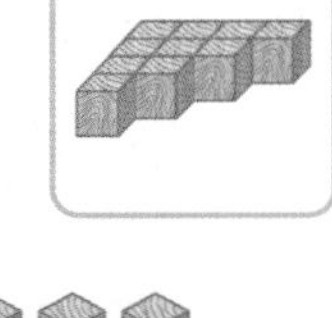

( )개

12 도넛은 모두 몇 개인지 수로 나타내고, 두 가지 방법으로 읽어 보세요.

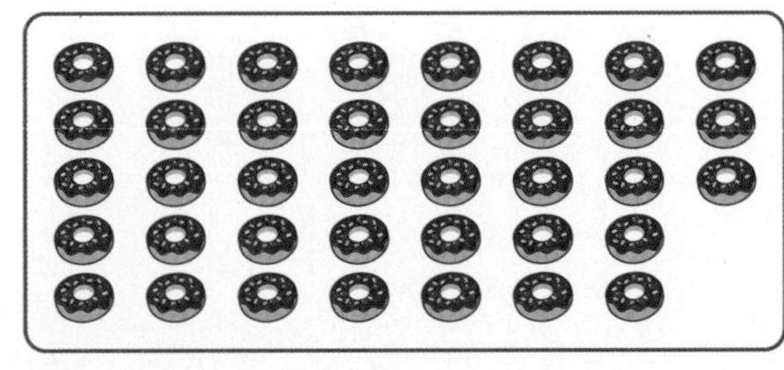

쓰기 ( )

읽기 (,)

13 그림이 나타내는 수보다 **2**만큼 더 큰 수를 구하세요.

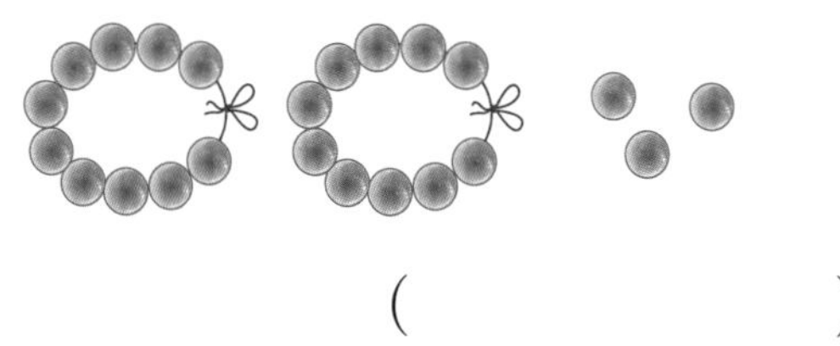

(　　　　　　)

14 다음에서 설명하는 수는 얼마인가요?

- **30**과 **40** 사이에 있는 수입니다.
- 낱개의 수는 **4**입니다.

(　　　　　　)

15 한 봉지에 **10**개씩 들어 있는 쿠키 **2**봉지와 낱개로 **15**개가 있습니다. 쿠키는 모두 몇 개인가요?

(　　　　　　)개

16 수를 순서대로 이어 그림을 완성하여 보세요.

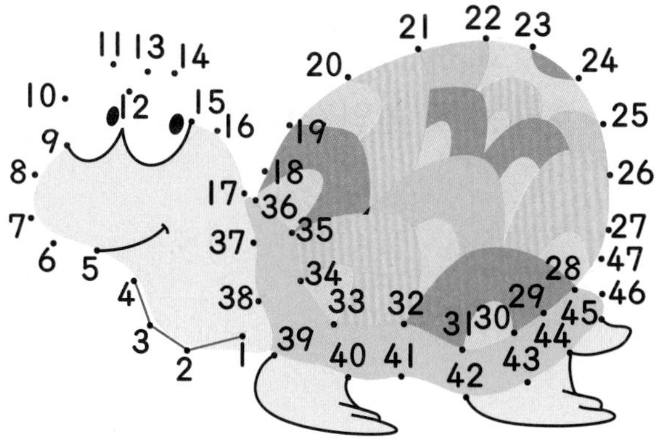

17 수 배열표에서 ㉠에 알맞은 수를 구하세요.

31	32	33	34				38
	40				㉠		

(　　　　　　)

18 **10**개씩 묶음 **4**개와 낱개가 **6**개인 수가 있습니다. 이 수보다 **1**만큼 더 작은 수와 **1**만큼 더 큰 수를 각각 쓰세요.

1만큼 더 작은 수 (　　　　　　)

1만큼 더 큰 수 (　　　　　　)

19 한별이부터 동민, 예슬, 영수, 가영이의 차례로 은행에 들어가서 들어간 차례대로 번호표를 뽑았습니다. 가영이가 뽑은 번호표가 **32**번이라면 한별이가 뽑은 번호표는 몇 번인가요?

( )번

20 색종이를 더 적게 사용한 사람은 누구인가요?

( )

21 가장 큰 수에 ○표, 가장 작은 수에 △표 하세요.

27 32 41 36

22 **28**보다 크고 **33**보다 작은 수를 모두 쓰세요.

( )

23 빈 곳에 크기가 가장 작은 수부터 순서대로 써넣으세요.

38, 46, 14, 33, 28, 41

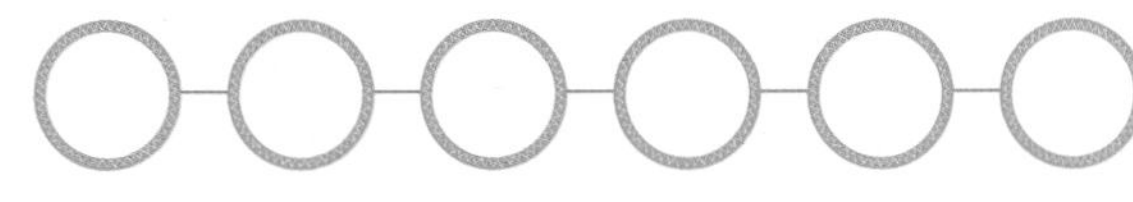

24 **50**까지의 수 중에서 다음이 나타내는 수보다 큰 수를 모두 쓰세요.

10개씩 묶음 3개와 낱개 17개인 수

( )

서술 유형 익히기

주어진 풀이 과정을 함께 해결하면서
서술형 문제의 해결 방법을 익혀요.

단원 5

유형 1

다음 중 잘못 말한 사람은 누구인가요?

한별 : 10은 십 또는 열이라고 읽어.
상연 : 27은 이십칠 또는 스물일곱이라고 읽어.
효근 : 41은 사십하나 또는 마흔일이라고 읽어.

풀이 잘못 말한 사람은 [　　] 이입니다.

41은 [　　] 또는 [　　] 라고 읽습니다.

답 [　　]

예제 1

다음 중 잘못 말한 사람은 누구인가요? [5점]

웅이 : 50은 오십 또는 쉰이라고 읽어.
지혜 : 35는 삼십오 또는 서른다섯이라고 읽어.
석기 : 29는 이십아홉 또는 스물구라고 읽어.

풀이

답

유형 2

신영이와 동민이는 동화책을 읽었습니다. 신영이는 **45**쪽까지 읽었고, 동민이는 **38**쪽까지 읽었습니다. 누가 동화책을 더 많이 읽었는지 풀이 과정을 쓰고 답을 구하세요.

풀이 **45**는 **10**개씩 묶음의 수가 ☐ 이고 **38**은 **10**개씩 묶음의 수가 ☐ 입니다.

45와 **38** 중 **10**개씩 묶음의 수가 더 큰 것은 ☐ 입니다.

따라서 ☐ 이가 동화책을 더 많이 읽었습니다.

답 ☐

예제 2

한초와 예슬이는 종이비행기를 접었습니다. 한초는 **32**개를 접었고, 예슬이는 **29**개를 접었습니다. 누가 종이비행기를 더 적게 접었는지 풀이 과정을 쓰고 답을 구하세요. [5점]

풀이

답

영수와 동민이가 다음과 같은 방법으로 놀이를 합니다. 물음에 답하세요. [1~3]

놀이 방법

〈준비물〉 10부터 50까지의 수가 적혀 있는 수 카드
① 수 카드를 잘 섞어 뒤집어 놓습니다.
② 영수와 동민이가 수 카드를 각각 한 장씩 골라 두 수의 크기를 비교합니다.
③ 더 큰 수를 뽑은 사람이 1점을 받습니다.
④ 위와 같은 방법으로 5회를 반복하여 점수가 많은 사람이 이깁니다.

1 1회 때 영수와 동민이가 뽑은 수 카드가 다음과 같다면 1점을 받는 사람은 누구인가요?

〈영수〉 18 〈동민〉 21

( )

2 2회 때 영수와 동민이가 뽑은 수 카드가 다음과 같다면 1점을 받는 사람은 누구인가요?

〈영수〉 34 〈동민〉 30

( )

3 영수와 동민이가 5회 동안 뽑은 수 카드입니다. 놀이에서 이긴 사람은 누구인가요?

	1회	2회	3회	4회	5회
영수	18	34	20	17	48
동민	21	30	39	23	45

( )

단원 평가

1 그림을 보고 □ 안에 알맞은 수를 써넣으세요. (3점)

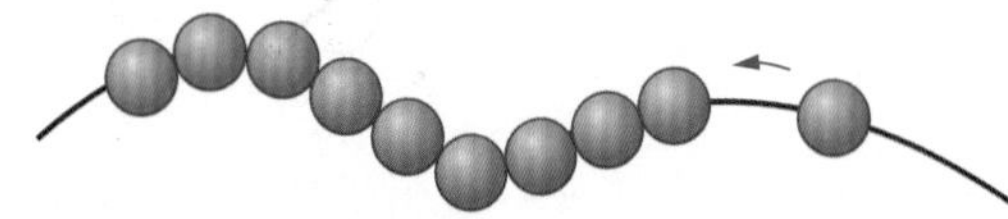

9보다 1만큼 더 큰 수는 □입니다.

2 그림을 보고 □ 안에 알맞은 수나 말을 써넣으세요. (3점)

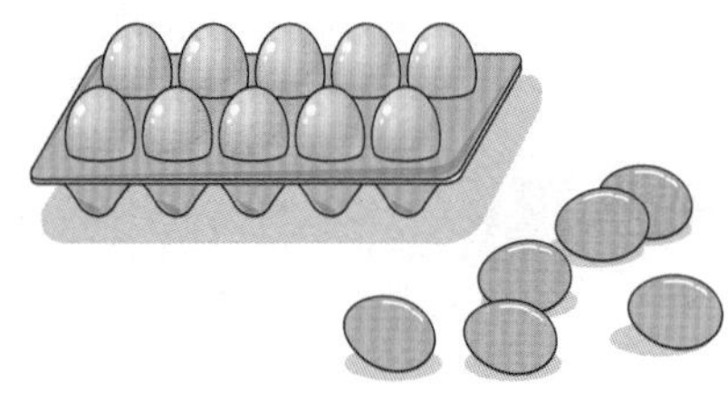

10개씩 묶음 1개와 낱개 6개를 □이라 하고 이를 □ 또는 □이라고 읽습니다.

3 모으기를 해 보세요. (3점)

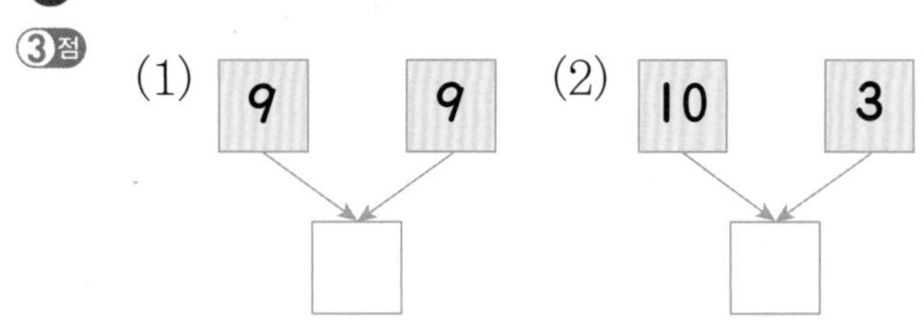

4 가르기를 해 보세요. (4점)

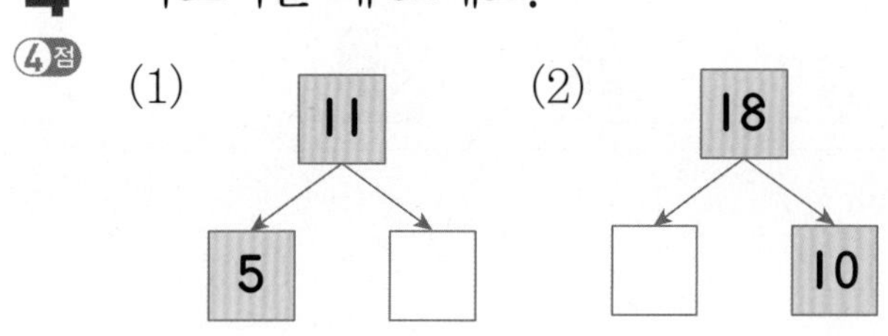

5 관계있는 것끼리 선으로 이어 보세요. (4점)

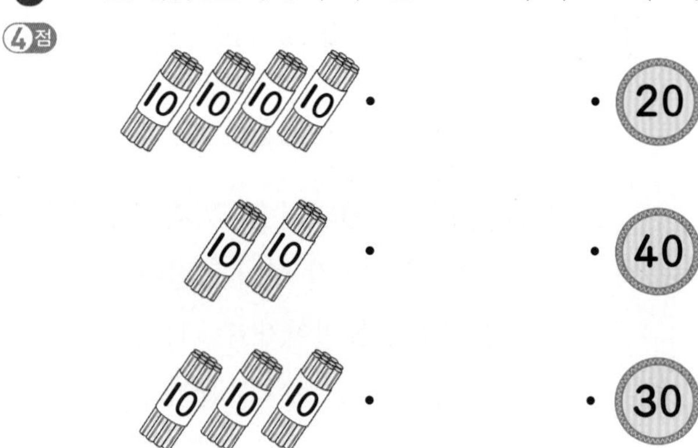

6 지혜네 반 학생은 모두 30명입니다. 10명씩 한 모둠이 되게 하면 모두 몇 모둠인가요? (4점)

(　　　　　　　)모둠

7 그림을 보고 □ 안에 알맞은 수를 써넣으세요. (4점)

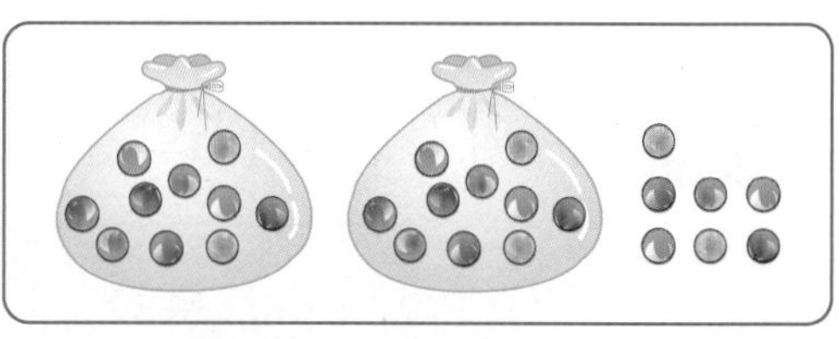

10개씩 묶음 2개와 낱개 □개는 □입니다.

8 그림을 보고 빈칸에 알맞은 수를 써넣으세요.
(4점)

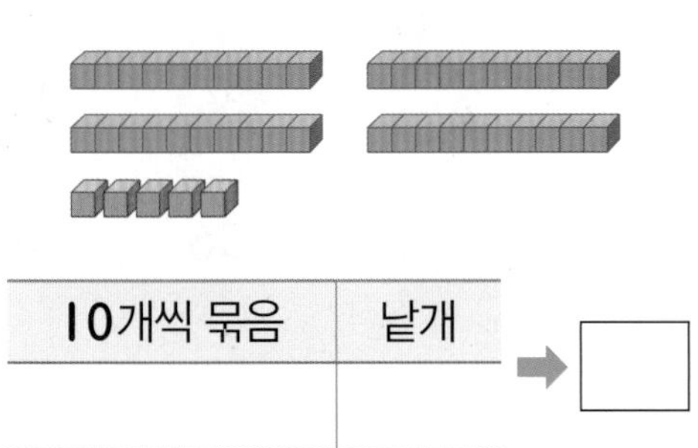

10개씩 묶음	낱개

➡ □

9 진영이가 말하는 수를 쓰세요.
(4점)

(　　　　　　)

10 굴비가 10마리씩 2상자와 9마리가 있습니다. 굴비는 모두 몇 마리인가요?
(4점)

(　　　　　　)마리

11 다음 중 수를 바르게 읽지 못한 것은 어느 것입니까? (　　　)
(4점)

① **15** ➡ (십오, 열다섯)
② **48** ➡ (사십팔, 마흔여덟)
③ **23** ➡ (이십삼, 스물셋)
④ **50** ➡ (오십, 쉰)
⑤ **32** ➡ (삼십둘, 서른이)

12 세어 보고 □ 안에 알맞은 수를 써넣으세요.
(4점)

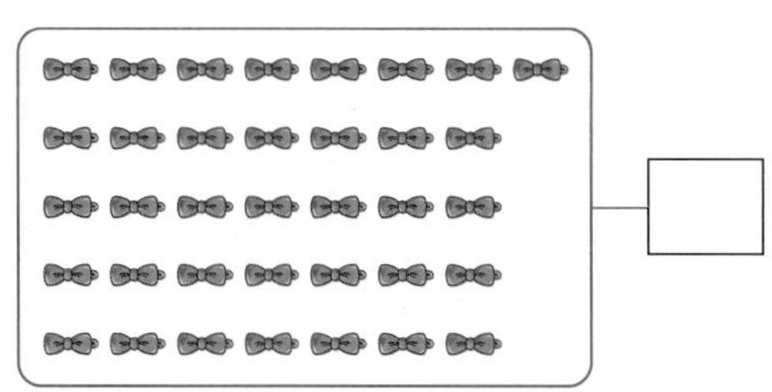

13 다음 수직선에서 수의 순서에 맞게 빈 곳에 알맞은 수를 써넣으세요.
(4점)

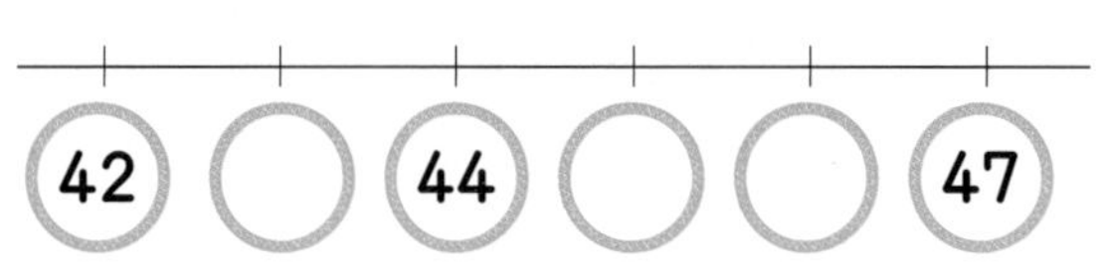

14 두 수의 크기를 바르게 비교한 것의 기호를 쓰세요.
(4점)

㉠ **29**는 **32**보다 큽니다.
㉡ **36**은 **41**보다 작습니다.

(　　　　　　)

15 다음 설명에 알맞은 어떤 수를 모두 쓰세요.
4점

- 어떤 수는 18과 26 사이의 수입니다.
- 어떤 수는 22보다 크고 31보다 작습니다.

( )

16 그림을 보고 알맞은 말에 ○표 하세요.
4점

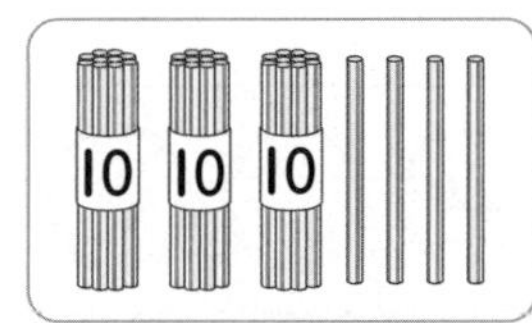

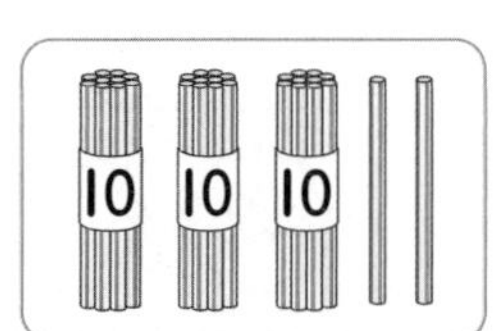

34는 32보다 (큽니다, 작습니다).

17 더 큰 수에 ○표 하세요.

18 가장 큰 수에 ○표 하세요.
4점

32 36 38

19 가장 작은 수에 △표 하세요.
4점

37 42 29

20 사탕을 동민이는 37개 가지고 있고, 가영이는 사십 개, 예슬이는 열두 개 가지고 있습니다. 사탕을 가장 많이 가지고 있는 사람의 이름을 쓰세요.
4점

( )

21 영수는 한 묶음이 10장인 색종이 묶음 5개가 있고, 웅이는 한 묶음이 10장인 색종이 묶음 4개와 낱장 4장이 있습니다. 누가 색종이를 더 많이 가지고 있나요?
4점

( )

서술형

22 ④점 상자에 들어 있는 사과를 10개씩 3번 꺼냈더니 상자 안에는 7개의 사과가 남았습니다. 처음 상자에 들어 있던 사과는 모두 몇 개인지 풀이 과정을 쓰고 답을 구하세요.

풀이

답 ______ 개

23 ⑤점 사탕이 18개 있습니다. 이 사탕을 한별이와 한솔이가 똑같이 나누어 먹으려고 합니다. 두 사람은 사탕을 몇 개씩 먹으면 되는지 풀이 과정을 쓰고 답을 구하세요.

풀이

답 ______ 개

24 ⑤점 색종이가 10장씩 묶음 3개와 낱개 16장이 있습니다. 색종이는 모두 몇 장인지 풀이 과정을 쓰고 답을 구하세요.

풀이

답 ______ 장

25 ⑤점 영수는 38보다 크고 42보다 작은 수를 다음과 같이 썼습니다. 영수가 쓴 수가 틀린 이유를 설명하세요.

39, 40, 41, 42

설명

탐구 수학

1. 연결큐브로 만든 모양입니다. 이 모양을 만들기 위해 연결큐브를 몇 개 사용했는지 다양한 방법으로 세어 보고, 어떻게 세었는지 설명해 보세요.

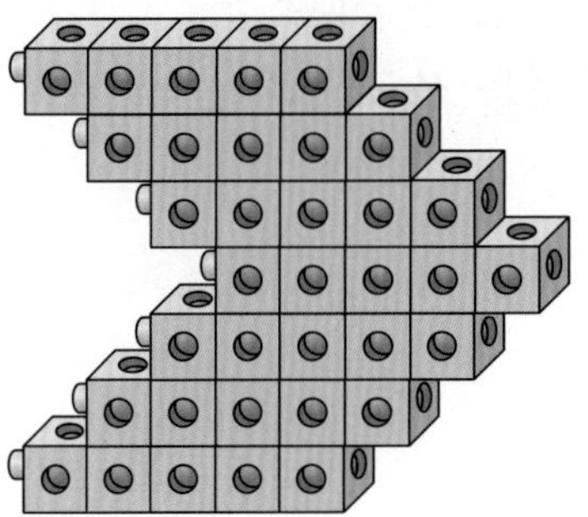

2. 50까지의 수 중에서 하나의 수를 넣어 이야기를 만들어 보세요.

짝이 없어요.

강아지네 학교 운동회날이에요.

"앞으로 나란히!"

시커먼 안경을 쓴 왕왕 선생님이 큰 소리로 구령을 부르자 두 줄로 선 강아지들이 앞으로 나란히를 하면서 줄을 맞춰요.

"힝, 나는 짝이 없어!"

맨 뒷줄에 선 깜둥 강아지가 울상이 되었어요.

홀로 선 깜둥 강아지는 춤을 출 때에도 짝이 없었어요.

"힝, 나만 짝이 없어!"

마침 옆반에 있던 흰둥 강아지가 슬쩍 뛰어와서 짝이 되어 주었어요.

"나도 짝이 없어서 홀로 있었어. 우리 둘이 짝을 하면 되겠다, 그치?"

짝을 찾은 깜둥이와 흰둥이는 짝짝짝 손을 마주치며 춤을 추었답니다.

얼룩 강아지들은 우르르 운동장 한가운데로 나오더니 둥글게 둥글게 원을 만들며 섰어요. 왕왕 선생님이 원 가운데로 들어가 서시더니

"둘씩 짝지어서 앉아!"

하셨어요.

여기저기서 친한 친구 강아지를 찾아 멍멍멍 대더니 어느새 하나, 둘, 셋!

둘씩 짝지어 앉은 강아지들.

그런데 다리 짧은 얼룩 강아지는 미처 짝을 못 찾았는지 홀로 여기저기를 둘러보고 있었지요.

"짝이 없으면 나가라!"

왕왕 선생님이 호루라기를 휘익 불며 그렇게 소리치자 다리 짧은 얼룩 강아지는 홀로 원 밖으로 나왔어요.

강아지네 학교 운동회 이야기를 읽던 영수는 이제 알았어요.

왜 짝수라고 하고 홀수라고 하는지.

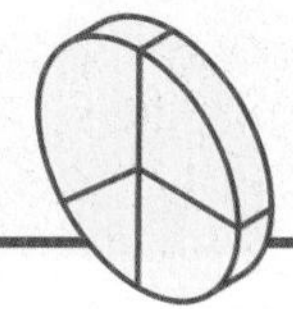

둘씩 짝을 지을 수 있으니까 짝수
짝을 찾지 못하고 홀로 있으니까 홀수
"나는 지금 8살이니까……."
영수는 자기 나이만큼 동그라미를 그려 보았어요.
○○○○○○○○
그리고 둘씩 묶어 보았지요.
○○○○○○○○
둘씩 묶고 남는 것이 없으니까 **8**은 짝수!
우리는 **19**층에 사는데 **19**는 짝수일까, 홀수일까?
할아버지댁은 **42**번 버스를 타고 가는데 **42**는 짝수일까, 홀수일까?
형이 가진 구슬은 **37**개라던데 **37**은 짝수일까, 홀수일까?
19나 **42**, **37**처럼 큰 수는 동그라미를 그려서 알아보기도 힘들 것 같아요. 그런데 형은 동그라미도 그리지 않고 어떻게 척척 알까요?
"형! 나도 좀 가르쳐 줘!"

1	2	3	4	5	6	7	8	9	10
11	12	13	14	15	16	17	18	19	20
21	22	23	24	25	26	27	28	29	30
31	32	33	34	35	36	37	38	39	40
41	42	43	44	45	46	47	48	49	50

형이 써 준 수 배열표를 가만히 들여다보다가, 얏호! 영수도 이제 알았어요. 짝수인지 홀수인지 알아내는 방법!
19는 홀수!
42는 짝수!
37은 홀수!

영수는 짝수와 홀수를 어떤 방법으로 쉽게 알아냈을까요? 수 배열표에서 파란색과 빨간색으로 칠해진 숫자들을 보며 생각해 보세요.

왕수학

왕수학

정답과 풀이

1-1

(주)에듀왕

왕수학

왕수학

기본편

정답과 풀이

초등

1-1

1 단원 9까지의 수

1단계 개념 탄탄 6쪽

1 (1) 다섯 (2) 삼
2 (1) 1 (2) 4
(3) 2 (4) 5

1 수를 셀 때에는 하나, 둘, 셋, 넷, 다섯으로 소리내어 하나씩 짚어 가면서 세어 봅니다.

2 (1) 하나 **1** (2) 하나, 둘, 셋, 넷 **4**
(3) 하나, 둘 **2** (4) 하나, 둘, 셋, 넷, 다섯 **5**
참고 수를 셀 때에는 하나, 둘, 셋, 넷, 다섯으로 세고, 수를 쓸 때에는 **1**, **2**, **3**, **4**, **5**로 씁니다.

2단계 핵심 쏙쏙 7쪽

1 (1) 2 (2) 4
2 (1) 1 (2) 3
(3) 5
3 (1) ○○ (2) ○○○
(3) ○○○○○
4 (1) 이 (2) 다섯
5 (1) 삼 (2) 넷

1 (1) 하나, 둘 ➡ **2**
(2) 하나, 둘, 셋, 넷 ➡ **4**

2 (1) 하나 **1** (2) 하나, 둘, 셋 **3**
(3) 하나, 둘, 셋, 넷, 다섯 **5**

3 (1) **2**는 둘이므로 ○를 두 개 그립니다.
(2) **3**은 셋이므로 ○를 세 개 그립니다.
(3) **5**는 다섯이므로 ○를 다섯 개 그립니다.

4 (1) **2**는 둘 또는 이라고 읽습니다.
(2) **5**는 다섯 또는 오라고 읽습니다.

1단계 개념 탄탄 8쪽

1 (1) 7 (2) 6
2 (1) 8 (2) 9

1 (1) 수박은 일곱이고, 일곱은 **7**로 나타냅니다.
(2) 포도는 여섯이고, 여섯은 **6**으로 나타냅니다.

2 (1) 우산은 여덟이고, 여덟은 **8**로 나타냅니다.
(2) 컵은 아홉이고, 아홉은 **9**로 나타냅니다.

2단계 핵심 쏙쏙 9쪽

1 6 / 여섯, 육 2 7
3 (1) 예

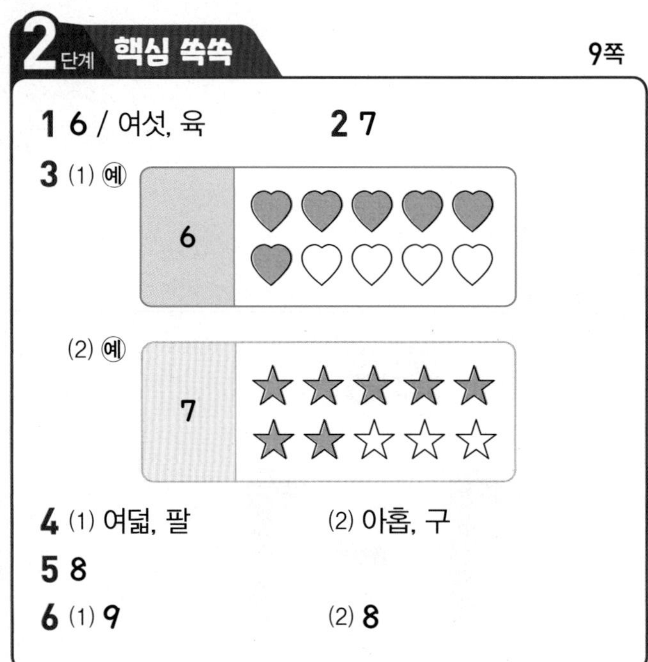

4 (1) 여덟, 팔 (2) 아홉, 구
5 8
6 (1) 9 (2) 8

1 하나, 둘, 셋, 넷, 다섯, 여섯 ➡ **6**(여섯, 육)

2 절구는 일곱이고, 일곱은 **7**로 나타냅니다.

3 (1) **6**은 여섯이므로 하나, 둘, …, 여섯까지 세면서 색칠합니다.
(2) **7**은 일곱이므로 하나, 둘, …, 일곱까지 세면서 색칠합니다.

5 야구 글러브는 여덟이고, 여덟은 **8**로 나타냅니다.

6 (1) 색종이는 아홉이고, 아홉은 **9**로 나타냅니다.
(2) 색종이는 여덟이고, 여덟은 **8**로 나타냅니다.

1단계 개념 탄탄 10쪽

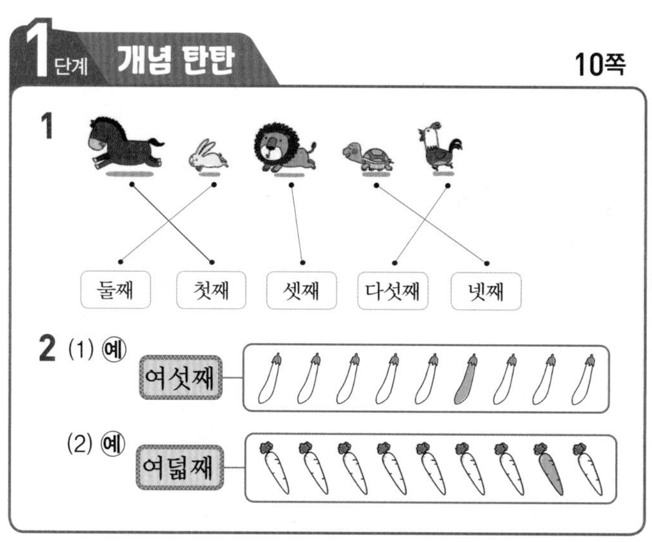

2 (1) 여섯째는 차례 순서를 나타내므로 왼쪽에서부터 여섯째 가지에만 색칠합니다.
(2) 여덟째는 차례 순서를 나타내므로 왼쪽에서부터 여덟째 당근에만 색칠합니다.

2단계 핵심 쏙쏙 11쪽

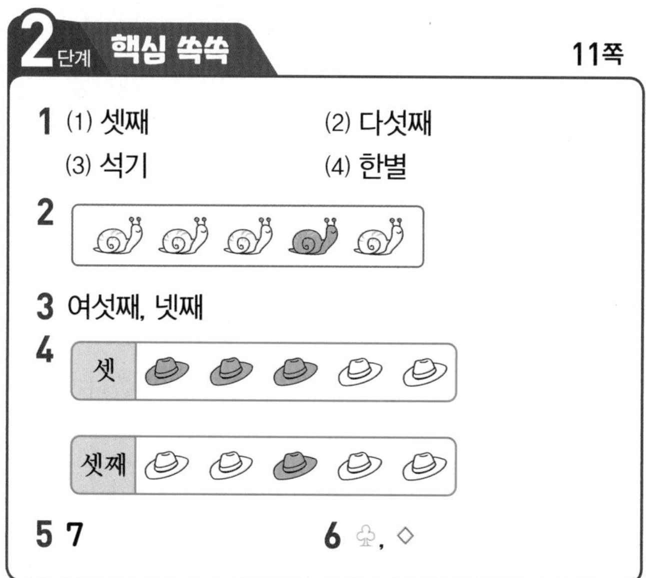

2 둘째는 차례 순서를 나타내므로 오른쪽에서 둘째에 있는 달팽이에만 색칠합니다.

3 기준에 따라 순서를 세어봅니다.

4 셋은 개수를 나타내므로 세 개를 색칠하고 셋째는 차례 순서를 나타내므로 셋째에만 색칠합니다.

5

3	0	2	5	7	9	6	I	4
↑	↑	↑	↑	↑	↑	↑	↑	↑
첫째	둘째	셋째	넷째	다섯째	여섯째	일곱째	여덟째	아홉째

3단계 유형 콕콕 12~17쪽

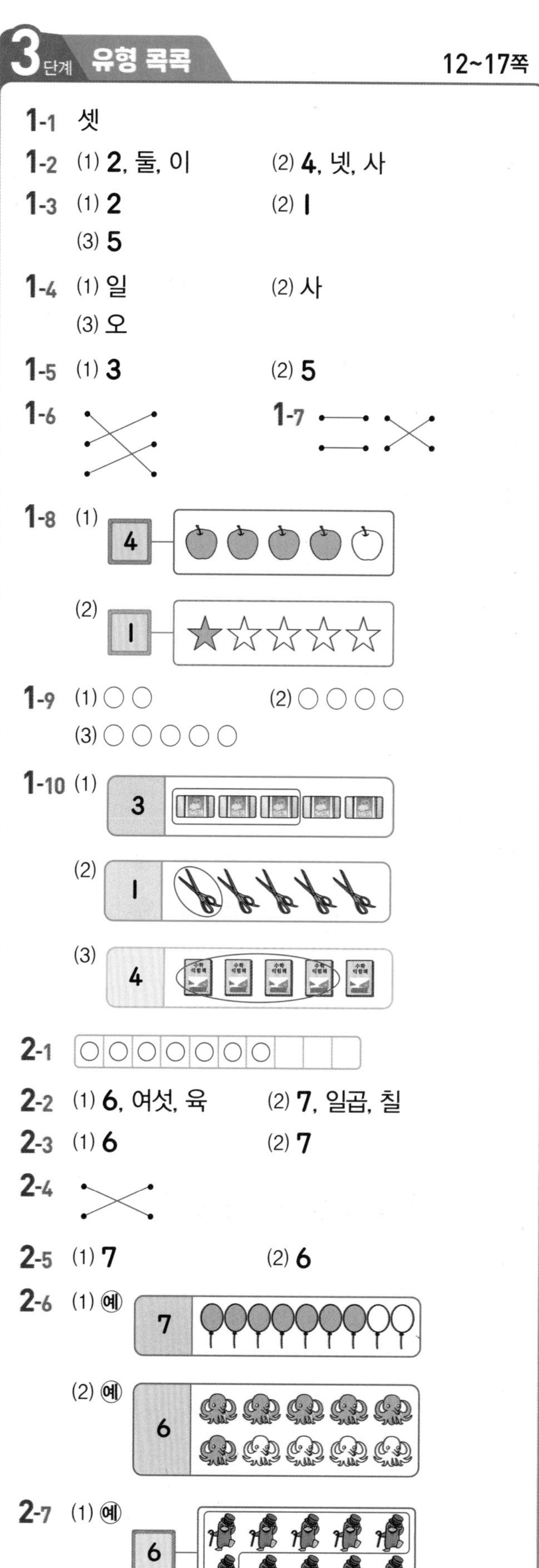

(2) 예 7

2-8

	그리기	읽기	
6	○○○○○○	여섯	육
7	○○○○○○○	일곱	칠

2-9 7

2-10 (1) 8, 여덟, 팔 (2) 9, 아홉, 구

2-11 (1) 8 (2) 9

2-12 (1) 9 (2) 8

2-13

2-14 (1) 9 (2) 8

2-15 (1) 예

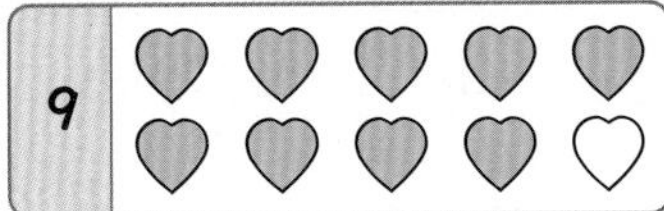

(2) 예

2-16 (1) 예

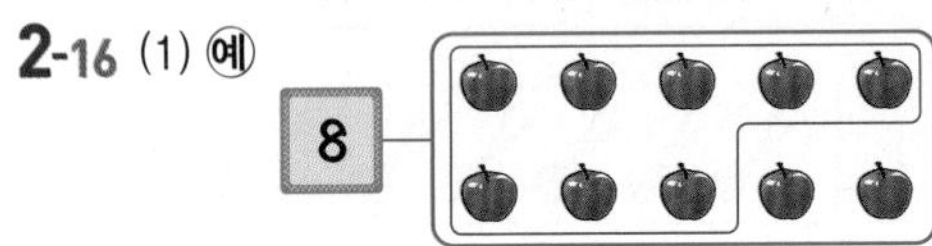

(2) 예

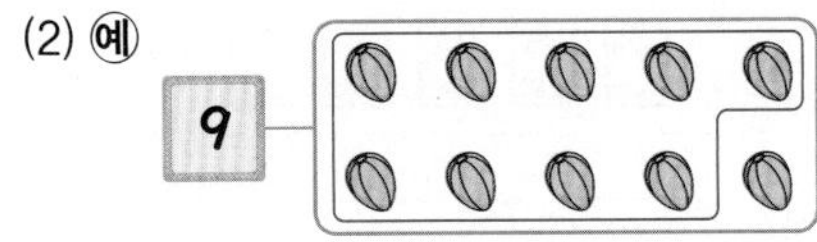

2-17 구

3-1 (1)

(2)

3-2

3-3

여덟	●●●●●●●●○
여덟째	○○○○○○○●○

3-4 둘째 3-5 모자

3-6 지혜

1-3 (1) 하나, 둘 2
(2) 하나 1
(3) 하나, 둘, 셋, 넷, 다섯 5

1-7 둘 ➡ 이 ➡ 2, 다섯 ➡ 오 ➡ 5

1-8 (1) 4는 넷이므로 사과 네 개를 색칠합니다.
(2) 1은 하나이므로 별 한 개를 색칠합니다.

1-9 (1) 2는 둘이므로 ○를 두 개 그립니다.
(2) 4는 넷이므로 ○를 네 개 그립니다.
(3) 5는 다섯이므로 ○를 다섯 개 그립니다.

1-10 (1) 3은 셋이므로 지우개 세 개를 묶습니다.
(2) 1은 하나이므로 가위 한 개를 묶습니다.
(3) 4는 넷이므로 책 네 권을 묶습니다.

2-1 달걀이 일곱이므로 ○를 일곱 개 그립니다.

2-3 (1) 배는 여섯이고, 여섯은 6으로 나타냅니다.
(2) 비행기는 일곱이고, 일곱은 7로 나타냅니다.

2-6 (1) 하나, 둘, …, 일곱까지 하나씩 세면서 색칠합니다.
(2) 하나, 둘, …, 여섯까지 하나씩 세면서 색칠합니다.

2-7 (1) 하나, 둘, …, 여섯까지 하나씩 세면서 묶습니다.
(2) 하나, 둘, …, 일곱까지 하나씩 세면서 묶습니다.

2-9 어린이 일곱 명을 수로 쓰면 7명입니다.

2-11 (1) 야구공이 여덟이므로 7을 8로 고쳐 씁니다.
(2) 호루라기가 아홉이므로 6을 9로 고쳐 씁니다.

2-12 (1) 자전거는 아홉이고, 아홉은 9로 나타냅니다.
(2) 색연필은 여덟이고, 여덟은 8로 나타냅니다.

2-15 (1) 하나, 둘, …, 아홉까지 하나씩 세면서 색칠합니다.
(2) 하나, 둘, …, 여덟까지 하나씩 세면서 색칠합니다.

2-16 (1) 하나, 둘, …, 여덟까지 하나씩 세면서 묶습니다.
(2) 하나, 둘, …, 아홉까지 하나씩 세면서 묶습니다.

3-2 왼쪽에서부터 첫째, 둘째, …, 아홉째를 세어봅니다.

3-3 여덟은 개수를 나타내고, 여덟째는 차례 순서를 나타냅니다.

3-6 동민이부터 순서대로 첫째, 둘째, …, 여섯째를 세어 봅니다.

1단계 개념 탄탄 18쪽

1 (1) 1 (2) 2
(3) 3 (4) 4, 5, 6, 7, 8, 9

2 5, 8, 9

2단계 핵심 쏙쏙 19쪽

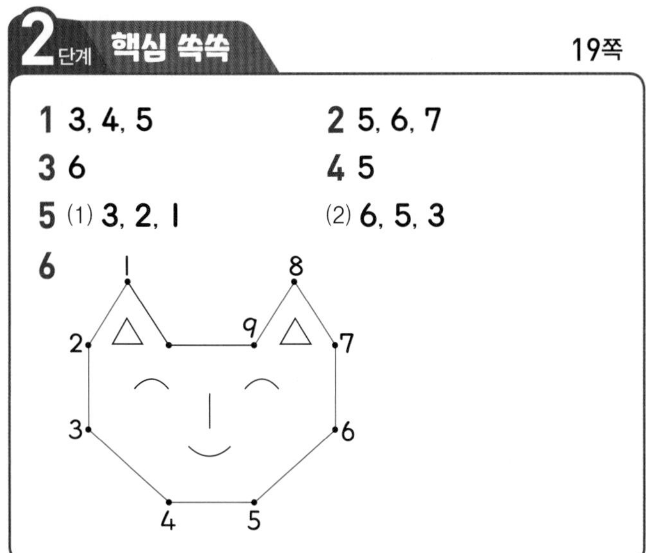

1 3, 4, 5 **2** 5, 6, 7
3 6 **4** 5
5 (1) 3, 2, 1 (2) 6, 5, 3
6

1단계 개념 탄탄 20쪽

1 ○○○○○○○○○
2 3, 0

1 당근은 여덟이고, 8보다 1만큼 더 큰 수는 9이므로 ○를 아홉 개 그립니다.

2단계 핵심 쏙쏙 21쪽

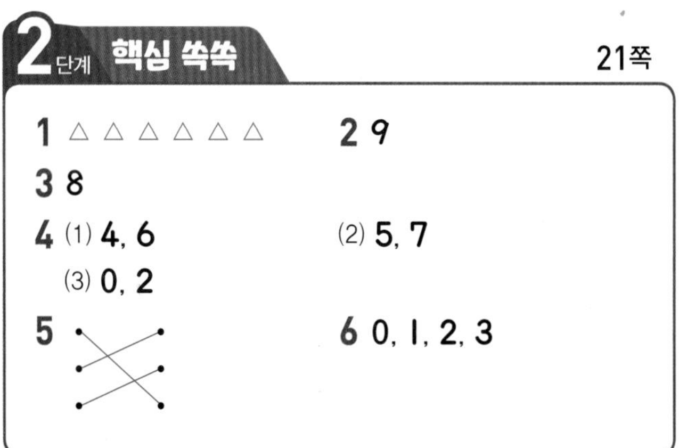

1 △△△△△△ **2** 9
3 8
4 (1) 4, 6 (2) 5, 7
(3) 0, 2
5
6 0, 1, 2, 3

1 새우는 일곱이고, 7보다 1만큼 더 작은 수는 6이므로 △를 여섯 개 그립니다.

2 도넛은 여덟이고, 여덟은 8로 나타내므로 8보다 1만큼 더 큰 수는 9입니다.

3 토끼는 아홉이고, 아홉은 9로 나타내므로 9보다 1만큼 더 작은 수는 8입니다.

5 차에 타고 있는 사람이 한 명도 없을 때, 0으로 나타내고 영이라고 읽습니다.

6 꽃병에 장미가 하나도 없는 것을 0이라 쓰고, 영이라고 읽습니다.

1단계 개념 탄탄 22쪽

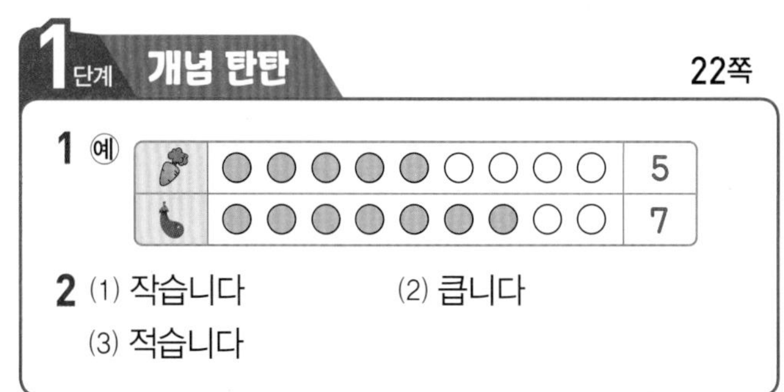

1 예

(당근)	●●●●●○○○○	5
(가지)	●●●●●●●○○	7

2 (1) 작습니다 (2) 큽니다
(3) 적습니다

1 당근 : 5개, 가지 : 7개

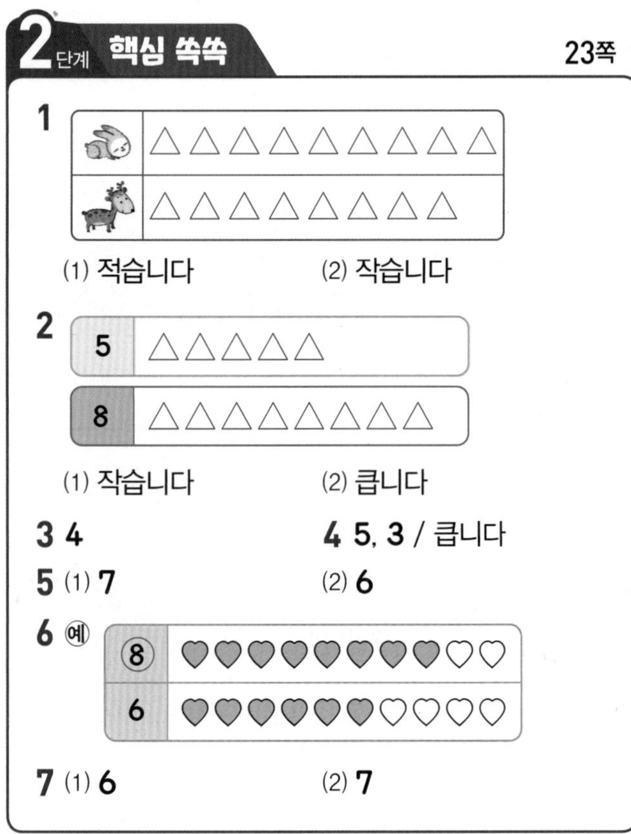

2단계 핵심 쏙쏙 23쪽

1

(1) 적습니다 (2) 작습니다

2

(1) 작습니다 (2) 큽니다

3 4

4 5, 3 / 큽니다

5 (1) 7 (2) 6

6 예

7 (1) 6 (2) 7

1 토끼는 **9**마리이고, 사슴은 **8**마리입니다.

3 **4**는 **6**보다 작은 수입니다.

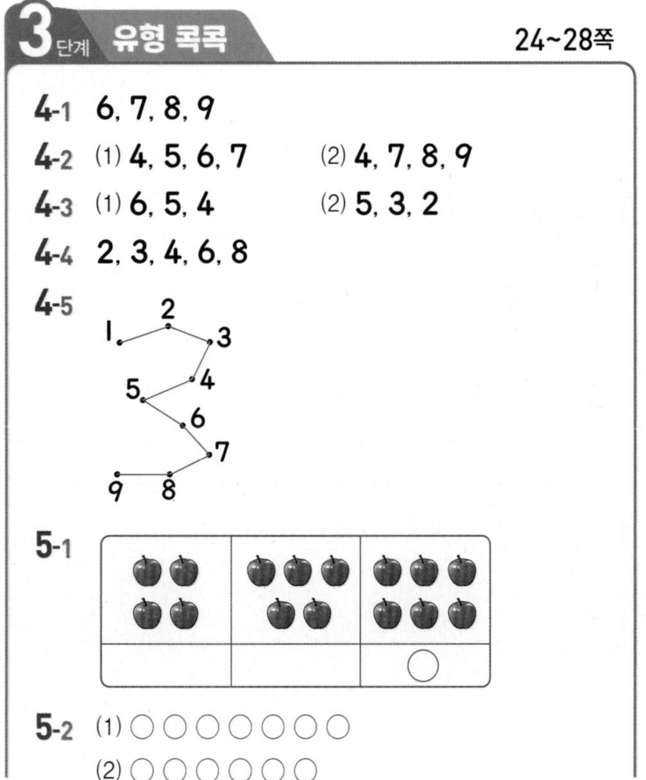

3단계 유형 콕콕 24~28쪽

4-1 6, 7, 8, 9

4-2 (1) 4, 5, 6, 7 (2) 4, 7, 8, 9

4-3 (1) 6, 5, 4 (2) 5, 3, 2

4-4 2, 3, 4, 6, 8

4-5

5-1

5-2 (1) ○○○○○○○

(2) ○○○○○○

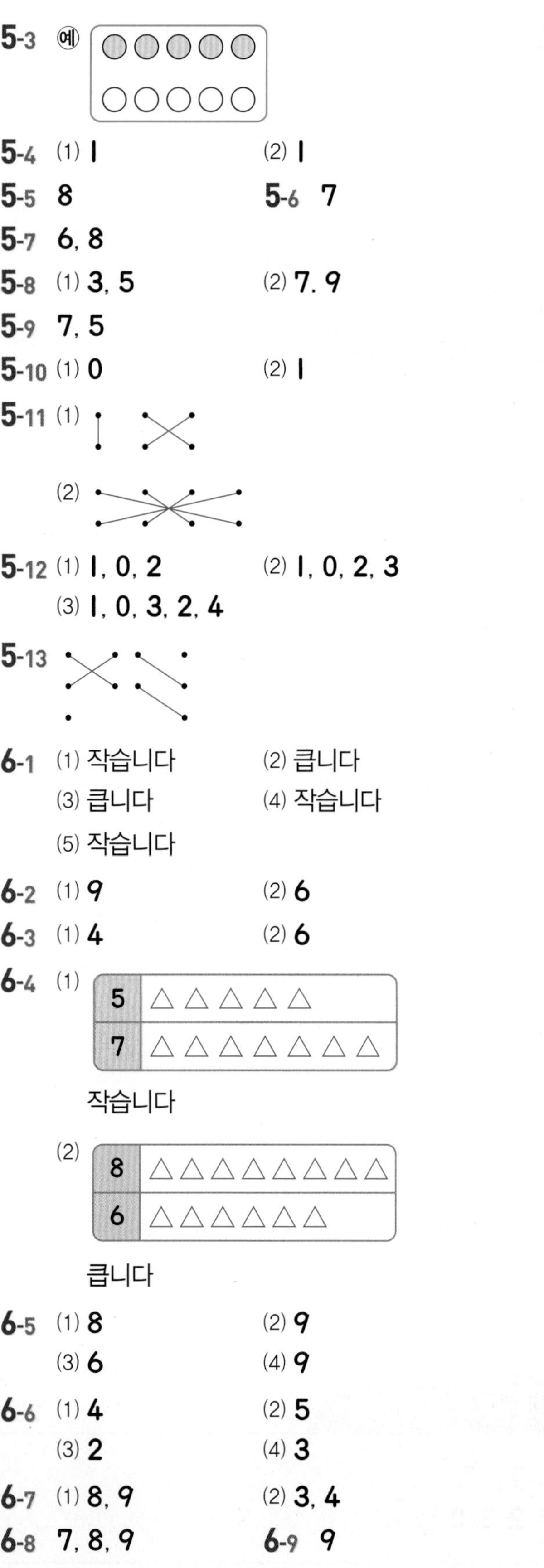

5-3 예

5-4 (1) 1 (2) 1

5-5 8

5-6 7

5-7 6, 8

5-8 (1) 3, 5 (2) 7, 9

5-9 7, 5

5-10 (1) 0 (2) 1

5-11 (1)

(2)

5-12 (1) 1, 0, 2 (2) 1, 0, 2, 3

(3) 1, 0, 3, 2, 4

5-13

6-1 (1) 작습니다 (2) 큽니다

(3) 큽니다 (4) 작습니다

(5) 작습니다

6-2 (1) 9 (2) 6

6-3 (1) 4 (2) 6

6-4 (1)

작습니다

(2)

큽니다

6-5 (1) 8 (2) 9

(3) 6 (4) 9

6-6 (1) 4 (2) 5

(3) 2 (4) 3

6-7 (1) 8, 9 (2) 3, 4

6-8 7, 8, 9

6-9 9

6-10 2

5-1 5보다 1만큼 더 큰 수는 6입니다.

5-2 (1) 장갑은 여섯이고, 여섯보다 하나 더 많은 것은 일곱이므로 ○를 일곱 개 그립니다.
(2) 딸기는 다섯이고, 다섯보다 하나 더 많은 것은 여섯이므로 ○를 여섯 개 그립니다.

5-3 막대 사탕은 여섯이고, 여섯보다 하나 더 적은 것은 다섯이므로 ○를 다섯 개 색칠합니다.

5-4 (1) 돼지는 여덟이고 코끼리는 일곱이므로 돼지는 코끼리보다 하나 더 많습니다.

5-5 머핀은 아홉이고, 아홉은 9로 나타내므로 9보다 1만큼 더 작은 수는 8입니다.

5-6 주사기는 여섯이고, 여섯은 6으로 나타내므로 6보다 1만큼 더 큰 수는 7입니다.

5-7 참외는 일곱이고, 일곱은 7로 나타내므로 7보다 1만큼 더 작은 수는 6이고 7보다 1만큼 더 큰 수는 8입니다.

5-8 (1) 4보다 1만큼 더 작은 수는 3이고, 1만큼 더 큰 수는 5입니다.
(2) 8보다 1만큼 더 작은 수는 7이고, 1만큼 더 큰 수는 9입니다.

5-9 여섯은 6이므로 6보다 1만큼 더 큰 수는 7이고 6보다 1만큼 더 작은 수는 5입니다.

5-11 (1) 연필꽂이에 연필이 하나도 없는 것을 0이라 쓰고, 영이라고 읽습니다.

6-2 하나씩 짝지었을 때, 남는 쪽의 수가 더 큽니다.

6-3 하나씩 짝지었을 때, 모자라는 쪽의 수가 더 작습니다.

6-7 (1) 7보다 뒤에 있는 수는 8, 9이므로 7보다 큰 수는 8, 9입니다.
(2) 5보다 앞에 있는 수는 3, 4이므로 5보다 작은 수는 3, 4입니다.

6-8 6보다 큰 수는 7, 8, 9입니다.

6-9 5는 3보다 크고, 9는 5보다 큽니다.
따라서 가장 큰 수는 9입니다.

6-10 2는 4보다 작고, 4는 8보다 작습니다.
따라서 가장 작은 수는 2입니다.

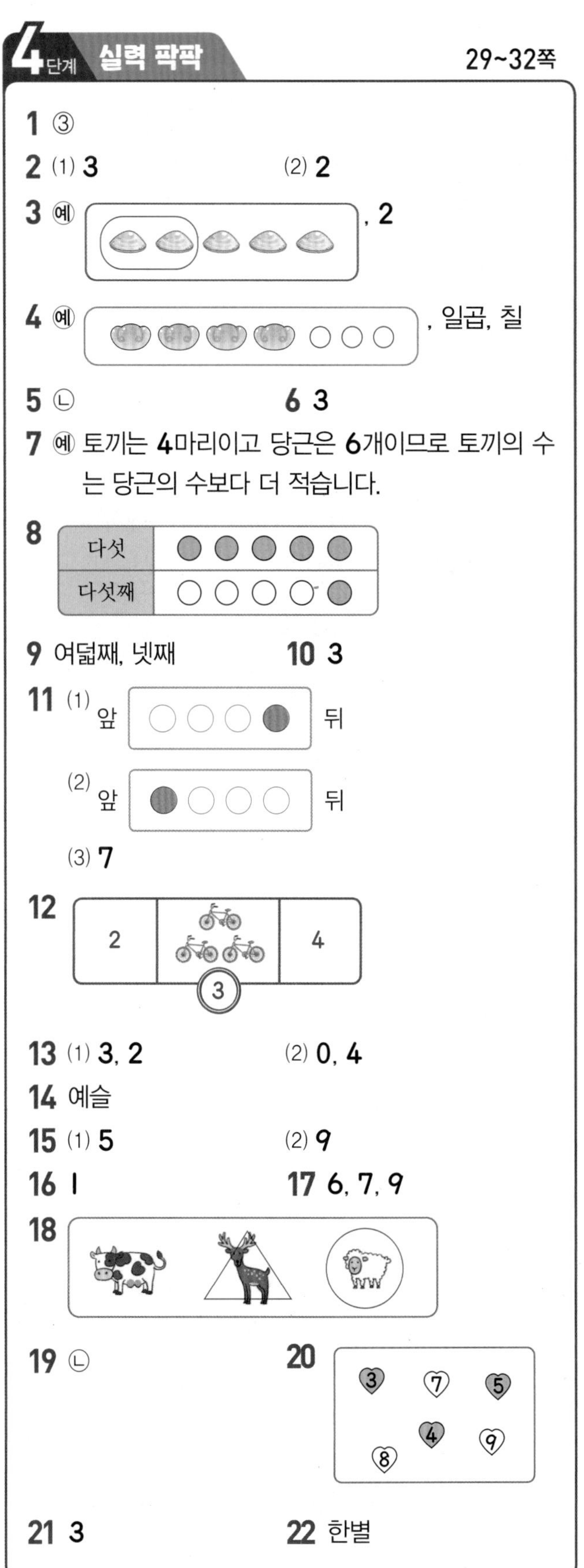

4단계 실력 팍팍 29~32쪽

1 ③
2 (1) 3 (2) 2
3 예 , 2
4 예 , 일곱, 칠
5 ㉡
6 3
7 예 토끼는 4마리이고 당근은 6개이므로 토끼의 수는 당근의 수보다 더 적습니다.
8

다섯	● ● ● ● ●
다섯째	○ ○ ○ ○ ●

9 여덟째, 넷째
10 3
11 (1) 앞 ○ ○ ○ ● 뒤
(2) 앞 ● ○ ○ ○ 뒤
(3) 7
12 2, 3, 4
13 (1) 3, 2 (2) 0, 4
14 예슬
15 (1) 5 (2) 9
16 1
17 6, 7, 9
18
19 ㉡
20 3, 7, 5, 4, 9, 8
21 3
22 한별

1 4는 넷 또는 사라고 읽습니다.
③ 오 ➡ 5

2 (1) 네모 모양의 단추를 세어 보면 3개입니다.
(2) 세모 모양의 단추를 세어보면 2개입니다.

3 상어는 셋(3)이므로 셋(3)보다 하나 더 적은 둘(2)을 묶고, 2를 씁니다.

5 ㉠ 8 ㉡ 9 ㉢ 8 ㉣ 8

6 닭의 수를 세어 보면 하나, 둘, 셋, 넷, 다섯으로 5마리입니다. 여섯, 일곱, 여덟까지 세면서 알아보면 3마리를 더 사야 합니다.

8 다섯은 개수를 나타내므로 5개의 ○에 색칠하고, 다섯째는 차례 순서를 나타내므로 왼쪽에서 다섯째에 있는 한 개만 색칠합니다.

10 9, 8, 7, 6, 5, 4, 3, 2, 1
↑ (3) 일곱째

11 (2) 가영이는 뒤에서 넷째로 달리고 있으므로 뒤에 학생들이 3명 더 있어야 합니다.
따라서 ○를 3개 더 그려야 합니다.
(3) 앞 ○○○●○○○ 뒤
●과 ○의 수를 모두 세어 보면 7입니다.
따라서 가영이네 모둠 학생들은 모두 7명입니다.

12 셋(3)보다 하나 더 적은 것은 둘(2)이고, 셋(3)보다 하나 더 많은 것은 넷(4)입니다.

14 예슬 : 1보다 하나 더 많은 수는 2입니다.

15 (1) 6보다 1만큼 더 작은 수는 5입니다.
(2) 8보다 1만큼 더 큰 수는 9입니다.

16 상연이가 쿠키를 모두 먹었으므로 0개가 되었습니다. 그런데 형이 상연이에게 쿠키를 1개 주었으므로 상연이가 가진 쿠키는 0보다 하나 더 많습니다. 0보다 하나 더 많은 것은 1이므로 상연이가 가지고 있는 쿠키는 1개입니다.

18 사람은 8명입니다. 8보다 1만큼 더 큰 수는 9이므로 9마리인 양에 ○표 하고, 8보다 1만큼 더 작은 수는 7이므로 7마리인 사슴에 △표 합니다.

19 ㉠ 6은 5보다 큽니다.

20 6보다 작은 수는 3, 4, 5입니다.

21 가장 작은 수부터 차례로 쓰면 5, 6, 7, 8, 9이고, 이 중 8보다 작은 수는 5, 6, 7이므로 영수보다 작은 수가 적힌 숫자 카드를 뽑은 사람은 3명입니다.

22 1부터 9까지의 수를 순서대로 씁니다.
1 2 3 4 5 6 7 8 9
이 중에서 주어진 세 수를 가장 작은 수부터 차례로 쓰면 5, 8, 9입니다.
따라서 제기를 가장 많게 찬 사람은 한별입니다.

서술 유형 익히기

33~34쪽

유형 1
연필, 연필, 크므로, 7, 7

예제 1
풀이 참조, 9

유형 2
9, 일곱째, 일곱째, 일곱째

예제 2
풀이 참조, 여섯째

1 피자와 콜라를 하나씩 짝지어 보면 피자가 남으므로 피자가 콜라보다 더 많습니다.
따라서 9는 7보다 크므로 더 큰 수는 9입니다. − ①

평가기준	배점
① 두 수의 크기를 바르게 비교한 경우	4점
② 더 큰 수를 구한 경우	1점

2 앞 ○○○○○●○○○ 뒤
동그라미 9개를 그려 보면 뒤에서부터 넷째는 앞에서부터 여섯째와 같습니다.
따라서 한솔이는 앞에서부터 여섯째에 서 있습니다.
− ①

평가기준	배점
① 그림을 그려 한솔이가 앞에서부터 몇째에 서 있는지 구한 경우	4점
② 답을 구한 경우	1점

놀이 수학 35쪽

1 9
2 4, 5, 9, 1, 7
3 한별

1 8보다 1만큼 더 큰 수는 9입니다.

2 3보다 1만큼 더 큰 수는 4, 4보다 1만큼 더 큰 수는 5, 8보다 1만큼 더 큰 수는 9, 0보다 1만큼 더 큰 수는 1, 6보다 1만큼 더 큰 수는 7입니다.

3 5보다 1만큼 더 큰 수는 6입니다. 위 빙고판에서 먼저 3줄 빙고를 만든 사람은 한별입니다.

단원 평가 36~39쪽

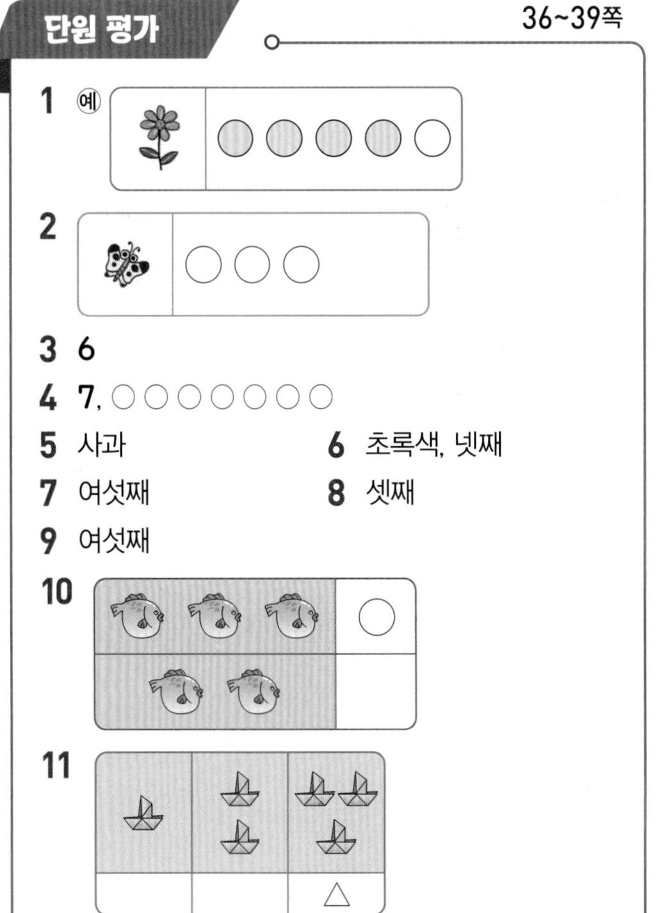

12 7
13 7, 9
14 2, 1, 0
15 0
16 작습니다
17 8
18 9, 6
19 4, 3
20 9, 8, 7, 5
21 7
22 풀이 참조, 일곱째
23 풀이 참조, 5
24 풀이 참조, 8
25 풀이 참조, 동민, 1

1 꽃이 넷이므로 ○를 네 개 색칠합니다.

2 나비가 셋이므로 ○를 세 개 그립니다.

3 병아리는 여섯이므로 6에 ○표 합니다.

4 일곱은 7이므로 ○를 7개 그립니다.

5 바나나 딸기 배 사과 수박
↑ ↑ ↑ ↑ ↑
첫째 둘째 셋째 넷째 다섯째

9 ○-○-○ ○-○-○-○-○

10 셋은 둘보다 하나 더 많습니다.

11 왼쪽 그림의 종이배는 넷이고, 넷보다 하나 더 적은 것은 셋입니다.

12 배는 여덟이고, 여덟은 8로 나타내므로 8보다 1 작은 수는 7입니다.

15 5개를 모두 먹었으므로 아무것도 남지 않았습니다.

16 장미 : 8송이, 나팔꽃 : 9송이

17 강아지는 고양이보다 많습니다.

18 병아리 : 9마리, 하마 : 6마리

19 3, 4는 6보다 작은 수이고 7, 9는 6보다 큰 수입니다.

20 수를 가장 큰 수부터 차례로 쓰면 9, 8, 7, 5입니다.

21 **6**보다 크고, **9**보다 작은 수는 **7**과 **8**인데 **8**은 아니라고 하였으므로 조건에 알맞은 수는 **7**입니다.

서술형

22 (1)<앞> ○○○○○○● 영수
영수 앞에 **6**명이 서 있으므로 첫째부터 여섯째 사람이 영수 앞에 서 있습니다. – ①
따라서 영수는 앞에서부터 일곱째에 서 있습니다. – ②

평가기준	배점
① 영수는 몇째에 서 있는지 설명한 경우	3점
② 답을 구한 경우	1점

23 5 ○○○○○ – ①
7 ○○○○○○○
왼쪽의 수만큼 ○를 그려 하나씩 짝지었을 때, 모자라는 쪽이 더 작은 수입니다. 따라서 **5**는 **7**보다 작습니다. – ②

평가기준	배점
① 왼쪽의 수만큼 ○를 각각 그린 경우	2점
② 더 작은 수를 바르게 구한 경우	3점

24 기린은 일곱이고, 일곱은 **7**로 나타냅니다. – ①
따라서 **7**보다 **1**만큼 더 큰 수는 **8**입니다. – ②

평가기준	배점
① 기린의 수를 구한 경우	2점
② 기린의 수보다 1만큼 더 큰 수를 바르게 구한 경우	3점

25 **8**은 **7**보다 **1**만큼 더 큰 수이므로 동민이가 석기보다 구슬을 **1**개 더 많이 가지고 있습니다. – ①

평가기준	배점
① **7**과 **8**의 크기를 비교한 경우	2점
② 누가 구슬을 몇 개 더 많이 가지고 있는지 바르게 구한 경우	3점

탐구 수학 40쪽

1 풀이 참조

1

생활 속의 수학 41~42쪽

• 김치

2 단원 여러 가지 모양

1 단계 개념 탄탄 44쪽

1 ㉡, ㉥, ㉧ 2 ㉢, ㉤
3 ㉠, ㉣, ㉦

2 단계 핵심 쏙쏙 45쪽

1 ( )( )(□)
2 ( )(△)( )
3 (○)( )( )
4 (, (○),)
5 ((○), ,)
6 (, , (○))
7

7 음료수 캔, 통조림, 컵은 모양이고,
토스트 기계, 과자 상자, 주사위는 모양이고,
축구공, 볼링공, 야구공은 모양입니다.

1 단계 개념 탄탄 46쪽

2 단계 핵심 쏙쏙 47쪽

1 (○)( )( )
2 ( )( )(○)
3 ( )(○)( )
4 ( )( )(○)
5 (○)( )( )
6 ㉠

1 평평한 부분과 뾰족한 부분이 보이므로 모양입니다.

2 전체가 둥글어 보이므로 모양입니다.

3 둥근 부분과 평평한 부분이 보이므로 모양입니다.

1 단계 개념 탄탄 48쪽

1 (1) 3 (2) 2
(3) 3

1 각각의 모양들을 빠짐없이 세기 위해서는 각 모양을 셀 때마다 표시를 하면서 셉니다.

2 단계 핵심 쏙쏙 49쪽

1 ㉠ 2 ㉢
3 ㉡ 4 3, 4, 4
5 (○)( )( )
6 ( )(○)( )

5 모양 : 3개, 모양 : 1개, 모양 : 2개
가장 많이 사용된 모양은 입니다.

2단원 여러 가지 모양

3단계 유형 콕콕 50~54쪽

1-1 (1) (2) (3)
1-2 ( )( )(○)
1-3 ( )( )(○)
1-4 (1) ㉠, ㉥ (2) ㉢, ㉣ (3) ㉡, ㉤
1-5 (1) ( )(×)( )( )
(2) ( )( )(×)( )
(3) (×)( )( )( )
(4) ( )( )(×)( )
1-6 ② 1-7 ①
1-8 ②, ⑤ 1-9 ㉡, ㉣
1-10 ③
1-11
1-12 (1) 2 (2) 4 (3) 2
1-13 (1) (△)(□)(○)
(2) (△)(○)(□)
(3) (○)(△)(□)
2-1 (1) ㉠ (2) ㉢
2-2 (, ,)
2-3
3-1 (1) ㉠ (2) ㉢
3-2 (, ,)
3-3 (1) ㉠ (2) ㉡ (3) ㉠
3-4 2
3-5 (1) 2, 5, 2 (2) 4, 2, 1
3-6 (1) 3, 6, 4 (2) (, ,)
3-7 나

1-2 테니스공은 모양, 가방은 모양, 딱풀은 모양입니다.

1-3 주사위는 모양, 음료수 캔은 모양, 수박은 모양입니다.

1-6 ① 모양 ② 모양 ③ 모양 ④ 모양 ⑤ 모양

1-7 ① 모양 ② 모양 ③ 모양 ④ 모양 ⑤ 모양

1-9 ㉠, ㉤, ㉥ 모양
㉢ 모양

1-10 ③ 모양

1-11 축구공은 모양이고, 지우개는 모양이며, 음료수 캔은 모양입니다.

1-12 (1) 사과 상자, 앨범 ➡ 2개
(2) 비커, 케이크, 연필꽂이, 딱풀 ➡ 4개
(3) 농구공, 볼링공 ➡ 2개

2-1 (1) 뾰족한 부분과 평평한 부분이 있습니다.
(2) 모든 부분이 둥글어 보입니다.

3-4 모양 2개, 모양 2개, 모양 2개를 사용하여 만들었습니다.

3-5 빠짐없이 세기 위해서 표시하며 세어 봅니다.

3-6 (2) 모양 3개, 모양 6개, 모양 4개이므로 가장 많이 사용한 모양은 모양, 가장 적게 사용한 모양은 모양입니다.

3-7 모양을 가 모양에서는 1개, 나 모양에서는 2개를 사용했습니다.

4단계 실력 팍팍 55~58쪽

1 (선 잇기)

2 ㉡, ㉤ / ㉠, ㉣, ㉥ / ㉢

3 ㉖ 필통, 책, 침대

4 ( )(○)(○)

5 (△)(□)(○)(△)

6 ㉠

7 5

8 ㉣, ㉤, ㉦

9 (○)
( )

10 (■, ▯, ⓞ)

11 ㉡, ㉣, ㉥

12 ㉖ 책, 서랍장, 주사위

13 (■, ▯, ⓞ)

14 3

15 지혜

16 ( )
(○)

17 (■, ▯, ⓞ)

18 (■, ⓘ, ●)

19 예슬

20 ㉢

21 (1) (Ⓢ, ▯, ●) (2) (■, ⓘ, ●)

5 통조림, 딱풀－▯ 모양, 주사위－■ 모양,
축구공－● 모양

6 ㉠ 모두 ■ 모양입니다.
㉡ 골프공은 ● 모양, 분필과 통조림은 ▯ 모양입니다.
㉢ 화장품은 ▯ 모양, 야구공과 수박은 ● 모양입니다.

7 평평하고 뾰족한 부분이 있는 물건을 찾습니다.
㉠, ㉢, ㉥, ㉧, ㉨ ➡ 5개

8 옆이 둥글고 위아래가 평평한 물건을 찾습니다.
➡ ㉣, ㉤, ㉦

10 가영 : 음료수 캔, 연필꽂이, 양초 ➡ ▯ 모양,
야구공 ➡ ● 모양
지혜 : 선물 상자, 주사위 ➡ ■ 모양,
농구공, 배구공 ➡ ● 모양

11 ▯ 모양은 한 방향으로만 잘 굴러갑니다.
따라서 ▯ 모양의 물건을 모두 찾으면 ㉡, ㉣, ㉥ 입니다.

12 ■은 평평한 부분과 뾰족한 부분이 있지만 둥근 부분은 없습니다.

14 위에서 보았을 때 ● 모양인 물건은 ▯ 모양과 ● 모양입니다.
농구공, 콜라캔, 야구공 ➡ 3개

15 ■ 모양은 둥근 부분이 없어서 잘 굴러가지 않습니다.

17 가 : ■ 모양 2개, ▯ 모양 2개로 만든 것입니다
나 : ■ 모양 2개, ▯ 모양 3개, ● 모양 3개로 만든 것입니다.

18 ■ 모양 : 3개, ▯ 모양 : 5개, ● 모양 : 1개

19 가영 : ■ 모양 3개, ▯ 모양 2개, ● 모양 6개
예슬 : ■ 모양 3개, ▯ 모양 3개, ● 모양 3개

20 ㉢은 ■ 모양 2개, ▯ 모양 5개, ● 모양 4개입니다.

21 물건이 놓여진 순서를 보고 다음에 들어갈 물건에 맞는 모양을 찾습니다.
(1) 빈 곳에 들어갈 물건은 지우개이므로 ■ 모양입니다.
(2) 빈 곳에 들어간 물건은 분필이므로 ▯ 모양입니다.

서술 유형 익히기 59~60쪽

유형 1
가, 2, 2, 1, 1, 가

예제 1
풀이 참조, 나

유형 2
7, 4, 한초, 한초

예제 2
풀이 참조, 동민

2 단원 여러 가지 모양

1 주어진 모양을 모두 사용하여 만든 것은 나입니다. 가는 모양 1개, 모양 2개, 모양 2개를 사용하여 모양이 1개 남습니다. – ①

평가기준	배점
① 모두 사용한 것을 찾아 이유를 바르게 설명한 경우	4점
② 답을 구한 경우	1점

2 동민이는 모양을 4개 사용하고, 석기는 모양을 5개 사용하였습니다. – ①
따라서 모양을 더 적게 사용한 어린이는 동민이입니다. – ②

평가기준	배점
① 동민이와 석기가 사용한 모양의 개수를 각각 구한 경우	3점
② 모양을 더 적게 사용한 어린이를 말한 경우	2점

놀이 수학 61쪽

1

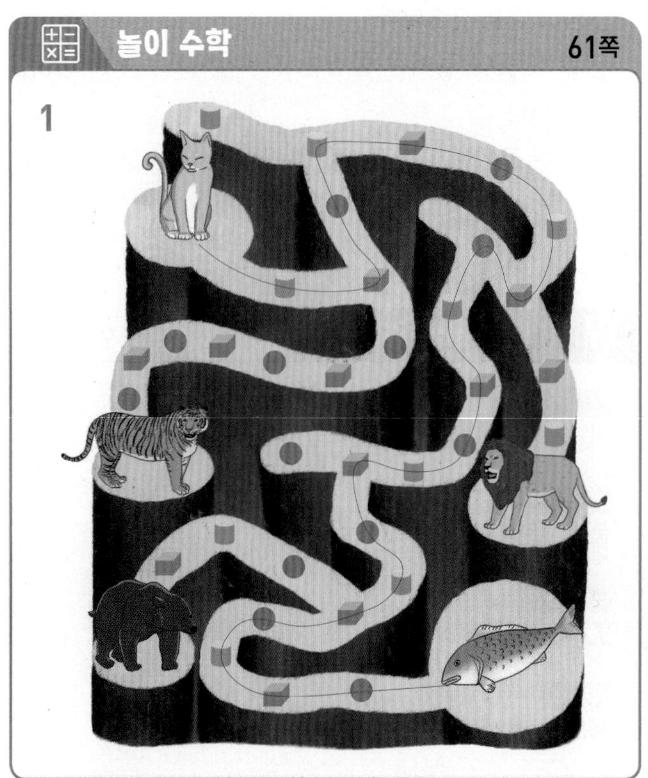

단원 평가 62~65쪽

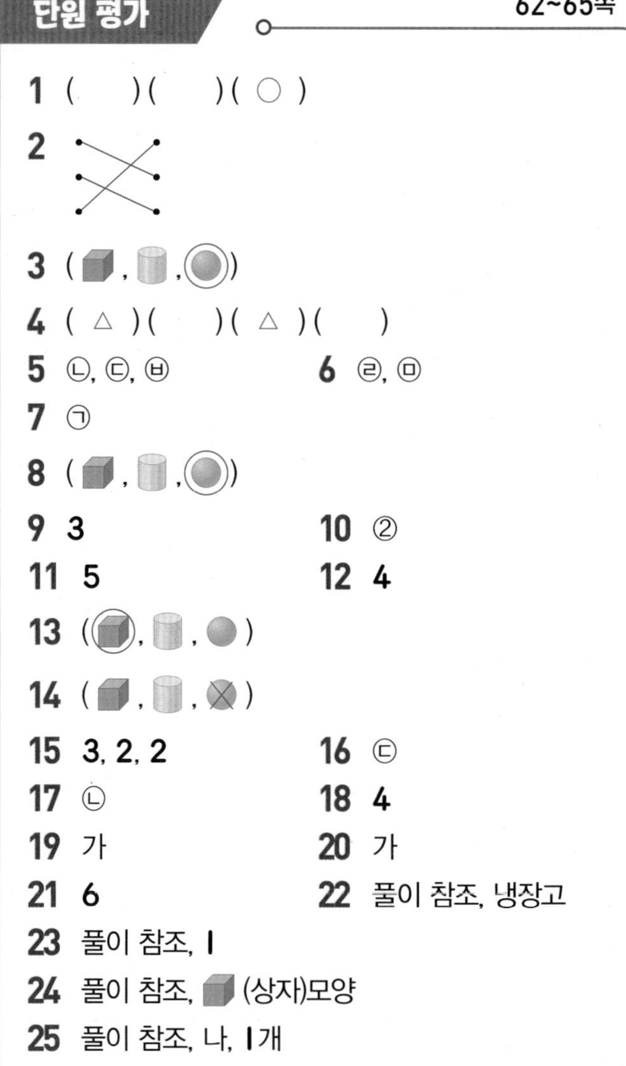

1 ( )( )(○)
2
3 (, , ◎)
4 (△)( )(△)( )
5 ㉡, ㉢, ㉥
6 ㉣, ㉤
7 ㉠
8 (, , ◎)
9 3
10 ②
11 5
12 4
13 (◎, ,)
14 (, , ╳)
15 3, 2, 2
16 ㉢
17 ㉡
18 4
19 가
20 가
21 6
22 풀이 참조, 냉장고
23 풀이 참조, 1
24 풀이 참조, (상자)모양
25 풀이 참조, 나, 1개

1 농구공 ➡ 모양
음료수 캔 ➡ 모양
필통 ➡ 모양

2 북은 모양이고, 옷장은 모양이며, 배구공은 모양입니다.

3 모양은 어느 방향에서 보아도 동그란 모양입니다.

4 보온병, 양초 ➡ 모양
치약 상자 ➡ 모양
볼링공 ➡ 모양

8 모양은 3개, 모양은 3개, 모양은 2개입니다. 따라서 가장 적은 모양은 모양입니다.

9 ㉠, ㉢, ㉥ ➡ **3**개

10 ② 모양은 어느 방향으로 굴려도 잘 굴러갑니다.

12 빠짐없이 세기 위해서 하나씩 표시하며 세어 봅니다.

14 모양 **3**개와 모양 **4**개로 만든 모양입니다.

16 모양 : **4**개
모양 : **6**개
모양 : **3**개

18 나는 모양 **2**개, 모양 **4**개를 사용하여 만들었습니다.

19 가는 모양 **3**개, 나는 모양 **2**개를 사용하여 만들었습니다.

20 모양을 가는 **4**개, 나는 **3**개 사용하였습니다.
따라서 모양을 더 많이 사용한 것은 가입니다.

21 모양은 평평한 부분이 **6**개입니다.

서술형

22 냉장고는 모양이고, 나머지는 모두 모양입니다.
따라서 나머지 셋과 모양이 다른 것은 냉장고입니다.
— ①

평가기준	배점
① 모양이 다른 것을 찾고 이유를 바르게 설명한 경우	4점

23 평평한 부분도 있고 한 방향으로만 잘 구르는 물건 : ㉠, ㉣, ㉤, 잘 구르지 않는 물건 : ㉢, ㉥
따라서 평평한 부분도 있고 한 방향으로만 잘 구르는 물건은 잘 구르지 않는 물건보다 **1**개 더 많습니다.
— ①

평가기준	배점
① 평평한 부분도 있고 한 방향으로만 잘 구르는 물건은 잘 구르지 않는 물건보다 몇 개 더 많은지 바르게 설명한 경우	5점

24 주어진 모양은 (상자)모양 **3**개, (둥근기둥)모양 **1**개, (공)모양 **2**개를 사용하여 만들었습니다.
— ①
따라서 가장 많이 사용한 모양은 (상자)모양입니다. — ②

평가기준	배점
① , , 모양의 개수를 구한 경우	3점
② 가장 많이 사용한 모양을 구한 경우	2점

25 가는 모양을 **2**개, 나는 모양을 **3**개 사용하여 만들었습니다. — ①
따라서 나가 모양을 **1**개 더 많이 사용하였습니다. — ②

평가기준	배점
① 가와 나에 사용한 모양의 개수를 구한 경우	3점
② 모양을 더 많이 사용한 것은 무엇인지 바르게 설명한 경우	2점

탐구 수학 66쪽

1 예

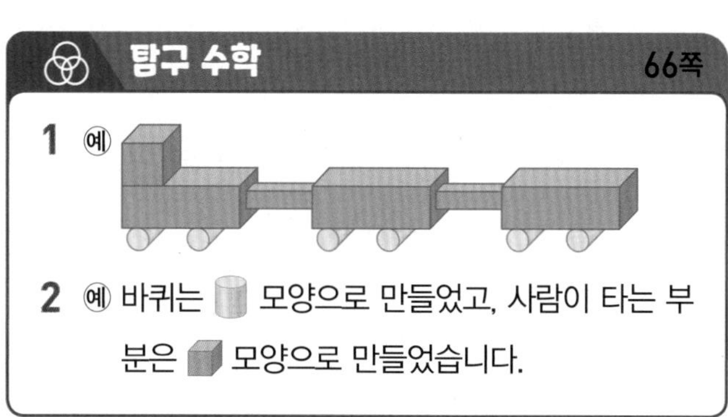

2 예 바퀴는 모양으로 만들었고, 사람이 타는 부분은 모양으로 만들었습니다.

생활 속의 수학 67~68쪽

• 탁구공, 쌓기나무, 풀통

3 단원 덧셈과 뺄셈

1단계 개념 탄탄 70쪽

1 3
2 (1) 1 (2) 1

1 1과 2를 모으면 3입니다.

2 (1) 2는 1과 1로 가를 수 있습니다.
(2) 3은 1과 2로 가를 수 있습니다.

2단계 핵심 쏙쏙 71쪽

1 ○○	2 ○○○
3 △	4 △
5 2	6 2, 1
7 1	8 3

1 ★ 1개와 1개를 모으면 2개이므로 빈 곳에 ○를 2개 그립니다.

2 1개와 2개를 모으면 3개이므로 빈 곳에 ○를 3개 그립니다.

5 그림의 수를 세어 보고, 모으기를 해 봅니다.

6 3은 2와 1로 가를 수 있습니다.

7 2는 1과 1로 가를 수 있습니다.

8 2와 1을 모으면 3이 됩니다.

1단계 개념 탄탄 72쪽

1 5
2 (1) 2 (2) 2

1 사물의 개수를 세어 □ 안의 수 쓰기에만 급급하지 않게 하고, 3과 2가 모여 5가 됨을 알게 합니다.

2 (1) 4는 2와 2로 가를 수 있습니다.
(2) 5는 2와 3으로 가를 수 있습니다.

2단계 핵심 쏙쏙 73쪽

1 ○○○○	2 ○○○○○
3 ○○	4 ○○○
5 5	6 3, 1
7 (1) 5	(2) 5
8 (1) 2	(2) 4

3 ● 4개는 2개와 2개로 가를 수 있으므로 빈 곳에 ○를 2개 그립니다.

4 5개는 2개와 3개로 가를 수 있으므로 빈 곳에 ○를 3개 그립니다.

5 1과 4를 모으면 5가 됩니다.

6 4는 3과 1로 가를 수 있습니다.

1단계 개념 탄탄 74쪽

1 2 2 7

1 6은 4와 2로 가를 수 있습니다.

2 4와 3을 모으면 7이 됩니다.

2단계 핵심 쏙쏙 75쪽

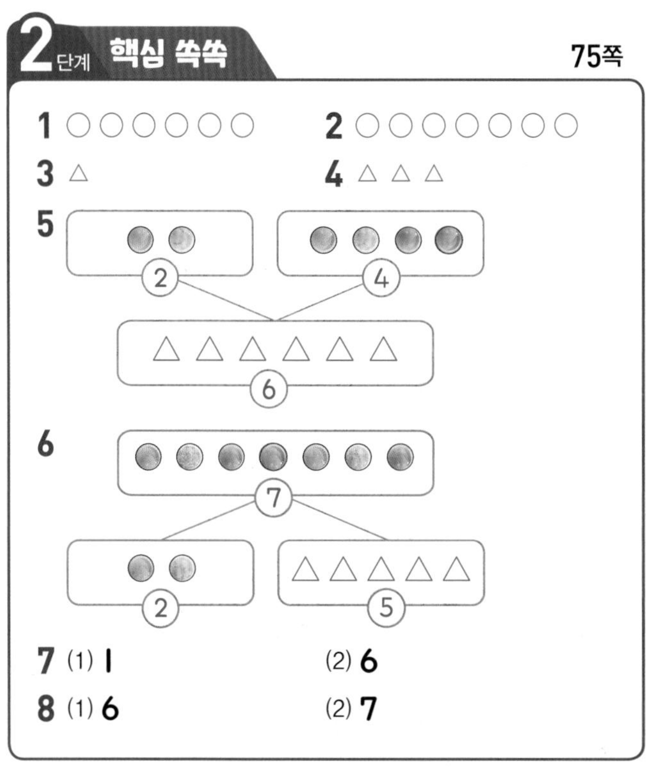

1 ○○○○○○　2 ○○○○○○○
3 △　4 △△△

7 (1) 1　(2) 6
8 (1) 6　(2) 7

7 (1) 6은 5와 1로 가를 수 있습니다.
(2) 7은 1과 6으로 가를 수 있습니다.

8 (1) 2와 4를 모으면 6이 됩니다.
(2) 5와 2를 모으면 7이 됩니다.

1단계 개념 탄탄 76쪽

1 8　2 2, 7

1 2와 6을 모으면 8이 됩니다.

2 9는 2와 7로 가를 수 있습니다.

2단계 핵심 쏙쏙 77쪽

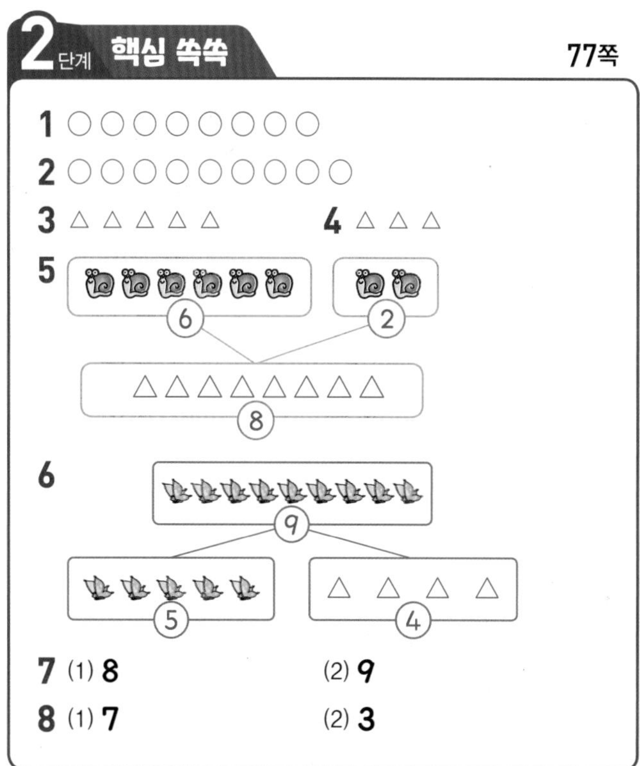

1 ○○○○○○○○
2 ○○○○○○○○○
3 △△△△△　4 △△△

7 (1) 8　(2) 9
8 (1) 7　(2) 3

1 달팽이 4마리와 4마리를 모으면 8마리이므로 빈 곳에 ○를 8개 그립니다.

2 노란 구슬 6개와 빨간 구슬 3개를 모으면 9개이므로 빈 곳에 ○를 9개 그립니다.

7 (1) 5와 3을 모으면 8이 됩니다.
(2) 7과 2를 모으면 9가 됩니다.

8 (1) 8은 1과 7로 가를 수 있습니다.
(2) 9는 3과 6으로 가를 수 있습니다.

3단계 유형 콕콕 78~81쪽

1-1 (1) 1, 1　(2) 1, 2
(3) 2

1-2 (1)

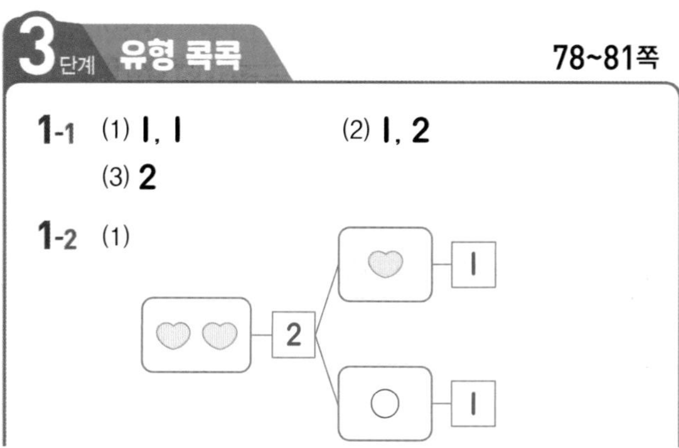

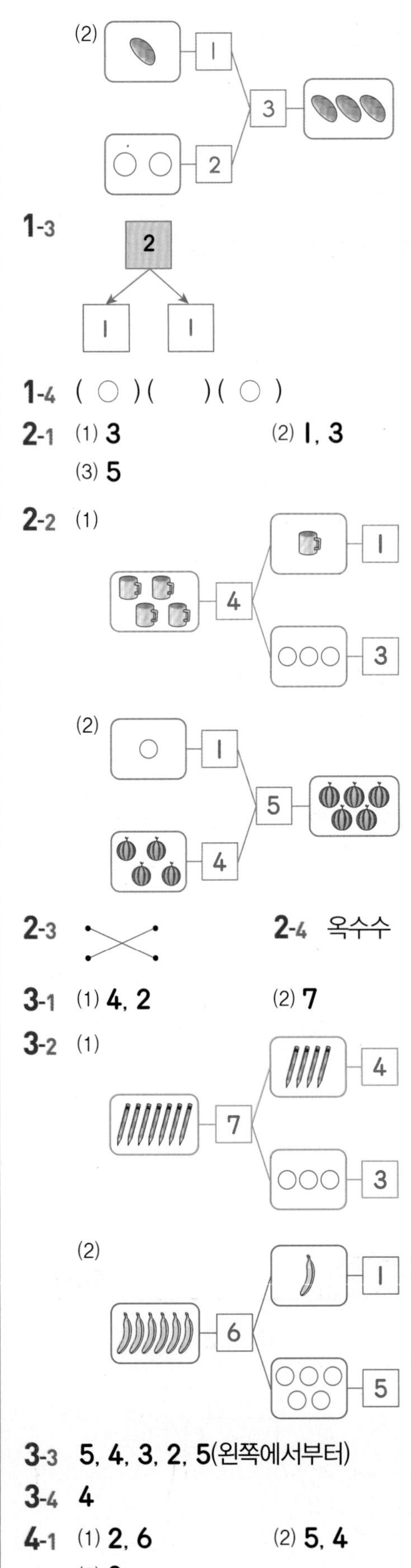

1-3

1-4 (○)( )(○)

2-1 (1) **3** (2) **1, 3**
(3) **5**

2-2 (1)

(2)

2-3 2-4 옥수수

3-1 (1) **4, 2** (2) **7**

3-2 (1)

(2)

3-3 **5, 4, 3, 2, 5**(왼쪽에서부터)

3-4 **4**

4-1 (1) **2, 6** (2) **5, 4**
(3) **8**

4-2 (1)

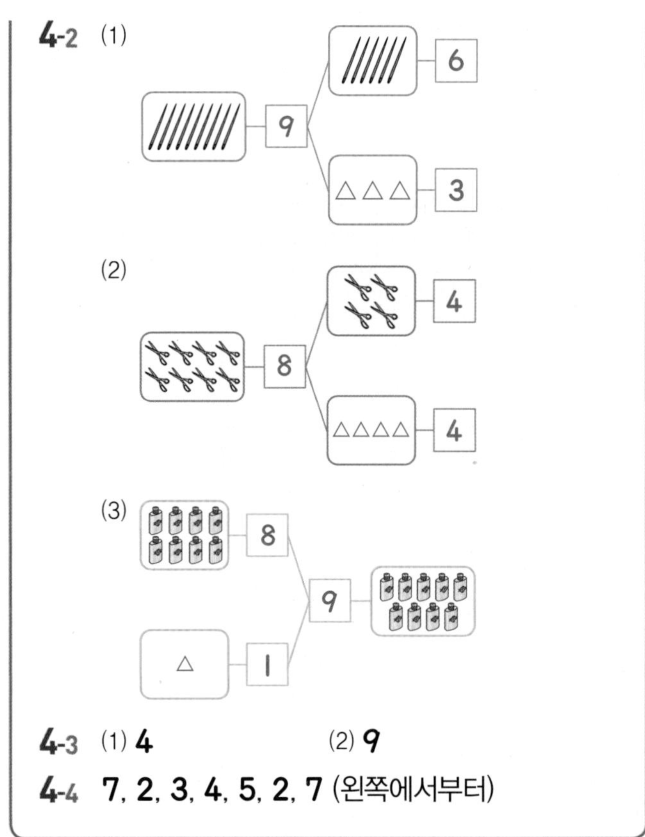

4-3 (1) **4** (2) **9**

4-4 **7, 2, 3, 4, 5, 2, 7** (왼쪽에서부터)

1-1 (1) **2**는 **1**과 **1**로 가를 수 있습니다.
(2) **3**은 **1**과 **2**로 가를 수 있습니다.
(3) **1**과 **1**을 모으면 **2**가 됩니다.

2-1 (1) **5**는 **2**와 **3**으로 가를 수 있습니다.
(2) **4**는 **1**과 **3**으로 가를 수 있습니다.
(3) **4**와 **1**을 모으면 **5**가 됩니다.

2-3 **1**과 **4**, **2**와 **3**을 모으면 **5**입니다.

2-4 피망 : **3**과 **2**를 모으면 **5**입니다.
옥수수 : **2**와 **2**를 모으면 **4**입니다.

3-1 (1) **6**은 **4**와 **2**로 가를 수 있습니다.
(2) **2**와 **5**를 모으면 **7**이 됩니다.

3-2 (1) 연필 **7**자루는 **4**자루와 **3**자루로 가를 수 있으므로 빈 곳에 ○를 **3**개 그립니다.
(2) 바나나 **6**개는 **1**개와 **5**개로 가를 수 있으므로 빈 곳에 ○를 **5**개 그립니다.

3-3 (**1**과 **5**), (**2**와 **4**), (**3**과 **3**), (**4**와 **2**), (**5**와 **1**)을 모으면 **6**이 됩니다.

3-4 5와 2를 모으면 7입니다. 모은 붙임딱지 수 7은 3과 4로 가를 수 있습니다.

4-2 (1) 바늘 9개는 6개와 3개로 가를 수 있으므로 빈 곳에 △를 3개 그립니다.

1단계 개념 탄탄 82쪽

1 (1) 4, 1 (2) 1, 5, 1, 5, 4, 1, 5

2단계 핵심 쏙쏙 83쪽

1 (1) 1, 7 (2) 2, 3, 5
2 5, 5
3 3, 7, 3, 7
4 9
5 (선 잇기)
6 (1) 2 더하기 7은 9와 같습니다.
2와 7의 합은 9입니다.
(2) 4 더하기 4는 8과 같습니다.
4와 4의 합은 8입니다.

1 (1) 공책 6권과 1권을 더하면 7권입니다.
➡ $6+1=7$
(2) 풍선 2개와 3개를 더하면 5개입니다.
➡ $2+3=5$

1단계 개념 탄탄 84쪽

1 (1) 3, 5
(2) 예

○	○	○	△	△
△	△	△		

(3) 5, 8
(4) 8

1 토끼 3마리와 병아리 5마리를 더하면 토끼와 병아리는 모두 $3+5=8$(마리)입니다.

2단계 핵심 쏙쏙 85쪽

1 (1)

○	○	○	△	△

(2) 2, 5
2 3, 7, 2, 6
3 9, 예

○	○	○	○	○
○	○	○	○	

4 6, 6
5 4, 5, 9
6 (선 잇기)

3 더하는 수만큼 ○를 이어 그리고 전체 개수를 세어봅니다.

4 3과 3을 모으면 6이 되므로 $3+3=6$입니다.

5 닭은 4마리, 병아리는 5마리이므로 $4+5=9$입니다.

6 $1+7=8$, $7+1=8$
$3+4=7$, $2+5=7$

1단계 개념 탄탄 86쪽

1 (1) 5, 4 (2) 4, 1 / 5, 4, 1 / 5, 4, 1

2단계 핵심 쏙쏙 87쪽

1 2, 5
2 6, 4, 2
3 3, 3, 3
4 3, 4, 3
5 (선 잇기)
6 (1) 6 빼기 5는 1과 같습니다.
6과 5의 차는 1입니다.
(2) 9 빼기 7은 2와 같습니다.
9와 7의 차는 2입니다.

1 전체 자동차 7대 중에서 2대가 떠나는 그림이므로 7－2＝5입니다.

2 초콜릿 6개에서 4개를 빼면 2개입니다.
➡ 6－4＝2

5 • 8개에서 5개를 덜어 내는 그림입니다.
➡ 8－5＝3
• 5개에서 1개를 덜어 내는 그림입니다.
➡ 5－1＝4

1단계 개념 탄탄 88쪽

1 (1) 7 (2) 3
(3) 3, 4 (4) 4

1 소 7마리에서 3마리를 빼면 4마리가 남습니다.

2단계 핵심 쏙쏙 89쪽

1 3, 3
2 4, 3, 3
3 1, 4
4 4, 4
5 7, 5, 2
6 5

3 풍선 5개 중에 1개가 터졌으므로 남은 풍선은 4개입니다.

4 6은 2와 4로 가를 수 있으므로 6－2＝4입니다.

6 가장 큰 수는 8, 가장 작은 수는 3입니다.
따라서 8－3＝5입니다.

3단계 유형 콕콕 90~93쪽

5-1 예 빨간색 장미꽃이 5송이 있고, 노란색 장미꽃이 3송이 있으므로 장미꽃은 모두 8송이입니다.
5-2 (1) 7 (2) 2, 5, 7
5-3 (1) 7 (2) 9
5-4 (1) 7, 1, 8 (2) 2, 6, 8
5-5 (1) 3, 6
3 더하기 3은 6과 같습니다.
3과 3의 합은 6입니다.
(2) 1, 5
4 더하기 1은 5와 같습니다.
4와 1의 합은 5입니다.
5-6 (그림)
5-7 (1) 6＋2＝8 (2) 4＋5＝9
6-1 ○○○○○○, 6
6-2 9 / 5, 4, 9
6-3 4, 4, 8
7-1 예 토끼가 4마리 있고 거북이가 3마리 있으므로 토끼는 거북이보다 1마리 더 많이 있습니다.
7-2 (1) 4, 4 (2) 2, 2
7-3 1
7-4 (1) 3, 3 (2) 7, 2
7-5 4－3＝1
8-1 (1) 7, 6, 1 (2) 6, 2, 4
8-2 2 / 8, 6, 2
8-3 5, 2, 3, 3

5-2 키위 2개와 참외 5개를 더하면 7개입니다.

5-3 (1) 메뚜기 4마리와 메뚜기 3마리를 더하면 7마리가 됩니다.
(2) 나비 2마리와 나비 7마리를 더하면 9마리가 됩니다.

5-4 (1) 포크 7개와 포크 1개를 더하면 8개가 됩니다.
(2) 숟가락 2개와 6개를 더하면 8개가 됩니다.

5-6 그림의 수를 세어 관계있는 덧셈식을 찾습니다.

7-2 (1) 옥수수 **7**개 중에서 **3**개를 빼면 **4**개가 남습니다.
(2) 햄버거가 음료수 캔보다 **2**개 더 많습니다.

1단계 개념 탄탄 94쪽

1 (1) 4, 0 (2) 0, 4
2 (1) 5, 5 (2) 5, 0

2단계 핵심 쏙쏙 95쪽

1 0, 5 **2** 0, 6
3 (1) 7 (2) 3 (3) 8 (4) 4
4 4, 0 **5** 0, 5
6 (1) 6 (2) 8 (3) 0 (4) 0

1 꽃 **5**송이와 **0**송이를 더하면 **5**송이가 됩니다.

5 비행기 **5**대에서 한 대도 빼지 않았으므로 **5**대가 그대로 남아 있습니다.

1단계 개념 탄탄 96쪽

1 5, 6, 7, 8 / 1 **2** 6, 5, 4, 3 / 1

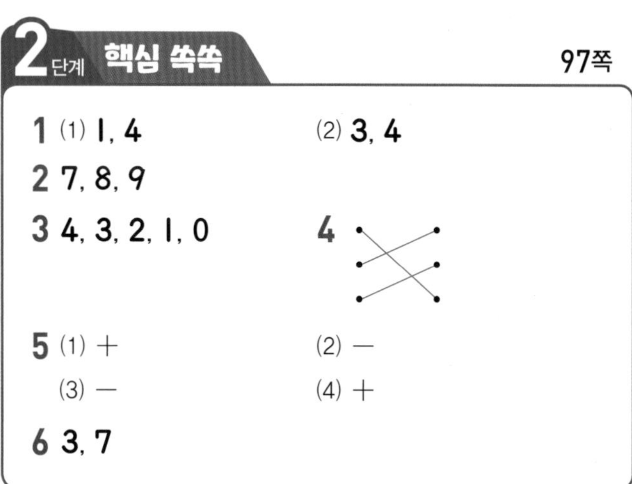

2단계 핵심 쏙쏙 97쪽

1 (1) 1, 4 (2) 3, 4
2 7, 8, 9
3 4, 3, 2, 1, 0 **4**
5 (1) + (2) − (3) − (4) +
6 3, 7

1 두 수를 바꾸어 더해도 합은 같습니다.

4 3+2=5, 9−3=6
5+1=6, 8−0=8
4+4=8, 6−1=5

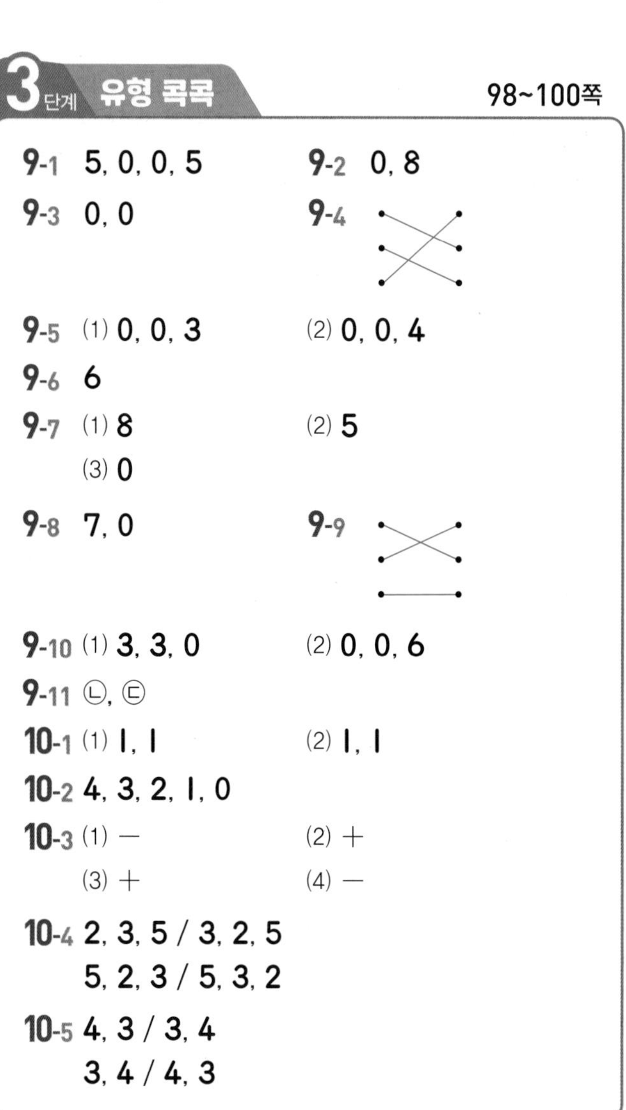

3단계 유형 콕콕 98~100쪽

9-1 5, 0, 0, 5 **9-2** 0, 8
9-3 0, 0 **9-4**
9-5 (1) 0, 0, 3 (2) 0, 0, 4
9-6 6
9-7 (1) 8 (2) 5 (3) 0
9-8 7, 0 **9-9**
9-10 (1) 3, 3, 0 (2) 0, 0, 6
9-11 ㉡, ㉢
10-1 (1) 1, 1 (2) 1, 1
10-2 4, 3, 2, 1, 0
10-3 (1) − (2) + (3) + (4) −
10-4 2, 3, 5 / 3, 2, 5
5, 2, 3 / 5, 3, 2
10-5 4, 3 / 3, 4
3, 4 / 4, 3

9-2 왼쪽은 비어 있고, 오른쪽에는 당근이 8개 있으므로 모두 8개입니다.

9-3 6+0=6, 0+6=6

9-4 7+0=7, 0+2=2, 9+0=9

9-8 7−7=0, 7−0=7

9-9 8−0=8, 4−4=0, 9−0=9

9-11 ㉠ 0 ㉡ 3 ㉢ 3 ㉣ 4

4단계 실력 팍팍 101~104쪽

1 2, 3, 5
2 4, 1, 3
3 ○○○○
4 4
5 7, 4, 5, 8
6 6, 1
7 ( )(○)( )
8 ㉠
9 지혜
10 5+2=7
11 ① 5 더하기 2는 7과 같습니다.
② 5와 2의 합은 7입니다.
12 9
13 (선 잇기)
14 7
15 가영
16 8−5=3
17 7, 5, 2 / 7, 2, 5
18 (1) 8 (2) 5 (3) 1 (4) 4
19 ㉡
20 3
21 3
22 7, 2, 9 / 7, 2, 5
23 가영, 예슬, 효근
24 0, 3, 3 / 1, 2, 3 / 2, 1, 3 / 3, 0, 3

1 2와 3을 모으면 5입니다.

2 4는 1과 3으로 가를 수 있습니다.

3 해마가 3마리이므로 3과 모아서 7이 되는 수는 4입니다.
따라서 ○를 4개 그립니다.

4 4와 4를 모으면 8이 됩니다.

5 9는 2와 7, 5와 4, 4와 5, 1과 8로 가르기 할 수 있습니다.

6 [1|6] [2|5] [3|4]
➡ 1과 6을 모으면 7이 됩니다.

7 1과 4, 2와 3을 모으면 5이고, 2와 4를 모으면 6입니다.

8 6은 5와 1로 가를 수 있습니다. ➡ ㉠=5
2와 2를 모으면 4입니다. ➡ ㉡=4

9 6은 3과 3으로 가를 수 있습니다.

12 3+6=9(개)

13 3+6=9 6+3=9
7+1=8 3+4=7
5+2=7 4+4=8

14 3+2=5이므로 ㉠=5이고,
1+1=2이므로 ㉡=2입니다.
➡ 5+2=7

15 가영 : 4+5=9
한별 : 5+3=8

16 (전체 사과의 수)−(나무에 달려 있는 사과의 수)
=(땅에 떨어진 사과의 수)

18 (2) 0은 아무것도 없는 것이므로 0에 어떤 수를 더하여도 그 합은 어떤 수 자신이 됩니다.
(4) 0은 아무것도 없는 것이므로 어떤 수에서 0을 빼면 어떤 수 자신이 됩니다.

19 ㉠ 2+3=5 ㉡ 5−1=4
㉢ 7−2=5 ㉣ 4+1=5

따라서 계산 결과가 다른 하나는 ㉡입니다.

20 ○○○○○○○○○
○○○○○○

따라서 동민이가 한솔이보다 공깃돌을
9－6＝3(개) 더 많이 가지고 있습니다.

21 5－2＝3이므로 지혜가 먹은 사탕은 3개입니다.

23 (전체 동물의 수)＝3＋2＝5
➡ (거북의 수)＝5－3＝2
➡ (토끼의 수)＝5－2＝3

서술 유형 익히기 105~106쪽

유형 1
4, 3, 2, 1, 5, 5

예제 1
풀이 참조, 7

유형 2
8, 5, 3, 3, 3

예제 2
풀이 참조, 2

1 8은 (1과 7), (2와 6), (3과 5), (4와 4), (5와 3), (6과 2), (7과 1)로 가를 수 있습니다. － ①
따라서 8을 가를 수 있는 방법은 모두 7가지입니다. － ②

평가기준	배점
① 8을 모두 몇 가지로 가를 수 있는지 바르게 설명한 경우	3점
② 답을 구한 경우	1점

2 흰색 오리의 수에서 검은색 오리의 수를 빼면
7－5＝2(마리)입니다. － ①
따라서 흰색 오리는 검은색 오리보다 2마리가 더 많습니다. － ②

평가기준	배점
① 흰색 오리의 수에서 검은색 오리의 수를 뺀 경우	2점
② 흰색 오리가 몇 마리 더 많은지 바르게 설명한 경우	2점
③ 답을 구한 경우	1점

놀이 수학 107쪽

1 6, 3, 3　　2 4, 3, 1
3 영수

3 3은 1보다 크므로 놀이에서 이긴 사람은 영수입니다.

단원 평가 108~111쪽

1 6　　2 2, 5
3 ○○○○○○○○
4 ○○○　　5 9
6 4　　7 ④
8 2, 7　　9 8
10 4, 3, 7　　11 6
12 5, 1, 4　　13 (선 잇기)
14 (1) 2　(2) 9　(3) 1　(4) 5
15 (선 잇기)　　16 ②
17 ㉣　　18 5, 6 / 1, 6
19 4　　20 6
21 8　　22 풀이 참조, 7
23 풀이 참조, 4　　24 풀이 참조, 5
25 풀이 참조, 석기

1 3과 3을 모으면 6이 됩니다.

2 7은 2와 5로 가를 수 있습니다.

3 5와 3을 모으면 8이 되므로 빈 곳에 ○를 8개 그립니다.

4 4는 3과 1로 가를 수 있으므로 빈 곳에 ○를 3개 그립니다.

5 **4**와 **5**를 모으면 **9**가 됩니다.

6 **6**은 **2**와 **4**로 가를 수 있습니다.

7 ④ **8**은 (**1**과 **7**), (**2**와 **6**), (**3**과 **5**), (**4**와 **4**), (**5**와 **3**), (**6**과 **2**), (**7**과 **1**)로 가를 수 있습니다.

8 (**1**과 **8**), (**2**와 **7**), (**3**과 **6**), (**4**와 **5**)를 모으면 **9**가 됩니다.

11 기린 **8**마리 중에서 **2**마리를 빼면 **6**마리가 남습니다.

13 각 그림에 알맞은 덧셈식이나 뺄셈식을 찾아 선으로 잇습니다.

14 (1) **2**에 아무것도 더하지 않았으므로 그대로 **2**입니다.

15 $0+5=5$, $5+1=6$
$6+0=6$, $3+2=5$

16 ① **6** ② **4** ③ **3** ④ **3** ⑤ **2**

17 ㉠ **5** ㉡ **5** ㉢ **5** ㉣ **8**

18 두 수를 바꾸어 더해도 그 합은 항상 같습니다.

19 쿠키 **5**개를 (**1**과 **4**), (**2**와 **3**), (**3**과 **2**), (**4**와 **1**)로 나눌 수 있으므로 나누어 먹는 방법은 모두 **4**가지입니다.

20 (남은 사과의 수)
=(전체 사과의 수)−(먹은 사과의 수)
$=9-3=6$(개)

21 $3+5=8$이므로 예슬이가 딴 귤은 **8**개입니다.

서술형

22 **2**와 **5**를 모으면 **7**이 됩니다.
따라서 효근이가 하루 동안 받은 문자메시지는 모두 **7**건입니다. − ①

평가기준	배점
① 받은 문자메시지가 모두 몇 건인지 바르게 설명한 경우	4점
② 답을 구한 경우	1점

23 **8**은 (**1**과 **7**), (**2**와 **6**), (**3**과 **5**), (**4**와 **4**), (**5**와 **3**), (**6**과 **2**), (**7**과 **1**)로 가를 수 있습니다. − ①
따라서 도넛 **8**개를 똑같이 나누어 먹으려면 한 사람이 **4**개씩 먹으면 됩니다. − ②

평가기준	배점
① 8을 가르는 방법을 모두 찾은 경우	3점
② 한 사람이 몇 개씩 먹으면 되는지 바르게 설명한 경우	2점

24 처음 버스에 타고 있던 전체 사람 수에서 정류장에서 내린 사람 수를 빼면 $9-4=5$(명)이므로 버스에 남아 있는 사람은 **5**명입니다. − ①

평가기준	배점
① 버스에 남아 있는 사람 수를 바르게 설명한 경우	4점
② 답을 구한 경우	1점

25 지혜가 먹은 과일의 수는 $4+3=7$(개)이고, 석기가 먹은 과일의 수는 $2+6=8$(개)입니다. − ①
따라서 **8**이 **7**보다 크므로 석기가 과일을 더 많이 먹었습니다. − ②

평가기준	배점
① 지혜와 석기가 먹은 과일의 수를 구한 경우	2점
② 누가 과일을 더 많이 먹었는지 바르게 설명한 경우	2점
③ 답을 구한 경우	1점

탐구 수학 112쪽

1 풀이 참조

1

1+0=1	7−6=1	1+2=3	6−2=4
5−0=5	8−5=3	1+1=2	5+0=5
2+1=3	7−5=2	9−5=4	4+1=5
4−3=1	1+3=4	0+1=1	5−3=2
3+2=5	4−2=2	7−3=4	2+2=4

생활 속의 수학 113~114쪽

• 6, 2, 8 / 2, 6, 8

4 단원 비교하기

1단계 개념 탄탄 116쪽

1 (○)
( )

2 짧습니다

3 (○)
( )
(△)

1 왼쪽 끝이 맞추어져 있으므로 오른쪽으로 더 많이 나온 볼펜이 더 깁니다.

2 오른쪽이 맞추어져 있으므로 왼쪽으로 더 적게 나온 포크가 더 짧습니다.

3 오른쪽 끝이 맞추어져 있으므로 왼쪽으로 가장 많이 나온 오이가 가장 길고 가장 적게 나온 고추가 가장 짧습니다.

2단계 핵심 쏙쏙 117쪽

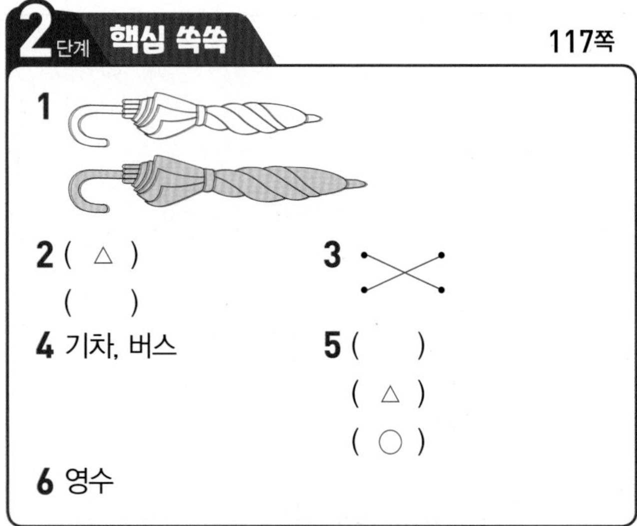

1

2 (△)
( )

3

4 기차, 버스

5 ( )
(△)
(○)

6 영수

1 왼쪽 끝이 맞추어져 있으므로 오른쪽으로 더 많이 나온 아래 우산이 더 깁니다.

2 오른쪽 끝이 맞추어져 있으므로 왼쪽으로 더 적게 나온 성냥개비가 더 짧습니다.

5 오른쪽 끝이 맞추어져 있으므로 왼쪽으로 가장 많이 나온 줄넘기가 가장 길고 가장 적게 나온 손목시계가 가장 짧습니다.

6 한별이와 영수의 연필을 비교하면 영수가 가지고 있는 연필이 더 길고, 영수와 예슬이의 연필을 비교하면 영수가 가지고 있는 연필이 더 깁니다.
따라서 영수가 가지고 있는 연필이 가장 깁니다.

1단계 개념 탄탄 118쪽

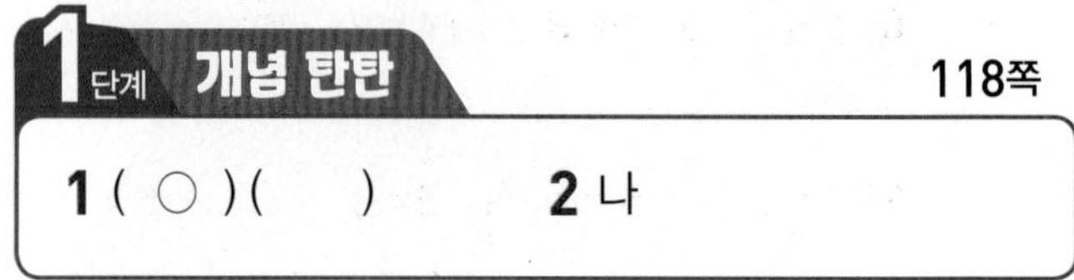

1 (○)( )

2 나

2단계 핵심 쏙쏙 119쪽

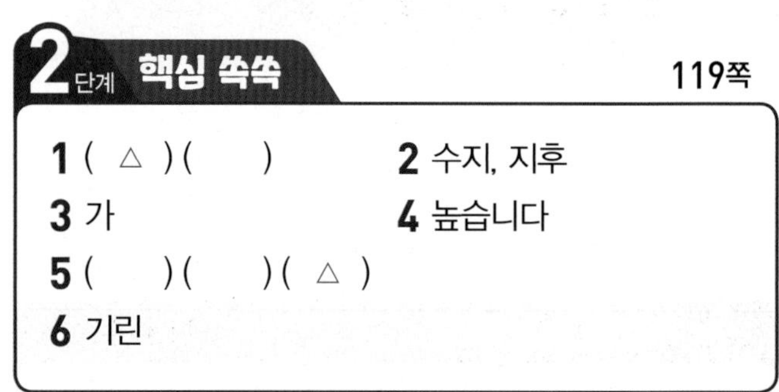

1 (△)( )

2 수지, 지후

3 가

4 높습니다

5 ( )( )(△)

6 기린

1 아래쪽 끝이 맞추어져 있으므로 위쪽 끝을 비교하면 다람쥐가 토끼보다 더 작습니다.

3 아래쪽 끝이 맞추어져 있으므로 위쪽으로 더 많이 올라온 가 태극기가 더 높습니다.

5 아래쪽 끝이 맞추어져 있으므로 위쪽으로 더 적게 올라온 서랍장이 가장 낮습니다.

1단계 개념 탄탄 120쪽

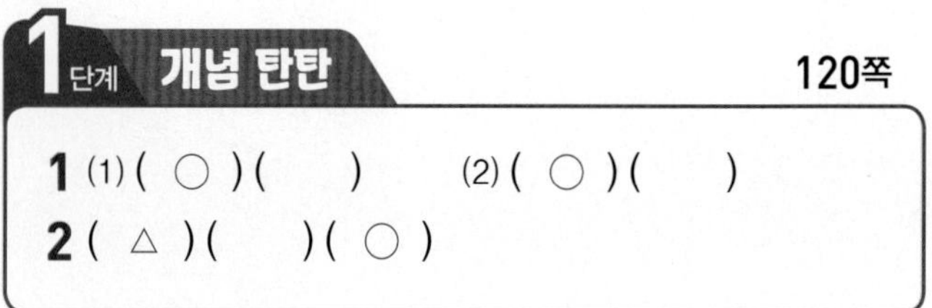

1 (1) (○)( ) (2) (○)( )

2 (△)( )(○)

1 양손으로 직접 들어 보았을 때, 힘이 더 드는 쪽이 더 무겁습니다.
(1) 모니터가 연필보다 더 무겁습니다.
(2) 국어사전이 공책보다 더 무겁습니다.

2 양손으로 직접 들어 보았을 때, 힘이 가장 많이 드는 쪽이 가장 무겁고 가장 적게 드는 쪽이 가장 가볍습니다.
따라서 가장 무거운 것은 수박이고 가장 가벼운 것은 체리입니다.

2단계 핵심 쏙쏙 121쪽

1 (1) 가볍습니다 (2) 무겁습니다
2 (○)( ) **3** ( )(△)
4 ( )(△)
5 ( )(○)(△)
6 ㉡, ㉠, ㉢

2 코끼리가 사슴보다 더 무겁습니다.

3 테니스공이 축구공보다 더 가볍습니다.

4 시소가 내려간 쪽이 무거운 쪽이고, 올라간 쪽이 가벼운 쪽이므로 원숭이가 젖소보다 더 가볍습니다.

5 가장 무거운 것은 에어컨이고 가장 가벼운 것은 부채입니다.

6 ㉡은 ㉠보다 더 가볍습니다. ㉠은 ㉢보다 더 가볍습니다.
따라서 가장 가벼운 것부터 순서대로 기호를 쓰면 ㉡, ㉠, ㉢입니다.

3단계 유형 콕콕 122~125쪽

1-1 짧습니다 **1-2** (△)
( )
1-3 ㉠ **1-4** ( )(○)
1-5 ㉡ **1-6** (3)
(1)
(2)
2-1 영수 **2-2** 더 크다
2-3 ( )( )(○)
2-4 토끼 **2-5** 한별
2-6 (○)( )( )( )
3-1 무겁습니다 **3-2** 돼지, 강아지
3-3 무 **3-4** (○)( )
3-5 사과 **3-6** ( )(○)
3-7 (△)( ) **3-8** 햄스터, 호랑이
3-9 영수, 동민
3-10 ( )(○)( )
3-11 (△)( )( )
3-12 (△)(○)( )
3-13 (3)(1)(2)
3-14 ㉢

1-2 오른쪽 끝이 맞추어져 있으므로 왼쪽으로 더 적게 나온 쪽이 더 짧습니다.

1-3 양쪽 끝의 위치가 같을 때에는 많이 구부러져 있을수록 폈을 때 더 깁니다.

1-5 왼쪽 끝이 맞추어져 있으므로 오른쪽으로 가장 적게 나온 ㉡이 가장 짧습니다.

1-6 가장 긴 것부터 순서대로 쓰면 대파, 오이, 고추입니다.

2-3 아래쪽이 맞추어져 있으므로 위쪽으로 가장 많이 올라온 사람이 키가 가장 큽니다.

3-3 양팔 저울에서 올라간 쪽의 물건이 더 가볍고 내려간 쪽의 물건이 더 무겁습니다.

3-7 풍선은 야구공보다 더 크지만, 직접 들어 보면 풍선이 더 가볍습니다.

(주의) 겉으로 보기에 크다고 해서 반드시 무거운 것은 아닙니다.

3-9 영수가 동민이보다 무거우므로 영수 쪽의 시소가 내려갑니다.

1단계 개념 탄탄 126쪽

1 (1) (○)( )　(2) ( )(○)
2 (1) ( )(△)　(2) (△)( )
3 (○)( )(△)

1 (1) 두 물건을 직접 맞대어 보았을 때, 남는 부분이 있는 수학 교과서가 더 넓습니다.
(2) 두 물건을 직접 맞대어 보았을 때, 남는 부분이 있는 후라이팬이 더 넓습니다.

2 (1) 두 물건을 직접 맞대어 보았을 때, 남는 부분이 없는 거울이 더 좁습니다.
(2) 두 물건을 직접 맞대어 보았을 때, 남는 부분이 없는 공책이 더 좁습니다.

2단계 핵심 쏙쏙 127쪽

1 좁습니다　**2** (○)( )
3 (1) (○)( )　(2) ( )(○)
4 나
5 ( )( )(△)
6 넓고, 좁습니다.

1 직접 겹쳐 맞대어 보았을 때, 남는 부분이 없는 쪽이 더 좁습니다.

3 (1) 직접 맞대어 보았을 때, 남는 부분이 있는 국어 교과서가 더 넓습니다.
(2) 직접 맞대어 보았을 때, 남는 부분이 있는 피자가 더 넓습니다.

4 가 : **6**개, 나 : **7**개

1단계 개념 탄탄 128쪽

1 (△)( )(○)
2 (1) (○)( )　(2) ( )(○)

1 그릇의 크기가 클수록 담을 수 있는 양이 더 많습니다.

2 (1) 그릇의 모양과 크기가 같으므로 우유의 높이가 더 높은 왼쪽 그릇에 담긴 우유의 양이 더 많습니다.
(2) 우유의 높이는 같으나 그릇의 모양과 크기가 다르므로 그릇이 더 큰 오른쪽 그릇에 담긴 우유의 양이 더 많습니다.

2단계 핵심 쏙쏙 129쪽

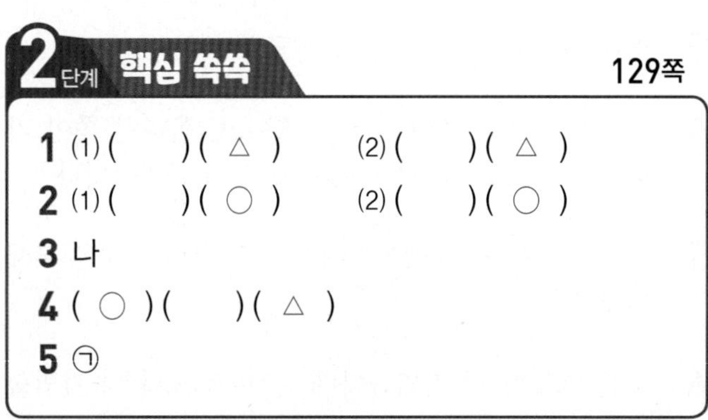

1 (1) ( )(△)　(2) ( )(△)
2 (1) ( )(○)　(2) ( )(○)
3 나
4 (○)( )(△)
5 ㉠

1 (1) 그릇의 모양과 크기가 같으므로 물의 높이가 더 낮은 오른쪽 그릇에 담긴 물의 양이 더 적습니다.
(2) 물의 높이는 같으나 그릇의 모양과 크기가 다르므로 그릇이 더 작은 오른쪽 그릇에 담긴 물의 양이 더 적습니다.

2 그릇의 크기가 클수록 담을 수 있는 양이 많습니다.

4 주스의 높이는 같으나 그릇의 모양과 크기가 다르므로 그릇이 가장 큰 첫째 그릇에 담긴 주스의 양이 가장 많고, 가장 작은 셋째 그릇에 담긴 주스의 양이 가장 적습니다.

5 냄비에 있는 물을 ㉡에 담으면 넘칩니다.

3단계 유형 콕콕 130~132쪽

4-1 (1) (○)(　) (2) (　)(○)
4-2 (1) (△)(　) (2) (　)(△)
4-3 ㉡
4-4 (○)(　)
4-5 (1) 넓습니다 (2) 좁습니다
4-6 ㉮
4-7 (1) ㉠ (2) ㉢
4-8
4-9 (2)(3)(1)
5-1 (○)(　)
5-2 ㉠
5-3 ㉡
5-4 (1) (○)(　) (2) (　)(○)
5-5 (1) (　)(△) (2) (△)(　)
5-6 (　)(　)(○)
5-7 (△)(○)(　)
5-8 ㉡, ㉠, ㉢
5-9

4-1 직접 맞대어 보았을 때, 남는 부분이 있는 쪽이 더 넓습니다.

4-2 직접 맞대어 보았을 때, 남는 부분이 없는 쪽이 더 좁습니다.

4-5 넓이의 비교는 '넓습니다', '좁습니다'로 나타냅니다.

4-6 ㉮는 11칸, ㉯는 9칸이므로 ㉮가 더 넓습니다.

5-1 그릇의 크기가 더 큰 왼쪽 그릇에 담을 수 있는 양이 더 많습니다.

5-2 그릇의 크기가 더 작은 ㉠ 그릇에 담을 수 있는 양이 더 적습니다.

5-3 물의 높이가 같으므로 그릇의 크기가 더 큰 오른쪽 그릇에 담긴 양이 더 많습니다.

5-4 (1) 그릇의 모양과 크기가 같으므로 물의 높이가 높을수록 담긴 물의 양이 많습니다.
(2) 물의 높이는 같으나 그릇의 모양과 크기가 다르므로 그릇이 클수록 담긴 물의 양이 많습니다.

5-5 (1) 물의 높이는 같으나 그릇의 크기가 다르므로 그릇이 작을수록 담긴 물의 양이 적습니다.
(2) 그릇의 모양과 크기가 같으므로 물의 높이가 낮을수록 담긴 물의 양이 적습니다.

5-6 그릇의 모양과 크기가 같으므로 주스의 높이가 가장 높은 셋째 그릇에 담긴 주스의 양이 가장 많습니다.

5-7 주전자의 크기가 클수록 담을 수 있는 물의 양이 많습니다.

5-8 물의 높이는 같으나 그릇의 모양과 크기가 다르므로 그릇의 크기가 클수록 담긴 물의 양이 많습니다.

4단계 실력 팍팍 133~136쪽

1 (○)(△)(　)
2 자, 볼펜, 칼
3 연필, 크레파스, 지우개
4 (1) 웅이, 석기 (2) 석기, 웅이
5 상연
6 강아지
7 효근
8 코끼리

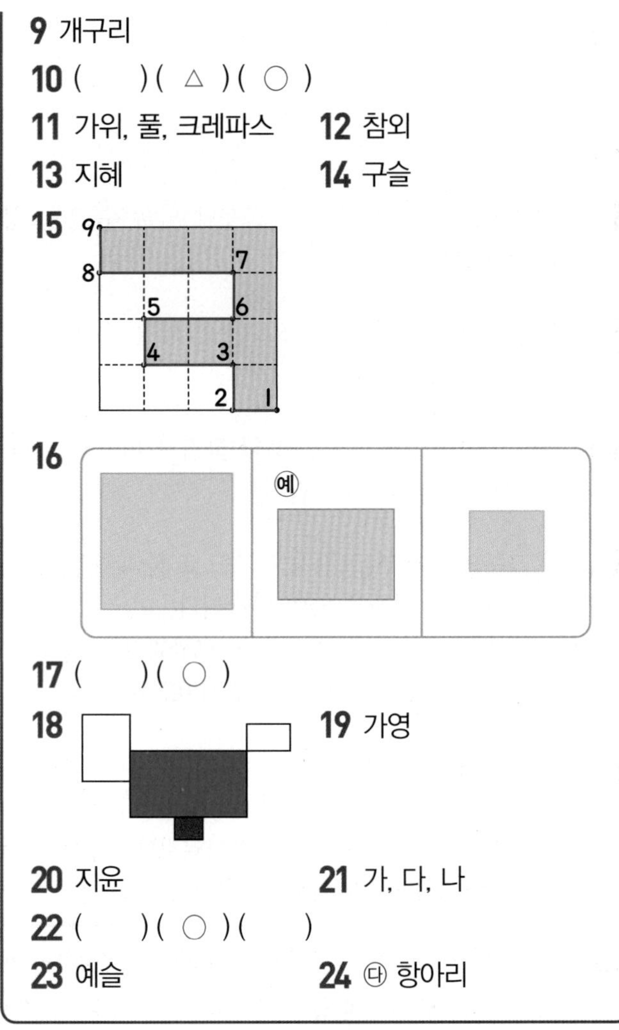

9 개구리
10 (   )(△)(○)
11 가위, 풀, 크레파스
12 참외
13 지혜
14 구슬
15

16

17 (   )(○)
18
19 가영
20 지윤
21 가, 다, 나
22 (   )(○)(   )
23 예슬
24 ㉰ 항아리

1 아래쪽 끝이 맞추어져 있으므로 위쪽 끝을 비교합니다.

5 상연이가 출발선에서 가장 멀리 뛰었습니다.

7 머리끝이 맞추어져 있으므로 발끝이 가장 아래쪽에 있는 사람이 가장 큽니다.

10 물건을 양손에 동시에 들어 보거나 양손으로 들기에 무거운 경우에는 하나씩 들어 보면서 무게를 비교합니다.

11 무거운 물건일수록 고무줄의 길이가 더 깁니다.

12 토마토가 아래로 내려갔으므로 토마토가 귤보다 더 무겁고, 참외가 아래로 내려갔으므로 참외가 토마토보다 더 무겁습니다. 따라서 가장 무거운 과일은 참외입니다.

13 가장 무거운 사람부터 순서대로 쓰면 지혜, 예슬, 가영입니다.

14 병의 모양과 크기가 같으므로 무거운 물건이 들어 있을수록 무겁습니다. 따라서 유리 구슬을 담은 병의 무게가 가장 무겁습니다.

15 1부터 9까지 순서대로 이으면 □ 칸이 7칸인 모양과 9칸인 모양으로 나누어지므로 9칸인 모양에 색칠합니다.

17 사진보다 더 넓은 액자를 찾습니다.

18

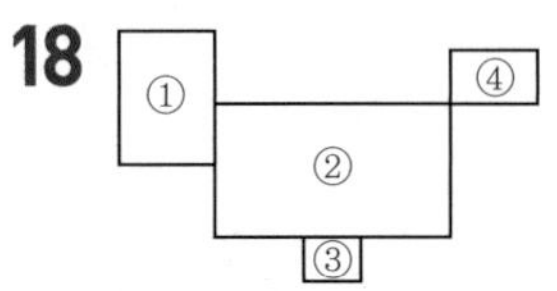

가장 넓은 순서대로 번호를 쓰면 ②, ①, ④, ③이므로 ③이 가장 좁고, ②가 가장 넓습니다.

19 색칠한 땅을 비교해 보면 가영이가 3번, 6번의 땅만큼 더 많이 색칠하였으므로 가영이가 더 넓은 땅을 차지했습니다.

20 색종이 수가 많을수록 넓이가 넓습니다.

23 컵의 모양과 크기가 같으므로 남아 있는 우유의 높이가 낮을수록 많이 마신 것입니다.

24 ㉮ < ㉯, ㉯ > ㉰, ㉮ > ㉰이므로 ㉯ > ㉮ > ㉰입니다.

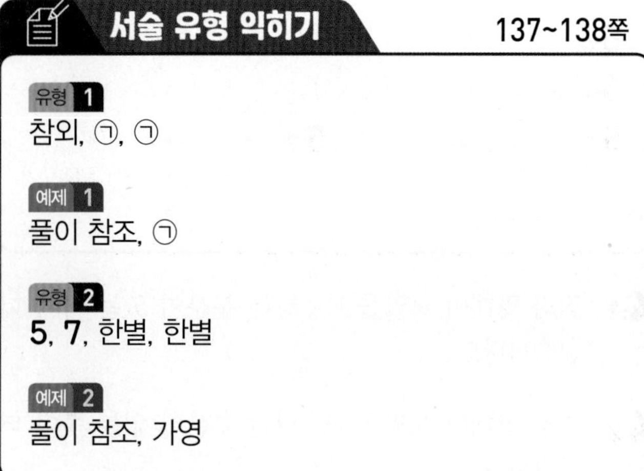

서술 유형 익히기 137~138쪽

유형 1
참외, ㉠, ㉠

예제 1
풀이 참조, ㉠

유형 2
5, 7, 한별, 한별

예제 2
풀이 참조, 가영

1 복숭아가 멜론보다 더 가벼우므로 올라간 쪽에 복숭아가 놓여 있습니다. − ①
따라서 복숭아를 놓은 쪽은 ㉠입니다. − ②

평가기준	배점
① 복숭아를 놓은 쪽을 바르게 설명한 경우	4점
② 답을 구한 경우	1점

2 가영이는 4칸, 영수는 5칸을 색칠하였습니다. − ①
색칠한 칸이 더 적은 쪽이 더 좁게 색칠한 것이므로 더 좁게 색칠한 사람은 가영이입니다. − ②

평가기준	배점
① 가영이와 영수가 각각 색칠한 칸 수를 구한 경우	1점
② 더 좁게 색칠한 사람을 바르게 설명한 경우	3점
③ 답을 구한 경우	1점

놀이 수학 139쪽

1 풀이 참조 2 영수

1 예

2 영수는 7칸, 지혜는 5칸을 색칠했으므로 영수가 이겼습니다.

단원 평가 140~143쪽

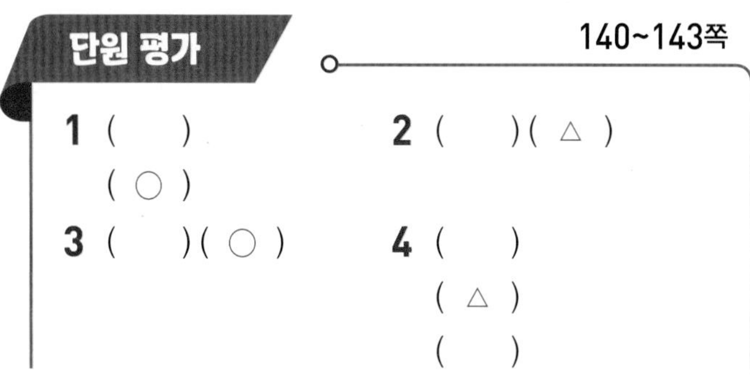

5 노란색 6 빨간색
7 ( )(○)( )
8 (3)(1)(2)
9 ㉢, ㉣ 10 영수
11 가볍습니다.
12 (그림)
13 예슬
14 (△)( )(○)
15 (○)( ) 16 ( )(△)
17 ㉯ 18 ㉡
19 ㉠, ㉡ / ㉣, ㉥ 20 ㉠, ㉢, ㉡
21 ㉠ 22 풀이 참조, 예슬
23 풀이 참조, ㉢컵 24 풀이 참조, 토끼
25 풀이 참조, 배추

2 아래쪽 끝이 맞추어져 있으므로 위쪽으로 더 적게 올라온 오른쪽 나무가 더 낮습니다.

4 왼쪽 끝이 맞추어져 있으므로 오른쪽으로 가장 적게 나온 포크가 가장 짧습니다.

7 아래쪽 끝이 맞추어져 있으므로 위쪽으로 가장 많이 올라온 둘째 건물이 가장 높습니다.

8 키가 가장 큰 동물은 기린, 둘째로 큰 동물은 호랑이, 가장 작은 동물은 토끼입니다.

10 두 사람씩 키를 비교하면 가장 큰 사람은 영수입니다.

12 저울의 왼쪽이 아래로 내려갔으므로 오른쪽에 있는 쌓기나무는 3개보다 더 적습니다.

13 시소가 내려간 쪽이 더 무거우므로 예슬이가 석기보다 더 무겁습니다.

15 직접 포개어 보았을 때, 남는 부분이 있는 왼쪽 송판이 더 넓습니다.

17 ㉮는 6칸, ㉯는 9칸이므로 ㉯가 더 넓습니다.

20 그릇의 모양과 크기가 같을 때에는 담긴 음료수의 높이를 비교합니다. 따라서 음료수가 가장 적게 담긴 것부터 순서대로 기호를 쓰면 ㉠, ㉢, ㉡입니다.

21 그릇의 모양과 크기가 다를 때에는 그릇의 크기를 비교합니다. 따라서 그릇이 가장 큰 ㉠컵에 물을 가장 많이 담을 수 있습니다.

서술형

22 지혜는 가영이보다 키가 더 작습니다.
예슬이는 지혜보다 키가 더 작습니다.
따라서 키가 가장 작은 사람은 예슬이입니다. — ①

평가기준	배점
① 키가 가장 작은 사람은 누구인지 바르게 설명한 경우	3점
② 답을 구한 경우	1점

23 세 컵이 모두 모양과 크기가 다르므로
컵의 크기가 클수록 우유를 많이 담아 마실 수 있습니다.
따라서 우유를 가장 많이 마시려면 컵의 크기가 가장 큰 ㉢컵으로 마셔야 합니다. — ①

평가기준	배점
① 우유를 많이 담을 수 있는 컵을 바르게 설명한 경우	4점
② 답을 구한 경우	1점

24 시소는 가벼운 쪽이 위로 올라가므로 강아지는 돼지보다 더 가볍고 토끼는 강아지보다 더 가볍습니다. 따라서 토끼가 가장 가볍습니다. — ①

평가기준	배점
① 가장 가벼운 동물은 무엇인지 바르게 설명한 경우	4점
② 답을 구한 경우	1점

25 심은 칸이 많을수록 더 넓은 부분에 심은 것입니다.
배추는 10칸, 고추는 7칸, 무는 8칸이므로 전체 밭 중에서 가장 넓은 부분에 심은 것은 배추입니다. — ①

평가기준	배점
① 가장 넓은 것은 무엇인지 바르게 설명한 경우	4점
② 답을 구한 경우	1점

탐구 수학 144쪽

1 3 **2** 5
3 4 **4** 예슬

4 동민이는 3층, 예슬이는 5층, 석기는 4층을 쌓았으므로 예슬이가 가장 높게 쌓았습니다.

생활 속의 수학 145~146쪽

• 연두색

5 단원 50까지의 수

1단계 개념 탄탄 148쪽

1 10, 십, 열　　2 10

2단계 핵심 쏙쏙 149쪽

1 10　　2 2
3 ○○○ / 3, 3　　4 10 / 십, 열
5 (1) 10　(2) 7
6 (1) 열　(2) 십
(3) 열　(4) 십

1 하나, 둘, 셋, 넷, 다섯, 여섯, 일곱, 여덟, 아홉, 열
➡ 10

4 딸기의 수는 10이고 십 또는 열이라고 읽습니다.

1단계 개념 탄탄 150쪽

1 7, 17, 십칠, 열일곱
2 12, 14 / (　　)(○)

2단계 핵심 쏙쏙 151쪽

1 (1) 13　(2) 15
3 13, 열셋

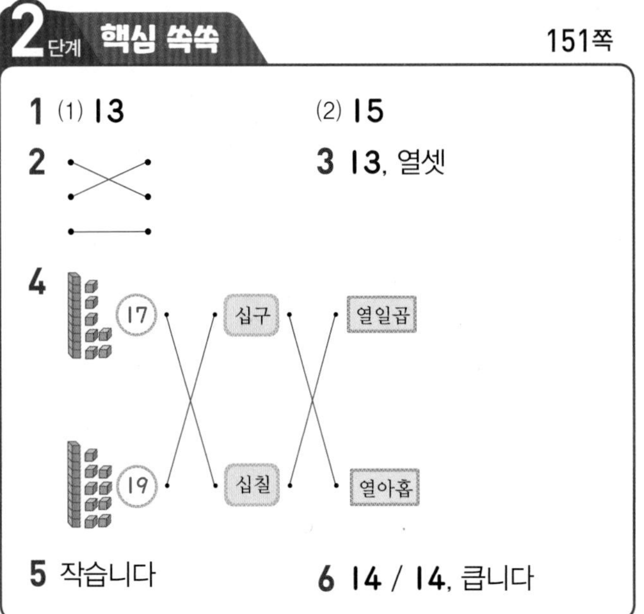

5 작습니다　　6 14 / 14, 큽니다

1 (1) 10개씩 묶음 1개와 낱개 3개는 13입니다.
(2) 10개씩 묶음 1개와 낱개 5개는 15입니다.

2 10개씩 묶음 1개와 낱개 2개는 12입니다.
10개씩 묶음 1개와 낱개 6개는 16입니다.
10개씩 묶음 1개와 낱개 8개는 18입니다.

5 10개씩 묶음의 수가 같으므로 낱개의 수를 비교하면 12는 14보다 작습니다.

6 10개씩 묶음의 수가 같으므로 낱개의 수를 비교하면 16은 14보다 큽니다.

1단계 개념 탄탄 152쪽

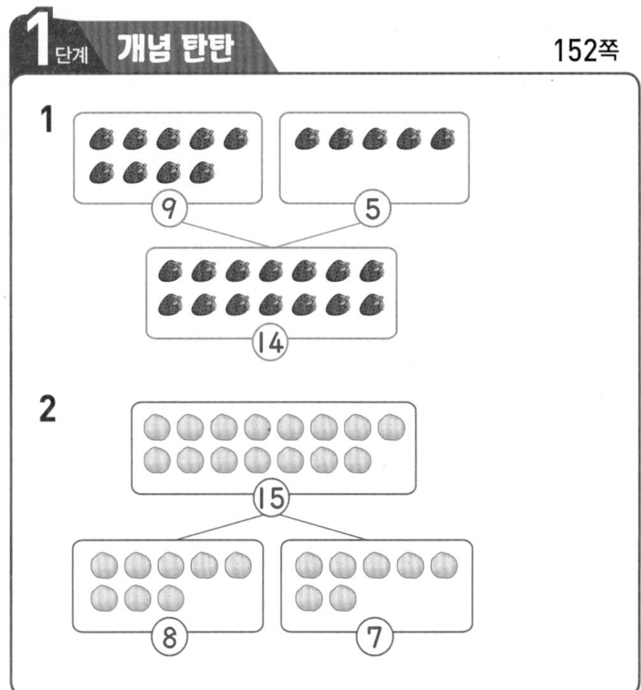

2단계 핵심 쏙쏙 159쪽

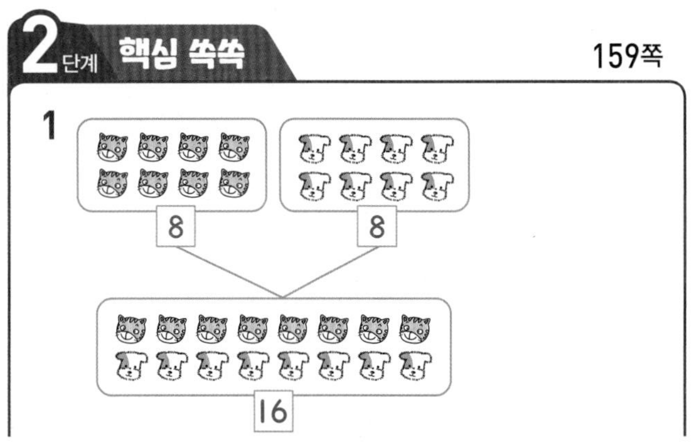

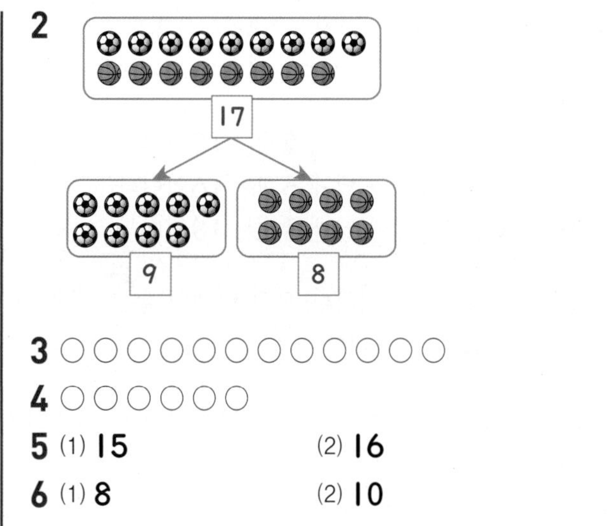

2

3 ○○○○○○○○○○○○

4 ○○○○○○

5 (1) 15 (2) 16

6 (1) 8 (2) 10

3 구슬 9개와 구슬 3개를 모으면 12개가 됩니다.

4 고구마 14개는 8개와 6개로 가를 수 있습니다.

5 (1) 8과 7을 모으면 15입니다.
(2) 10과 6을 모으면 16입니다.

6 (1) 11은 3과 8로 가를 수 있습니다.
(2) 19는 10과 9로 가를 수 있습니다.

1단계 개념 탄탄 154쪽

1 20, 스물　　2 3, 30, 30, 삼십

2단계 핵심 쏙쏙 155쪽

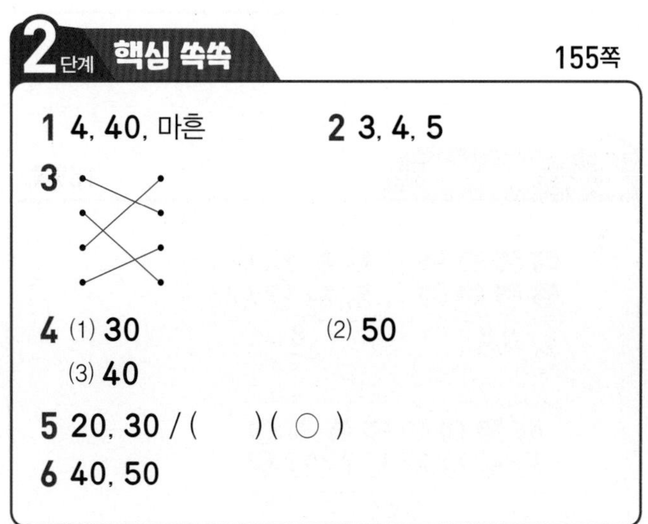

1 4, 40, 마흔　　2 3, 4, 5

3

4 (1) 30 (2) 50
(3) 40

5 20, 30 / (　)(○)

6 40, 50

3 10개씩 묶음 2개는 20입니다.
10개씩 묶음 3개는 30입니다.
10개씩 묶음 4개는 40입니다.
10개씩 묶음 5개는 50입니다.

3단계 유형 콕콕 156~159쪽

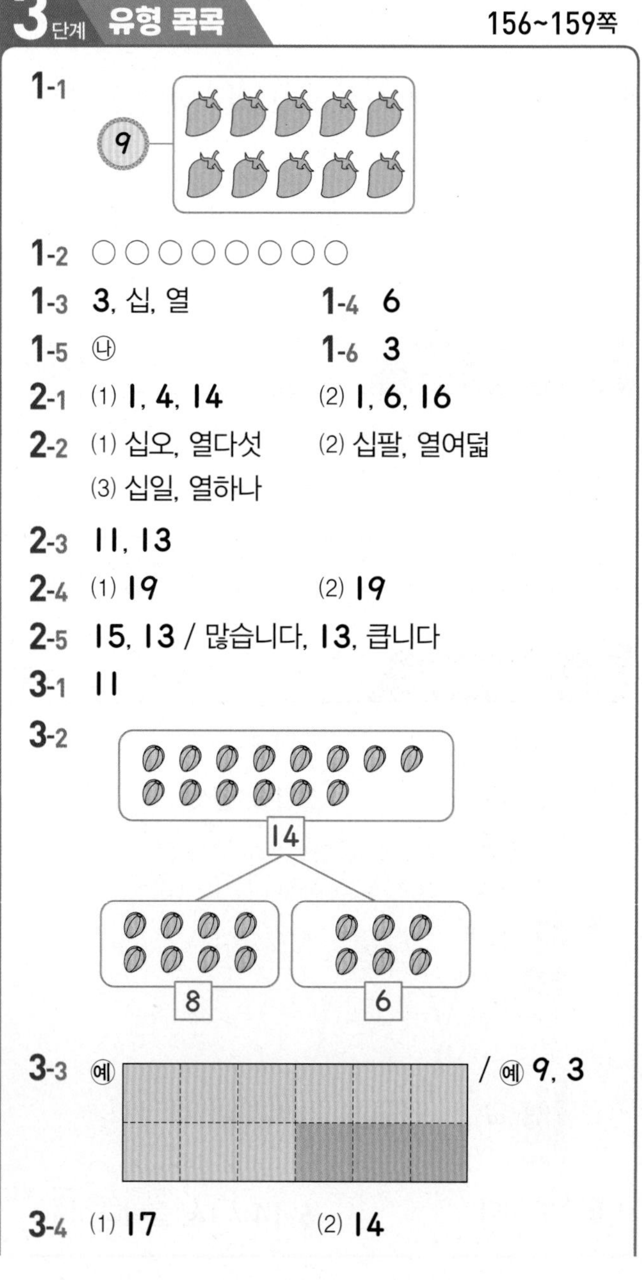

1-1

1-2 ○○○○○○○○

1-3 3, 십, 열　　1-4 6

1-5 ㉯　　1-6 3

2-1 (1) 1, 4, 14 (2) 1, 6, 16

2-2 (1) 십오, 열다섯 (2) 십팔, 열여덟
(3) 십일, 열하나

2-3 11, 13

2-4 (1) 19 (2) 19

2-5 15, 13 / 많습니다, 13, 큽니다

3-1 11

3-2

3-3 ㉥ / ㉥ 9, 3

3-4 (1) 17 (2) 14

3-5 (1) 10 (2) 9

3-6 7 10 9 11

4-1 (1) 2, 20 (2) 5, 50

4-2 (1) 30 (2) 40

4-3

4-4 30, 40 / ( )(○)

4-5 3

1-1 9보다 1만큼 더 큰 수는 10이므로 10개를 색칠합니다.

1-2 10을 세면서 10개가 되도록 ○를 더 그립니다.

1-5 10은 2와 8, 5와 5로 가를 수 있습니다. ㉮는 8이고, ㉯는 5이므로 더 작은 수는 ㉯입니다.

1-6 10은 7과 3으로 가를 수 있습니다. 따라서 체리는 3개 더 있어야 합니다.

2-5 10개씩 묶음 1개와 낱개 5개는 15입니다.
10개씩 묶음 1개와 낱개 3개는 13입니다.
15는 13보다 큽니다.

3-4 (1) 8과 9를 모으면 17입니다.
(2) 7과 7을 모으면 14입니다.

3-5 (1) 15는 5와 10으로 가를 수 있습니다.
(2) 16은 9와 7로 가를 수 있습니다.

3-6 7과 11을 모으면 18이 됩니다.

4-2 (1) 10개씩 묶음이 3개이므로 30입니다.
(2) 10개씩 묶음이 4개이므로 40입니다.

4-3 30 ➡ (삼십, 서른)
40 ➡ (사십, 마흔)
50 ➡ (오십, 쉰)

4-4 10개씩 묶음의 수가 클수록 더 큰 수입니다.

4-5 30은 10개씩 묶음이 3개입니다. 따라서 10개씩 3명에게 나누어 줄 수 있습니다.

1단계 개념 탄탄 160쪽

1 6, 26, 이십육, 스물여섯
2 3, 9, 39

2 10개씩 묶음 3개와 낱개 9개는 39입니다.

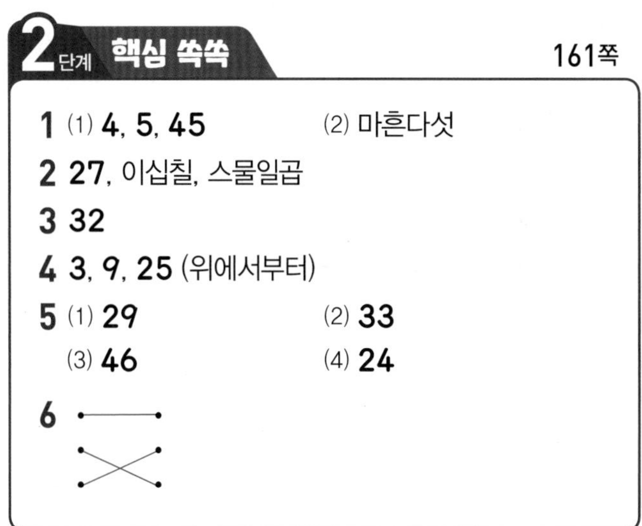

2단계 핵심 쏙쏙 161쪽

1 (1) 4, 5, 45 (2) 마흔다섯
2 27, 이십칠, 스물일곱
3 32
4 3, 9, 25 (위에서부터)
5 (1) 29 (2) 33
(3) 46 (4) 24
6

2 10개씩 묶음 2개와 낱개 7개는 27이고, 이십칠 또는 스물일곱이라고 읽습니다.

6 28(이십팔, 스물여덟)
31(삼십일, 서른하나)
47(사십칠, 마흔일곱)

1단계 개념 탄탄 162쪽

1

11	12	13	14	15	16	17	18	19	20
21	22	23	24	25	26	27	28	29	30
31	32	33	34	35	36	37	38	39	40

2 10, 12

1 11부터 수를 순서대로 씁니다.

2단계 핵심 쏙쏙 163쪽

1

21	22	23	24	25	26	27
28	29	30	31	32	33	34
35	36	37	38	39	40	41

2 (1) 42, 43, 44 (2) 24, 25, 27
3 (1) 21, 19 (2) 50, 48
(3) 16, 13 (4) 32, 30
4 44, 46 / 44, 46
5
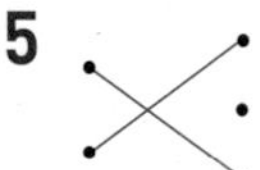
6 (1) 19, 20 (2) 36, 37

2 오른쪽으로 한 칸씩 갈 때마다 1씩 커집니다.

1단계 개념 탄탄 164쪽

1 작습니다 / 큽니다 2 큽니다 / 작습니다

1 10개씩 묶음의 수가 다를 때는 10개씩 묶음의 수가 큰 쪽이 더 큽니다.

2 10개씩 묶음의 수가 같을 때는 낱개의 수가 큰 쪽이 더 큽니다.

2단계 핵심 쏙쏙 165쪽

1 26, 25 2 27, 30
3 (1) 작습니다 (2) 큽니다
4 (1) 17 (2) 42
5 (1) 40 (2) 49
6 40, 41, 42

1 10개씩 묶음의 수가 같으므로 낱개의 수를 비교하여 낱개의 수가 더 큰 쪽이 큽니다.

2 10개씩 묶음 2개와 낱개 7개는 27이고 10개씩 묶음 3개는 30입니다. 27은 30보다 10개씩 묶음의 수가 작으므로 더 작습니다.

3 (1) 38은 50보다 10개씩 묶음의 수가 작으므로 더 작습니다.
(2) 49와 43은 10개씩 묶음의 수가 같으므로 낱개의 수가 큰 49가 더 큽니다.

4 (1) 17은 24보다 10개씩 묶음의 수가 작으므로 더 작습니다.
(2) 45와 42는 10개씩 묶음의 수가 같으므로 낱개의 수가 작은 42가 더 작습니다.

5 (1) 10개씩 묶음의 수를 비교해 보면 40이 가장 큽니다.
(2) 10개씩 묶음의 수가 같으므로 낱개의 수를 비교해 보면 49가 가장 큽니다.

6 39보다 1만큼 더 큰 수부터 43보다 1만큼 더 작은 수까지 순서대로 쓰면 40, 41, 42입니다.

3단계 유형 콕콕 166~170쪽

5-1 (1) 4, 2, 42 (2) 3, 6, 36
(3) 2, 1, 21
5-2 (1) 3, 4 / 34 (2) 2, 5 / 25
5-3 (1) 26, 이십육, 스물여섯
(2) 37, 삼십칠, 서른일곱
5-4 49, 3, 1 / 31, 49
5-5 (1) 39 (2) 48
5-6 ㉡ 5-7 ㉢
5-8 23 5-9 24
5-10 46
6-1

15	16	17	18	19	20
21	22	23	24	25	26
27	28	29	30	31	32

6-2 (1) 20 (2) 44
6-3 (1) 21, 22, 23 (2) 32, 34, 35
6-4 46
6-5 (1) 29, 31 (2) 28, 29
6-6 19, 20, 21, 22
6-7 (1) 39, 38, 36, 35
(2) 48, 46, 45, 43
6-8 (1) 12, 14 (2) 27, 29
(3) 46, 44 (4) 37, 35
6-9
6-10 39번
6-11 ㉢
7-1 (1) 큽니다 (2) 작습니다
7-2 (1) 16, 작습니다 (2) 14, 큽니다
7-3 33
7-4 27
7-5 48
7-6 ㉠
7-7 26, 50, 46
7-8 32, 33, 34
7-9 지혜

5-2 (1) 10개씩 묶음이 3개, 낱개가 4개이므로 34입니다.
(2) 10개씩 묶음이 2개, 낱개가 5개이므로 25입니다.

5-6 ㉡ 21－이십일, 스물하나

5-7 ㉢ 삼십사 ➡ 34

5-8 10개씩 묶음 2개와 낱개 3개는 23입니다.

5-9 낱개 14개는 10개씩 묶음 1개와 낱개 4개입니다. 따라서 도넛은 모두 10개씩 묶음 2개와 낱개 4개이므로 24개입니다.

5-10 10개씩 묶음 4개와 낱개 6개는 46입니다.

6-1 15부터 수를 순서대로 씁니다.

6-2 (1) 19와 21 사이의 수는 20입니다.
(2) 43과 45 사이의 수는 44입니다.

6-4 39부터 수를 순서대로 씁니다.

6-5 (1) 30 바로 앞의 수는 29이고, 30과 32 사이의 수는 31입니다.
(2) 27 바로 뒤의 수는 28이고, 30 바로 앞의 수는 29입니다.

6-6 18부터 23까지 수의 순서는 18, 19, 20, 21, 22, 23이고, 18과 23 사이의 수에는 18과 23은 들어가지 않으므로 18과 23 사이의 수는 19, 20, 21, 22입니다.

6-9 23보다 1만큼 더 큰 수는 24입니다.
24와 26 사이의 수는 25입니다.

6-10 38보다 1만큼 더 큰 수는 39입니다.
따라서 준호의 사물함 번호는 39번입니다.

6-11 ㉠, ㉡, ㉣ 40 ㉢ 42

7-3 33은 41보다 10개씩 묶음의 수가 작으므로 더 작습니다.

7-4 23과 27은 10개씩 묶음의 수가 같으므로 낱개의 수가 큰 27이 더 큽니다.

7-5 10개씩 묶음의 수를 비교해 보면 48이 가장 큽니다.

7-6 ㉠ 25 ㉡ 32
25는 32보다 10개씩 묶음의 수가 작으므로 더 작습니다.

7-7 21보다 큰 수를 모두 찾으면 26, 50, 46입니다.

7-8 31보다 1만큼 더 큰 수부터 35보다 1만큼 더 작은 수까지 순서대로 쓰면 32, 33, 34입니다.

7-9 영수 : 41개, 지혜 : 38개, 한별 : 47개
10개씩 묶음의 수를 비교해 보면 38이 가장 작습니다.

4 단계 실력 팍팍 171~174쪽

1 5　　2 37
3 7　　4 ㉡
5 8　　6 40
7 3　　8

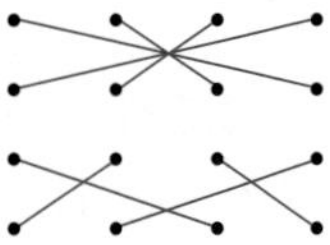

9 30
10 ㉢ 연필이 10개씩 묶음이 4개 있으면 40자루 입니다.
11 3　　12 38, 삼십팔, 서른여덟
13 25　　14 34
15 35
16

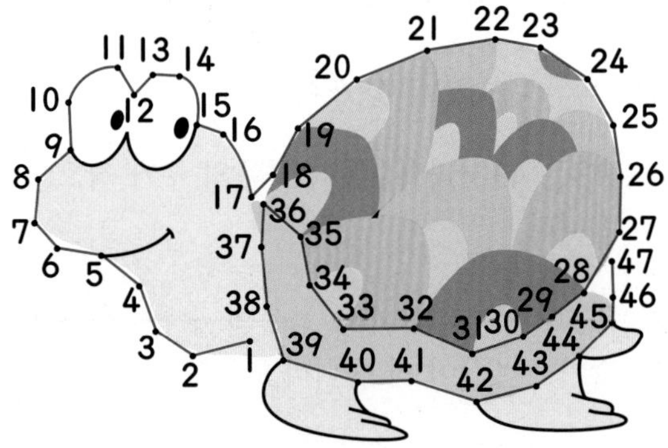

17 44
18 45, 47　　19 28
20 지혜　　21 27, 41
22 29, 30, 31, 32
23 14, 28, 33, 38, 41, 46
24 48, 49, 50

1 붕어빵이 5개 있으므로 10개가 되려면 5개가 더 있어야 합니다.

2 10개씩 묶음 3상자와 낱개 7개이므로 37개입니다.

3 8과 7을 모으면 15가 되므로 뒤집힌 카드에 적힌 수는 7입니다.

4 ㉠ 5 ㉡ 6 ➡ ㉠<㉡

5 16은 8과 8로 가를 수 있으므로 두 사람은 땅콩을 8개씩 가지면 됩니다.

6 두 사람이 산 쿠키는 10개씩 4상자이므로 모두 40개입니다.

7 10개씩 묶음이 3개이므로 상자는 모두 3개 필요합니다.

9 망가지지 않은 의자는 3개이므로 모두 30명이 앉을 수 있습니다.

11 주어진 모양을 만들기 위해서는 쌓기나무가 10개 필요하므로 쌓기나무 32개로는 3개까지 만들 수 있습니다.

12 도넛이 10개씩 묶음 3개와 낱개 8개이므로 도넛의 수를 수로 나타내면 38이고, 38은 삼십팔 또는 서른여덟이라고 읽습니다.

13 그림은 10개씩 묶음 2개와 낱개 3개이므로 23이고, 23보다 2만큼 더 큰 수는 25입니다.

14 30과 40 사이에 있는 수이므로 10개씩 묶음이 3개입니다. 따라서 10개씩 묶음 3개와 낱개 4개이므로 34입니다.

15 낱개 15개는 10개씩 묶음 1개, 낱개 5개와 같습니다.
따라서 쿠키는 모두 10개씩 묶음 3개와 낱개 5개이므로 35개입니다.

17

31	32	33	34	35	36	37	38
39	40	41	42	43	㉠	45	46

18 10개씩 묶음 4개와 낱개가 6개인 수는 46입니다. 46보다 1만큼 작은 수는 45이고, 46보다 1만큼 더 큰 수는 47입니다.

19 28−29−30−31−32
한별　　가영

20 색종이를 지혜는 20장 사용했고, 석기는 25장 사용했습니다.
20과 25의 10개씩 묶음의 수가 2로 같으므로 낱

개의 수를 비교하면 20이 25보다 작습니다.
따라서 지혜가 색종이를 더 적게 사용했습니다.

22 28부터 33까지의 수를 순서대로 쓰면 28, 29, 30, 31, 32, 33입니다.
이 중에서 28보다 크고 33보다 작은 수는 29, 30, 31, 32입니다.

24 낱개 17개는 10개씩 묶음 1개, 낱개 7개와 같습니다.
따라서 10개씩 묶음 4개와 낱개 7개인 수는 47입니다.
50까지의 수 중 47보다 큰 수는 48, 49, 50입니다.

서술 유형 익히기 175~176쪽

유형 1
효근, 사십일, 마흔하나, 효근

예제 1
풀이 참조, 석기

유형 2
4, 3, 45, 신영, 신영

예제 2
풀이 참조, 예슬

1 잘못 말한 사람은 석기입니다.
29는 이십구 또는 스물아홉이라고 읽습니다. − ①

평가기준	배점
① 잘못 말한 사람을 바르게 설명한 경우	4점
② 답을 구한 경우	1점

2 32는 10개씩 묶음의 수가 3이고 29는 10개씩 묶음의 수가 2입니다.
32와 29 중 10개씩 묶음의 수가 더 작은 것은 29입니다. − ①
따라서 예슬이가 종이비행기를 더 적게 접었습니다. − ②

평가기준	배점
① 32와 29의 크기를 비교한 경우	3점
② 더 적게 접은 사람을 말한 경우	2점

놀이 수학 177쪽

1 동민　　2 영수
3 동민

3 영수 : 2회, 5회 ➡ 2점
동민 : 1회, 3회, 4회 ➡ 3점

단원 평가 178~181쪽

1 10　　2 16, 십육, 열여섯
3 (1) 18　(2) 13
4 (1) 6　(2) 8
5 (선 잇기)　　6 3
7 7, 27　　8 4, 5 / 45
9 25　　10 29
11 ⑤　　12 36
13 43, 45, 46　　14 ㉡
15 23, 24, 25　　16 큽니다
17 45　　18 38
19 29　　20 가영
21 영수　　22 풀이 참조, 37
23 풀이 참조, 9　　24 풀이 참조, 46
25 풀이 참조

2 10개씩 1묶음과 낱개 6개
➡ 16(십육, 열여섯)

3 (1) 9와 9를 모으면 18입니다.
(2) 10과 3을 모으면 13입니다.

4 (1) 11은 5와 6으로 가를 수 있습니다.
(2) 18은 8과 10으로 가를 수 있습니다.

5 10개씩 묶음이 4개인 수 ➡ 40
10개씩 묶음이 2개인 수 ➡ 20
10개씩 묶음이 3개인 수 ➡ 30

6 30은 10씩 묶음이 3개이므로 10명씩 한 모둠이 되게 하면 모두 3모둠입니다.

9 20보다 크고 30보다 작은 수이므로 10개씩 묶음의 수가 2개입니다.
낱개의 수는 5개이므로 진영이가 말하는 수는 25입니다.

11 ⑤ 32 ➡ (삼십이, 서른둘)

12 10개씩 묶으면 10개씩 묶음 3개와 낱개 6개이므로 36입니다.

14 ㉠ 29는 32보다 작습니다.

15 • 18과 26 사이의 수는 19, 20, 21, 22, 23, 24, 25입니다.
• 22보다 크고 31보다 작은 수는 23, 24, 25, 26, 27, 28, 29, 30입니다.
따라서 설명에 알맞은 어떤 수는 23, 24, 25입니다.

16 34와 32는 10개씩 묶음의 수가 같으므로 낱개의 수가 큰 34가 더 큽니다.

17 45는 35보다 10개씩 묶음의 수가 크므로 더 큽니다.

20 동민 : 37개, 가영 : 40개, 예슬 : 12개

21 영수 : 50장, 웅이 : 44장
50과 44의 10개씩 묶음의 수를 비교하면
10개씩 묶음의 수가 50이 44보다 큽니다.
따라서 영수가 색종이를 더 많이 가지고 있습니다.

서술형

22 사과는 10개씩 묶음 3개와 낱개 7개입니다. – ①
따라서 사과는 모두 37개입니다. – ②

평가기준	배점
① 사과는 모두 몇 개인지 바르게 설명한 경우	3점
② 답을 구한 경우	1점

23 18을 똑같은 두 수로 가르면 9와 9로 가를 수 있습니다.
따라서 두 사람은 사탕을 9개씩 먹으면 됩니다. – ①

평가기준	배점
① 두 사람이 사탕을 몇 개씩 먹어야 하는지 바르게 설명한 경우	4점
② 답을 구한 경우	1점

24 낱개 16장은 10장씩 묶음 1개와 낱개 6장입니다.
따라서 색종이는 모두 10장씩 묶음 4개와 낱개 6장이므로 46장입니다. – ①

평가기준	배점
① 색종이는 모두 몇 장인지 바르게 설명한 경우	4점
② 답을 구한 경우	1점

25 38보다 1만큼 더 큰 수부터 42보다 1만큼 더 작은 수까지 순서대로 쓰면 39, 40, 41입니다. – ①
따라서 38보다 크고 42보다 작은 수는 39, 40, 41인데 42를 썼기 때문에 틀렸습니다. – ②

평가기준	배점
① 38보다 크고 42보다 작은 수를 모두 구한 경우	2점
② 틀린 이유를 바르게 설명한 경우	3점

탐구 수학 182쪽

1 예 5개씩 묶어 세어 보면 5개씩 묶음이 7개이므로 사용한 연결큐브는 5－10－15－20－25－30－35에서 35개입니다.
예 10개씩 묶어 세어 보면 10개씩 묶음이 3개이고, 낱개가 5개이므로
사용한 연결큐브는 35개입니다.

2 예 어머니께서 마트에서 달걀 한 판을 사 오셨는데 달걀 한 판에 들어 있는 달걀은 30개였습니다.

생활 속의 수학 183쪽

• 예 짝수는 낱개의 수가 0, 2, 4, 6, 8이고 홀수는 낱개의 수가 1, 3, 5, 7, 9입니다.

왕수학

정답과
풀이

왕수학

왕수학